Das
Elektrische Kabel.

Eine Darstellung
der Grundlagen für Fabrikation, Verlegung
und Betrieb.

Von

Dr. phil. C. Baur,
Ingenieur.

Mit 72 in den Text gedruckten Figuren.

Springer-Verlag Berlin Heidelberg GmbH

Additional material to this book can be downloaded from http://extras.springer.com

ISBN 978-3-662-35819-1   ISBN 978-3-662-36649-3 (eBook)

DOI 10.1007/978-3-662-36649-3

Softcover reprint of the hardcover 1st edition 1903

Vorwort.

Das Gebiet des menschlichen Wissens, das sich an das elektrische Kabel knüpft, ist ein so ungeheuer großes, daß kaum ein Mann zu finden ist, der es vollständig beherrscht. Wenn ich es trotzdem unternommen habe, darüber ein Buch zu schreiben, so geschah es nicht im Bewußtsein, daß ich einer dieser Auserwählten sei, sondern aus Liebe zu meinem Beruf, und dann noch mit der Absicht, einen Teil jener Verlegenheiten und Schwierigkeiten wegzuräumen, mit denen der Kabelfabrikant infolge der mangelhaften Kenntnisse der Besteller von Kabeln sehr häufig zu kämpfen hat.

Es war also mein Bestreben, möglichst alles zu besprechen, was gegenwärtig bekannt ist (mit Ausnahme von submarinen Telegraphenkabeln), um alle diejenigen Leser zu befriedigen, die ein Interesse an dem Kabel haben. Meine langjährige Erfahrung mit demselben erstreckt sich hauptsächlich auf die Fabrikation und was damit zusammenhängt. Deshalb kommt diese ausführlicher zur Besprechung als Verlegung und Betrieb. Doch sind auch die Grundlagen für diese beiden gelegt. Der Betriebsingenieur eines Elektrizitätswerkes und die Beamten von Telephon- und Telegraphennetzen finden das für sie Nützliche in verschiedenen Kapiteln, nebst den allgemeinen Kenntnissen über das Kabel. Für die Besteller von Kabeln ist eine große Sammlung von Spezifikationen aller gebräuchlicher Typen eingefügt, aus den wichtigsten Kulturländern zusammengesucht, Vorschriften über Materialdicken, Prüfungs- und Garantievorschriften, Proben von Materialien etc., alles Sachen, die bisher noch nie zur öffentlichen Kenntniss gelangt sind. Es war nicht möglich, in besonderen Kapiteln zu sammeln, was die verschiedenen Interessenten zu wissen wünschen. Mit Hilfe des ausführlichen Sachregisters kann sich aber jedermann die Stellen heraussuchen, wo die gewünschten Angaben zu finden sind.

In der Behandlung des Stoffes habe ich mich meistens der größten Knappheit beflissen und durchgehends nur Resultate von Untersuchungen, ohne deren Ableitung gegeben. Da das Buch für

akademisch gebildete Ingenieure bestimmt ist, die in der Praxis
stehen und für Studien keine Zeit haben, glaube ich, daß diese
knappe Form Beifall finden wird. Alle gegebenen Formeln und
Regeln sind zuverlässig und erprobt.

Über das elektrische Kabel ist bis heute noch sehr wenig ge-
schrieben worden, und es besteht kein Verband von Kabelingenieuren,
wo Erfahrungen gegenseitig ausgetauscht werden. Bei der Ab-
fassung war ich also größtenteils auf eigenes Studium und eigene
Erfahrungen angewiesen, so daß mein Buch einen ganz individuellen
Charakter hat. Ein einzelner Mensch, auf sich selbst angewiesen,
geht nicht immer den richtigen Weg. Wenn ich also gelegentlich
irre gegangen bin, bitte ich meine Kollegen um Nachsicht und um
Richtigstellung der Tatsachen. Ich bin der Verantwortung voll
bewußt, aus der Schweigsamkeit der Kabelwelt herausgetreten zu
sein und die Grundzüge zu einer Wissenschaft gelegt zu haben,
die sich mit anderen Erfahrungen da und dort vielleicht anders
gestaltet hätte.

Es war bisher ein ungeschriebenes Gesetz, daß ein Kabel-
ingenieur nichts veröffentlichen darf. Ich glaube, daß die Zeit da
ist, mit dieser Überlieferung zu brechen, da die Interessen des
Faches es erfordern. Swinburne, der Präsident des Londoner elektrotechnischen Vereins, hat vor einem Jahr in der Eröffnungsrede
gesagt, es wäre kein Zweig der gesamten Elektrotechnik so wichtig
wie die Kabelfabrikation, und trotzdem stehe keiner auf einer so
unwissenschaftlichen Basis wie diese. Da Swinburne kein Kabelmann
ist, muß man sein herbes Urteil nicht gerade wörtlich nehmen.
Das Geheimnis aber, mit welchem das Kabel und die Kabelfabrik
umgeben wird, rechtfertigt solche Aussprüche.

Ich hoffe, daß einer der Erfolge des vorliegenden Werkes darin
bestehen wird, daß das elektrische Kabel endlich auch einmal zur
Besprechung in elektrotechnischen Vereinen und Zeitschriften gelangt,
so daß zweifelhafte Punkte zur Aufklärung kommen und Fort-
schritte, die dringend nötig sind, rascher als bisher erfolgen können.

Zum Schlusse darf ich nicht unterlassen, den verschiedenen
staatlichen Behörden und privaten Firmen, die mich bei der Ab-
fassung und Ausstattung unterstützt haben, meinen Dank abzustatten,
sowie auch Herrn Dr. Breisig und dem Verleger.

Anregungen, Berichtigungen und Ergänzungen für eine event.
zweite Auflage nehmen Verleger und Verfasser dankbarst an.

Lausanne, 11. Mai 1903.

C. Baur.

Inhaltsverzeichnis.

———

Die Ziffern hinter den einzelnen Titeln geben die Seitenzahlen an.

V. Kalkulationen.

VI. Kabelmaschinen.

I. Wissenschaftliche Grundlagen.

A. Das Dielektrikum unter Gleichstrom.

Leiter und Isolator. Im gewöhnlichen Sprachgebrauche bezeichnet man als Leiter diejenigen Körper, welche die Elektrizität fortleiten, und als Isolatoren diejenigen, welche die Ausbreitung der Elektrizität verhindern. Für den Praktiker sind diese Bezeichnungen zutreffend und er hat kein Bedürfnis, darüber anders belehrt zu werden. Leitungs- und Isolationswiderstand genügen, um alle ihm gestellten Aufgaben lösen zu können. Erst wenn der Praktiker anfängt sich mit Kabeln zu beschäftigen, wird ihm klar, daß das Dielektrikum noch eine andere Rolle spielt, als die der Passivität, mit der jedermann vertraut ist.

Die Frage, welche Funktion das Dielektrikum im elektrischen Stromkreise zu leisten hat, ist gegenwärtig noch nicht erledigt, und wird wohl erst zu einem Abschluß kommen, wenn es gelungen ist, die Vorgänge der elektrischen Übertragung auf mechanische Weise zu erklären.

Die Möglichkeit, daß nach Erledigung der Frage die Begriffe von Leiter und Isolator vertauscht werden müssen, ist vorhanden. Es gibt Theorien der Elektrizität, die annehmen, daß die Übertragung der Energie durch das Dielektrikum und nicht durch den Leiter erfolge und daß dieser nur dazu da ist, der Übertragung die Richtung zu geben.

Liste der Isoliermittel, die in der Kabeltechnik Verwendung finden. Diese sind ausnahmslos Pflanzenprodukte, nämlich

1. Pflanzenfaser, wie Jute, Hanf, Flachs, Baumwolle, Seide, Papier.
2. Pflanzensäfte, wie Gummi, Guttapercha, Harze, Öle, Fette und fossile Säfte, deren Mischungen und Surrogate.

Die weitere Elektrotechnik verwendet noch Produkte des Mineralreiches, wie Schiefer, Marmor, Glimmer etc. und künstliche Erzeugnisse von Mineralien, wie Glas, Porzellan.

Jedem dieser Isoliermaterialien ist in der Technik ein bestimmter Platz angewiesen, den es voraussichtlich noch sehr lange beibehalten wird.

Der Isolationswiderstand eines Dielektrikums wird gemessen, indem man es zwischen zwei Elektroden bringt, diese unter eine bestimmte Batteriespannung setzt und den Strom bestimmt, der durch das Dielektrikum fließt. Der Isolationswiderstand ist dann, wie bei Leitern, gleich dem Verhältnis von Spannung durch Stromstärke.

Es zeigt sich bei diesem Versuche, daß der durch das Dielektrikum gehende Strom nicht konstant ist, wie bei Leitern, sondern daß er mit der Zeit stetig abnimmt, bis er schließlich ein Minimum erreicht. Der Isolationswiderstand ist also keine bestimmte Größe, wie der elektrische Widerstand eines Leiters. Um dafür eine zu Vergleichen brauchbare Zahl zu bekommen, muß man noch den Zeitpunkt festsetzen, nach Verlauf dessen er gemessen wird.

Bei der Messung des Isolationswiderstandes von Kabeln liest man die Stromstärke gewöhnlich eine Minute nach Stromschluß ab. Für die meisten Dielektrika erreicht der Strom während dieser Zeit einen Wert, der nahezu konstant ist. Es sind aber auch noch andere Rücksichten, die zur allgemeinen Festsetzung der Elektrisierungszeit von einer Minute maßgebend gewesen sind.

Zahlen über Isolationswiderstände von Kabeln beziehen sich also immer auf eine „Elektrisation" (wie man sich kurz ausdrückt) von einer Minute.

Einigermaßen Wichtigkeit hat es auch, mit welcher Spannung der Isolationswiderstand gemessen wird. Gewöhnlich verwendet man zur Messung desselben eine Batterie von 100 Elementen, oder von 100 Volt Spannung, und die meisten Meßinstrumente sind für eine solche Spannung eingerichtet. Seltener kommt der Fall vor, daß die Isolationsmessung mit 500 Volt vorgeschrieben wird.

Es liegt bei dieser Vorschrift die Nebenabsicht vor, gleichzeitig mit der Isolationsmessung eine Spannungsprobe zu machen, was für Telegraphenkabel Berechtigung hat. Da man aber in neuester Zeit Gummi- und Guttaperchadrähte, die für solche Kabel verwendet werden, speziell der hohen Spannung einer Wechselstrommaschine oder eines Transformators unterwirft, um über deren mechanische Festigkeit Aufschluß zu bekommen, ist die Vorschrift der Messung des Is.-W. mit einer Batterie von 500 Volt nicht mehr nötig.

Theoretisch ist es nicht einerlei, bei welcher Spannung der Is.-W. bestimmt wird. Nach den Untersuchungen von Heim,

Ashton u. a. wird der Is.-W. um so kleiner, je höher die Spannung ist, bei welcher er gemessen wird, oder mit anderen Worten, das Ohmsche Gesetz ist für das Dielektrikum nicht genau richtig.

Für praktische Messungen, bei denen ohnehin eine Differenz von $\pm 10^0/_0$ keinen Wert hat, ist diese Abweichung vom Ohmschen Gesetz bedeutungslos.

Bei Kabeln mit Faserisolation ist der Is.-W. meistens von der Ordnung 1000 Megohm, und ob es nun 100 Megohm mehr oder weniger sei, hat keine Bedeutung. Läßt man das Kabel einige Stunden stehen und mißt dann wieder, so findet man vielleicht 1700 Megohm, und schneidet man die Enden frisch an, so kann man auf z. B. 2400 M. kommen. Es hat also keinen Zweck, die Genauigkeit der Isolationsmessung zu weit zu treiben.

Ist der Is.-W., wie es bei Telephonkabeln oft vorkommt, von der Ordnung 20 000 Megohm, so wird die Messung so ungenau, daß man Fehler bis $50^0/_0$ begehen kann. Der Galvanometerausschlag wird in diesem Fall so klein, daß man ihn nicht mehr genügend genau messen kann.

Im nachfolgenden sind die Resultate einer verdienstvollen Arbeit von Heim (E.T.Z. XI, 469. 1890) zusammengestellt.

1. Der Isolationswiderstand nimmt mit wachsender Batteriespannung ab und zwar zwischen den Grenzen von 50 bis 500 Volt für

ein untersuchtes Guttaperchakabel um $5—10^0/_0$
„ Jutekabel No. 1 „ $2—4^0/_0$
„ „ „ 2 „ $2—10^0/_0$

2. Mit anwachsender Zeit nach Batterieschluss wächst der Isolatioswiderstand nach folgenden Zahlen:

Batterie-Spannung		Zeit in Minuten					
		1	2	3	5	10	15
Guttaperchakabel	53 Volt	1.0	1.3	1.20	1.27	1.35	1.40
	213 „	1.0	1.4	1.21	1.30	1.38	1.46
	470 „	1.0	1.3	1.19	1.28	1.36	1.42
Jutekabel No. 1 .	21 „	1.0	1.25	1.54	1.96	2.83	3.59
	213 „	1.0	1.25	1.49	1.96	2.88	3.69
	470 „	1.0	1.25	1.47	1.92	2.80	3.52
Jutekabel No. 2 .	53 „	1.0	1.37	1.66	2.02	2.74	3.24
	213 „	1.0	1.42	1.72	2.16	2.82	3.26

Isolationswiderstand und Feuchtigkeit. Das für Kabel verwendete Dielektrikum stammt immer von Pflanzen her, und enthält mehr oder weniger Feuchtigkeit. Infolgedessen ist der Isolations-widerstand zum Teil eine Funktion des Wassergehaltes des Dielektrikums, und da man denselben durch Trocknen beinahe nach Belieben reduzieren kann, so ist es möglich den Is.-W. innerhalb der weitesten Grenzen zu verändern.

Für Pflanzenfaser treibt man den Trocknungsprozeß so weit, daß man Isolationswiderstände von 2000 bis 10000 Megohm per Kilometer Kabel erhält.

Pflanzensäfte, wie Gummi und Guttapercha, enthalten an und für sich schon Feuchtigkeit und nehmen noch welche auf während des Waschprozesses, den sie durchmachen müssen, um als Dielektrikum brauchbar zu werden. Auch diese Materialien muß man künstlich trocknen, damit sie einen brauchbaren Is.-W. annehmen, aber der Prozeß darf erfahrungsgemäß nicht so weit getrieben werden wie bei der Pflanzenfaser. Man muß sich mit Isolationen begnügen, die zwischen 100 und 1000 Megohm liegen. Eine weitere Trocknung würde zur gänzlichen oder doch teilweisen Zerstörung des Materials führen, d. h. das Dielektrikum könnte die mechanischen Anforderungen, die ihm vorgeschrieben sind, nicht mehr erfüllen.

Es ist selbstverständlich, daß nicht nur der Feuchtigkeitsgehalt eines Materiales, sondern auch die Natur seiner Substanz die Größe des Is.-W. bestimmen. Dies ist hauptsächlich der Fall bei den künstlich hergestellten Materialien, wie Glas und Porzellan, bei den Materialien, deren Gehalt an freiem Wasser gleich Null ist.

Alle Pflanzenfaser ist hygroskopisch und nimmt nach dem Trocknen Wasser begierig aus der umgebenden Luft auf. Die Isolation einer getrockneten Faser kann erhalten werden, wenn man sie mit einem Öl oder einem geschmolzenen Harz imprägniert. Herstellung und Erhaltung eines hohen Is.-W. ist der wesentlichste Teil der Kabelfabrikation.

Pflanzensäfte sind weitaus weniger hygroskopisch als Faser. Harze z. B. nehmen gar keine Feuchtigkeit auf. Sie enthalten wohl mehr oder weniger Wasser, aber wenn gereinigt und getrocknet, nehmen sie keine Feuchtigkeit mehr auf, und diese Eigenschaft macht sie für diese Tränkung von Faser wertvoll. Guttapercha, wenn in dicken Stücken, nimmt sehr wenig Wasser auf, ebenso Gummi. Wenn in dünne Blätter ausgewalzt, nehmen aber beide bedeutende Mengen von Wasser auf.

Gummiader, die jahrelang im Wasser liegt, nimmt mit der Zeit Wasser auf und die Isolation geht langsam herunter. Sie wird indessen nicht imprägniert, weil das Dielektrikum durch chemische Einflüsse in viel kürzerer Zeit zerstört wird, als hinreichen würde, den Is.-W. durch Eindringen von Wasser so weit zu reduzieren, daß er für den Betrieb zu klein wäre.

Höhe des Isolations-Widerstandes. Mit Hülfe der modernen Trockenapparate kann man einem Dielektrikum aus Pflanzenfaser sozusagen jeden beliebigen Isolations-Widerstand geben, ohne dieselben zu zerstören oder auch nur zu schwächen. Es ist möglich z. B. für Jute isolierte Kabel Is.-W. von 10000 per km. zu erhalten, oder für Papier isolierte Telephonkabel 100000 Megohm per km.

Im allgemeinen geht aber der Kabelfabrikant nicht so weit. Es hat keinen Zweck, für gewöhnliche Niederspannungskabel die Isolation über einige 100 Megohm zu treiben, da der Stromverlust bei dieser Isolation schon ein außerordentlich geringer ist. Die Ableitungen an den Kabelenden und den Armaturen einer Lichtleitung sind weitaus bedeutender.

Für Hochspannungskabel von 1000 bis 3000 Volt hingegen wird man einen Is.-W. von mindestens 1000 Megohm per km verlangen, und dies nicht aus dem Grunde, den Stromverlust durch das Dielektrikum hindurch zu reduzieren, sondern aus Gründen, die mit der Sicherheit des Kabels gegen Durchschlag zu tun haben. Es kann in einem Kabel mit einer Isolierung aus Pflanzenfaser immer Stellen geben, die langsamer trocknen als andere, z. B. eine verholzte Wurzelfaser, oder bei Papier ein Stück ungenügend verarbeiteter Holzstoff. Ein oder zwei solche Stellen in einer grossen Kabellänge eingeschlossen, sind durch eine Isolationsmessung nicht zu konstatieren.

Anders ist es aber, wenn das Dielektrikum unter eine hohe Spannung kommt. Diese findet die nicht genügend getrockneten Stellen heraus, auch wenn sie noch so klein sind. Ist der Is.-W. für die Spannung nicht groß genug, so wird durch diese Stelle ein starker Strom abfließen, der das Dielektrikum erhitzt und einen Durchschlag vorbereitet.

Um nun Garantien zu haben, daß ein Hochspannungskabel gegen Durchschlag möglichst sicher sei, macht man für die Höhe des Isolationswiderstandes größere Ansprüche als für gewöhnliche Kabel; 1000 Megohm erfordern eine längere Trockenzeit als 100 Megohm, und es ist zu erwarten, daß bei der höheren Isolation die kleinen lokalen Fehler soweit reduziert sind, daß sie nicht mehr schädlich werden können.

Für Hochspannungskabel hat man ziemlich allgemein Isolationen von 1000—2000 Megohm verlangt und sie sind auch so geliefert worden. Da diese Kabel sich bewährt haben, liegt kein Grund vor, eine höhere Isolation zu verlangen. Wollte man die Garantiezahl allgemein auf 5000 Megohm erhöhen, so wären die Fabrikanten gezwungen, ihre Trockenanlagen mindestens zu verdoppeln und die dafür nötigen Gebäude herzustellen.

Die Steigerung der Ansprüche müßte aber unbedingt von einer Preissteigerung begleitet sein.

Aus demselben Grunde, wie oben auseinandergesetzt, wird man für Kabel mit 10000 Volt Betriebsspannung eine höhere Isolation als 2000 Megohm verlangen, z. B. 4000 Megohm per km.

Für Telephonkabel mit Papier und Luftisolation setzt man gegenwärtig die untere Grenze des Is.-W. auf 1000 Megohm fest. Es ist kaum anzunehmen, daß diese Zahl durch technische Bedürfnisse der Telephonie gerechtfertigt ist. Dieser Fall kann einmal eintreten, wenn Linien von z. B. 100 km Länge in Funktion kommen. Die 1000 Megohm hingegen sind vom Fabrikanten ohne besondere Schwierigkeiten herzustellen, und der Ursprung dieser Zahl wird wohl darauf zurückzuführen sein.

Historisch begründet ist ein Isolationswiderstand von 2000 bis 3000 Megohm per km und 15^0 C. für Guttapercha isolierte Ader vor gangbarer Sorte. Vor zwanzig Jahren waren die betreffenden Zahlen kleiner.

Guttapercha macht eine Ausnahme von der Regel, daß ein Isolationsmaterial um so besser ist, je höher dessen Is.-W. Die Techniker der atlantischen Kabel belehren uns, daß Guttapercha, deren Is.-W. über 5000—6000 Megohm per km beträgt, den Anforderungen während der Verlegung und der Haltbarkeit nicht mehr genügt.

An Draht mit Gummiisolation werden die folgenden Anforderungen gestellt: Gewöhnliche Ware nicht unter 50 Megohm, gute Ware nicht unter 300 und Primaware nicht unter 2000 Megohm per km. Diese Zahlen sind auch historisch begründet und lassen sich nicht abändern, da auch mit den besten Gummisorten und bei tadelloser Fabrikation nicht mehr zu erzielen ist. Für ein Kabel mit Gummiisolation darf obige Isolation nicht verlangt werden. Es müssen für dasselbe noch die Dimensionen berücksichtigt werden, siehe S. 8.

Drähte und Kabel mit Guttapercha- und Gummiisolation sind immer verdächtig, wenn deren Is.-W. nur etwa die Hälfte ist von dem was er normal sein sollte. Sinkt er auf etwa $^1/_3$ herunter, so kann man das Vorhandensein eines Fabrikationsfehlers als ganz gewiß annehmen.

Was gewöhnliche Leitungsdrähte mit Isolation aus getränkter Baumwolle anbelangt, so wird gar keine Isolation verlangt, aus dem einfachen Grunde, weil eine Messung derselben nicht durchführbar ist. In Wirklichkeit ist die Isolation einer ungetränkten Faser gering. Da aber diese Drähte gegenwärtig immer auf Porzellan montiert werden, hat die geringe Isolation der Faser auch keine Bedeutung.

In letzter Zeit ist der Isolation von Dynamodraht große Aufmerksamkeit geschenkt worden. Der Is.-W. wird vom Fabrikanten nicht bestimmt, aber der Draht wird in eigens gebauten Öfen erhitzt, so daß jede Spur von Feuchtigkeit und Spiritus aus der Faser entfernt wird.

Isolationswiderstand und Dimensionen. Der Isolationswiderstand W eines Kabels, d. h. eines zylindrischen Leiters vom Durchmesser d, mit einer Isolationsschicht von der Wandstärke Δ auf den Durchmesser D isoliert, wird berechnet nach der Formel

$$W = w \log \frac{D}{d} = w \log \left(1 + \frac{2\,\Delta}{d}\right)$$

Die Zahl w ist eine vom Isolationsmaterial abhängige Konstante.

Aus der Formel kann man zunächst ersehen, daß der Is.-W. einer Schicht von der Dicke Δ um so kleiner ist, je größer der Durchmesser des Leiters wird.

Ein Beispiel zeigt, in welchem Maße das der Fall ist. Wir setzen $\Delta = 3$ mm. Dann ist für die

Leiterdurchmesser $d = 2 \quad 5 \quad 10 \quad 20 \quad 50$ mm
der Is.-W. bezügl. $W = 1 \quad {}^1\!/_2 \quad {}^1\!/_3 \quad {}^1\!/_6 \quad {}^1\!/_{12}$ „

Die Formel gibt auch Aufschluß, wieviel innere und äußere Schichten gleicher Dicke zum Isolationswiderstand beitragen. Wir nehmen die Wandstärke $\Delta = 4$ mm an und berechnen die Isolationswiderstände der innersten Schicht von 1 mm Wandstärke, dann der zweiten, dritten und letzten Schicht. Als Durchmesser des Leiters nehmen wir das eine Mal 2, das andere Mal 20 mm an.

Der Is.-W. der Einzelschichten ist ausgerechnet einmal als Bruchteil der inneren Schicht und einmal in Prozenten des totalen Widerstandes.

Leiterdurchmesser = 2 mm.

	1.	2.	3.	4. Schicht
Isolationswiderstand der verglichen mit innerster Schicht	1	0.60	0.40	0.30
in $^0\!/_0$ des totalen Is.-W	43	25	18	14

Leiterdurchmesser = 20 mm.

	1.	2.	3.	4.
vergl. m. innerer Schicht	1	0.90	0.83	0.78
in $^0\!/_0$ des totalen Is.-W.	41	38	35	32

Diese Beispiele zeigen, daß bei dicken Leitern die einzelnen Schichten beinahe gleichviel zur Bildung des totalen Isolationswiderstandes beitragen. Je dicker der Leiter wird, desto mehr nähern sich die Anteile der einzelnen Schichten.

Bei dünnen Leitern hingegen tragen die äußeren Schichten sehr wenig zur Bildung des totalen Widerstandes bei. Die innerste Schicht hat schon nahezu den halben Anteil.

Aus diesem Grunde erreicht man bei dünnen Drähten keine wesentliche Vermehrung der Isolation, wenn man die Isolationsdicke vermehrt. Dies ist der Grund, warum man bei Gummidrähten von hoher Isolation die erste Schicht als Naturgummi aufträgt, der einen höheren Isolationswiderstand hat als die Gummimischung. Es läßt sich auch leicht einsehen, daß 1 kg Naturgummi, wenn als äußerste Lage auf den Draht aufgetragen, die Isolation nicht so kräftig erhöhen würde wie im Falle, wo er als innerste Schicht verwendet wird.

Die Formel für den Isolationswiderstand als Funktion der Dimensionen von Leiter und Isolierschicht kommt nur zur Anwendung bei Materialien, deren Isolationswerte konstante Größen sind, also bei Gummi und Guttapercha. Für imprägnierte Faser, deren Isolation man nach Belieben herstellen kann, hat die Formel keinen Zweck.

Nehmen wir als mittlere Werte des Isolationswiderstandes per km von ordinärer, guter und prima Gummiader von 2 mm Leiterdurchmesser und den Wandstärken von 1,0, 1.0 und 1.5 mm die Zahlen 50, 500 und 2000 an, so kann man für diese Sorten die Is.-W. für beliebige andere Dimensionen nach den folgenden Formeln berechnen.

$$W_{50} \;=\; 165 \log \frac{D}{d} \;\; \text{Megohm per km}$$

$$W_{500} = 1650 \log \frac{D}{d} \qquad \text{\textquotedbl} \qquad \text{\textquotedbl} \qquad \text{\textquotedbl}$$

$$W_{2000} = 5000 \log \frac{D}{d} \qquad \text{\textquotedbl} \qquad \text{\textquotedbl} \qquad \text{\textquotedbl}$$

Für Guttapercha hat man ähnliche Formen aufgestellt, z. B.

$$\text{Nach Munro} \quad W = 920 \log \frac{D}{d} \;\; \text{Megohm per Knoten}$$

$$= 1700 \log \frac{D}{d} \qquad \text{\textquotedbl} \qquad \text{\textquotedbl} \;\; \text{km}$$

$$\text{Nach Siemens} \quad W = 700 \log \frac{D}{d} \qquad \text{\textquotedbl} \qquad \text{\textquotedbl} \;\; \text{Knoten}$$

$$= 1300 \log \frac{D}{d} \qquad \text{\textquotedbl} \qquad \text{\textquotedbl} \;\; \text{km}$$

Die Formeln beziehen sich auf eine Temperatur von 75^0 F $=$ 24^0 C und auf Guttapercha, wie sie vor etwa 20 Jahren erhältlich war. Es ist wahrscheinlich, daß die Koeffizienten heute andere sind.

Der spezifische Isolationswiderstand. Als Vergleichswert der Isolation verschiedener Materialien nimmt man den Is.-W. eines ccm an, gemessen zwischen zwei gegenüberliegenden Seitenflächen, wie bei Metallen der Leitungswiderstend auch auf das ccm bezogen ist.

Es sei W der Is.-W. eines Materials von der Länge L und dem gleichförmigen Querschnitt Q und w dessen spezifischer Is.-W., so ist also

$$W = w\,\frac{L}{Q}$$

Es ist leicht, den spezifischen Widerstand eines Materiales zu bestimmen, das als Isolation eines Kabels verwendet wurde.

Eine solche Isolierschicht bildet immer einen Hohlzylinder von den Radien r und R und der Länge L. Der Isolationswiderstand eines Hohlzylinders vom Radius ϱ, von unendlich dünner Wandstärke $d\varrho$ und der Länge L berechnet sich nach obiger Formel

als $\quad dW = \dfrac{w}{2\,\pi\,L}\,\dfrac{d\varrho}{\varrho}$.

Integriert man von r bis R, so wird

$$W = \frac{w}{2\,\pi\,L}\,\log\,\mathrm{nat}\,\frac{R}{r} = \frac{0.366\,w}{L}\,\log\,\frac{R}{r}$$

woraus sich der spezifische Is.-W. berechnet als

$$w = \frac{2.73\,W\,L}{\log\dfrac{R}{r}}$$

Statt der Radien r und R kann man auch die Durchmesser d und D einsetzen.

Für die Gummiadern (siehe S. 8) von 50 Megohm ($= 50.\,10^{15}$ C.G.S. per km, oder $L = 10^5$ cm, $r = 0.1$, $R = 0.2$ cm) von 500 und 2000 Megohm findet man nach der letzten Formel die folgenden Werte:

$$W_{50} \quad = 4.55 \times 10^{22}\ \text{C.G.S. Einheiten}$$
$$W_{500} \quad = 4.55 \times 10^{23} \qquad \text{,,} \qquad\qquad \text{,,}$$
$$W_{2000} = 1.36 \times 10^{24} \qquad \text{,,} \qquad\qquad \text{,,}$$

Für die zwei Guttaperchasorten findet man

$$W = 4.64 \times 10^{23}\ \text{C.G.S. Einheiten (Munro)}$$
$$W = 3.55 \times 10^{23} \qquad \text{,,} \qquad\qquad \text{,,} \qquad \text{(Siemens)}.$$

Für ein Kabel mit Juteisolation von 10 mm ϕ über Leiter von 2 mm Isolationsdicke und 2000 Megohm per km wird $w = 3.7 \times 10^{24}$ und für das gleiche Kabel mit einer Isolationsdicke von 5 mm wird $w = 1.82 \times 10^{24}$ Ohm.

Wir führen noch eine Tabelle des spezifischen Is.-W. für verschiedene Materialien an, die von **W. H. Preece** aufgestellt worden ist.

Tabelle der spezifischen Isolationswiderstände.

Material	Spez. Is.-W. C.G.S.-Einheiten	Vergleichswerte	Temperatur C.^{0}	Beobachter
Luft	∞	∞	—	—
Glimmer	8.4×10^{22}	0.084	20^0	Ayrton & Perry
Guttapercha	4.5×10^{23}	0.45	24^0	L. Clark
„	1×10^{24}	1.0	—	Preece
Gummi	1.09×10^{25}	10.9	24^0	Jenkin
Schellack	9×10^{24}	9.0	28^0	Ayrton & Perry
Ebonit	2.8×10^{25}	28.0	46^0	„ „
Paraffin	3.4×10^{25}	34.0	46^0	„ „
Flintglas	2×10^{25}	20.0	20^0	T. Gray
Gewöhnliches Glas	9.1×10^{22}	0.91	20^0	Fusserau
Siemens' beste Vulkan-Gummi	—	16.17	15^0	Siemens
do., gewöhnliche Sorte	—	2.28	15^0	„
Vulk.-Gummi	—	1.5	15^0	—

Durch Division mit 10^9 werden diese Zahlen auf **Ohm** und mit 10^{15} auf **Megohm** per ccm reduziert.

Isolationswiderstand und Temperatur. Die Temperatur hat auf die meisten Isolationsmaterialien bedeutenden Einfluß, weitaus mehr als auf elektrische Leiter. Getrocknete Jute, wenn angewärmt, vermindert ihren Isolationswiderstand sehr rasch. Noch rascher sinkt derselbe bei Ölen und Harzen.

Wir geben im nachfolgenden eine Tabelle der Änderung des Is.-W. für imprägnierte Jute, die wir im Jahre 1897 experimentell mit Hülfe eines Jute isolierten und Blei umpressten Drahtes bestimmt haben. Die Tränkmasse war eine Mischung von Kolophonium, einem kolophonähnlichen Kabelwachs, von Paraffin und Vaselin. Es ist selbstverständlich, daß die Tabelle nur für diese Tränkmasse Gültigkeit hat.

Temperatur-Koeffizient von imprägnierter Jute
zur Reduktion auf die Temperaturen von 10 und 15° C.

Der bei der Temperatur t gemessene Is.-W. wird mit dem neben t stehenden Koeffizienten multipliziert, um ihn auf 10° resp. 15° zu reduzieren.

Temp. C.°	Koeffizient für		Temp. C.°	Koeffizient für	
	10°	15°		10°	15°
0	0.52	0.33	19	4.40	2.82
1	0.56	0.36	20	6.40	4.10
2	0.60	0.39	21	9.4	6.0
3	0.68	0.44	22	14.6	9.3
4	0.72	0.46	23	21.0	13.4
5	0.76	0.49	24	27.6	17.7
6	0.80	0.51	25	35.6	22.8
7	0.84	0.54	26	45.6	29.2
8	0.92	0.59	27	58.0	37.2
9	0 96	0.62	28	75.2	48.2
10	1.00	0.64	29	98.4	63.1
11	1.04	0.67	30	130	83.1
12	1.08	0.69	31	176	113
13	1.20	0.77	32	240	154
14	1.36	0.87	33	340	218
15	1.56	1.00	34	544	349
16	1.92	1.23	35	880	564
17	2.40	1.54	36	1330	851
18	3.04	1.95	37	2080	1333

Temperaturkoeffizient für trockenes Papier
zur Reduktion auf die Temperaturen 15 und 20° C. Der gemessene Is.-W. wird mit dem Koeffizienten wie in obiger Tabelle multipliziert.

Temperatur in C.°	Koeffizient für	
	15°	20°
0	0.39	0.43
5	0.46	0.61
10	0.62	0.77
15	1.00	0.88
20	2.3	1.00
25	9.9	1.32
30	42.2	1.77

Diese Tabelle stammt aus Uppenborns Kalender.

Für vulkanisierten Gummi sind bis jetzt noch keine Temperaturtabellen publiziert worden. Für Guttapercha hingegen findet man solche in jedem Hülfsbuche der Elektrotechnik.

Der Kondensator. In seiner einfachsten Form besteht der Kondensator aus einem plattenförmigen Isoliermaterial, dessen Seiten je eine Metallbelegung haben. Legt man die Belegungen an die Pole einer Batterie, so fließt für eine bestimmte Zeit eine elektrische Ladung in den Kondensator. Die Strömung nimmt ein Ende, sobald der Kondensator das Potential der Batterie angenommen hat.

Man kann zu irgend einer Zeit die Verbindung mit der Batterie unterbrechen. Stellt man dann zwischen den beiden Belegungen eine leitende Verbindung her, so entsteht wieder eine Strömung, die eine bestimmte Zeit andauert. Der Kondensator verhält sich während dieser Zeit wie eine elektromotorische Kraft.

Der Sitz derselben ist im Dielektrikum zu suchen und nicht in der Metallbelegung. Diese dient bloß dazu, die Ladung dem Dielektrikum zuzuführen und während der Entladung wieder zu sammeln. Daß dies der Fall sein muß, folgt aus der Tatsache, daß die Ladungsmenge eine andere wird, sobald man die dielektrische Platte des Kondensators durch ein anderes Material von gleichen Dimensionen ersetzt. Die Vorgänge bleiben aber dieselben, wenn man die Belegungen durch ein anderes Metall ersetzt, oder dieselben dicker oder dünner wählt.

Das Isoliermaterial spielt also in der Elektrizitätslehre absolut nicht die passive Rolle, die man ihm gewöhnlich zuschreibt. Das aktive Eingreifen des Dielektrikums in die Vorgänge der elektrischen Übertragung tritt am deutlichsten hervor bei veränderlicher elektromotorischer Kraft, und ist am bekanntesten in langen Telegraphen- und Telephonkabeln. Um bei den atlantischen Kabeln den Einfluß des Dielektrikums zu überwinden, müssen für Wiedergabe der telegraphischen Zeichen besondere Kunstgriffe angewendet werden. Bei langen Telephonkabeln verändert das Dielektrikum die Stromwellen derart, daß sie am Ende der Leitung einen anderen Ton reproduzieren als denjenigen, dem sie ihren Ursprung verdanken, mit anderen Worten, der Sprechverkehr ist nicht mehr möglich.

Wie in anderen physikalischen Vorgängen, zeigt auch bei der elektrischen Übertragung jedes Dielektrikum sein eigenes Verhalten. Ein ideales Dielektrikum ladet und entladet sich in unendlich kurzer Zeit vollständig. Ein wirkliches Dielektrikum hingegen braucht für beide Vorgänge mehr oder weniger Zeit. Es gibt solche, die momentan z. B. $90\,^0/_0$ der ganzen Ladung aufnehmen oder abgeben, dann solche, die eine Sekunde, 10 Sekunden etc. verlangen, und schließlich solche, die für vollständige Ladung eine Zeit von Minuten brauchen.

Ein Dielektrikum, das die Ladung langsam aufnimmt, gibt sie auch immer langsam ab. Bei einem momentanen Kurzschluß der Belegungen fließt ein Teil der Ladung ab. Wiederholt man diesen Kurzschluß von Zeit zu Zeit, so erhält man immer wieder neue Entladungen, bis schließlich der Kondensator ganz erschöpft ist.

Für Telegraphen- und Telephonkabel sind nur Dielektrika brauchbar, die dem Idealen möglichst nahe stehen. Ein langsam arbeitendes Dielektrikum verändert nicht nur die Form der Stromwelle, sondern auch die Zeiträume, in der sie aufeinander folgen.

Die Größe der Ladung M, erzeugt durch eine ladende Spannung V, ist gegeben durch die Formel

$$M = D \cdot CV.$$

C ist eine von den Dimensionen des Kondensators und D eine von der Natur des Dielektrikums abhängende Konstante.

Ist Luft das Trennungsmittel der zwei Belegungen des Kondensators, so ist $D = 1$. In diesem Falle bedeutet C die Ladungsmenge, die von der Spannung $V = 1$ erzeugt wird. Man nennt C die Kapazität des Kondensators.

Die vom Isoliermittel abhängige Konstante D wird die spezifische induktive Kapazität oder Dielektrizitätskonstante genannt. Es ist wichtig, den Wert derselben zu kennen, um entscheiden zu können, was für Materialien als Isoliermittel von Kabeln den Vorzug verdienen. Je größer die Dielektrizitätskonstante, desto größer ist die Kapazität DC des Kabels. Hohe Kapazität ist bis jetzt nicht gewünscht worden, im Gegenteil, man sucht die Kapazität von Kabeln in allen Fällen so niedrig als möglich zu halten.

Die Bestimmung der Dielektrizitätskonstante ist meistens eine schwierige Sache, hauptsächlich dann, wenn das Dielektrikum die Ladung langsam aufnimmt und abgibt. So kommt es, daß die von verschiedenen Beobachtern bestimmten Werte nur annähernde Vergleichszahlen sind.

Ist eine genaue Kenntnis der Dielektrizitätskonstanten für ein Isoliermaterial erforderlich, so muß man sie direkt bestimmen.

In der nachfolgenden Tabelle geben wir, alphabetisch geordnet, eine Sammlung beobachteter Werte von D.

Tabelle der Dielektrizitätskonstanten.

Substanz	Dielektrizitäts-konstante	Beobachter
Benzin	2.20	Sillow
„ 21 ^{0} C.	2.45	Rosa
Ebonit	2.21—2.76	Schiller
„	3.15	Boltzmann
Eis	78	—
Glas, Kronglas	3.11	Wüllner
„ „ spez. Gew. 2.485 . .	6.96	Hopkinson
„ Flintglas „ „ 2.87 . .	6.61	„
„ „ „ „ 3.2 . . .	6.72	„
„ „ „ „ 3.66 . .	7.38	„
„ „ „ „ 4.5 . . .	9.90	„
Glimmer	5	Faraday
Gummi, Naturgummi	2.80	—
„ „	2.12	Schiller
„ „	2.34	Siemens
„ vulkanisiert	2.94	„
Guttapercha	4.2	Faraday
„	2.46	Gordon
Kolophonium	2.55	Boltzmann
Luft von 760 mm	1.0	—
Paraffin	1.96	Wüllner
„	2.32	Boltzmann
„	1.68—1.92	Schiller
„	2.19—2.34	Siemens
Petroleum, ordinär	2.10	Hopkinson
„ Essenz	2.17	Perrot
Schwefel	2.88—3.21	Wüllner
„	3.84	Boltzmann
„	2.58	Gordon
Schellack	2.74	„
„	2.95—3.73	Wüllner
Terpentinöl 17.1 ^{0}	1.94	Quincke
„ „	2.16—2.22	Sillow
Wasser bei 14 ^{0}	83.8	Tereschin
„ „ 25 ^{0}	75.7	Rosa
Wasserstoff 760 mm	0.9997	Boltzmann
„ „	0.9998	Ayrton

Dr. v. Hoors Versuche. Dr. v. Hoor in Budapest (siehe Elektr. Zeitschr. 1901. p. 170. 187. 716. 749. 781) hat eine umfassende Versuchsreihe durchgeführt über eine Anzahl Fragen, die sich auf die Kapazität von Dielektrika beziehen, und wir geben im nachfolgenden eine Übersicht der erzielten Resultate.

In erster Linie konstatiert v. Hoor, daß viele als Dielektrika verwendete Materialien bei Kapazitätsversuchen keine sich konstant verhaltenden Zahlen ergeben. Am meisten geeignet für die Versuche findet er vollständig reine Pflanzenfaser, d. h. Papiere aus Leinen, Jute und Manilahanf erzeugt. Durch einen besonderen Prozeß werden diese getrocknet, luftleer gemacht und mit chemisch reinen Paraffinen, mit Petroleum oder feinen Harzen getränkt. Die Papiere werden dann noch durch einen, längere Zeit andauernden Formierungsprozeß unter der Spannung eines Wechselstromes geführt. So präparierte Kondensatoren zeigen zu allen Zeiten ein gleiches Verhalten und sind so verwendbar für die Bestimmung der Konstanten.

Die Versuche bezweckten festzustellen, ob die Dielektrizitätskonstante wirklich eine Konstante ist, oder ob sie sich mit der elektromotorischen Kraft ändert. So wurde für jedes Dielektrikum eine Versuchsreihe ausgeführt, in welcher die elektromotorische Kraft von etwa 1 Volt bis 1000 Volt variiert wurde. Jedesmal wurde die Kapazität gemessen und daraus die Dielektrizitätskonstante berechnet.

Das Dielektrikum wurde also am Anfang der Reihe mit geringen elektrischen Kräften beansprucht. Am Ende der Reihe war die Beanspruchung so groß, daß das Dielektrikum beinahe durchgeschlagen wurde. Der Grad der Beanspruchung wird durch Volt-Centimeter ausgedrückt. Steht z. B. ein Blatt Papier von $^1/_{10}$ mm Dicke unter einer Spannung von 100 Volt, so wäre dessen Beanspruchung $= 100 \times 100 = 10\,000$ Volt-Centimeter, d. h. eine Papierdicke von 1 cm müßte unter eine Spannung von 10 000 Volt kommen, um dieselbe Beanspruchung zu haben als das Blatt von $^1/_{10}$ mm Dicke mit 100 Volt.

Von den vielen Versuchsreihen Dr. v. Hoors greifen wir eine heraus. Es bezeichnen

V das ladende Potential,

Q die gemessene Ladungsmenge,

K die berechnete Kapazität,

D die „ Dielektrizitätskonstante $= \dfrac{K}{1.245}$

Blätterkondensator: Dielektrikum bestehend aus 2 Papieren aus Leinenfaser, jedes 0.045 mm dick und eigens präpariert. Beanspruchung 500 bis 110 000 Volt-Centimeter

$V^1)$	$Q^1)$	K	D
5	85	17.0	13.6
10	149	14.9	11.9
20	210	10.5	8.4
50	349	7.00	5.6
100	540	5.40	4.3
200	867	4.33	3.46
300	1184	3.95	3.16
500	1764	3.53	2.82
700	2353	3.36	2.68
900	2970	3.30	2.64

Diese Beobachtungsreihe stellt unzweideutig fest, daß man nicht von einer Dielektrizitätskonstanten sprechen darf. Die Größe D, welche diesen Namen führt, nimmt mit wachsender Beanspruchung stetig ab, erst rasch und später langsam.

Es gibt hingegen auch Dielektrika, für welche der Wert von D sich weitaus weniger ändert als für das Papier in obiger Tabelle, wie sich aus folgender Zusammenstellung der Versuchsresultate von Dr. v. Hoor ergibt.

Tabelle der Werte der „Dielektrizitätskonstanten".

Dielektrische Substanz	Beanspruchung in Voltcentimeter		Dielektrizitäts-konstante	
	Minimum	Maximum	Maximum	Minimum
Paraffiniertes Papier, Temperatur 19.5—20⁰ C.	0.528	55000	3.68	3.65
Dasselbe 20.0—20.5⁰ C. . .	2.52	54000	3.365	3.236
Jute in konzentrischem Kabel, 17—18⁰ C.	0.91	7500	17.12	2.75
Kronglas 20—21⁰ C.. . . .	4.46	23000	12.8	10.7
„ 20—22⁰ C.. . . .	1.04	27000	7.22	6.92
Megohmit 19.5⁰ C.	0.28	6000	5.31	5.09
Guttapercha 19.5⁰ C.. . . .	0.50	41000	3.26	3.155

Erwähnenswert ist noch, daß der Wert der Dielektrizitätskonstanten plötzlich fällt, wenn die Beanspruchung nahe an den Durchschlagspunkt des Dielektrikums gerückt wird.

Was nun die Schnelligkeit anbetrifft, mit der Dielektrika sich vollständig laden und entladen, so folgt aus den Versuchen, daß

---

[1] Die Kurve von Q und V ist ähnlich den Durchschlagskurven (s. S. 33). Die Gleichung $Q = 28.2 \sqrt[3]{V^2}$ stellt obige Beobachtungsreihen mit ziemlicher Annäherung dar.

oft recht erhebliche Zeiten nötig sind, bis das Dielektrikum in einen stationären Zustand kommt. Paraffinierte Papiere z. B. brauchen dafür gegen fünf Sekunden. Jute verhält sich ähnlich, nur verläuft die Entladung langsamer. Mit Glas sind die Zeiten viel größer, 60 bis 100 Sekunden.

Wir möchten hier noch ein von Mordey ausgeführtes Experiment anführen. Er bestimmte die Kapazität eines Gummikabels von 100 qmm und 12 km Länge erst mittels eines Batteriestromes von 100 Volt und darnach mittels Wechselstrom von 90 Perioden und einigen zwischen 2000 und 6000 Volt liegenden Spannungen. Die aus den Beobachtungen berechneten Kapazitäten hatten für alle Spannungen praktisch dieselben Werte.

Für das fragliche Gummikabel ist also die Dielektrizitätskonstante sozusagen für alle Beanspruchungen dieselbe.

Kapazität von Kabeln. Es bedeute K die Dielektrizitätskonstante des Isoliermateriales, d und D innerer und äußerer Durchmesser der zylindrischen Isolierschicht (in irgend einem Maße gemessen), L die Länge des Kabels und C die Kapazität in elektrostatischen Einheiten, so kann C nach der Formel

$$C = \frac{0.217\, KL}{\log \dfrac{D}{d}}$$

berechnet werden.

Für den Kilometer $= 10^5$ cm und in Mikrofarad ausgedrückt $(1\,\mathrm{MF} = 10^{-15}\,\mathrm{C.G.S.})$ lautet die Formel

$$C = \frac{0.0243\, K}{\log \dfrac{D}{d}}$$

Man kann also, wenn man die Dimensionen des Kabels und K kennt, dessen Kapazität per km berechnen, oder umgekehrt aus der gemessenen Kapazität C in MF und den Dimensionen des Kabels die Dielektrizitätskonstante K bestimmen. Es ist

$$K = 41.1 \cdot C \cdot \log \frac{D}{d}$$

Für submarine Kabel, mit Guttaperchaisolation, gelten für die Kapazität die Formeln

$$C = \frac{0.1650}{\log \dfrac{D}{d}}\,\mathrm{MF}\ \text{per Knoten} = \frac{0.089}{\log \dfrac{D}{d}}\,\mathrm{MF}\ \text{per km.}\quad \text{(Siemens.)}$$

$$C = \frac{0.1802}{\log \dfrac{D}{d}}\,\mathrm{MF}\ \text{per Knoten} = \frac{0.097}{\log \dfrac{D}{d}}\,\mathrm{MF}\ \text{per km}\quad \text{(Englische Post.)}$$

Aus diesen Angaben kann man die Dielektrizitätskonstanten als 3.7 resp. 4.0 berechnen. Die Formeln gelten für Guttapercha wie vor etwa 20 Jahren erhältlich, und die Temperatur von 75 F = 24 C.

Die Kapazität in MF einer Telegraphenleitung, d. h. eines Drahtes von Durchmesser d, in der Höhe h über dem Boden isoliert aufgehängt, von der Länge L, alle Dimensionen in cm ausgedrückt, wird nach Lord Kelvins Formel berechnet

$$C = \frac{0.0243 \cdot L \times 10^{-5}}{\log \dfrac{4\,h}{d}}$$

Nach Breisig ist die Kapazität einer oberirdischen Doppelleitung per km ungefähr 0.01 MF für jeden Draht, und genau

$$C = \frac{0.0243}{\log \dfrac{d}{2\,r}} \text{ MF}$$

wo $2r$ = dem Drahtdurchmesser und d = dem Abstand der Mittelpunkte der Drähte ist.

Colette (Elektrotechn. Zeitschr. Sept. 1895) gibt für die Kapazität einer Telegraphenleitung, in der Höhe von 9 Meter gespannt, die nachfolgenden gemessenen Werte

Drahtdurchmesser $d = 2.00$ mm	$C = 0.0089$ MF per km
$d = 2.46$ „	$C = 0.0091$ „ „
$d = 2.84$ „	$C = 0.0093$ „ „
$d = 4.01$ „	$C = 0.0097$ „ „

Die folgenden Zahlen geben die Kapazitäten einiger von uns gemessenen Kabel

Guttapercha 3×0.66 auf 4.0 mm	$C = 0.19 - 0.20$ MF per km
„ $\quad\; 7 \times 0.70$ „ 5.0 „	$C = 0.25$ „

Gleichstromkabel	50 qmm für 200 Volt	= 0.60
„	120 „ „ 200 „	= 0.54
„	350 „ „ 200 „	= 0.67

Charpentier (Canalisations Electriques p. 172) gibt folgende Sammlung von Kapazitäten per Kilometer:

Konzentrische Kabel für 2000 Volt.

Querschnitt	Leiter/Leiter	Leiter/Blei
2×10 qmm	$C = 0.14$ MF	$C = 0.34$ MF
2×25 „	$C = 0.17$ „	$C = 0.40$ „
2×50 „	$C = 0.20$ „	$C = 0.45$ „
2×70 „	$C = 0.25$ „	$C = 0.50$ „
2×100 „	$C = 0.31$ „	$C = 0.55$ „
2×200 „	$C = 0.37$ „	$C = 0.59$ „

Dreifach verseilte Kabel für 5000 Volt.

Ein Leiter gegen die andern und Blei

Querschnitt	Kapazität
3×5 qmm	$C = 0.10$ MF
3×10 „	$C = 0.11$ „
3×15 „	$C = 0.12$ „
3×25 „	$C = 0.13$ „
3×50 „	$C = 0.14$ „
3×75 „	$C = 0.16$ „

Kapazität der Schichten. Wenn man von der Dielektrizitäts-konstanten K und der Kabellänge L absieht, so ist die Kapazität in relativem Maße gemessen

$$C = \frac{1}{\log \dfrac{D}{d}}$$

Wir denken uns die Isolation des Kabels schichtenweise aufgetragen. Mit Hülfe obiger Formel kann man aus innerem und äußerem Durchmesser jeder Schicht deren Kapazität berechnen und in Bruchteilen der gesamten Kapazität des Kabels oder der inneren Schicht ausdrücken.

Die Rechnung ergibt, daß für dünne Leiter die Kapazität gleich dicker Schichten, von innen nach außen gezählt, rasch zunimmt.

Für dicke Leiter ist die Zunahme unbedeutender und um so kleiner, je größer der Durchmesser des Leiters wird.

Denken wir uns zwischen je zwei Schichten eine dünne Metallschicht, so haben wir eine Anzahl Kondensatoren in Reihenschaltung. Nach bekannten Sätzen ist das reziproke der Gesamtkapazität gleich der Summe der Reziproken Werte der Kapazitäten jedes Einzelkondensators, also jeder einzelnen Schicht.

Beispiel: Es sei $d = 2$ und $D = 10$ mm, also die Wandstärke der Isolation $= 4$ mm. Teilen wir dieselbe in 4 Schichten von 1 mm Dicke ein, so haben wir

Relative Kapazitäten =	1	1.7	2.5	3.0
Reziproke „		0.30	0.18	0.12	0.10

Reziproke Gesamtkapazität $= 0.7 = 0.30 + 0.18 + 0.12 + 0.10$.

Die Gesamtkapazität ist kleiner als die jeder einzelnen Schicht.

B. Das Dielektrikum unter Wechselstrom.

Der Ladungsstrom. Beim Studium des Kondensators haben wir die Bekanntschaft mit Vorgängen innerhalb des Dielektrikums gemacht, die während einer elektrischen Übertragung stattfinden.

Wird das Dielektrikum unter den Einfluß eines Wechselstromes gebracht, so werden diese Erscheinungen viel auffallender. Denken wir uns einen Kondensator mit idealem Dielektrikum an die Pole einer Wechselstrommaschine gebracht, deren elektromotorische Kraft eine Sinusfunktion ist. Im Anfange der Periode ist $V = 0$ und wächst dann bis zu einem Maximum, fällt wieder auf Null herunter und macht denselben Prozeß mit negativem Zeichen durch. Da die Ladung des Kondensators immer prop. V ist, wird diese also gleichzeitig mit V anwachsen, ein Maximum, gleich Null und ein Minimum sein. Es wird also während des ersten Viertels der Periode ein elektrischer Strom von der Maschine nach dem Kondensator und während des zweiten Viertels ein Strom vom Kondensator nach der Maschine fließen. Der Strom hat ebenfalls Sinusform, aber er ist $= 0$ im Momente, wo V ein Maximum ist, d. h. er ist in der Phase um $^1/_4$ Periode gegen die e. m. Kraft der Maschine verschoben.

Der Kondensator verhält sich also gerade so, als ob er mit einer elektromotorischen Kraft ausgestattet wäre.

Aus der Gleichung des Kondensators $Q = CV$ kann man leicht für den Ladungsstrom A die folgende Formel ableiten

$$A = 2\,n\,\pi \cdot V \cdot C \cdot 10^{-6}.$$

A wird in Ampere gegeben, wenn V in Volt und C in Mikrofarad gemessen werden. Die Zahl n bezeichnet die Zahl der vollständigen Perioden per Sekunde. V ist als Sinusfunktion vorausgesetzt.

Aus der Formel folgt

$$C = \frac{A \cdot 10^6}{2\,n\,\pi\,V}$$

Diese Formel dient zur Berechnung der Kapazität eines Kondensators oder Kabels, aus dem beobachteten Ladungsstrom A und der Spannung V, Sinuswellen vorausgesetzt.

Gerade wie ein Kondensator wird sich ein Kabel verhalten, z. B. ein konzentrisches Kabel, dessen Leiter und Rückleiter an die Pole der Wechselstrommaschine gebracht werden. Die zwei Leiter verhalten sich wie die Belegungen des Kondensators, der Unterschied ist bloß der, daß im Kabel die Kapazität nicht auf einen kleinen Ort konzentriert, sondern gleichförmig über dessen ganze Länge verteilt ist.

Im allgemeinen ist jeder geschlossene oder nicht geschlossene Stromleiter ein Kondensator. Je zwei einander gegenüberliegende Leiterteile können als die Belegungen aufgefaßt werden. In einem Telegraphendraht mit Erde als Rückleitung ist die Luft das Dielektrikum und die Dicke der Isolierschicht ist die Höhe des Drahtes über der Erde.

Dielektrische Hysteresis. Steht ein Kondensator unter dem Einflusse eines Wechselstromes, so verrichtet dessen Dielektrikum eine elektrische Arbeit. Es wird periodisch in Zustände der Positiven und Negativen übergeführt und die Beanspruchung geht von einem negativen Maximum über Null zu einem positiven Maximum. Welcher mechanische Vorgang sich im Dielektrikum abspielt, ist uns unbekannt. Auf jeden Fall aber ist dieses der Träger einer Arbeit, ein Teil des elektrischen Getriebes, und es ist also anzunehmen, daß ein Teil der durch das Dielektrikum übertragenen Arbeit in demselben verloren geht und als Wärme erscheint, was ja bei allen Maschinen der Fall ist.

Der Vorgang ist ein ähnlicher wie bei der Magnetisierung von Eisen mit Wechselstrom, und analog der magnetischen kann man von dielektrischer Hysteresis sprechen.

Der Arbeitsverlust im Dielektrikum eines Kondensators ist offenbar abhängig

1. von der Substanz und der Temperatur derselben;
2. von der Geschwindigkeit, mit welcher der Wechsel von $+$ auf $-$ durchgeführt wird, also von der Zahl der Perioden;
3. von der Größe der $\pm$ Beanspruchsgrenze, also von der e. m. Kraft;
4. von der Größe der Beanspruchung in den einzelnen Momenten während der Dauer der Periode, d. h. von der Form der Welle der e. m. Kraft;
5. von den Dimensionen.

Die Erwärmung des Dielektrikums unter dem Einfluß von Wechselstrom möchten wir durch ein Experiment illustrieren, das wir im Jahre 1889 ausgeführt haben, zu welcher Zeit von dieser Sache noch wenig bekannt war.

Zwei Guttaperchaadern 7×0.70 mm auf 6 mm und jede ca. 400 Meter lang, wurden in einen eisernen Trog gelegt und dieser mit 50 kg Wasser gefüllt. Die Kabel wurden erst hintereinander geschaltet und mit Wechselstrom 100 Perioden 8000 Volt gegen Wasser geprüft. Nach einer Stunde war die Temperatur des Wassers um 2.35⁰ C. und die des Kupferleiters um 11⁰ C. gestiegen. Eine rohe Berechnung zeigte, daß die vom Wasser aufgenommene Wärme etwa 5 mal größer war als die durch den Ladungsstrom im Kupferwiderstand erzeugte Wärme. Es wurde daraus geschlossen, daß das Dielektrikum sich erwärme.

Die zwei Ringe wurden dann parallel verbunden und wieder gegen Wasser mit 8000 Volt geprüft. Die Kupferwärme wurde dadurch auf $^1/_4$ des vorigen Wertes reduziert. Wasser und Leiter zeigten nach einer Stunde wieder ähnliche Werte wie im ersten Experiment.

Ein weiteres Experiment machten wir mit einer Guttaperchaplatte von ca. $80 \times 40 \times 1$ cm. Wir legten sie zwischen zwei Metallplatten und machten eine Spannungsprobe mit 10000 Volt. Nach 70 Minuten wurde unterbrochen und eine Temperatur der Guttapercha von ca. 40⁰ C. konstatiert, bei einer Lufttemperatur von 5⁰ C.

Die **Erwärmung** des Dielektrikums ist seit der Einführung von Hochspannungskabeln allgemein bekannt geworden und ist jedem Kabelprüfer geläufig.

Es sind schon von verschiedenen Forschern Anstrengungen gemacht worden, den numerischen Betrag der dielektrischen Hysteresis zu bestimmen und allgemeine Gesetze dafür aufzustellen. Die bis jetzt bekannt gewordenen Resultate sind aber nicht derart, daß der Kabeltechniker sie verwerten kann, oder daß Beleuchtungsgesellschaften bestimmen könnten, wieviel die im Dielektrikum des Kabelnetzes jährlich verlorene Arbeit kostet.

Von den verschiedenen Bestimmungen der Hysteresis muß vor allem die von **Mordey** berücksichtigt werden (siehe Journal Inst. El. Engineers. XXX, p. 363, 1901).

Die Messung wurde ausgeführt an 12 km konzentrischem Kabel 2×100 qmm, Außenleiter und Stahlpanzer an Erde, in 2″ Gasrohr eingezogen. Isolation ist Gummi. Kapazität zwischen den Leitern 0.53 MF per km. Betriebsspannung 1000 Volt und· 50 Perioden.

Die Meßmethode beruht auf folgendem. Es sei V die an das Kabel geschaltete Spannung in Volt, A der beobachtete Ladungsstrom in Ampere bei der Periodenzahl n, so absorbiert das Kabel die scheinbare Arbeit $V \cdot A = 2 n \pi V^2 C \cdot 10^{-6}$.

Die wirkliche, mit einem Wattmeter beobachtete Arbeit ist aber bloß ein Bruchteil $K.VA$ der scheinbaren.

Der Koeffizient K, auch **Leistungsfaktor** genannt, wird durch die Ablesungen von Volt-, Ampere- und Wattmeter bestimmt. **Mordey** fand ihn $= 0.124$.

Die vom Dielektrikum des Kabels absorbierte Arbeit wäre

demnach $12.4\,^0/_0$ der aus dem Produkt von Ladungsstrom und Spannung erhaltenen Zahl der Watt.

Diese Zahl ist allgemein als viel zu groß angefochten worden. Mather gibt dafür andere Zahlen, die sich auf 2000 Volt und 100 Perioden beziehen, nämlich

$$
\begin{array}{lll}
\text{Kabel: Isolation ölgetränktes Papier} & K = 0.024 \\
\text{do.} \quad \text{„} \quad \text{imprägnierte Jute} & = 0.027 \\
\text{do.} \quad \text{„} \quad \text{Gummi} & = 0.028 \\
\text{do. Das von Mordey untersuchte, Gummi} & = 0.029 \\
\end{array}
$$

Dann liegen noch Versuche von Rosa und Smith vor (Phys. Rev. 8. 1—20, 79—94. 1899). Diese haben auch das Wattmeter zur Bestimmung der Hysteresis verwendet, gaben es aber auf, weil zu ungenau, und gingen zu einer kalorimetrischen Messung über. Die Untersuchung wurde an Kondensatoren ausgeführt.

Sie finden für K bei 145 Perioden die Werte

$$
\begin{array}{lll}
\text{Kondensator: Isolation paraffiniertes Papier} & K = 0.0075 \\
\text{do.} \quad \text{„} \quad \text{„} \quad \text{„} & K = 0.015 \\
\text{do.} \quad \text{„} \quad \text{Papier mit Bienen-} \\
\text{wachs und Kolophonium getränkt} & K = 0.06 - 0.08. \\
\end{array}
$$

Käufliche Kondensatoren ergeben höhere Werte als eigene sorgfältig fabrizierte.

Ein Kondensator Papier-Paraffin ergab, wenn erwärmt, eine Zunahme der Hysteresis bis auf eine Temperatur von 36^0 C. Nachher nahm sie wieder ab.

A. Kleiner (E.T.Z. p. 542. 1893) gibt für die im Dielektrikum durch intermittierende Ladung erzeugte Wärme folgende Vergleichswerte

Ebonit	1.00	Wachs	0.60
Kautschuk	1.41	Glimmer	0.28
Guttapercha	0.76	Kolophonium	0
Glas	0.74	Paraffin	0

Durchschläge in Luft. Die Distanzen, welche gegebene Potentialdifferenzen in Luft überspringen können, sind von vielen Beobachtern bestimmt worden. Deren Resultate zeigen meistens keine große Übereinstimmung.

Wir beschäftigen uns im Nachfolgenden mit unseren eigenen Beobachtungen vom Jahre 1892 (siehe Journal Inst. Electr. Eng. No. 97 p. 178 u. ff.).

Die Beobachtungen wurden mit einer Wechselstrommaschine,

einem Transformator, einem Thomsonschen statischen Voltmeter
und einem Funkenmikrometer ausgeführt. Nach vorhergehenden
Untersuchungen war uns bekannt, daß die elektromotorische Kraft
der Wechselstrommaschine bei allen Belastungen genau einer Sinus-
kurve folgte. Das Mikrometer, das die Elektroden trug, war auf
$1/_{100}$ mm ablesbar. Es wurde eine bestimmte Potentialdifferenz
hergestellt und die Distanz der Elektroden vermindert, bis der Durchschlag erfolgte. Jedes Experiment wurde mindestens dreimal wiederholt und die Elektroden jedesmal neu poliert.

Die nachfolgenden Zahlen beziehen sich auf zwei ebene parallele
Elektroden von Scheibenform, die eine von 100, die andere von
37 mm ϕ, beide mit stark abgerundeten Kanten. Die Periodenzahl war 100 per Sekunde, die Lufttemperatur ca. 15^0 C. und die
Feuchtigkeit ca. $80^0/_0$.

Pot.-Differenz	Schlagweite	Pot.-Differenz	Schlagweite
2000 Volt	0.67 mm	10 000 Volt	4.80 mm
4000 „	1.59 „	12 000 „	6.46 „
6000 „	2.53 „	15 000 „	10.23 „
8000 „	3.60 „	— „	— „

Die Beobachtungen mußten mit 15 000 Volt abgeschlossen
werden, da die Funken nicht mehr auf der kürzesten Distanz über-
sprangen, sondern vom abgerundeten Rande der kleinen Scheibe
aus. Aus diesem Grunde ist auch die letzte Schlagweite nicht
mehr genau richtig.

Wird die kleinere Elektrode durch eine Halbkugel von 10 mm
ϕ ersetzt, so werden die Schlagweiten für gleiche Pot.-Differenzen
durchwegs von ca. $10^0/_0$ kleiner.

Bei einer anderen Periodenzahl änderten sich die Schlagweiten nicht so stark als theoretisch erwartet wurde, wie die
folgenden Zahlen zeigen.

Pot.-Differenz	Schlagweite mit	
	80 Wechsel	100 Wechsel
4000 Volt	1.47 mm	1 59 mm
6000 „	2.30 „	2.53 „

Um den Einfluß der Kapazität auf die Schlagweite zu prüfen,
wurden eine oder mehrere Kabellängen parallel mit dem Funkenmikrometer geschaltet. Die Elektroden waren die ebenen Platten,
die Periode 100 per Sek. und die Kapazität 0.113 MF.

Pot.-Differenz	Schlagweite	
	mit Kapazität	ohne Kapazität
4000 Volt	1.53 mm	1.59 mm
6000 „	2.21 „	2.53 „
10000 „	4.17 „	4 50 „

Die Kapazität 0.113 MF drückt also die Schlagweite unbedeutend herunter, d. h. macht die Sinuswelle der EMK etwas flacher. Mit 10000 Volt und 0.28 MF sinkt die Schlagweite auf 3.94 mm.

In diesen Experimenten war das Funkenmikrometer am Anfange des Kabels eingeschaltet. Sie wurden wiederholt, das Mikrometer in die Mitte und an das Ende des Kabels gelegt. Die Schlagweiten blieben sich gleich, woraus man schließen kann, daß, unter den gegebenen Bedingungen, die Kurve der EMK im ganzen Stromkreis dieselbe Form hat.

Es ist wohl kein Zweifel, daß der Funke überspringt im Momente, wo die EMK ihr Maximum erreicht. Dieses ist für Sinuswellen $= \sqrt{2}$ mal beobachtete EMK. Multipliziert man also die Pot.-Differenz unserer ersten Tabelle mit 1.42, so kann man daraus eine Tabelle oder Kurve der für Gleichstrom gültigen Schlagweiten ableiten.

Warren de la Rue hat 1878 eine Reihe von Messungen über Schlagweiten mittels einer Batterie ausgeführt (Nature, 12. Sept. 1878). Wir haben diese auf moderne Einheiten umgerechnet, sie in einer Kurve abgetragen und aus derselben die zur Vergleichung mit unserer Tabelle nötigen Daten entnommen. Der Vergleich ist wie folgt:

Pot.-Differenz	Schlagweite nach	
	Warren de la Rue	Wechselstrom berechnet
2000 Volt	0.45 mm	0.25 mm
4000 „	0.95 „	0.80 „
6000 „	1.55 „	1.45 „
8000 „	2.15 „	2.15 „
10000 „	2.85 „	2.85 „

Die Elektroden für Warren de la Rues Beobachtungen sind dieselben wie für die unsrigen.

Die Zahlen beider Reihen stimmen so genau miteinander überein, als man für so unsichere Beobachtungen erwarten kann. Der Vergleich überzeugte uns nochmals, daß unsere Maschine mit einer Sinuswelle arbeitete. Auch bringt er uns zu der Überzeugung, daß unsere Zahlen über die Widerstandskraft von Luft gegen elektrische Spannung im großen und ganzen richtig sind. Doch glauben wir, daß, wenn wir heute die Beobachtungen mit denselben Apparaten und unter denselben Verhältnissen wiederholen würden, die Tabelle etwas anders lauten würde.

Die großen Differenzen, die man in den Schlagweiten verschiedener Beobachter findet, liegen, wie wir glauben, teilweise in den oben angedeuteten Unsicherheiten, meistens aber wohl in der Kurve der EMK, deren Maximum nicht genau bekannt war, und vielleicht darin, daß der Abstand der Elektroden, den man mißt, nicht identisch mit der Funkenlänge ist.

Die nachfolgende Tabelle gibt eine Idee der Differenzen einzelner Beobachter:

Beobachter	Pot.-Differenz für Schlagweite	
	von 1 mm	von 10 mm
Baur	3300 Volt	15000 Volt
Lord Kelvin	3570 „	—
Thomas Gray	4360 „	29800 „
Mascart, für Elektrisiermaschine gültig	5330 „	47500 „
Mascart, die Zahlen mit 1.42 dividiert	3700 „	33000 „

Die gegenwärtigen Kenntnisse über den elektrischen Funken sind wohl sehr mangelhaft. Wir möchten hier noch einige Beobachtungen anführen, die wir während unserer Praxis gemacht haben.

Beim Prüfen von Kabeln mit hoher Spannung, z. B. 10000 Volt, kommt es oft vor, daß der Funke von Leiter zu Blei, oder von Leiter zu Leiter, der Oberfläche der Isolation entlang, auf Distanzen von 100—150 mm überspringt.

Eine Glasplatte von ca. $700 \times 700 \times 3$ mm wurde zwischen zwei Plattenelektroden von ca. 100 mm ϕ gelegt und diese auf eine Spannung von 50000 Volt gebracht. Die Platte widerstand derselben oft minutenlang, und während dieser Zeit ging ein Regen von blitzähnlichen Funken von Elektrode zu Elektrode, der Oberfläche der Glasplatte entlang, also auf einem Wege von ca. 600 mm.

Beim Prüfen von Kabeln kann man oft hören, wenn die Spannung nahe an der Bruchgrenze des Kabels liegt, wie im Innern derselben die Funken knistern. Läßt man dieselben eine Zeitlang spielen, ohne es zu einem Bruch kommen zu lassen, so kann man eine wesentliche Erwärmung des Kabels konstatieren. Wir haben dies sowohl bei Jute- als bei Papierkabeln bemerkt. Vor einigen Jahren experimentierten wir mit Papier isolierten

Kabeln und wurden durch die außerordentlich starke Erwärmung beim Prüfen veranlaßt, dieselben als hoffnungslos aufzugeben, leider mit Unrecht.

Im Jahre 1891 prüften wir ein konzentrisches Gummikabel von etwa 10 qmm Querschnitt. Die Wandstärke der Isolation zwischen den Leitern sowohl als nach außen war ca. 13 mm. Der Außenleiter bestand aus 7 Drähten und einem spiralförmig darum gewickelten Stanniolband. Vier Längen dieses Kabels, von je 300 m Länge, waren einzeln mit 50000 Volt geprüft worden und hielten die Spannung aus. Dann wurden die Spleißungen gemacht und die ganze Länge von 1200 m auf einmal geprüft. Das eine Kabelende war mit dem Transformator verbunden, das andere ragte schief nach oben in die freie Luft, gut $1^1/_2$ m über dem Boden. Die Distanz der beiden Leiter am Ende betrug ca. 1 m.

Die Spannung wurde langsam auf 40000 Volt gebracht und dann konstant erhalten. Etwa fünf Minuten später fing der Transformator an zu heulen und das freie Kabelende an zu blitzen. Die Erscheinung dauerte nur wenige Sekunden und die Überraschung war so mächtig, daß wir nicht imstande waren, sichere Beobachtungen zu machen. Doch glauben wir, daß ein Schauer von Blitzen vom zentralen Leiter geradlinig in die Luft herausprasselte und daß die Erscheinung in einer blauen Aureole erlosch. Gleichzeitig stellte auch der Transformator sein Heulen ein.

Das Kabel war nach diesem Ereignisse in einem bösen Zustand. Die Isolation zwischen den Leitern war so vollständig ruiniert, daß sozusagen nicht ein meterlanges Stück gefunden wurde, das unversehrt war. Die Drähte des Außenleiters waren an vielen Stellen durchgeschmolzen und die Stanniolumwickelung war auf der ganzen Länge zum größten Teil verschwunden.

Durchschläge in festen Körpern. Für Kabelkonstruktionen ist es außerordentlich wichtig, für die einzelnen Materialien, die als Isolationsmittel zur Verwendung gelangen, Vergleichszahlen zu haben, die deren Widerstand gegen elektrische Durchschläge angeben.

Solche Zahlen erhält man, wenn man die Isolationsmittel als ebene Platten von bestimmten Dicken zwischen zwei Elektroden legt, diese unter eine Spannungsdifferenz bringt, die man so lange erhöht, bis der Durchschlag erfolgt. Man wird den Versuch mit verschiedenen Isolationsdicken wiederholen, damit man das Verhalten des Dielektrikums für alle praktisch verwendbaren Dicken kennt.

Als Elektroden sind Platten von beträchtlicher Dicke zu verwenden, deren Ränder abgerundet sind. Je größer die Fläche der

Platten, resp. des Isolationsmaterials ist, desto wertvoller ist der Versuch. Ein Dielektrikum ist in Bezug auf Durchschlag nicht in allen seinen Punkten gleichartig. Meistens hat es ungleiche Dicken, wenn auch mit aller Sorgfalt angefertigt, und die dünnen Stellen werden der Spannung unter sonst gleichen Bedingungen nachgeben. Dann gibt es im Dielektrikum wieder Stellen, die von Natur aus schon weniger Widerstand bieten als andere. Der Grund dieses Verhaltens ist bis jetzt noch nicht aufgeklärt worden. Weiter kann ein Dielektrikum einen Fabrikationsfehler haben, z. B. einen Riß, eine Blase, oder ein fremder, weniger widerstandsfähiger Partikel kann eingebettet sein, es kann stellenweise mehr Wasser enthalten als anderswo etc. Alle diese Unterschiede kann man sehr schön mit einem imprägnierten Tuch nachweisen. Verschiebt man ein größeres Stück zwischen den Elektroden, die z. B. eine Pot.-Differenz von 1000 Volt haben, so findet man immer einige Stellen, die durchschlagen, während andere 1500 bis 2000 Volt aushalten.

Durchschlagsversuche haben also nur praktischen Wert, wenn man größere Flächen zur Prüfung bringen kann, und es ist selbstverständlich, daß die gefundene Zahl nur maßgebend ist für das untersuchte Stück und nicht für alle Materialien derselben Bezeichnung. Verschiedene Sorten von Gummimischung oder von Guttapercha z. B. haben verschiedene Widerstandskräfte gegen Durchschlagen.

Ebenso wie beim Durchschlagen von Luft ist die Kenntnis der maximalen Spannung der Welle der EMK nötig, um richtige Angaben über den Widerstand gegen Durchschlagen geben zu können.

Hat man für irgend ein Dielektrikum bei verschiedenen Dicken die Durchschlagsspannungen bestimmt, so findet man, daß, je größer die Dicke, desto kleiner die per Millimeter erforderliche Durchschlagsspannung wird. Trägt man diese als Ordinaten auf und die Dicken als Abszissen, so erhält man eine Kurve, die gegen die X-Achse abfällt.

Dies gilt allgemein und ist von niemandem bestritten, so weit es sich um Dicken bis 10 oder 20 mm handelt.

Für größere Dicken hingegen haben mehrere Beobachter festgestellt, daß die Durchschlagsspannung der Dicke proportional ist. Die Sache ist indessen noch nicht genügend abgeklärt.

Es bleibt noch zu erwähnen, daß die Durchschlagskurve für jedes Dielektrikum verschieden ist und daß die von verschiedenen Forschern für dasselbe Dielektrikum aufgestellten Tabellen oder Kurven noch mehr von einander abweichen als bei den Bestimmungen für atmosphärische Luft.

Beobachtungen von Th. Gray (Phys. Rev. 7 p. 199—209, 1898) mit sphärischen Oberflächen von 35 cm Radius.

Material	Durchschlagsspannung in Volt per cm
Glas	285 000
Hart vulkanisierter Gummi . . .	538 000
Weich „ „ . . .	476 000
Glimmer	2 000 000
Paraffinierte Papiere:	
Manila Wrapping	430 000
Fuller Braid	295 000
Empire Cloth	310 000
Empire Paper	450 000

Durchschläge in Flüssigkeiten. Anordnung und Durchführung der Versuche ist wie früher. Nach jedem Durchschlag muß die Flüssigkeit erneuert werden, da ein Teil derselben durch den Funken verkohlt wird.

Auch für Flüssigkeiten soll die Durchschlagsspannung für größere Dicken per Centimeter eine Konstante sein. Wir führen einige darauf bezügliche Zahlen an.

Substanz	Durchschlagsspannung per cm in Volt	
	Macfarlane	Steinmetz
Terpentinöl	94 000	64 000
Olivenöl	82 000	—
Geschmolzenes Paraffin . . .	56 000	81 000
Festes Paraffin	139 000	—
Paraffiniertes Papier	360 000	339 000

Th. Gray (Amer. Ass. Proc. 48 p. 122. 1899) findet, daß die auf 1 cm bezogene Durchschlagsspannung in Ölen mit wachsender Dicke der Schicht abnimmt. Für Dicken von 1 bis 8 cm gibt er dafür folgende Zahlen:

Vaselin-Öl . . . . von 131—91 Kilovolt
Petroleum, spez. Gewicht . . . 0.28 „ 91—70 „
   „   „   „   0.29 „ 101—64 „
West Virginia Rohöl spec. Gewicht 0.29 „ 81—62 „

Durchschläge in Kabeln. Durchschlagsversuche mit Isolationsmitteln zwischen zwei Elektroden haben für Bau von Kabeln nur eine orientierende Bedeutung. Will man über den Wert eines

Materiales als Isolationsmittel für hochgespannte Ströme in einem Kabel genau unterrichtet sein, so muß man eine Anzahl Versuchskabel anfertigen, und die Widerstandskraft verschiedener Dicken des Materiales gegen elektrischen Durchschlag experimentell bestimmen.

Es gilt auch hier wieder, daß ein Durchschlagsversuch um so wertvoller ist, je größer die der Spannung ausgesetzte Fläche des Dielektrikums ist, d. h. je größer die Länge des untersuchten Kabels. Ein Versuch mit einem Kabelstück von einigen Metern Länge hat gar keinen Wert. Schneidet man eine Kabellänge von 100 m in 100 einzelne Stücke und versucht jedes für sich, so ist wahrscheinlich, daß man 50 sehr von einander verschiedene Durchschlagsspannungen erhält.

Bei einem Kabel treten nicht nur die Verschiedenheiten in der Widerstandskraft des Rohmateriales auf, sondern auch die vielen Stufen von Unvollkommenheiten, welche die Fabrikation mit sich bringt. Gummi z. B. wird auf ein Kabel immer in Form von Bändern aufgetragen, die auf der Maschine in einen Hohlzylinder zusammengepreßt werden. Dieser hat eine Anzahl Nähte. Zwischen einer vollkommenen Naht, die keine Naht mehr ist, und einer offenen Naht liegen eine Reihe Zwischenstufen, die mehr oder weniger große Fehler bedeuten und mehr oder weniger Widerstandskraft gegen die Spannung besitzen.

In einem Kabel mit Jute-Isolation legt sich die Jute beim Umspinnen nie ganz gleichmäßig auf, sie wird nie ganz gleichmäßig getrocknet und getränkt und die Faser kann in einzelnen Teilen außerordentlich verschiedene Konstitution und örtlichen Trockengrad haben.

Weiter ist es auch nicht möglich, die Isolation nach der Fabrikation eines Kabels überall in der gleichen Dicke zu finden.

Alle diese Sachen wirken zusammen, so daß man für die Durchschlagsspannung nur einigermaßen brauchbare Zahlen erhält, wenn man für die Versuche möglichst lange Kabel, und solche verschiedener Fabrikationsdaten auswählt.

Wir hatten in den Jahren 1890 und 1891, im Dienste von Messrs. Siemens Bros., London, Gelegenheit, solche Versuche mit allen den großen Hülfsmitteln durchzuführen, die eine Firma ersten Ranges bieten kann.

Zur Verfügung standen uns: zwei Wechselstrommaschinen von 10 resp. 100 Pferden von 500 resp. 2500 Volt, sinusförmiger Welle der EMK und 100 Perioden per Sekunde; ein kleiner Transformator von ca. 20 und ein großer von ca. 100 Pfd. und Spannungen bis 20 000 resp. 50 000 Volt; die Meßinstrumente von Lord Kelvin: statisches Voltmeter und Voltwage, sowie eine Menge Reste von

bestellten Kabeln und eine Anzahl eigens für die Versuche ange-
fertigter Kabel.

Das Resultat dieser Experimente war der folgende: Wenn man
eine größere Anzahl Durchschläge mit Kabeln gleicher Konstruktion,
resp. gleicher Dicke des Dielektrikums, ausgeführt hat, so findet
man, daß einzelne Werte abnorm tief, und einzelne abnorm hoch
liegen. Diese berücksichtigt man nicht, die ersten deshalb, weil
sie auf Fabrikationsfehlern beruhen, die man vermeiden kann. Der

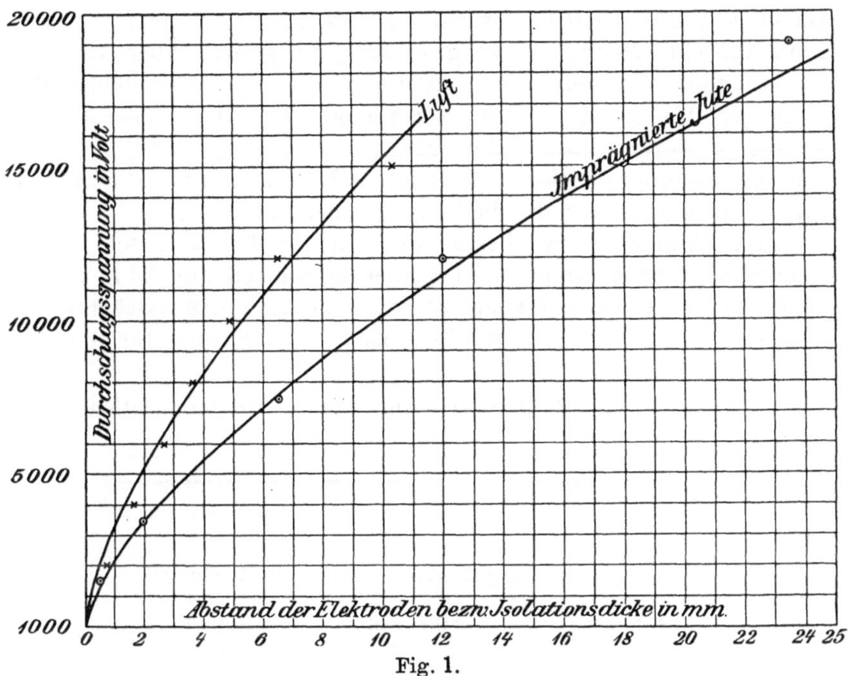

Fig. 1.

Rest der Beobachtungen gruppiert sich aber gleichmäßig um einen
Mittelwert, den man als maßgebende Zahl für die Durchschlagsspannung auffassen kann.

Wenn man diese Experimente für eine Reihe von Dicken des
Dielektrikums in ähnlicher Weise wiederholt, so erhält man für jede
Dicke einen solchen Mittelwert. Trägt man alle diese Beobachtungen
in der bekannten Weise in einem Achsensystem auf, so liegen die
Punkte auf einer Kurve, die vom Nullpunkt unter einem Winkel ansteigt
und sich langsam aber successive gegen die Abszissenachse abbiegt.

In der Fig. 1 ist die seinerzeit für Kabel mit imprägnierter Jute als Isolationsmittel erhaltene Kurve reproduziert. Die
beobachteten Mittelwerte sind durch Kreise angedeutet.

Die Durchschlagskurve für Kabel gibt keinen absolut sicheren Wert für die Spannung, aber man kann annehmen, daß in einem normal fabrizierten Kabel der Durchschlag für jede Dicke mit einer Spannung erfolgt, die eine Kleinigkeit höher oder niedriger liegt, als der Ordinatenwert der Kurve angibt.

Für den Kabelbauer ist eine solche Kurve sehr wertvoll, da an ihrer Hand der Sicherheitskoeffizient des Kabels bestimmt werden kann.

Die Kurve für Jute ist folgendermaßen entstanden. Der Teil von etwa 1000—4000 Volt wurde an Versuchsstücken gemacht, von Hand auf eine Messingstange gewickelt, im ganzen über 100 Beobachtungen. Von ca. 3000—7000 Volt standen 35 Kabelstücke in Längen bis ca. 10 m zur Verfügung. Für den höheren Teil der Kurve wurden zwei Kabel von je 50 m Länge und 12 resp. 23.5 mm Isolations-Dicke angefertigt. Die letzten zwei Punkte der Kurve haben also nur die Bedeutung eines Einzelwertes.

Eine ähnliche Kurve bestimmten wir für den Durchschlag von Kabeln mit Gummi Isolation. Da aber im ganzen nur 13 Beobachtungen gemacht worden sind, so wird sie sich den tatsächlichen Verhältnissen nicht so genau anschließen wie diejenige für imprägnierte Jute.

Nachfolgend die Zahlenwerte für die beiden Materialien, den Kurven entnommen.

Dicke der Isolationsschicht	Durchschlagsspannung in Kabeln mit Isolation	
	Imprägnierte Jute	Vulk. Gummi
0.5 mm	1 100 Volt	6 800 Volt
1 „	2 300 „	10 000 „
2 „	3 500 „	16 800 „
3 „	4 500 „	22 000 „
4 „	5 500 „	26 000 „
7 „	8 000 „	34 800 „
10 „	10 200 „	40 000 „
13 „	12 200 „	—
16 „	14 000 „	—
20 „	16 200 „	—
24 „	18 300 „	—

Für die Originalpublikation siehe Journal I.E.E. London, Vol. XXI, p. 183. 1892.

Das Gesetz der Durchschläge. Wir haben im Jahre 1901 einige Berechnungen angestellt und im Electrician vom 6. Sept.

publiziert, nach denen es wahrscheinlich ist, daß alle Isolationsmaterialien betreffs Widerstand gegen elektrische Durchschläge
einem und demselben Gesetz folgen.

Es bezeichne d die Dicke eines Dielektrikums, in Millimeter gemessen, V die zu dessen Durchschlag erforderliche Spannung von
Wechselstrom in Volt gemessen und c eine für das Material charakteristische Konstante, so stellt die Formel

$$V = c \cdot d^{2/3}$$

für verschiedene Isolationsmaterialien die aus den Beobachtungen
erhaltenen Durchschlagskurven mit einer genügenden Genauigkeit dar.

Die Konstante c bedeutet die Spannung, die nötig ist, um eine
Isolationsdicke von einem Millimeter zu durchschlagen.

Wenn also das Gesetz allgemeine Gültigkeit hat, genügt es,
mit einem neuen Dielektrikum die Durchschlagsproben mit einer
einzigen Dicke durchzuführen, resp. die Konstante c zu bestimmen,
um über den ganzen Verlauf der Kurve unterrichtet zu sein.

Aus obiger Formel erhält man

$$\frac{V}{d} = \frac{c}{\sqrt[3]{d}}$$

Die rechte Seite dieser Gleichung ist keine Konstante, sondern
nimmt mit wachsender Dicke d stetig ab. Die linke Seite bedeutet die auf 1 cm Dicke reduzierte Durchschlagsspannung. Einige
Beobachter, wie Trowbridge (1898) haben gefunden, daß diese
Spannung für größere Dicken eine Konstante ist. Unser Gesetz
steht damit in Widerspruch. Da es aber für einen ziemlich weiten
Bereich sich den Beobachtungen anpaßt, glauben wir nicht, daß es
sich darüber hinaus ändert.

Nach unserer Formel nähert sich die Durchschlagsspannung
mit anwachsender Dicke einem Grenzwert, nach Trowbridge aber
dem Unendlichen.

T. Gray, siehe S. 29, bestätigt die Abnahme von V/d mit wachsender Dicke für Öle.

Die Belege für unser Gesetz geben wir in dem nachfolgenden.
Für jedes Material wurden die Konstanten c für einige Dicken bestimmt, daraus das Mittel genommen und mit demselben die Werte
der Durchschlagsspannung für die verschiedenen Dicken berechnet.

Luft. Konstante c = 3300 Volt.

Isolationsdicke	$d =$	0.67	1.59	2.53	3.60	4.80	6.46	10.2 mm
Beobachtete Spann.	$V =$	2000	4000	6000	8000	10000	12000	15000 Volt
Berechnete „	$V =$	2500	4500	6100	7800	9400	11500	15600 „

Die so berechnete Kurve ist in Fig. 1 S. 31 dargestellt. Die beobachteten Punkte sind durch Kreuze angedeutet.

Die Reihe ist unsern eigenen Beobachtungen, siehe S. 24, entnommen.

Da unsere Reihe mit derjenigen von Warren de la Rue (S. 25) übereinstimmt, ist das Gesetz also auch auf diese anwendbar.

Weiter paßt es sich einer Beobachtungsreihe von Lord Kelvin an, aber mit der Konstanten $c = 3700$ Volt.

Isolationsdicke	$d = 0.025$	0.05	0.10	0.50	1.0	1.5 mm
Beobachtete Spann. $V=$	388	533	777	2100	3570	5020 Volt
Berechnete „ $V=$	316	502	797	2330	3700	4850 „

Es liegen noch einige Beobachtungsreihen verschiedener Forscher vor, die sich dem Gesetz aber nicht fügen.

Nimmt man das Mittel der zwei Konstanten 3300 und 3700, also 3500 als für Luft gültige Konstante an, so ist der Unterschied zwischen beobachteter und berechneter Reihe sowohl für Lord Kelvins als für unsere größer, aber die Formel gibt über einen Bereich von 0.025 mm bis 10 mm, also für Luftdicken von 1 bis 400 in relativem Maße, Spannungswerte, die sich den zwei Beobachtungen näher anpassen, als die Reihen anderer Forscher.

Jute isolierte Kabel. Siehe unsere Reihe S. 32 und Kurve in Fig. 1. Die Konstante c ist als $= 2200$ Volt bestimmt worden.

Isolationsdicke	$d =$ 3	6	12	24 mm
Beobachtete Spann. $V=$	4800	7200	12000	19000 Volt
Berechnete „ $V=$	4600	7200	11500	18300 „

Die Durchschlagskurve (Fig. 1) bezieht sich auf die berechnete Reihe. Die beobachteten Werte sind als Kreise eingetragen.

Gummi isolierte Kabel. Siehe Reihe auf S. 32. Die Konstante c ist als ungefähr $= 10\,000$ Volt angenommen worden.

Isolationsdicke	$d =$ 1	2	4	6	8	10 mm
Beobachtete Spann. $V=$	10500	17000	26000	32000	37000	40000 Volt
Berechnete „ $V=$	10000	16000	25000	33000	40000	46000 „

Im oberen Zweige ist die Übereinstimmung nicht mehr gut, doch muß dabei berücksichtigt werden, daß für 26 000 und 28 000 Volt nur je ein Durchschlagsversuch vorlag.

Beide Kabelkurven reichen indessen für den praktischen Gebrauch bei Konstruktionen vollständig aus.

Unser Gesetz ist von Oskar Schäfer (Electrician, Vol. XLVIII, Nov. 22., S. 178, 1901, Elektrotechn. Ztschr., 1901, No. 52, S. 1070) an von ihm konstruierten Kabeln untersucht und bestätigt worden. Als Isolationsmaterial diente eine unvulkanisierte Gummimischung, Kabelit genannt, sowie abwechselnde Lagen von Kabelit und Papier, Herr Schäfer gibt für c die folgenden Werte

$c = 8400$ Volt für neufabrizierte Kabel mit Kabelit-Isolation
$c = 11\,800$ Volt für abgelagerte Kabel mit derselben Isolation,
$c = 9000$ Volt für Papier und Kabelit in abwechselnden Lagen gemischt.

Kaliko mit Gummilösung imprägniert. Nach unseren eigenen Beobachtungen, Konstante $c = 2200$ Volt.

Isolationsdicke	$d =$	0.6	0.9	1.8	3.0 mm
Beobachtete Spannung	$V =$	1500	2000	3050	4400 Volt
Berechnete „	$V =$	1550	2050	3250	4560 „

Die Konstante ist dieselbe wie für imprägnierte Jute, also scheint es, daß imprägnierte Faser überhaupt dieselben Eigenschaften gegen elektrischen Durchschlag besitzt.

Glimmer. Nach Beobachtungen von Th. Gray.
Konstante $c = 58\,000$ Volt.

Isolationsdicke	$d =$	0.1	0.2	0.5	0.8	1.0 mm
Beobachtete Spannung	$V =$	11500	19000	37000	52000	61000 Volt
Berechnete „	$V =$	12500	19800	36600	50000	58000 „

Eine Reihe von Steinmetz fügt sich der Formel nicht.

Empire Cloth. $c = 12\,500$ Volt.

Isolationsdicke	$d =$	0.2	0.6	1.0	2.0 mm
Beobachtete Spannung	$V =$	4000	8000	12500	20000 Volt
Berechnete „	$V =$	4300	8900	12500	22500 „

Die Konstante c, d. h. die Spannung, die nötig ist, um eine Dicke von 1 mm eines Dielektrikums durchzuschlagen, sollte man die **elektrische Bruchfestigkeit** des Dielektrikums nennen, analog der Bezeichnung mechanische Bruchfestigkeit.

Wir geben noch einige Werte von c für andere Substanzen, die aber wenig zuverlässig sind.

Für Papier (ungetrocknet und ungetränkt) haben wir einen einzigen Durchschlagsversuch, 0,1 mm bei 1000 Volt. Aus demselben berechnet sich c zu 4600 Volt. Ferner wurde uns ein Muster eines mit Papier isolierten Kabels für 10000 Volt Betriebsspannung geschenkt, aus dessen Dimensionen wir c als 5000 bis 6000 Volt schätzen.

Für 3 Sorten Celluloid von den Dicken 0.25, 0.34, 0.50 mm und einigen wenigen Beobachtungen von Durchschlagsspannungen von 4500 resp. 8000 und 7200 Volt finden wir für c die Zahlen 11000 resp. 16000 und 11500 Volt.

In der nachfolgenden Tabelle geben wir eine Zusammenstellung der Werte der Konstanten c, oder der elektrischen Bruchfestigkeiten, soweit wir dieselben bestimmen konnten.

Material	Elektrische Bruchfestigkeit
Imprägnierte Jute	2 200
„ Kaliko	2 200
Gewöhnliche Luft	3 500
Imprägniertes Kabelpapier	5 000—6 000
Kabelit	8 400—11 000
Kabelit und Papier abwechselnd	9 000
Guter vulkanisierter Gummi	10 000
Celluloid	11 000—16 000
Empire Cloth (ein Papier)	12 000
Glimmer	58 000

Auswahl des Dielektrikums für Kabelzwecke. Die Tabelle über die Bruchfestigkeiten kann sofort dazu verwendet werden, um das Isolationsmaterial zu bestimmen, das man für ein Kabel auswählen soll.

Maßgebend für eine Konstruktion ist immer der Preis, und dieser ist zu einem Teil von dem äußeren Durchmesser des Kabels abhängig, da dieser die Gewichte von Blei und Panzer bestimmt. Als Isolation wird man also mit Vorteil ein Dielektrikum wählen, das eine hohe Bruchfestigkeit hat, da mit einem solchen die dünnsten und leichtesten Kabel erzielt werden.

Dabei sind aber noch eine Reihe von anderen Gesichtspunkten zu berücksichtigen.

1. Ob das Material mit Maschinenkraft auf den Leiter in gleichmäßiger und geschlossener Struktur aufgetragen werden kann.

2. Ob es alle während der Fabrikation und der Verlegungen vorkommenden Biegungen aushalten kann, ohne zu brechen, ohne sich durchzudrücken oder sonst seine mechanischen und elektrischen Eigenschaften zu ändern.

3. Ob es bei höheren Temperaturen, wie sie in einem Kabel gelegentlich auftreten, mechanisch noch starr genug bleibt und Isolation sowie Bruchfestigkeit noch in genügendem Maße behält.

4. Ob es mit der Zeit seine Struktur, resp. mechanischen und elektrischen Eigenschaften noch beibehält. Diese Frage überlege man sich reiflich, besonders wenn man mit Ersatzmitteln für Gummi und Guttapercha zu tun hat. Diese zerfallen gewöhnlich in kürzerer oder längerer Zeit zu Staub.

5. Ob der Preis des Materiales die Konstruktion erlaubt.

Wir möchten noch beifügen, daß es nicht genügt, die Dicke eines Isolationsmateriales so zu wählen, daß es einen Sicherheitskoeffizienten von 5 oder 10 gegen elektrischen Durchschlag aufweist. Es muß ebenso ein Sicherheitskoeffizient gegen mechanische Beschädigung während und nach der Fabrikation, also eine gewisse Minimaldicke fixiert werden.

Eine Papierdicke von 0.1 mm kann z. B. bis 1000 Volt und 10 solche Dicken bis 10 000 Volt aushalten, doch wird es niemanden einfallen, Kabel für 100 resp. 1000 Volt mit einem resp. 10 Papieren zu isolieren, obgleich in diesen Fällen die Kabel die zehnfache Spannung aushalten könnten. Wenn das eine Papier bricht, oder von den zehn einige derselben, so ändert sich der Sicherheitskoeffizient viel zu viel, als daß man zu solchen Kabeln noch Vertrauen haben könnte.

In der Tat setzen die meisten Fabriken die Minimaldicke der Isolation von Kabeln für 100 Volt auf 2 mm an, und nur wenige zu $1\,^1/_2$ mm.

Physikalische Vorgänge bei Durchschlägen. Durchschläge in einem Dielektrikum sind ohne Zweifel auf eine lokale Erhitzung bis zum Entzündungspunkte des Materials zurückzuführen. Unserer Ansicht nach kann diese Erhitzung auf verschiedene Art entstehen, was wir durch einige Experimente illustrieren wollen, die wir vor mehr als 10 Jahren gemacht haben.

Am allerdeutlichsten konnten wir die Entwickelung der Durchschläge in Preßspan beobachten. Preßspan ist eine Art Pappdeckel, sehr dicht und homogen, und wahrscheinlich hat es diese Eigenschaften durch starkes Zusammenpressen erhalten.

Wir setzten dieses Material einer starken Wechselstromspannung zwischen parallelen Elektroden aus und bestimmten die Durchschlagsgrenze. Sobald diese bekannt war, konnten wir leicht alle Stufen der Vorbereitung für einen Durchschlag beobachten. Nach einer Minute z. B. nahmen wir eine der Elektroden weg. Eine leicht angewärmte Stelle zeigte uns an, wo der Durchschlag eintreten werde. Durch weitere Anwendung der Spannung für $^1/_2$, $^3/_4$ etc. Minuten konnten wir die Temperatur dieses Punktes nach Belieben erhöhen. Kurz vor dem Eintreten des Durchschlages wurde die obere Elektrode jedesmal etwas gehoben, und wenn wir in diesem Moment rasch genug die Spannung ausschalteten, konnten wir das Entstehen einer Blase im Preßspan beobachten. Waren wir nicht schnell genug, so fanden wir den Durchschlag in der Mitte dieser Blase. Wir glauben, daß in diesem Falle die Erhitzung des Dielektrikums einer größeren lokalen Leitungsfähigkeit zuzuschreiben ist. Der Strom geht hier leichter durch als an anderen Orten, er erwärmt die Stelle, deren Isolationswiderstand wird rasch abnehmen mit steigender Temperatur, der Strom nimmt zu und das geht weiter bis zum Entzündungspunkt des Dielektrikums.

Ähnlich, aber ohne Blasenbildung, sahen wir die Vorbereitung von Durchschlägen in Glasplatten von 7 mm Dicke. Nach dem Durchschlag war das Glas geschmolzen, nicht gesprengt wie bei Versuchen mit Elektrisiermaschine und Leydnerflaschen. Die Spannung betrug 50000 Volt und kam von einer 100pferdigen Maschine mit Transformator.

Einen anderen Versuch, die Vorbereitung von Durchschlägen zu beobachten, machten wir mit einem Bleikabel, dessen Isolation aus getränkter Jute bestand. Es war uns bekannt, daß im Innern des Kabels ein starkes Knistern von elektrischen Funken zu hören ist, sobald man die Spannung auf die Nähe des Durchschlagspunktes erhöht. Zur Beobachtung der Vorgänge hatten wir in dem Bleimantel ein Fenster ausgeschnitten, 100 mm lang und 15 mm breit. Um die Funkenerscheinung in das Fenster zu bringen, setzten wir in dasselbe ein kammähnliches Blech ein, 100 mm lang, so daß die scharf geschnittenen Zähne die Jute nahezu berührten. Das Blech war mit dem Bleimantel in Verbindung, also ein Teil der äußeren Elektrode und die Spitzen zogen den Hauptteil der Entladung zum Fenster, wo sie beobachtet werden konnte. Beim Einschalten der Spannung waren die Funken sehr hübsch zu sehen, am Anfange z. B. 10 per Minute, später 20, dann 30 etc. Sie kamen immer rascher, bis schließlich der Durchschlag eintrat.

Das Experiment konnte in jedem beliebigen Zeitpunkt unterbrochen werden, und die Beobachtungen ergaben, daß die Jute sich erst langsam und dann immer rascher erhitzte, bis sie schließlich zu brennen anfing.

In diesem Experiment scheint es uns also, daß die Erwärmung des Dielektrikums nicht einer mangelhaften lokalen Isolation zuzuschreiben ist, sondern besonderen Verhältnissen, die das Durchschlagen eines Luftfunkens in dem porösen Material erleichtern. Dieser Funken erwärmt das Dielektrikum.

Die besonderen Verhältnisse scheinen nur darin ihren Grund zu haben, daß ein Luftfunke der Oberfläche eines Dielektrikums entlang weiter schlägt, als in freier Luft von Elekrode zu Elektrode. Hat die Jute z. B. eine Dicke von 10 mm, so erfolgt der Durchschlag bei 10200 Volt, siehe Durchschlagskurven S. 31, während der Funke in freier Luft erst bei 15300 Volt überspringt. Das Gleiten des Luftfunkens der Oberfläche der porösen Jutefaser entlang vermindert also dessen Durchschlagsspannung um etwa $^1/_8$.

Diese Funken sind in jedem Kabel mit Juteisolation zu konstatieren, und mit etwas Vorsicht kann man das ganze Kabel ziemlich stark erwärmen, ohne daß ein Durchschlag erfolgt. Es ist dazu nötig, die Spannung von Zeit zu Zeit zu unterbrechen, damit lokale Erwärmungen nicht zu groß werden. Sie verteilen ihren Überschuß an Wärme während der Unterbrechung an das Kupfer, das Blei und die weniger erwärmten Jutefasern ab.

Auch in Kabeln mit Gummiisolation haben wir solche Funken konstatiert. Sie sind aber in diesem Fall bedeutend feiner als in Jute und erzeugen eine Menge Ozon.

Auffallend stark haben wir die Erwärmung des Dielektrikums in Kabeln mit Papierisolation gefunden, und daraus leider den Schluß gezogen, daß Papier sich für Isolation hochgespannter Kabel nicht eigne. Die Erwärmung haben wir bei diesem Dielektrikum Verschiedenheiten im Isolationswiderstande der einzelnen Stellen zugeschrieben, ohne die Sache speziell zu untersuchen.

Für Papier isolierte Kabel sind die folgenden Versuche von Interesse. Es standen zur Verfügung 4 Längen von je ca. 10 m, jede bestehend aus einem Kupferdraht 4 mm im Durchmesser, isoliert mit 54 Lagen Papier auf 14 mm Durchmesser, getrocknet, getränkt und mit Blei umpreßt.

Muster A. Mit Kabelmasse getränkt, mit zwei künstlichen Fehlern, erzeugt durch Schnitte in der Isolation, die bis auf den Leiter reichten.

Der eine Fehler brannte mit 4000, der andere mit 9000 Volt durch. Der Rest hielt 15000 Volt für 2 Stunden aus, ohne durchzuschlagen.

Nachdem wurde die Biegungsprobe des Kabels gemacht (Wickeln auf einen Kern von 140 mm ϕ). Bei nachfolgender Prüfung erfolgte der Durchschlag bei 7000 Volt. Es bestätigt sich also auch hier, daß der Luftfunke durch poröse, resp. gebrochene oder nicht homogene Isolationsmaterialien leichter durchschlägt als in freier Luft. Der Abstand der zwei Elektroden beträgt 5 mm. In freier Luft ist dazu eine Durchschlagsspannung von 9600 Volt erforderlich, während das Experiment mit diesem Kabel die Durchschlagsspannungen von 4000, 7000 und 9000 Volt ergab.

Muster B. Mit Petroleum imprägniert. Hält 15000 Volt für 3 Stunden aus, ohne zu brechen. Ebenso erfolgt kein Durchschlag nach der Biegungsprobe mit 14000 Volt. Das Blei wird abgeschält und konstatiert, daß das Papier nicht gebrochen ist.

Muster C. Mit Vaselinöl getränkt. Verhält sich wie B.

Muster D. Nicht imprägniert. Wird nach 10 Minuten bei 11000 Volt an zwei Stellen zugleich durchgeschlagen und nicht mehr weiter untersucht.

Diese Versuche scheinen uns den Beweis zu liefern, daß Lücken in der Isolation immer die Ursache zu Fehlern sind, resp. daß ein homogenes Dielektrikum, wie Gummi, oder Papier in Lagen aufgelegt, so daß jede Schicht die Lücken der anderen deckt (ganz abgesehen von der elektrischen Bruchfestigkeit dieses Materials) weitaus besser gegen Durchschläge schützt als ein nicht homogenes oder kontinuierliches Dielektrikum, wie imprägnierte Faser.

Durchschläge erfolgen immer, soweit man die Sache noch untersuchen kann, in gerader Linie und auf dem kürzesten Wege zwischen den beiden Elektroden. In unserem Museum von Kabelfehlern befindet sich ein merkwürdiges Stück, das einer Beschreibung wert ist.

Das Kabelstück hat folgende Spezifikation: Kupferdraht 2 mm, Naturgummi auf 6 mm, weißer Gummi auf 12 mm, schwarzer Gummi auf 22 m. Der Durchschlag bildet einen Kanal von etwa 2 mm lichter Weite. Er beginnt am Draht und geht in einer Spirale weiter. Diese endet an der Oberfläche in einem Punkt, der axial um ca. 5 mm und radialen ca. 90^0 von dem Anfangspunkt entfernt ist. An der äußeren Oberfläche geht der Kanal auf ca. 10 mm nahezu als Tangente des Zylinders aus.

Es ist uns nicht mehr in Erinnerung, ob bei der Fabrikation dieses Kabels die einzelnen Gummilagen longitudinal oder spiralförmig aufgelegt worden sind, und das kurze Muster, das wir aufbewahrt haben, ist so vollkommen gemacht, daß es darüber keinen Aufschluß gibt.

Zum Schlusse dieses Kapitels wollten wir noch anführen, daß wir sehr häufig beobachtet haben, daß ein Durchschlag von einem zweiten begleitet wird. Auch ist uns ein Fall bekannt, wo in einem Kabelnetz gleichzeitig zwei Durchschläge, weit voneinander entfernt, auftraten. Beim Durchschlagen entsteht offenbar eine Potentialschwankung, welche den nächst schwachen Punkt des Netzes auch mitnimmt.

Durchschläge und Temperatur. Wir hörten einmal von glaubwürdiger Seite die Behauptung, daß ein warmes Kabel überhaupt nicht durchgeschlagen werden könne. Dies veranlaßte uns zu einem Versuch.

Ein konzentrisches Hochspannungskabel von 20 m Länge wurde in ein Wasserbad von 60^0 C gebracht und nach Erwärmung auf Durchschlag geprüft. Derselbe erfolgte bei einer Spannung, die nicht wesentlich von derjenigen bei gewöhnlicher Temperatur abwich.

Wir hatten hingegen Mühe, mit dem kleinen Transformator, der zur Verfügung stand, die erforderliche Spannung zu erreichen, da der Ladungsstrom weitaus größer wurde als bei einem Kabel von Zimmertemperatur.

Herzog und Feldmann erwähnen ein Kabel von 2×10 qmm für 3000 Volt, das während mehrerer Monate täglich einige Stunden mit einer Belastung von 10 Amp. per 1 qmm betrieben wurde, ohne Schaden zu leiden. Die Temperaturen der Isolation waren 60^0 am Innen- und 40^0 am Außenleiter.

Wir haben oft bei Kabeldurchschlägen (besonders bei Gleichstromkabeln von niedriger Spannung) gehört, sie wären durch Überlastung entstanden. Ernsthaft haben wir nie an diese Erklärung geglaubt. Doch ist der Fall nach unserer Theorie der Durchschläge möglich, wenn in der Isolation ein Teilchen eingebettet ist, dessen Isolationswiderstand bei der Erwärmung abnorm stark sinkt.

Spannungsverteilung im Dielektrikum. Wir denken uns eine überall gleich dicke Platte eines homogenen Isoliermateriales zwischen zwei Elektroden einer Spannung ausgesetzt. Es ist kein Zweifel, daß das Spannungsgefälle innerhalb der Platte konstant ist. Wäre die Platte 5 mm dick und stünde sie unter 10 000 Volt, so würden auf jedes mm der Dicke 2000 Volt fallen. Wir können auch sagen, die Beanspruchung der Platte wäre in allen Teilen dieselbe.

Anders aber wird der Fall, wenn wir zwischen die Elektroden zwei verschiedene Isoliermaterialien bringen. Wir denken uns wieder jedes derselben in Form einer Platte aus homogenem Material und gleichmäßiger Dicke und beide gleich dick.

Supponieren wir zwischen den beiden Platten eine unendlich dünne Metallschicht, so haben wir zwei Kondensatoren von den Kapazitäten C_1 und C_2 in Reihenschaltung. Bringt man die Elektroden unter eine Spaunung V, so verteilt sich diese als V_1 und V_2 auf die Kondensatoren. Sobald Gleichgewicht eingetreten, sind die Ladungen beider gleich groß, also $E = C_1 V_1 = C_2 V_2$, oder $V_1 : V_2 = C_2 : C_1$. Sind K_1 und K_2 die Dielektrizitätskonstanten der beiden Medien, so ist $C_1 = c K_1$ und $C_2 = c K_2$ also auch

$$\frac{V_1}{V_2} = \frac{K_2}{K_1}$$

Die beiden Platten stehen also nicht unter gleichen Spannungen, trotzdem sie gleiche Dicke haben, sondern diejenige mit kleinerem K muß die größere Spannung tragen, oder wird stärker beansprucht als die andere.

Als Beispiel behandeln wir den Fall einer Gummiplatte, $K_1 = 3$, und einer Glimmerplatte, $K_2 = 5$, jede 1 mm dick. Mit 8000 Volt gesamter Beanspruchung fallen auf den Gummi $V_1 = 5000$ Volt und auf den Glimmer $V_2 = 3000$ Volt. Nun sind die elektrischen Bruchfestigkeiten von Gummi und Glimmer 10000 und 58000 Volt.

Erhöhen wir die Gesamtspannung auf 16000 Volt, so fallen davon auf den Gummi 10000 Volt, auf den Glimmer nur 6000 Volt. Die Gummiplatte, weil 1 mm stark, wird von dieser Spannung gerade durchgeschlagen. Man schalte schnell genug die Spannung aus, damit der Glimmer nicht anbrennt. Nachher kann man die Spannung wieder einschalten. Die Glimmerplatte wird nicht durchgeschlagen.

Wir betrachten weiter den Fall einer Luftblase in einem Dielektrikum. Es mögen zwei gleiche Gummiplatten von $K = 3$ und je 1 mm Dicke einer Spannung von 12000 Volt ausgesetzt sein. Die Platten, wenn vollkommen, werden bis 16000 Volt aushalten, also nicht durchschlagen. Schneiden wir aus der einen Platte ein Stück heraus, oder nehmen wir an, sie enthielt eine Luftblase von 1 mm Dicke, so würde, da für Luft $K = 1$, an dieser Stelle auf die Blase 9000 und auf die unversehrte Gummiplatte 3000 Volt fallen. Da 1 mm Luft nur 3500 Volt aushält, wird die Blase sofort durchschlagen. Nach diesem Durchschlag muß die vollkommene Gummiplatte die ganze Spannung von 12000 Volt aufnehmen. Da sie aber nur 10000 Volt aushalten kann, wird sie gleichzeitig mit der Luftblase durchschlagen.

Ähnlich können feste Fremdkörper, in ein Dielektrikum eingebettet, zu vorzeitigem Durchschlagen Anlaß geben.

Diese Vorgänge sind von Tesla zuerst experimentell nachgewiesen worden. Er stellte zwischen zwei durch Luft getrennten Elektroden eine gewisse Potentialdifferenz her, die ungenügend war, um die Distanz zu durchschlagen. Nach Einschalten einer Ebonit- oder Glasplatte zwischen die Elektroden erfolgte ein Durchschlag in der Luft. Diese hat die Dielektrizitätskonstante 1, während Ebonit und Glas viel höhere Konstanten haben. Die Beanspruchung der Luft wird durch das Einschalten des Zwischenmittels über den Durchschlagspunkt hinaus gesteigert.

Solche Resultate sind ganz unerwartet. Es kann einem also passieren, daß man direkt einen Durchschlag hervorruft, wenn man einen Teil eines Mediums, das beinahe bis auf den Durchschlagspunkt beansprucht ist, durch ein widerstandsfähigeres Dielektrikum ersetzt.

Allgemein haben wir für Schichten von verschiedener Kapazität die Formel

$$\frac{V_1}{V_2} = \frac{C_2}{C_1}$$

d. h. die Spannungsverteilung auf Schichten verschiedener Kapazität erfolgt im umgekehrten Verhältnis der Kapazitäten.

Wir betrachten nun den Fall, wo die Schichten gleiche Kapazitäten, aber verschiedene Isolationswiderstände R_1 und R_2 haben.

Von der einen Elektrode zur anderen wird ein Isolationsstrom S fließen, der in beiden Platten dieselbe Größe hat. Dieser Strom ist $S = V_1 : R_1 = V_2 : R_2$, oder

$$\frac{V_1}{V_2} = \frac{R_1}{R_2}$$

Die Spannungen, unter denen die Schichten stehen, sind also deren Isolationswiderständen proportional. Das höher isolierende Material muß eine höhere Spannung tragen als das weniger isolierende.

Wir untersuchen den Fall, wo zwei Papierblätter von gleichem Isolationswiderstand eine Spannung von 3000 Volt gerade noch aushalten können. Jedes wird also bis 1500 Volt tragen können.

Ersetzen wir eines der Blätter durch ein neues, dessen Isolationswiderstand doppelt so groß ist, so werden von den 3000 Volt auf das neue 2000 und auf das alte 1000 Volt fallen. Es ist anzunehmen, daß beide Blätter dieselbe elektrische Bruchfestigkeit haben. Das neue Blatt wird also die ihm überwiesene Spannung nicht aushalten können, es wird bei Einschaltung des Stromes durchschlagen, und das alte wird ihm sofort Folge leisten, da ihm nach dem Durchbruch des neuen Blattes die ganze Spannung von 3000 Volt aufgebürdet wird und es dieser nicht widerstehen kann.

Spannungsverteilung in einem Kabel. Der Leiter sei mit einem homogenen Material isoliert und mit Blei umpreßt, und zwischen beiden Metallen sei eine Pot.-Differenz von 1000 Volt. Die Verhältnisse werden am anschaulichsten durch einige Zahlenbeispiele illustriert.

1. Leiter-Durchmesser $d = 2$ mm, Isolationsdicke $= 3$ mm oder ϕ über Isolation $D = 8$ mm. Drei Schichten, jede 1 mm dick.

Kapazität der Schichten von innen aus gezählt	0.3	0.5	0.7
Verteilung der Spannung	500	300	200 V.
Verhältnis	2.5	1.5	1

2. $d = 10$ mm, $D = 18$ mm. In 4 Schichten von 1 mm Dicke abgeteilt.

Kapazitäten	1.00	1.18	1.43	1.50
Spannungen	310	260	220	210 Volt
Verhältnis	1.47	1.24	1.05	1

3. $d = 22$ mm, $D = 28$ mm. Vier Schichten

Kapazitäten 1.95   2.16   2.42   2.50
Spannungen 285   260   230   225 Volt
Verhältnis 1.26   1.15   1.02   1.00

Die inneren Schichten stehen also immer unter einer größeren Spannung als die äußeren, aber der Unterschied wird kleiner, je grösser der Leiterdurchmesser wird. Bei dünnen Leitern steht die innerste Schicht unter weitaus größerer Spannung als die äußere.

Solange die Schichtenzahl klein, ist es leicht, die Dicken zu berechnen, welche **gleiche Kapazität** geben. Für 3 Schichten z. B. seien die Durchmesser der zwischen d und D liegenden Schichten d_1 und d_2, so findet man für dieselben die Formeln

$$d_1 = \sqrt[3]{d^2 D} \qquad d_2 = \sqrt[3]{d D^2}$$

Für das Kabel unter Beispiel 1 haben die Schichten gleicher Kapazität die Durchmesser $d_1 = 3.17$ und 5.0 mm, oder die Wandstärken, von innen nach außen gezählt, von 0.58, 0.90 und 1.50 mm.

Vergrößerung der Betriebsspannung. Eine ebene Platte sei für eine bestimmte Spannung als betriebssicher anerkannt. Sie breche mit der Spannung $V = c \sqrt[3]{d^2}$.

Es ist die Frage, wie stark muß man die Dicke d_n der Platte wählen, wenn sie eine n fache Betriebsspannung mit der gleichen Sicherheit aushalten soll.

Dies wird der Fall sein, wenn ihre Durchschlagsspannung ebenfalls das n fache wird. Es ist also $nV = c \sqrt[3]{dn^2}$. Aus den beiden Gleichungen folgt

$$d_n = \sqrt{n^3} \cdot d$$

Für eine 2, 3, 4 etc. fache Spannung muß man also die Isolationsdicke 2.8, 5.2, 8 etc. mal stärker nehmen.

Auf Kabel angewendet, gibt die Formel keine zuverlässigen Werte, weil durch Vergrößerung der Isolationsdicken die Kapazitätsverhältnisse wesentlich geändert werden, und somit auch die Spannungsverteilung.

Ein Beispiel zeigt dies am einfachsten. Ein Kabel mit $d = 10$ und $D = 18$ mm trage 10 000 Volt. Auf 4 gleich dicke Schichten von 1 mm verteilt sich die Spannung (von innen aus gezählt) wie folgt:

Spannung 3100   2600   2200   2100 Volt
Verhältnisse 1.5   1.2   1.05   1.0

Für die doppelte Spannung von 20 000 Volt konstruiert, hätten wir $d = 10$ und $D = 34$ mm (die Isolationsdicke ist rund verdreifacht worden). Auf 4 gleiche Schichten von je 3 mm Dicke kommen dann die

| Spannungen . . . . | 7700 | 5400 | 3800 | 3100 Volt |
| Verhältnisse . . . . | 2.5 | 1.7 | 1.5 | 1.0 |

Die Verteilung der Spannung ist also eine wesentlich andere geworden und zwar so, daß die inneren Schichten viel stärker beansprucht werden als im ursprünglichen Kabel. Statt $2 \times 3100 = 6200$ Volt fallen auf die innerste Schicht volle 1500 Volt mehr.

Der Sicherheitskoeffizient des neuen Kabels wird also wesentlich kleiner sein als derjenige des alten.

Wird der Leiterdurchmesser kleiner als 10 mm, wie im obigen Beispiel, so sind die Verhältnisse noch ungünstiger.

Aus diesen Untersuchungen muß die Folgerung abgeleitet werden, daß eine wesentliche Erhöhung der jetzt gebräuchlichen Betriebsspannungen von Kabeln durch eine Vergrösserung der Isolationsdicke nicht erreicht werden kann.

O'Gormans Theorie. Die Isolation eines Kabels wird in den meisten Fällen schichtenweise aufgetragen. Wir haben gesehen, daß die Verteilung der Spannung auf die einzelnen Schichten nicht gleichförmig ist. Dies bildet einen sehr wichtigen Punkt in der Kabelfabrikation, dessen Bedeutung wir an der Hand der Beispiele S. 43 erklären wollen.

Das Kabel in Beispiel 1 wird bei einer bestimmten Spannung V durchschlagen. Die innerste Schicht wird zuerst nachgeben, da sie die Spannung $^1/_2 V$. tragen muß. Würde es uns gelingen, die Spannung V gleichmäßig zu verteilen, so daß jede Schicht $^1/_3 V$ tragen müßte, so würde die Isolation erst bei der Spannung $2 V$ durchschlagen. Es wäre also ein wesentlicher Gewinn erzielt worden. Für dickere Leiter, Beispiel 2 und 3, wäre die Verbesserung nicht so groß, aber immerhin nicht zu verachten.

Das Problem, den Widerstand der Isolierschicht eines Kabels zu erhöhen, wird gegenwärtig viel studiert. O'Gorman (Journal Inst. El. Eng. XXX, p. 608 ff, 1901; E.T.Z. XXII, p. 485. 1901) löst dasselbe in folgender Art.

Man ersetze die 3 homogenen Schichten, Beispiel 1, durch andere Materialien von gleicher Kapazität, deren Bruchfestigkeiten aber verschieden sind, und sich verhalten wie 2.5 : 1.5 : 1.0. Die Spannungsverteilung wird dadurch nicht gestört, aber die 3 Schichten werden auf Durchschlag gleichwertig. Die innere Schicht wird erst nachgeben, wenn die Spannung $2.5 V$ erreicht hat. Durch diesen

Kunstgriff würde man also die sichere Betriebsspannung des Kabels auf das $2\,^1/_2$ fache treiben dürfen.

Ein zweiter Weg wäre, die drei homogenen Schichten durch andere zu ersetzen, deren Kapazitäten gleich wären. Dies würde Materialien erfordern, deren Dielektrizitätskonstanten ungefähr im Verhältnis von 2.5 : 1.5 : 1.0 stehen, während Bruchfestigkeiten und Isolationswiderstände dieselben wären, wie im homogenen Material. In diesem Falle würde jede Schicht unter derselben Spannung stehen, und man könnte die Betriebsspannung für diese Konstruktion $2\,^1/_2$ mal größer wählen.

Auf eine dritte Art können wir das Kabel verbessern durch Abstufung des Isolationswiderstandes der einzelnen Schichten, während Kapazität und dielektrische Konstante dieselben Werte behalten. Die Spannung verteilt sich wieder gleichmäßig auf die drei Schichten, wenn deren Isolationswiderstände sich etwa wie 0.4 : 0.7 : 1.0 das Reziproke der Zahlen 2.5 : 1.5 : 1.0) verhalten.

Es ist anzunehmen, daß beim Trocknen von Faserisolation der Isolationswiderstand der äußeren Schichten immer höher wird als derjenige der inneren. In der Praxis ist also O'Gormans dritter Weg unbewußt realisiert worden.

C. Leiter und Kabel.

Kupferwiderstand und Wechselstrom. Lord Kelvin hat zuerst nachgewiesen, daß ein Wechselstrom von hoher Periodenzahl den Querschnitt eines Leiters nicht mehr gleichförmig ausfüllt, sondern mehr gegen die Oberfläche zu gedrängt wird. Wird die Periodenzahl recht hoch und der Leiter recht dick, so fließt in den mittleren Teilen desselben gar kein Strom mehr.

Die Folge davon wird sein, daß der Kupferwiderstand des Leiters gegen Wechselstrom höher sein wird als gegen Gleichstrom.

Es sei

d der Durchmesser des Leiters in cm, gleichviel ob massiv oder Seil,

Wg der Widerstand derselben für Gleichstrom,

Ww „　　　　　„　　　　　„　　　　„ Wechselstrom,

n die Periodenzahl per Sekunde,

c der spezifische Widerstand des Leiters,

k ein Koeffizient $= Ww : Wg$,

so ist

$$Ww = k\,Wg$$

Der Koeffizient k ist abhängig vom Produkt cnd^2 und er kann für Kupfer, für welches $c = 1.6 \cdot 10^{-6}$, der nachfolgenden Tabelle für verschiedene Werte von nd^2 entnommen werden.

nd^2	k	nd^2	k	nd^2	k
0	1.00	1400	1.75	4500	2.93
100	1.00	1600	1.85	5000	3.08
200	1.03	1800	1.94	6000	3.4
300	1.07	2000	2.04	7000	3.6
400	1.12	2200	2.13	8000	3.8
500	1.17	2400	2.21	9000	4.0
600	1.24	2600	2.28	10000	4.2
700	1.31	2800	2.36	15000	5.1
800	1.37	3000	2.43	20000	5.9
1000	1.50	3500	2.61	25000	6.5
1200	1.63	4000	2.77	30000	7.0

Für Drähte aus anderem (aber unmagnetischem) Metalle als Kupfer, berechne man den Ausdruck $\dfrac{1.6 \cdot 10^{-6}}{c}\, nd^2$, und entnehme der Tabelle den Wert von k, welcher dieser Zahl gegenübersteht.

Aus der nachfolgenden Tabelle ist für einige Periodenzahlen die Zunahme des Widerstandes für verschiedene Leiterdurchmesser zu entnehmen.

Leiterdurch-messer in Millimeter	Periodenzahl				
	$n = 50$	$n = 75$	$n = 100$	$n = 300$	$n = 1000$
$d = 1$	$k = 1.00$	$k = 1.00$	$k = 1.00$	$k = 1.00$	$k = 1.00$
2	1.00	1.00	1.00	1.00	1.00
3	1.00	1.00	1.00	1.00	1.00
10	1.00	1.00	1.00	1.07	1.50
15	1.00	1.02	1.04	1.28	2.13
20	1.03	1.07	1.12	1.63	2.77
25	1.07	1.14	1.26	2.00	3.5
30	1.14	1.29	1.43	2.33	4.0
40	1.37	1.63	1.85	3.02	5.3
50	1.66	2.00	2.25	3.75	6.5

Aus dieser Tabelle kann man folgende Schlüsse ziehen.

a) Für Lichtleitungen.

Da die heute adoptierte Periodenzahl meistens in der Gegend von 50 liegt, darf man mit dem Leiterdurchmesser bis etwa 20 mm oder mit dem Querschnitt bis etwa 230 qmm gehen, ohne daß eine wesentliche Steigerung des Kupferwiderstandes eintritt.

b) Für Telephonleitungen.

Da die Schwingungszahl der menschlichen Stimme innerhalb der Grenzen von 300 und zirka 1000 liegt und Leitungsdrähte von 1 bis 3 mm zur Verwendung kommen, ist gar keine Vermehrung des Kupferwiderstandes zu erwarten. Ein Einfluß macht sich erst bei 10 000 Schwingungen bemerkbar. Es ist in diesem Falle für Drähte von 1, 2 und 3 mm ϕ $K = 1.00$ resp. $= 1.12$ und $= 1.44$.

Kupferwiderstand eines Drahtseiles. Es herrscht vielfach die Ansicht, daß der Strom in einem Drahtseil gerade so fließt wie in einem massiven Leiter, d. h. parallel der Achse, oder senkrecht auf den Querschnitt.

Denkt man sich das Kabel senkrecht auf die Achse geschnitten, so hat jeder Draht, mit Ausnahme des zentralen, wegen des Dralles einen größeren Querschnitt, als wenn er senkrecht geschnitten würde. Die Verfechter der oben mitgeteilten Ansicht schließen nun, daß der Widerstand eines Seiles kleiner ist als der Widerstand aller Drähte in Parallelschaltung gemessen, und kommen schließlich darauf, daß man den Drahtdurchmesser für ein Seil vom Querschnitt Q und n Drähten kleiner nehmen darf als nach der Regel $Q : n$ berechnet.

Es läßt sich leicht nachweisen, daß diese Theorie unrichtig ist.

Wir betrachten in irgend einem Seil die zweite Lage von 12 Drähten. Der Drall möge $= 250$ mm sein. Auf diese Länge würde also der Strom 12 mal von Draht zu Draht übergehen, oder 48 mal auf 1 m und 48 000 mal auf 1 km Kabellänge.

Da nun die Berührungsfläche zweier Nachbardrähte außerordentlich klein ist (sie ist nur eine Linie, und oft gar nicht vorhanden), so wird immer ein Übergangswiderstand vorhanden sein. Wäre derselbe nur $^1/_{10000}$ Ohm per Centimeter Drahtlänge, also praktisch kaum noch meßbar, so würde die Summe aller Übergangswiderstände auf den Kilometer doch schon etwa 5 Ohm ausmachen, und statt 17 Ohm per qmm und Kilometer wäre der Kupferwiderstand des Seiles 22 Ohm.

Dies ist nun nicht der Fall, also kann man auch die Theorie nicht ernsthaft nehmen.

In Wirklichkeit fließt der Strom parallel der Achse jedes einzelnen Drahtes, also in einer Spirale um die Mittellinie des Drahtseiles herum. Der Kupferwiderstand jedes Einzeldrahtes ist größer als derjenige des zentralen Drahtes, und der Widerstand des Seiles ist gleich allen Einzelwiderständen in Parallelschaltung.

Daß dies so sein muß, läßt sich wie folgt begründen. Alle Drähte sind praktisch einander gleich. Betrachten wir zwei Nachbardrähte einer Lage, so haben sie im Anfang und in irgend einer Entfernung praktisch dieselbe Spannungsdifferenz. Es ist also kein Grund vorhanden, daß der Strom in irgend einem Punkte von einem Draht auf den anderen überfließe.

Wir betrachten weiter zwei aufeinanderfolgende Drahtlagen, eine z. B. mit dem Drall 15, die andere 20 mal dem Kaliber. Der Unterschied der Drahtlängen ist dann etwa $1\,^0/_0$. Sind die zwei Lagen voneinander isoliert, und nur die Enden miteinander verbunden, so werden sich die Ströme, entsprechend den Gesetzen der Stromverzweigungen, in den zwei Lagen umgekehrt wie deren Widerstände verhalten, d. h. im längeren Draht fließt $1\,^0/_0$ weniger Strom als im kürzeren Draht. Am Ende des Kabels haben beide wieder dieselbe Spannungsdifferenz.

In Wirklichkeit sind die Lagen nicht voneinander isoliert, und bei jeder Kreuzung von zwei Drähten gleichen sich die Spannungsdifferenzen aus, d. h. es fließt ein Strom von der einen Lage in die andere, aber nicht der Hauptstrom, sondern nur ein kleiner Bruchteil desselben.

Erwärmung von Kabeln im Betrieb. Ein elektrischer Strom erzeugt in einem Leiter immer eine gewisse Wärmemenge.

Wir befassen uns mit dem Falle, daß der Strom konstant ist und eine längere Zeit andauert. Die im Leiter des Kabels entstehende Wärme ist dann konstant, d. h. in jeder Minute ist die Wärmezufuhr dieselbe. Sie wird zunächst zur Erwärmung des Leiters und der ihn umgebenden Isolation dienen. Mit der Zeit schreitet die Erwärmung fort, erreicht Blei und Panzer und schließlich die Oberfläche des Kabels. Wenn dies erreicht ist, gibt das Kabel Wärme an die äußere Umgebung ab.

Wir machen die Annahme, daß die Umgebung während unserer Untersuchung immer dieselbe Temperatur hat und dasselbe Medium bleibt, wie Luft, Wasser und Erde.

Infolge der konstanten Wärmezufuhr im Innern des Kabels steigt anfangs die Temperatur des Leiters nahezu proportional der Zufuhr an. Mit steigender Temperatur vergrößert sich aber die Abfuhr, und es wird mit der Zeit ein Zustand eintreten, wo Zufuhr und Abfuhr dieselben sind. Ist dieser Punkt erreicht, so ändern sich die Temperaturen innerhalb des Kabels nicht mehr. Das Kabel hat einen stationären Zustand erreicht, bezw. seine Maximaltemperatur für die im Leiter herrschende Stromstärke.

Diese Temperatur wird um so niedriger liegen, je günstiger die Abfuhrverhältnisse sind, d. h. je mehr Kalorien bei 1^0 Temperaturdifferenz zwischen Kabeloberfläche und Umgebung per Quadratcentimeter Oberfläche in der Sekunde ausströmen. Die

Abfuhr hängt hauptsächlich ab vom Wärmeleitungsvermögen der Isolation und des Panzers, sowie von dessen Dimensionen.

Es ist sehr wichtig, daß man für ein im Betrieb befindliches Kabel dessen Temperatur, bezw. die des Leiters und der Isolation kenne. Erwärmt sich z. B. ein Kabel bis auf 40^0 C., also um 25^0 über die Normaltemperatur, so treten folgende Zustände ein:

1. Der Kupferwiderstand und somit auch der Spannungsverlust, vergrößert sich um etwa $10\,{}^0/_0$.

2. Der Isolationswiderstand sinkt außerordentlich stark und ist (unsere Tabelle S. 11) bei

$$\begin{array}{cccc} 36 & 38 & 39 & 40^0\,\text{C.} \\ \text{ungefähr } {}^1/_{1000} & {}^1/_{2000} & {}^1/_{3000} & {}^1/_{5000} \text{ seines Wertes} \end{array}$$

bei 15^0 C.

Ein Kabel, das bei 15^0 einen Isolationswiderstand von 2000 Megohm hat, wird also bei etwa 38^0 Mitteltemperatur seiner Isolation (36^0 außen und 40^0 innen) nur noch einen Is.-W. von einem Megohm aufweisen.

Es ist noch nicht erwiesen, daß eine solche niedrige Isolation einem guten Kabel schädlich ist, doch wird man instinktiv eine zu starke Erwärmung vermeiden.

Es handelt sich darum, eine Regel aufzustellen, die angibt, mit welcher Stromstärke irgend ein Kabel belastet werden darf. Zur Zeit existiert eine solche Regel noch nicht.

Man begnügt sich meistens noch damit, die erlaubte Belastung in Ampere per qmm anzugeben.

Daß eine solche Angabe keine allgemeine Gültigkeit für dünne und dicke Leiter hat, läßt sich leicht nachweisen.

Wir betrachten zwei Kabel mit den Querschnitten 1 und 10. Die Wärmezufuhren derselben stehen im Verhältnisse 1 : 10, die Abfuhren aber nur im Verhältnisse von rund 1 : 3, da sie unter sonst gleichen Umständen der kühlenden Oberfläche, resp. den Umfängen $\sqrt{1}$ und $\sqrt{10}$ proportional sind. Die Abfuhr im dickeren Kabel ist also weitaus geringer als im dünneren, d. h. es wird sich stärker erwärmen.

Einige Versuche über Erwärmung von Kabeln sind von Herzog und Feldmann publiziert worden (E.T.Z. 1900, p. 738). Das Nachfolgende ist ein Auszug ihrer Resultate.

1. Gleichstromkabel für 500 Volt, in ruhiger Luft aufgehängt.

Zwei gepanzerte Kabel von 10 und 100 qmm, $2^1/_2$ mm Isolationsdicke und den äußeren Durchmessern von 15 resp. 32 mm.

Es bezeichne B die Belastung in Ampere per qmm, T die maximale Temperatur des Leiters, so ist für das

Kabel von 10 qmm für

$B=$ 2 3 4 5 6 7 8 10 12 14 16 18 20
$T=$ 2 2.9 3.6 4.5 5.8 7.8 10 14 20 32 47 60 73.

Kabel von 100 qmm für

$B=$ $^1/_2$ 1 $1^1/_2$ 2 $2^1/_2$ 3 $3^1/_2$ 4 5
$T=$ 1 4 9 18 26 34 41 50 63

2. Konzentrische Kabel für 2000 Volt, in ruhiger Luft aufgehängt.

Drei Band gepanzerte Kabel von 10, 100 und 220 qmm Querschnitt. Isolationsdicken gleich 5 mm zwischen den Leitern und $3^1/_2$ mm zwischen *A. L.* und Blei. Äußere Durchmesser 41, 57 und 68 mm. Unter dem Innenleiter ist ein Bleimantel (Konstruktion von Jacottet, Wien).

Der stationäre Zustand wird nach 2—3 Stunden erreicht.

Kabel von 2 × 10 qmm.

Es ist für $B=$ 2   4   10
                T Innenleiter $B=$ 5   11   61
                T Außenleiter $B=$ 4   8   37

Kabel von 2 × 100 qmm.

Es ist für $B=$ 1   2   3
                T Innenleiter $B=$ 5.2   12   28
                T Außenleiter $B=$ 4.2   8   20

Kabel von 2 × 220 qmm.

Es ist für $B=$ 1   1.6   2.3
                T Innenleiter $B=$ 6.2   13   27
                T Außenleiter $B=$ 4.4   9   18

3. Dreifach verseiltes Kabel 3×150 qmm für 2000 Volt, mit Band gepanzert auf 72 mm ϕ.

a) In Luft auf dem Boden des Versuchszimmers ausgelegt.

Mit einer Belastung jeder Ader von 2.7 Ampere qmm wird der stationäre Zustand nach 6 Stunden nahezu erreicht. Nach 9 Stunden beträgt die Temperaturerhöhung des Leiters 85^0 C.

Wenn nur eine einzige Ader mit $B=2.7$ belastet wird, so erwärmt sie sich um 33^0, während die beiden anderen ihre Temperatur nur um 25^0 erhöhen.

Hätten die zwei anderen Adern auch noch die Belastung $B=2.7$, so würde jede die erste Ader um 25^0 erwärmen, also würde ihre Temperatur $= 33 + 25 + 25 = 83^0$. In Wirklichkeit sind 85^0 gemessen worden.

Man kann also annähernd sagen, die Erwärmung einer Ader

(oder separat liegendes Kabel) sei gleich ihrer Eigentemperatur plus der Temperatur, die sie von warmen Nachbarn einzeln erhalten würde.

Ein solcher Fall kommt vor, wenn verschiedene Kabel in demselben Graben beisammen liegen.

b) Dasselbe Kabel unter Erde, 0.73 m tief, in Sand und Ziegel gebettet.

Mit der Belastung $B = 2$ jeder Ader wird der stationäre Zustand nach etwa 2 Stunden erreicht und die Erwärmung ist 16° C.

Theorie der Erwärmung. Wir betrachten

1. Gleichstromkabel. Es sei

Q der Querschnitt des Leiters in qcm,

d dessen Durchmesser,

D der Durchmesser des Kabels unter Blei,

I die Stromstärke in Ampere,

T die im stationären Zustande erreichte Temperaturzunahme über die Umgebung,

a der spezifische elektrische Widerstand, rund $= 2 \times 10^{-6}$,

σ der sog. Wärmewiderstand der Isolation, eine Größe, welche die Wärmeabfuhr bestimmt,

so ist nach Herzog und Feldmann

$$I = \sqrt{\frac{2 \pi Q T}{a \sigma \log \mathrm{nat} \dfrac{D}{d}}}$$

Diese Gleichung gibt die Erwärmung T eines Kabels von bekannten Dimensionen für irgend einen Strom I.

Für dasselbe Kabel bleiben alle Größen bis auf I und T konstant. Also wäre nach dieser Formel T proportional I^2.

Die Beobachtungen von Herzog und Feldmann (S. 51) stimmen mit dieser Folgerung nicht genau überein.

Setzen wir nach H. und F. die Konstanten $\sigma = 550$, so können wir aus obiger Formel eine neue ableiten

$$T = \frac{4.10^{-4}}{Q} \log \frac{D}{d} \cdot I^2$$

Auf die Erwärmung der Gleichstromkabel von Herzog und Feldmann angewendet, berechnen sich die Erwärmungen T bei verschiedenen Belastungen B wie folgt:

Kabel von 10 qmm Querschnitt. $Q = 10^{-1}$

$$d = 4 \quad D = 9 \quad \log \frac{D}{d} = 0.35$$

$$T = 1.4 \cdot 10^{-3} \cdot I^2$$

$$B = \quad 2 \quad\quad 4 \quad\quad 10 \quad\quad 20$$
$$T \text{ berechnet} = 0.06 \quad 2.2 \quad 14 \quad 56^0$$
$$T \text{ beobachtet} = \quad 2 \quad\quad 3.6 \quad 14 \quad 73$$

Kabel von 100 qmm Querschnitt. $Q = 1$

$$d = 13 \quad D = 18 \quad \log \frac{D}{d} = 0.14$$

$$T = 0.56 \cdot 10^{-4} \cdot I^2$$

$$B = \quad 1 \quad\quad 2 \quad\quad 3 \quad\quad 4 \quad\quad 5$$
$$T \text{ berechnet} = 0.56 \quad 2.2 \quad 5 \quad 9 \quad 14^0$$
$$T \text{ beobachtet} = \quad 4 \quad\quad 18 \quad 34 \quad 50 \quad 63$$

Ein Vergleich mit den beobachteten Zahlen zeigt, daß die Formel nicht mit denselben in Übereinstimmung ist. Ebenso erhält man keine besseren Werte, wenn man die Konstante σ anders wählt, oder wenn man $D = $ äußern Kabeldurchmesser setzt.

2. Konzentrische Kabel.

Die Bedeutung der Größen ist wie unter 1, und es bezeichnen noch

d_1 den ϕ des Innenleiters,
D_1 „ „ über innere Isolation,
d_2 „ „ über den Außenleiter,
D_2 „ „ über das gepanzerte Kabel,

so kann man aus den Formeln von Herzog und Feldmann mit $\sigma = 550$ die Hülfsgröße S_1 und S_2 berechnen nach

$$S_1 = 200 \; \log \frac{D_1}{d_1}$$

$$S_2 = 200 \; \log \frac{D_2}{d_2}$$

und die Erwärmung T des Innenleiters nach der Formel

$$T = \frac{2 \cdot 10^{-6}}{Q} \, (S_1 + 2\,S_2) \cdot I^2$$

Diese Formel stellt die Beobachtungen auf S. 51 ziemlich genau dar, wie folgende Vergleichstafel zeigt.

	Kabelquerschnitt							
	2×10			2×100			2×220		
Belastung $B =$	2	4	10	1	2	3	1	1.6	2.3
T berechnet $=$	2.1	8.3	52	3.3	13.3	30.0	5.9	14.2	29.0
T beobachtet $=$	5	11	61	5.2	12	28	6.2	13	27

Die Formeln passen sich der Beobachtung um so besser an, je größer der Querschnitt des Kabels.

Zulässige Belastung von isolierten Leitungen und Kabeln nach den Vorschriften des Verbandes Deutscher Elektrotechniker.

a) Das Leitungskupfer muß den Normalien des Verbandes Deutscher Elektrotechniker entsprechen. Ausnahmen hiervon sind bei den Drähten zulässig, die für Freileitungen bestimmt sind.

b) Isolierte Kupferleitungen und Kabel, die nicht unterirdisch verlegt sind, dürfen höchstens mit den in nachstehender Tabelle verzeichneten Stromstärken dauernd belastet werden.

Querschnitt in qmm	Betriebsstromstärke in Ampere	Querschnitt in qmm	Betriebsstromstärke in Ampere
0.75	4	95	165
1	6	120	200
1.5	10	150	235
2.5	15	185	275
4	20	240	330
6	30	310	400
10	40	400	500
16	60	500	600
25	80	625	700
35	90	800	850
50	100	1000	1000
70	130		

Blanke Kupferleitungen bis zu 50 qmm unterliegen gleichfalls den Vorschriften der vorstehenden Tabelle, blanke Kupferleitungen über 50 und unter 1000 qmm Querschnitt, können mit 2 Ampere für das Quadratmillimeter belastet werden. Auf Freileitungen finden die vorstehenden Zahlenbestimmungen keine Anwendung.

c) Der geringste zulässige Querschnitt für isolierte Kupferleitungen ist 1 qmm, an und in Beleuchtungskörpern $^3/_4$ qmm. Der geringste zulässige Querschnitt von blanken Kupferleitungen in Gebäuden ist 4 qmm, bei Freileitungen 6 qmm.

d) Bei Verwendung von Drähten aus anderen Metallen müssen die Drähte so gewählt werden, daß sowohl deren Festigkeit wie deren Erwärmung durch den Strom den im Vorigen für Kupfer gegebenen Querschnitten entspricht.

Der Panzer. Eisen in der Umgebung eines stromführenden Leiters wird immer magnetisiert. Bei Wechselstrom wird die Magnetisierungsrichtung periodisch umgekehrt, so daß der Fall eintreten kann, daß durch magnetische Hysteresis beträchtliche Verluste entstehen können.

Es ist allgemein bekannt, daß man ein einfaches Kabel, das Wechselstrom führt, nicht panzern darf, resp. daß der Panzer eines solchen Kabels sehr heiß wird.

Es gilt als Regel, daß man Mehrleiterkabel panzern darf, so lange als für jeden Augenblick die Stromsumme in sämtlichen Leitern gleich Null ist. Dies ist der Fall bei konzentrischen, zweifach, dreifach und vierfach verseilten Kabeln.

Nachstehend einige Experimente über diese Punkte.

1. Kabel von 7×1.75 mm mit Gummi und Band auf 9 mm isoliert und mit einem Eisenband auf 11 mm umwickelt. Belastung $= 50$ Ampere Wechselstrom oder etwa 3 A. per qmm. Nach einer Stunde erwärmt sich der Panzer auf 33^0, der Gummi auf 24^0, bei einer Außentemperatur von 16.5^0 C.

2. Zwillingskabel von 7×1.1 mm, jede Ader mit Gummi auf 8 mm isoliert, beide mit Einlagen verseilt, auf 17 mm isoliert und mit 2 Eisenbändern auf 22 mm gepanzert. Mit 20 Ampere Wechselstrom von 100 Perioden, oder 3 A. per qmm wird keine Erwärmung konstatiert.

Hier können wir auch einen Versuch unterbringen, den wir unternahmen, um die Erwärmung von Blei durch Wirbelströme zu bestimmen. Ein Kabel von 200 qmm für 500 Volt wurde mit 300 Ampere Wechselstrom von 67 Perioden untersucht. Es war keine merkbare Erwärmung des Bleimantels zu konstatieren.

D. Meßmethoden.

Die Isolationsmessung. Das Haupterfordernis der Isolationsmessung besteht in guter Isolierung sämtlicher Apparate des Meßzimmers, der Batterie und der Leitungen. Mittels Trockenelementen ist es leicht, diese Bedingungen zu erfüllen. Das Meßzimmer halte man immer trocken.

Es ist zuerst das Galvanometer zu eichen, d. h. dessen Ausschlag für einen bekannten Widerstand zu bestimmen. Dieser Vergleichswiderstand ist gewöhnlich $= 100000$ Ohm $= {}^1/_{10}$ Megohm. Es sei c dieser Ausschlag, die sog. Konstante des Galvanometers, bei einem Nebenschluß, dessen Multiplikator $= n$ sei. Die Zahl nc ist dann ein relatives Maß des Stromes oder des Widerstandes von ${}^1/_{10}$ Megohm.

Ist die Isolation eines Kabels von der Länge L (in Metern) zu messen, so schalte man dasselbe an Stelle des Vergleichswiderstandes ein, schließe den Strom und beobachte nach einer Minute den Ausschlag a, bei einem Nebenschluß, dessen Multiplikator n_1 sei.

Die Zahl $n_1\,a$ ist dann ein relatives Maß des durch die Isolation des Kabels gehenden Stromes, resp. des Isolationswiderstandes W.

Da die Ströme sich umgekehrt wie die Widerstände verhalten, berechnet sich

$$W = \frac{cn}{10\,an_1}$$

bezogen auf die Länge des Kabels L. Für die Länge von einem Meter ist der Is.-W. L mal größer, und für 1000 m wieder 1000 mal kleiner als für einen Meter, also ist der Isolationswiderstand per Kilometer in Megohm

$$W = \frac{cn}{10\,an_1} \cdot \frac{L}{1000} \quad \cdot \quad \cdot \quad \cdot \quad \cdot \quad \cdot \quad \cdot \quad (1)$$

Für die meisten Meßzimmereinrichtungen ist $n = 10\,000$, und für alle Kabel, die richtige Isolation haben und nicht sehr lang sind, $n_1 = 1$. Für diesen Fall ist also

$$W = \frac{c}{a}\,L \quad \cdot \quad \cdot \quad \cdot \quad \cdot \quad \cdot \quad \cdot \quad (2)$$

d. h. gleich den Quotienten der beiden Ausschläge mal der Kabellänge in Metern.

Treffen diese Voraussetzungen nicht zu, so ist die allgemeine Formel (1) zu verwenden.

Von dem gemessenen Ausschlage des Kabels ist immer der Ausschlag der Meßleitung abzuziehen.

Das Prüftelephon. Dieser einfache Apparat besteht aus einer Batterie von 2 bis 6 Trockenelementen kleinster Type, etwas Leitungsdraht und einem Telephon. Die Elemente sind hintereinander geschaltet. Jeder Batteriepol wird mit einem weichen gut isoliertem Leitungsdraht verbunden, und in einen derselben schaltet man ein Telephon.

Bringt man die Enden der beiden Leitungen für einen Moment in Berührung, so hört man im Telephon einen lauten Schlag. Bringt man zwischen die beiden Enden immer größere Widerstände, so wird bei der Berührung der Schlag immer schwächer. Doch hört man ihn immer noch, wenn Tausende von Megohm eingeschaltet sind.

Dieses einfache Instrument ist für die Montage von Kabeln unentbehrlich. Es kann nicht nur dazu benutzt werden, um Kurzschlüsse und schlechte Isolationen zu konstatieren, sondern direkt um Isolationswiderstände zu schätzen.

Nach einiger Übung mit dem Instrument bringt man es leicht

dazu, aus der Natur des Schlages im Telephon zu erkennen, ob die Isolation gering oder hoch ist.

Will man direkte Isolationsmessungen damit machen, so nehme man ein Kabel von bekanntem Isolationswiderstand her, lege die eine Leitung des Prüfungstelephons an Blei und tupfe mit der anderen am Leiter des Kabels. Wiederholt man dies einige Male, so ist das Kabel geladen und das Knacken im Telephon hört auf. Nach $^1/_4$, $^1/_2$, $^3/_4$ etc. Minuten tupfe man wieder und bestimme, nach welchen dieser Intervalle das Telephon wieder hörbar knackt.

Geht man dann mit dem Apparat an andere Kabel von ähnlicher Konstruktion und wiederholt den Versuch, so kann man deren Isolationswiderstand im großen und ganzen schätzen.

Wir haben während der Montage von Telephonkabeln wiederholt solche Messungen ausgeführt und nachher mit Galvanometer kontrolliert. Es gelang uns zu sagen, ob die Adern 2000, 5000 oder 10000 Megohm Isolation haben.

Nach wenigen Instruktionen machte unser Chefmonteur dieselben Messungen mit großer Sicherheit.

Sowohl in der Fabrik als auf der Montage haben wir das Prüftelephon immer von unschätzbarem Werte gefunden, und es jedem transportabeln Meßapparate vorgezogen. Diese verwendeten wir nur für Lokalisierung von Fehlern.

Wir möchten noch anführen, daß das Tupfen stets am isolierten Leiter zu geschehen hat und nicht am Blei oder Erdleiter.

Die Kapazitätsmessung. Diese wird ausgeführt, ähnlich wie die Isolationsmessung. Das Galvanometer wird mit einer Kapazität C geeicht. Es sei c dessen Ausschlag.

Dann wird der Vergleichskondensator durch das Kabel ersetzt und dessen Ausschlag a bestimmt. Die Kapazitäten verhalten sich direkt wie die Ausschläge, also ist die Kapazität des Kabels, wenn L dessen Länge bedeutet, per Kilometer

$$C_1 = \frac{a}{c} \cdot \frac{1000}{L} \cdot C \tag{1}$$

C wird immer in Mikrofarad gemessen, folglich wird C_1 auch in diesen Einheiten ausgedrückt.

Bei diesen Messungen richte man es immer so ein, daß der Ausschlag des Kabels und der Ausschlag der Vergleichskapazität so nahe wie möglich dieselben sind. Auch der Nebenschluß des Galvanometers sollte derselbe sein.

Man wird also erst den Ausschlag des Kabels messen und dann die Eichung des Galvanometers vornehmen. Man schaltet solange

Kapazität zu oder ab, bis man dem Kabelausschlage möglichst nahe kommt.

Der Grund dieses Vorgehens liegt darin, daß der Aufhängefaden des Spiegels sich den momentanen Stößen des ersten Ausschlages nicht so leicht fügt, wie er es bei den langsam verlaufenden Ausschlägen bei der Isolationsmessung tut. Ein momentaner Stoß von doppelter Stärke bringt nicht die doppelte Ablenkung hervor. Man kann sich leicht davon überzeugen, wenn man zwei Ausschläge, mit 0.01 und 0.02 MF ausführt. Dieselben werden nur, bei wenigen Galvanometern genau im Verhältnis von $1:2$ stehen.

Ist es nicht möglich, die Ausschläge bei der Messung des Kabels und bei der Eichung ungefähr auf die gleiche Größenordnung zu bringen, so muß die Eichung mit zwei Kapazitäten ausgeführt und die Abweichung von der Proportionalität bestimmt werden. Daraus kann man dann den Ausschlag des Kabels korrigieren.

Läßt man diese Vorsichtsmaßregeln außer Auge, so kann man bei der Bestimmung der Kapazitäten ganz beträchtliche Fehler machen.

Isolationswiderstand und Kapazität lassen sich auf einmal, d. h. mit derselben Batterieschaltung messen. Vor dem Stromschluß stellt man einen passenden Nebenschluß her, so daß der erste Ausschlag nicht zu groß wird. Dann schließt man, beobachtet diesen, schreibt ihn auf und zieht nach $^1/_4$ oder $^1/_2$ Minute den Stöpsel des Nebenschlusses heraus. Nach einer Minute beobachte man den Isolationsausschlag.

Es ist selbstverständlich, daß bei den Kapazitätsmessungen jedesmal die Ausschläge der Zuleitungen bestimmt und abgezogen werden müssen.

Messung der Leitungsfähigkeit von Kupfer. Die Bestimmung derselben erfolgt durch drei Messungen von Länge, Widerstand und Gewicht eines Drahtes und eine Berechnung. Die Wägung hat den Zweck, den Durchmesser resp. den Querschnitt des Drahtes genauer zu bestimmen, als mit einem Mikrometer möglich ist.

Es bedeuten für einen zylindrischen, überall gleichdicken Kupferdraht von der Temperatur 15^0 C.

l die Länge in Meter,

Q den Querschnitt in qmm,

G das Gewicht in Gramm,

w den gemessenen Kupferwiderstand,

c den Widerstand von 1 m 1 qmm,

$L = \dfrac{1}{c}$ die Leitungsfähigkeit,

$L^{0/0}$ die Leitungsfähigkeit in Prozenten von Normalkupfer,

Ln die Leitungsfähigkeit von Normalkupfer,
$\triangle = 8.91$ das spezifische Gewicht von Kupfer.

Man bestimmt den Querschnitt nach der Formel

$$Q = \frac{G}{\triangle\, l} \quad \ldots \ldots \ldots \ldots \quad (1)$$

und die Leitungsfähigkeit nach

$$L = \frac{\triangle\, l^2}{G w} \quad \ldots \ldots \ldots \ldots \quad (2)$$

die Leitungsfähigkeit in Prozenten von Normalkupfer nach

$$L^{0}\!/_{0} = \frac{100\,\triangle\, l^2}{L n w G} \quad \ldots \ldots \ldots \quad (3)$$

Für deutsches Normalkupfer ist $Ln = 60$. Für Matthiessens Normalkupfer bei 15^0 C ist $c = 0.01696$ also $Ln = 59$. Also ist

$$L^{0}\!/_{0} = \frac{14.8\, l^2}{w G} \quad \text{nach deutschen Normalien}$$

$$L^{0}\!/_{0} = \frac{15.1\, l^2}{w G} \quad \text{nach Matthiessens Normalien.}$$

Ist der Drahtwiderstand w bei t^0 statt bei 15^0 gemessen worden so wird er reduziert nach der Formel

$$w_{15} = w_t\,[1 + 0.00428\,(15 - t)] \quad . \quad . \quad . \quad . \quad (4)$$

Spannungsprüfungen und deren Wert. Es ist unbedingt nötig, daß jedes Kabel während oder nach der Fabrikation einer Spannungsprobe unterworfen wird. Dasselbe gilt für jedes Isoliermaterial, das eine hohe Betriebsspannung aushalten soll.

Betreffs der Spannung, die man zur Prüfung anwenden soll, sind bis jetzt noch keine allgemein gültigen Regeln aufgestellt worden. Wir glauben, daß die nachfolgenden Vorschriften adoptiert werden könnten. Diese sind den Normalien des Verbandes Deutscher Elektrotechniker für Prüfung von Maschinen und Transformatoren nachgebildet. Siehe Elektr. Zeitschr. No. 24, 1901, p. 478.

1. Kabel bis 5000 Volt sollen mit der doppelten Betriebsspannung und mit nicht weniger als 500 Volt geprüft werden.

2. Kabel von 5000 bis 10 000 Volt sollen mit 5000 Volt Überspannung geprüft werden.

3. Kabel über 10 000 Volt sollen mit einer Spannung gleich dem $1^1\!/_2$ fachen der Betriebsspannung geprüft werden.

4. Diese Vorschriften gelten bei mehrfachen Kabeln ebenso für die Prüfung zwischen Leiter und Leiter, als zwischen Leitern und Blei.

5. Zur Prüfung wird immer Wechselstromspannung angewendet.

Eine Übersicht der Sicherheitsverhältnisse für Betrieb und Prüfung von Kabeln mit Jute-Isolation gibt die folgende Tabelle. In derselben ist angenommen, daß Kahel für 2000 resp. 3000 Volt Betriebsspannung Isolationsdicken von 5 resp. 6 mm bekommen. Die Durchschlagspunkte sind der Kurve S. 31 entnommen. Da die Isolation außer der Jute in den meisten Fällen noch Papier enthält, sind die Sicherheitskoeffizienten in Wirklichkeit größer als in dieser Tabelle angegeben.

Kabel mit Jute-Isolation für eine Betriebsspannung	Spannung für		Sicherheitskoeffizient bei	
	Prüfung	Bruch	Prüfung	Betrieb
von 500 Volt, leichte Isol. 2 mm	1000 Volt	3500 Volt	3.5	7.0
do., schwere Isol. 3 mm .	1000 „	4500 „	4.5	9.0
von 2000 Volt, Isol. 5 mm	4000 „	6300 „	1.4	3.1
von 3000 Volt, Isol. 6 mm	6000 „	7200 „	1.2	2.4

Diese Tabelle zeigt uns, daß für Kabel, wie sie von den meisten Fabriken geliefert werden, der Sicherheitskoeffizient für den Betrieb mindestens $2\,^1/_2$ ist, daß aber bei der Prüfung von Hochspannungskabeln der Durchschlagspunkt nahezu erreicht ist, wenn nach obigen Vorschriften geprüft wird.

Eine größere Prüfspannung als doppelte Betriebsspannung wird gelegentlich von den Abnehmern von Kabeln gefordert. Wie die obige Tabelle zeigt, ist es nicht ratsam, dieser Forderung nachzugeben. Ist man dazu gezwungen, so muß man die Isolationsdicke entsprechend verstärken.

Wir verweisen hier noch auf die englischen Prüfungsvorschriften siehe Kapitel „Starkstromkabel".

Über die Dauer der Prüfung gelten ebenfalls keine allgemeinen Vorschriften. Wir haben diese immer auf $^1/_4$ bis $^1/_2$ Stunde eingeschränkt und nur ausnahmsweise auf eine Stunde und mehr ausgedehnt.

Grobe Fehler zeigen sich meistens in den ersten Minuten der Prüfung, oft schon, ehe man noch die Prüfspannung erreicht hat. Diese wird nicht plötzlich an das Kabel geworfen, sondern schrittweise hergestellt. Nach den ersten 10 Minuten der Prüfzeit zeigen sich Durchschläge höchst selten, ausgenommen, Prüfspannung und Bruchgrenze liegen nahe aneinander.

Daß diese kurze Prüfzeit genügt, um über das Kabel Sicherheit zu haben, zeigt die Praxis. Wir haben Hunderte von Kilometern von Kabel angefertigt und geprüft, wie oben angegeben, und es ist nie zu unserer Kenntnis gekommen, daß eines derselben, innerhalb Jahresfrist vom Betriebe an, durchgeschlagen worden ist.

Mit Gummikabeln haben wir wenig zu tun gehabt, also wenig Erfahrung gesammelt. Entsprechend der Natur der Fehler in diesen Kabeln haben wir sie immer für mindestens eine Stunde geprüft und wenn nicht stark beschäftigt, für zwei Stunden. Fehler in Gummi sind oft sehr hartnäckig, und es können 5, ja 10 Stunden vergehen, bis sie nachgeben. Indessen haben sie die gute Eigenschaft, daß sie immer durch eine Isolationsmessung zu konstatieren sind, was bei Jutekabeln nicht der Fall ist.

Ein Kabel, das die Prüfung ohne Schaden überstanden hat, kann im allgemeinen als gut anerkannt werden, doch darf man den Wert der Prüfung nicht überschätzen. Es wird nur dann vor Unfällen sicher sein, wenn es gut gebaut ist.

Ein Kabel, das im Betrieb ist, wird wesentlich anders beansprucht als während der Prüfung. In den meisten Fällen ist die Stromwelle eine andere geworden, und die maximale Spannung kann wesentlich höher werden. Es können Störungen in den Maschinen oder im Kabelnetz eintreffen, die von beträchtlichen Schwankungen in der Spannung begleitet sind. Ebenso können beim Ein- oder Ausschalten von Kabelstrecken, Maschinen oder Transformatoren momentane Schwankungen entstehen, die ein schwaches Kabel, wenn genügend oft wiederholt, schließlich durchschlagen.

Ein wesentlicher Unterschied bei Prüfung und Betrieb liegt auch darin, daß im letzten Falle die Maschinen viel kräftiger sind. Es ist unserer Ansicht nach nicht einerlei, ob ein Kabel mit einem starken oder einem schwachen Apparat geprüft wird. Es handelt sich nicht bloß darum, mit dem Prüfapparat eine Spannung herzustellen, sondern auch darum, diese zu erhalten, wenn der Durchschlag ausgeführt werden soll. Dieser kann unter Umständen einen momentanen Kraftaufwand von 10 HP erfordern, und schwache Apparate sind nicht im stande, diese Arbeit zu leiten, können also den Durchschlag nicht ausführen.

Einen Beleg für unsere Ansicht sehen wir in dem Versuche von Ferranti, auf Grund deren er die Kabel mit Papierisolation, von Deptfort nach London, für 10 000 Volt Betriebsspannung, konstruierte. Ferranti prüfte seine Isolation mit der Spannung einer Elektrisiermaschine, und zog den Schluß, daß die von ihm verwendete Isolationsdicke von etwa 12 mm für 100 000 Volt sicher sei. In Wirklichkeit brechen seine Kabel mit ca. 30 000 Volt.

Die Kabel Ferrantis sind aber nicht infolge dieses Irrtums nicht betriebsfähig geworden, sondern infolge der mangelhaften Spleißungen und deren großer Anzahl.

Das sicherste Mittel, dauerhafte Kabel zu bekommen, liegt in sorgfältiger Arbeit, gutem Material und hohem Sicherheitskoeffizienten. Es kann dann, wenn das Kabel in das Netz eingeschaltet ist, passieren was will, so wird es immer seine Überlegenheit gegen billige Ware bestätigen.

Spannungsprüfung und Kapazität. Beim Prüfen von Kabeln mit hoher Spannung ist es wesentlich, daß man den Transformator genau kenne, und besonders das Verhalten desselben beim Einschalten von Kapazität in dessen sekundären Stromkreis. Dabei treten nämlich außerordentlich interessante Vorgänge auf, die von uns im Jahre 1890 in der Fabrik von Siemens Bros. zuerst entdeckt worden sind.

Der Transformator war von uns speziell für Prüfzwecke gebaut worden, und da er, ohne in Öl gestellt zu werden, bis 30 000 Volt ging, konnten die sekundären Wickelungen nicht so untergebracht werden, daß das Umsetzungsverhältnis bei verschiedenen Belastungen konstant war.

Dieser Transformator wurde einerseits mit einer Wechselstrommaschine verbunden und andererseits wurden Kabel von verschiedener Kapazität eingeschaltet. Sowohl primäre als sekundäre Spannung wurden bei jedem Versuch mit separaten Instrumenten gemessen. Tourenzahl und Erregerstrom der Wechselstrommaschine wurden konstant gehalten und so reguliert, daß die sekundäre Spannung, ohne Kabel, resp. Kapazität in sekundärem Kreise gleich 2500 Volt war.

Beim Einschalten von Kapazität zeigte sich, daß die sekundäre Spannung sich veränderte. Die Kapazität wurde dann successive von ca. 0.03 MF bis 0.65 MF verändert, und jedesmal die primäre und sekundäre Spannung abgelesen.

Die Resultate der Experimente sind durch Fig. 2 wiedergegeben. Die Abszissen stellen die Kapazitäten dar und die Ordinaten die sekundäre Spannung. Diese steigt durch Zuschalten von kleinen Kapazitäten rasch in die Höhe und erreicht etwa bei 0.2 MF ein Maximum von 8500 Volt, also die $3\,^1/_3$ fache Spannung wie bei der Kapazität Null. Bei weiterem Anwachsen der Kapazität fällt die Spannung dann ebenso rasch wieder herunter, erreicht bei 0.43 MF wieder den ursprünglichen Wert und fällt dann langsam weiter.

Die primäre Spannung der Wechselstrommaschine verhält sich ganz gleich, doch fallen die Kurven nicht genau übereinander, d. h. das Umsetzungsverhältnis bleibt nicht konstant, was offenbar den ungünstigen Verhältnissen der Wickelungen des Transformators zugeschrieben werden muß. In der Tat zeigte ein anderer Transformator, in der Form eines Kabels gebaut, und mit ideal guter

Verteilung der Wickelungen, bei denselben Versuchen keine Änderung des Umsetzungsverhältnisses.

Für den erst erwähnten Transformator stieg dasselbe, wenn die Kapazität von 0 bis 0.65 MF erhöht wurde, von 43 bis 57, also um $32\,^0/_0$

Es versteht sich von selbst, daß die in Fig. 2 dargestellte Kurve nur für den Transformator resp. die Wechselstrommaschine gilt, welche für die Versuche verwendet worden sind. Andere Apparate werden das Maximum bei einer anderen Kapazität erreichen, und die Höhe desselben wird verschieden sein. Es ist

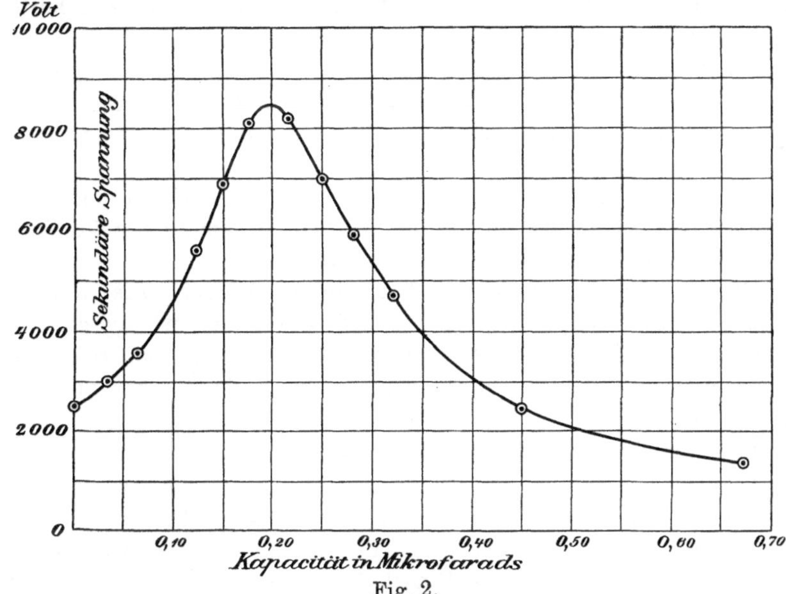

Fig. 2.

unerläßlich, daß man für jeden Prüfapparat diese Kurve konstruiert. Man kann sich dann vor manchem Schaden hüten und manche Unbegreiflichkeiten erklären, die beim Prüfen von langen Kabeln oder Gummiadern auftreten.

Die Kurve sagt uns in erster Linie, daß man ein Kabel, dessen Kapazität man nicht kennt, nie direkt auf die volle Prüfspannung bringen soll. Will man z. B. ein Kabel von 0.2 MF mit 2500 Volt prüfen, so stelle man nicht bei offenem Sekundärkreis 2500 Volt her und schalte das Kabel ein. Die Spannung würde sofort 8500 Volt betragen und wahrscheinlich die Isolation durchschlagen. Man beginne die Prüfung immer mit der kleinsten Spannung, welche die Apparate erlauben, und gehe dann schrittweise in die Höhe.

Weiter sagt uns die Kurve, daß, wenn die Kapazität des zu prüfenden Kabels sehr hoch ist, kein Verstärken der primären Spannung imstande ist, eine gewünschte sek. Spannung hervorzubringen. Dies ist hauptsächlich der Fall bei kleinen Prüfapparaten, und so haben wir unsere letzte Prüfstation mit einem Transformator von 30 Kilowatt ausgerüstet.

Wir können weiter noch ableiten, daß man auch mit Apparaten von niedriger Primärspannung hohe Sekundärspannungen erhalten kann, wenn man eine passende Kapazität in den sek. Kreis einschaltet. Wäre z. B. 2500 Volt die höchste Leistung des besprochenen Transformators, so würde die Spannung beim Zuschalten von 0.2 MF auf 8500 Volt ansteigen.

Da das Umsetzungsverhältnis, wie oben auseinandergesetzt, sich ganz beträchtlich ändern kann, ziehen wir als letzte Konsequenz, daß man beim Kabelprüfen die sek. Spannung immer messen und nicht aus der primären berechnen soll.

Wir haben versucht, die vorgehenden Experimente mathematisch zu behandeln, sind aber auf eine Differentialgleichung gekommen, deren Darstellung als Kurve undurchführbar war.

Diese Gleichung indessen hat einige Glieder, die mit anwachsender Zeit rasch abnehmen, und aus denen wir geschlossen haben, daß im Momente des Einschaltens Spannungen auftreten, die weitaus größer sind als später, wenn der stationäre Zustand eingetreten ist.

Es existiert ein Schließungsfunken.

Eine Untersuchung hat die theoretische Folgerung bestätigt. Wir schalteten parallel zu einem Kabel ein Funkenmikrometer, dessen Schlagweite größer war als der Prüfspannung des Kabels entsprechend. Jedesmal beim Einschalten des Stromes wurde ein Funken beobachtet.

Die Schlagweite wurde vergrößert, bis der Funke, wenn 100 mal geschaltet wurde, kein einziges Mal mehr auftrat. Die Spannung, welche dieser Schlagweite entspricht, fanden wir ungefähr doppelt so groß als die stationäre Spannung.

Ohne Kabel am Transformator beobachteten wir auch einen Funken beim Stromschluß, aber dessen Spannung war bloß 10—25 % höher als die stationäre Spannung.

Nach einigem Studium dieses Schließungsfunkens war es uns eine Kleinigkeit, denselben zu benutzen, um Kabel durchzuschlagen Diese Durchschläge erfolgten meistens am Kabelende, das mit dem Transformator verbunden war, woraus wir folgerten, daß die Spannung Zeit braucht, um sich über das ganze Kabel zu verbreiten.

Der Schließungsfunken ist derselbe, einerlei, ob man den

sekundären Kreis immer geschlossen hält und den primären schaltet,
oder umgekehrt.

Die Anwendung der Kapazitätskurven auf Erklärung von
Kabeldurchschlägen von verlegten Netzen ist von Kapp
(E.T.Z. p. 896. 1899) gemacht worden.

Fehlerbestimmungen. Lokalisierungen von Fehlern in einem
Kabel werden meistens nach der Wheatstoneschen Stromverbindung,
Fig. 3, ausgeführt.

A, B, x und y seien die Seiten des Parallelogramms, wobei
A und B bekannte Widerstände bedeu-
ten, die man nach Belieben verändern
kann, und x, y die Kupferwiderstände
des Kabels, von der Fehlerstelle F nach
beiden Enden hin gemessen. Die eine
Diagonale enthält das Galvanometer G,
die andere eine Batterie E, einen Erd-
widerstand und den Widerstand des
Fehlers F. Als Erde kann man das
Wasser des Bassins oder das Blei ansehen. Bei mehrfachen Kabeln nimmt

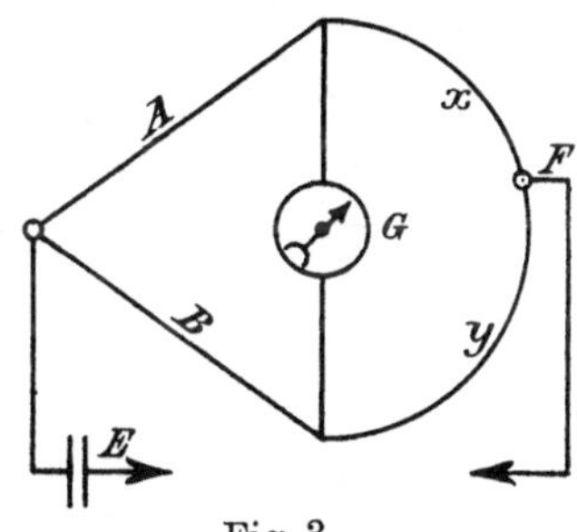

Fig. 3.

man als Erde einen der Leiter an, wenn ein Fehler zwischen zwei
derselben vorhanden ist.

Als Batterie genügen einige Elemente. Ist der Fehlerwiderstand groß, so kann man hingegen 100 Volt und mehr einschalten,
ohne daß die Widerstände A und B überhitzt werden.

Stellt man nach bekannten Methoden durch Veränderung von
A und B das Gleichgewicht her, so daß das Galvanometer A
stromlos wird, so hat man die Gleichungen

$$y = \frac{B}{A} x \quad \text{und} \quad x + y = w$$

wo w der Kupferwiderstand des ganzen Kabels ist.

Mittels dieser Gleichungen kann man x und y berechnen,
also die Lage des Fehlers bestimmen. Diese wird in Ohm angegeben. Rechnet man sie noch in Längenmaß um, so ist die
Fehlerdistanz von beiden Enden aus bestimmt.

Eine Kontrolle erhält man, wenn man nach der ersten Messung
die Kabelenden vertauscht, so daß y an A und x an B zu liegen
kommt, und dann eine zweite Bestimmung macht.

Es ist sehr darauf zu achten, daß man sich nicht irrt, ob
man das innere oder äußere Kabelende an A gibt.

In der Praxis verwendet man zu Fehlerbestimmungen immer
die sog. Wheatstonesche Brücke. Das Schema der Verbindung ist
in Fig. 4 dargestellt.

Die Brücke ist durch AB dargestellt, und es ist A der Teil der Stöpsel, die Widerstände von $^1/_{10}$ bis 10000 Ohm (oder ähnlich) enthalten. B ist die Hälfte der Stöpselreihe, mittels welcher man die Verhältniszahlen herstellt (gewöhnlich enthält diese die Widerstände 1, 10, 100 und 1000 Ohm). In den meisten Fällen muß man $B = 1000$ Ohm stöpseln. Ist der Fehlerwiderstand groß, so schalte man noch 9000 Ohm als separaten Widerstand zu, so daß $B = 10000$ wird.

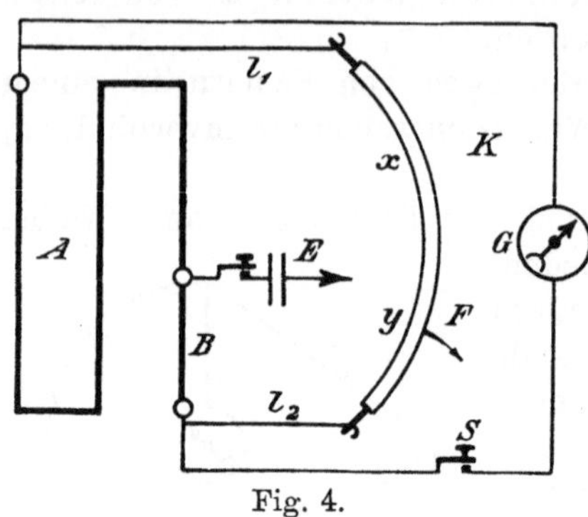

Fig. 4.

Das Kabel ist durch K dargestellt, mit dem Fehler bei F. Die Zuleitungen sind l_1 und l_2 und diese Buchstaben bedeuten gleichzeitig die Kupferwiderstände der Leitungen. A ist das Galvanometer, mit dem Schlüssel S in seinem Kreise. In den Batteriekreis E wird man ebenso einen Schlüssel geben, wenn dieser nicht schon in der Brücke enthalten ist.

Es sind zunächst die 3 Kupferwiderstände zu messen, l_1, l_2 und $x + y = w = $ Leiterwiderstand des Kabels. Dann kommt die Herstellung des Gleichgewichtes, für welche die Gleichungen lauten

$$y + l_2 = \frac{B}{A}(x + l_1) \quad \text{und} \quad l_1 + l_2 + x + y = w$$

Die Auflösung derselben ergibt

$$x = \frac{A}{A+B}w - l_1 \qquad y = \frac{B}{A+B}w - l_2 \qquad . \quad (1)$$

Nach Bestimmung der Unbekannten x und y ist noch die Umrechnung auf Längenmaß erforderlich. Sind d_1 und d_2 die den Widerständen entsprechenden Längen, und L die Kabellänge, so ist

$$d_1 = \frac{x}{w}L \qquad d_2 = \frac{y}{w}L \; . \; . \; . \; . \; . \; (2)$$

Es ist eine Kleinigkeit, mittels dieser Methode die Fehlerdistanz auf $^1/_{10}$ Prozent genau zu bestimmen, wenn der Fehlerwiderstand nicht größer als etwa 50000 Ohm und der Leiterwiderstand w noch genau meßbar ist. Ist ersterer zu groß, so reduziere man ihn durch Ausbrennen mit hoher Spannung.

Die Methode bietet keine große Genauigkeit mehr, wenn der Widerstand w der Kabelseele sehr klein, also nicht mehr genau meßbar ist.

Da diese Methode, sowohl was Beobachtung als Berechnung anbetrifft, ziemlich umständlich ist, haben wir eine einfachere ausgearbeitet und uns derselben schon seit vielen Jahren bedient. Das Schema dieser neuen Methode ist in Fig. 5 dargestellt. Sie weicht darin von Fig. 3 ab, daß das Galvanometer an die Kabelenden angeschlossen ist, so daß die Hülfsleitungen l_1 und l_2 in den Zweigen A und B liegen. Die Gleichgewichtsbedingung lautet

$$y = \frac{B + l_2}{A + l_1}\, x$$

Die Leitungen l_1 und l_2 haben selten mehr als einige Ohm Widerstand, während A und B Hunderte oder Tausende von Ohm repräsentieren. Die Formel

$$y = \frac{B}{A}\, x$$

ist also praktisch genau genug.

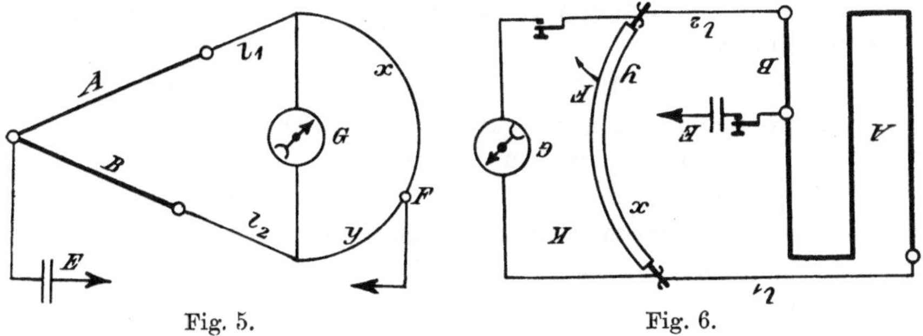

Fig. 5.   Fig. 6.

Wir können x und y auch direkt als Längen auffassen, so daß $x + y = L =$ der Kabellänge.

Die Lösung der Gleichungen lautet dann

$$\left.\begin{aligned} x &= \frac{A}{A + B} \times \text{Kabellänge}\\[1em] y &= \frac{B}{A + B} \times \text{Kabellänge} \end{aligned}\right\} \quad \dots \dots \dots (3)$$

Nach dieser Methode kommt man also mit einer einzigen Beobachtung (und der Kontrolle durch Vertauschung der Kabelenden) aus. Auch genügt sie dann noch, wenn der Kupferwiderstand der Kabelseele außerordentlich klein ist.

Die Verbindung mit der Wheatstoneschen Brücke ist nach dem Schema Fig. 6 zu machen. Aus demselben ist zu ersehen, daß die Methode vier Leitungen vom Kabel nach dem Meßzimmer verlangt, zwei für die Brücke und zwei für das Galvanometer.

5*

Für Fehlerbestimmungen in verlegten Netzen verweisen wir auf die Spezialbücher von Dr. Frölich und von Raphael.

Beispiele.

A. Nach der Methode der zwei Leitungen.

1. Submarines Kabel (armierte Guttaperchaader) von 939 m Länge.

$$w = 11.830\,\omega \qquad l_1 = 1.058\,\omega \qquad l_2 = 1.012\,\omega$$

Erste Bestimmung. $B = 100$ $A = 99.8$.

    Fehlerdistanz vom äußeren Ende $= 0.25\,\omega$

Kontrollmessung $B = 100$ $A = 100$

    Fehlerdistanz vom inneren Ende $= 11.58\,\omega$

Summe beider Distanzen $= 11.83 = w$ genau.

    Der Fehler liegt 20 Meter vom äußeren Ende.

2. Konzentrisches Kabel 2×50 qmm 270 m lang. Die Meßleitung muß am Kabel verlötet werden, um brauchbare Resultate zu bekommen.

$$w = 0.1110\,\omega \qquad l_1 = 0.2713\,\omega \qquad l_2 = 0.2190\,\omega$$

Erste Beobachtung $B = 1000$ $A = 1505$

    Fehlerdistanz vom inneren Ende $= 0.0210\,\omega$

Kontrolle $B = 1000$ $A = 667$

    Fehlerdistanz vom äußeren Ende $= 0.0890\,\omega$

Summe beider Distanzen $= 0.1100\,\omega$ ist ca. $1\,^0/_0$ von w abweichend.

3. Ein Telegraphenkabel mit Juteisolation und 650 m Länge ist zwischen Telegraphenamt und Überführungsturm verlegt. Im Amt und im Turm ist es mit Guttaperchaader gespleißt. Der Isolationswiderstand ist 20000 Ohm. Nach dem Turm steht eine gute Guttaperchaader von $3.80\,\omega$ zur Verfügung. Der Widerstand der Juteader ist $4.17\,\omega$. Im Amt sind zwei Meßleitungen von je $0.429\,\omega$ und ein Weinholdsches Galvanometer zur Verfügung.

Mit $B = 1000$ und $A = 1085$ wird die Fehlerdistanz vom Amt auf $4.16\,\omega$ bestimmt und mit $B = 1000$ und $A = 922$ die Fehlerdistanz vom Turm auf $0.01\,\omega$. Summe $= 4.17 =$ Widerstand der schlechten Ader. Der Fehler wird im Spleißkasten beim Turm gefunden und repariert. Der Isolationswiderstand der Ader ist dann 7 Megohm, statt 2000, wie das Kabel geliefert war.

Es wird zu einer neuen Fehlerbestimmung geschritten. Diese hat uns angesichts des hohen Isolationswiderstandes von 7 Megohm und der Unempfindlichkeit des Galvanometers enorme Schwierigkeiten gemacht. Bei der Beobachtung mußte eine Galvanometerablenkung von einer Fadendicke des Fadenkreuzes geschätzt werden. Erschwerend war, daß das Galvanometer im vierten Stock des Amtes auf dem Fenstersims stand und jeder vorbeifahrende Wagen minutenlange Störungen verursachte.

Die Beobachtung wurde mit $B = 10000$ gemacht. Es ergab

$A = 9000$	einen Anschlag von			0.5 bis 0.7 nach rechts
$A = 5000$	„	„	„	0.3 „ „
$A = 1000$	„	„	„ unsicher	0.0
$A = 0.1$	„	„	„ nicht deutlich	0.1 „ links.

Dann wurden die Batteriepole vertauscht und die Beobachtung wiederholt. Es ergab

$A = 9000$	einen Ausschlag von 0.5 nach links
$A = 5000$	„	„	„ 0·2 „ „
$A = 1000$	„	„	„ wieder unsicher $= 0$.
$A = 0.1$	„	„	„ deutlich nach rechts.

Nimmt man also $A = 1000$ als Gleichgewicht an, so ist $y = B/A = 10\,x$, d. h. der Fehler liegt etwa $^1/_{10}$ der ganzen Leitung von 8.8^w, also 0.9^w vom Meßapparat weg, d. h. ca. doppelte Meßleitung, liegt also vermutlich im Spleißkasten des Telegraphenamtes.

Nach Öffnung und neuer Montierung derselben war die Isolation des Kabels wieder auf 1500 Megohm gestiegen.

Dieses Beispiel zeigt, was man erreichen kann, wenn man sich die nötige Mühe gibt.

B. Nach der Methode mit 4 Meßleitungen.

Ein Dreileiterkabel vom Querschnitt 80/50/80 und 275 m Länge zeigt zeitweilig Kurzschluß zwischen den Außenleitern. Ein Leiter ist zentral, die beiden anderen konzentrisch angeordnet, im gleichen Abstand vom Zentralleiter.

Die Bestimmung des Fehlers wurde mit transportablem Meßapparat durchgeführt.

$B = 1000$ und $A = 45$ ergeben eine Fehlerdistanz von 263 m vom äußeren Ende des Kabels.

$B = 100$ und $A = 2400$ eine solche von 11 m vom inneren Ende.

Die Differenz beider Bestimmungen beträgt 1 m. Das Kabel wird aufgemacht und bei 11 m Distanz wird ein feiner Kupferdraht gefunden, der mit der Jute versponnen war.

Messung der elektrischen Konstanten einer Leitung.[1]

Sämtliche Konstanten einer elektrischen Leitung, also Kupferwiderstand, Isolationswiderstand, Kapazität und Selbstinduktion, lassen sich mittels zweier Messungen bestimmen, die von einem der beiden Enden der Leitung aus vorgenommen werden. Als Leitung haben wir zu verstehen lange Telegraphenlinien, oder eine Doppelader in einem Telephonkabel.

Über die Methode, welche zu dieser Bestimmung erforderlich ist, hat zuerst Franke (E.T.Z. 1891. S. 448) berichtet und zwar für eine einfache Leitung. Von Breisig (E.T.Z. 1899. S. 192) ist die Methode dann auf Doppelleitungen ausgedehnt worden.

Das Prinzip der Messung ist bei Verwendung von Gleichstrom sehr leicht aufzufassen.

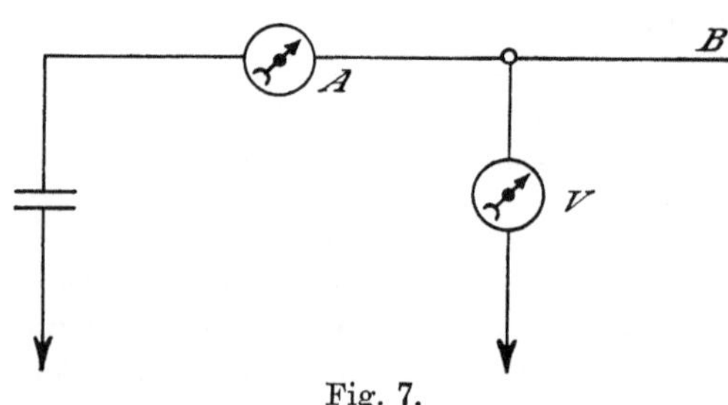

Fig. 7.

AB (Fig. 7) sei eine von Erde isolierte Leitung. Die Messungen werden vom Ende A aus gemacht. Man legt die Batterie E zwischen Leitung und Erde, mit Einschluß eines Amperemeters A. Weiter legt man ein Voltmeter V an Erde und an das Leitungsende. Vorausgesetzt ist, daß die zwei Meßinstrumente die Stromverhältnisse in der Leitung nicht ändern.

Legt man nun das ferne Ende B der Leitung an Erde, so kann man am Amperemeter einen Strom J und am Voltmeter die Spannung V ablesen. Dann hat man die Formel

$$\frac{V}{J} = \text{Kupferwiderstand } W \text{ der Leitung}$$

Isoliert man das Ende B der Leitung wieder, so kann man an den Instrumenten die Größen J' und V' ablesen, und es ist

$$\frac{V'}{J'} = \text{dem Isolationswiderstand der Leitung.}$$

Für unsere Untersuchungen führen wir die Ableitung A ein, d. h. das Reziproke des Is.-W.

Das Prinzip der neuen Meßmethode besteht also in der Bestimmung zweier Widerstände U_1 und U_2 von dem einen Ende der Leitung aus. Es sei

$$U_1 = \text{Widerstand bei isoliertem Ende } B$$
$$U_2 = \quad\quad \text{„} \quad\quad\quad \text{„ geerdetem Ende } B.$$

<hr>

[1] Dieser Artikel ist nach Mitteilungen des Herrn Dr. Franz Breisig, Telegrapheningenieur im Reichspostamt, bearbeitet.

Für kurze Leitungen ist dann

$$U_1 = \frac{1}{A}$$

$$U_2 = W.$$

Für längere Leitungen erhält man A und W aus den Gleichungen.

$$\frac{W}{A} = U_1 U_2; \quad \sqrt{AW} = \frac{1}{2} \log \text{nat} \; \frac{1 + \sqrt{\dfrac{U_2}{U_1}}}{1 - \sqrt{\dfrac{U_2}{U_1}}} \quad \ldots \quad (1)$$

Diese Gleichungen gelten sowohl für Gleich- als für Wechselstrom. Da aber auf den Verlauf von Wechselströmen außer Kupferwiderstand und Ableitung auch die Selbstinduktion und die Kapazität einwirken, erhalten die Größen W und A der Gleichungen (1) eine veränderte Bedeutung. Es tritt nämlich an Stelle des Leitungswiderstandes die Impedanz und an Stelle der Ableitung die Admittanz in die Gleichungen (1) ein.

Es sei für 1 Kilometer Leitungslänge

$w =$ Kupferwiderstand,
$l =$ Koeffizient der Selbstinduktion,
$c =$ Kapazität,
$a =$ Ableitung

und es bezeichne weiter: L die Länge der Leitung in Kilometer, $m = \dfrac{2\pi}{T}$ die Periodenzahl in 2π Sekunden und i die imaginäre Einheit. Dann ist in komplexer Form

die Impedanz $\mathfrak{S} = (w + i\,m\,l)\,L$
die Admittanz $\mathfrak{R} = (a + i\,m\,c)\,L$

Die Größen $\mathfrak{S}$ und $\mathfrak{R}$ ergeben sich genau wie die ihnen bei Gleichstrom entsprechenden Größen W und A, nur ist zu beachten, daß die scheinbaren Widerstände (Spannung dividiert durch Strom) nicht nur einen Nennwert in Ohm enthalten, sondern auch noch eine Phasenverschiebung. Sie haben deshalb die Form

$$\mathfrak{U} = U e^{-i\varphi}$$

worin φ der Winkel ist, der anzeigt, um wieviel der Strom der Spannung vorauseilt.

Jede Methode, welche den Quotienten aus Spannung durch Strom und die Phase meßbar macht, ist zur Bestimmung der Größen w, a, l und c verwendbar.

Der Meßapparat. Im kaiserlichen Telegraphenversuchsamt zu Berlin befindet sich ein Apparat, der speziell für die Messungen nach dieser Methode gebaut worden ist.

Derselbe hat die Form einer Wechselstrommaschine, mit umlaufenden Feldmagneten und zwei feststehenden Ankern I und II. Von jedem dieser Anker kann man unabhängig Strom abnehmen. Durch Veränderung der Tourenzahl der Feldmagnete kann man über die Größe von m bis zu etwa $m = 9000$ nach Wunsch verfügen.

Der Anker I vertritt die Stromquelle E in Fig. 8; er kann mittels einer Schraube um die Rotationsachse gedreht werden. Die elektromotorische Kraft des Ankers bleibt dabei unverändert, hingegen bringt eine Drehung der Schraube eine Phasenverschiebung hervor. Die Schraube wird geaicht, so daß man die Verschiebung direkt in Winkelgraden ablesen kann.

Der Anker II kann ebenfalls mittels einer Schraube verschoben werden, und zwar in einer Richtung parallel der Rotationsachse. Seine Phase bleibt also konstant, währenddem die EMK veränderlich ist. Das Verhältnis der Spannung II : I ist für alle Stellungen der Armatur II bestimmt worden, und kann auf der geaichten Schraube abgelesen werden.

Messung. Handle es sich zunächst um die Messung einer Einzelleitung, und bildet man einen Stromkreis aus dem einerseits geerdeten Anker I (Fig. 8), einem induktionsfreien Vergleichswiderstand W bekannter Größe (z. Beisp. 10 Ohm,

Fig. 8.

100 Ohm) und der zu messenden Leitung L. Je nachdem man die Impedanz U_1 oder U_2 bestimmen will, wird das ferne Ende von L isoliert oder an Erde gelegt.

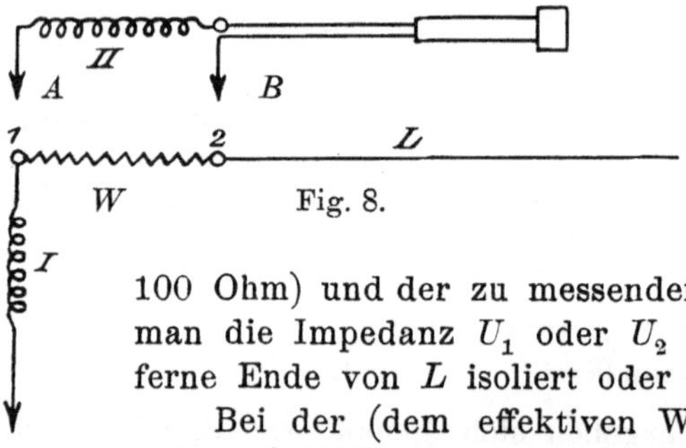

Bei der (dem effektiven Werte nach unverändert gehaltenen) EMK des Ankers I bildet sich in der Leitungsordnung ein Strom von bestimmter Größe; seine Phase hängt von der des Ankers I ab, und wenn man Anker I um einen Winkel φ dreht, so ändert sich auch die Stromphase um diesen Winkel. Es ist aber ersichtlich, daß der Phasenunterschied zweier Punkte des Stromweges durch eine Änderung der Phase des Ankers I nicht geändert wird.

An bestimmte Punkte dieses Stromweges wird Anker II unter Einschaltung eines Telephons als Brücke zur Ausführung der Messung angelegt. Er wird zunächst mit A an Punkt 1, mit B an Punkt 2 angelegt. Man dreht dann Anker I und verschiebt

Anker II so lange, bis man eine solche Stellung beider Anker gefunden hat, bei welcher im Telephon ein Verschwinden des Stromes
oder wenigstens ein scharfes Minimum angezeigt wird.

Eine zweite Einstellung macht man, indem man bei einer
weiteren Messung A mit 2 und B mit Erde verbindet.

Bei den beiden Einstellungen hat man an den Mikrometer-
schrauben sowohl die Amplitude des Ankers II, als die Phase des
Ankers I beobachtet. Die EMK des Ankers II ist nach der
Aichung als Bruchteil der EMK des Ankers I bekannt; sei letztere
mit $\mathfrak{E}$ bezeichnet, die beiden abgelesenen Faktoren a_1 und a_2, so
hat die EMK des Ankers II in den beiden Fällen betragen $a_1 \mathfrak{E}$
und $a_2 \mathfrak{E}$. Da beide Male das Telephon keinen Strom empfing, so
war auch die Spannung von „1 gegen 2“ gleich $a_1 \mathfrak{E}$ und die
von „2 gegen Erde“ gleich $a_2 \mathfrak{E}$. Die Phasenverschiebung der
Spannung „2 gegen Erde“ gegen diejenige der Spannung „1
gegen 2“ ist gleich der Differenz der Phaseneinstellungen φ_2 und
φ_1 des Ankers I in den beiden Fällen, also gleich $\varphi_2 - \varphi_1$.

Nun ist die Spannung „2 gegen Erde“ gleich der Spannung V
des Leitungsanfanges gegen Erde, und die Spannung „1 gegen 2“ ist
gleich dem Produkte JW, wenn mit J der am Anfange der Leitung
fließende Strom bezeichnet wird. Die gesuchte Größe $U = \dfrac{V}{J}$ ergibt
sich daher

$$U = W \frac{a_2}{a_1} e^{\, i\,(\varphi_2 - \varphi_1)}$$

Je nachdem das ferne Ende der Leitung bei der Messung isoliert
oder geerdet war, stellt die gemessene Größe U die vorher als U_1
oder als U_2 bezeichneten Impedanzen dar.

Bei Doppelleitungen ist in der Regel die Erde ausgeschlossen,
indessen liegt es im normalen Betriebe einer Doppelleitung, daß
die Ströme in der Hin- und Rückleitung symmetrisch laufen, und
daß die Spannung sich auf beide
Zweige so verteilt, daß sie aneinander entsprechenden Punkten
der beiden Zweige entgegengesetzt
gleiche Werte hat.

Voraussetzung dafür ist, daß
alle zusätzlichen Apparate ebenfalls
symmetrisch sind. Eine nach dieser
Weise mit dem Anker I und zwei
gleichen Widerständen W zusammen-

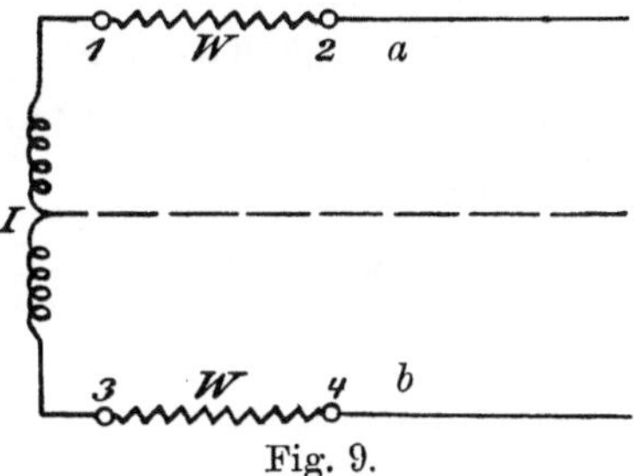

Fig. 9.

geschaltete Doppelleitung ab (Fig. 9) wird eine solche Spannungsverteilung hervorrufen, daß in der Mitte des Ankers I die Spannung

gegen Ende Null ist, so daß man dort eine Endverbindung anlegen könnte, ohne am Stromverlauf etwas zu ändern. So stellt sich die Schaltung für die Doppelleitung dar als die symmetrische Ergänzung der Schaltung für die Einzelleitung.

Mißt man auf die vorher beschriebene Weise die Spannung 1 gegen 2 durch a_1 und φ_1, die von 2 gegen 4 durch a_2 und φ_2, so ist, da die Spannung von 2 gegen Erde gleich der Hälfte der Spannung 2 gegen 4 ist, die Größe

$$U = \tfrac{1}{2}\,W\,\frac{a_2}{a_1}\,e^{\,i(\varphi_2 - \varphi_1)}$$

Je nachdem man die Doppelleitung am fernen Ende isoliert oder kurzschließt, erhält man die Werte U_1 und U_2.

Man sieht aus dieser Darlegung, daß die Größen U_1 und U_2 sich nicht auf die Doppelleitung als ganzes, sondern auf jeden ihrer Zweige beziehen; der sich aus den Rechnungen ergebende Widerstand stimmt daher auch mit dem Widerstand eines Zweiges überein.

Hat man an Stelle des für Einphasenstrom bewickelten Ankers I einen solchen für Drehstrom zur Verfügung, so kann man auf eine der bisher beschriebenen ähnliche Weise die elektrischen Konstanten jedes Zweiges eines Drehstromsystems finden.

Als Beispiel sei die Berechnung einer Messung an einem 32.05 km langen Fernsprechkabel des Kabelwerks Rheydt, A.G., angegeben. Bei 762 Perioden waren gemessen worden:

$$U_1 = 92.8\,e^{-45.1^0 i}$$
$$U_2 = 156.5\,e^{-24.1^0 i}.$$

Man berechne zunächst die Größe

$$h = \sqrt{\frac{U_2}{U_1}} = 1.299\,e^{+10.5^0 i} = 1.278 + i\,0.238,$$

bilde ferner

$$\frac{1+h}{1-h} = \frac{2.278 + i\,0.238}{-0.278 - i\,0.238} = \frac{2.289\,e^{+i\,6.0^0}}{0.366\,e^{-i\,139.4^0}} = 6.27\,e^{+145.2^0 i}.$$

Dann ist

$$2\sqrt{\mathfrak{R}\mathfrak{C}} = \log\,\mathrm{nat}\,\frac{1+h}{1-h} = \log\,\mathrm{nat}\,6.27 + i\,\frac{145.2}{180}\,\pi$$
$$= 1.835 + i\,2.535 = 3.130\,e^{+i\,54.1^0}.$$

Da nun

$$\sqrt{\frac{\mathfrak{C}}{\mathfrak{R}}} = \sqrt{U_1 U_2} = 120.6\,e^{-34.6^0 i}$$
$$\sqrt{\mathfrak{R}\mathfrak{C}} = 1.565\,e^{+54.1^0 i}$$

so ist

$$\mathfrak{S} = 188.5\, e^{+19.5^0 i}$$
$$\mathfrak{R} = 0.012\,08\, e^{+88.7^0 i}.$$

Zerlegt man $\mathfrak{S}$ in den reellen und den imaginären Teil,

$$\mathfrak{S} = 177.5 + i\,62.8$$

so ist $w = 177.5$ und $ml = 62.8$. Von dem mit dem Galvanometer gemessenen Betrage des Widerstandes von 175.5 Ohm weicht der hier gemessene ab; ähnliches wurde auch bei anderen Periodenzahlen wahrgenommen und zwar in um so höherem Maße, je höher die Periodenzahl war. Diese Zunahme ist eine Folge von ungleicher Stromdichte im Drahte und vielleicht auch von Magnetisierungsarbeit. — Durch Division mit $2\,\pi \cdot 762 \cdot 32.05$ erhält man die Selbstinduktion für 1 km zu dem Betrage von 0.000410 Henry.

Die Größe $\mathfrak{R} = a + imc$ ergibt für mc den Betrag $12\,980 \cdot 10^{-6}$, woraus sich die Kapazität zu 0,085 Mikrofarad für 1 km berechnet. Der aus $\mathfrak{R}$ sich ergebende Wert für die Ableitung ist weit größer, als es dem Isolationswiderstande entspräche, es kommen wahrscheinlich Verluste im Dielektrikum hinzu. Wegen der geringen Genauigkeit, mit der bei der Nähe des Winkels von $\mathfrak{R}$ bei 90^0 die Größe a berechnet werden kann, verzichtet man bei hochisolierten Kabeln zweckmäßig auf die weitere Diskussion des gemessenen Wertes von a.

Um eine möglichst vollständige Kenntnis der elektrischen Eigenschaften des zu messenden Kabels zu erhalten, wird man die Messungen auf mehrere Periodenzahlen ausdehnen, welche für die Verwendung des Kabels in Frage kommen. Durch deren Berechnung erhält man die „wirksamen" Werte der elektrischen Konstanten für die betreffende Periodenzahl.

Diese wirksamen Werte brauchen nicht für alle Periodenzahlen dieselben zu sein. So wird z. B. bei Leitungen, in welchen Wirbelströme oder Induktionen auf benachbarte Leitungen wirksam sind, ein Wachsen des Widerstandes und ein Fallen der Selbstinduktion mit zunehmender Periodenzahl wahrgenommen. Man kann demnach aus dem Verlaufe der Werte bei verschiedenen Periodenzahlen wichtige Schlüsse auf die Eigenschaften der Leitungen ziehen.

Als Beispiele seien zwei Messungen an Fernsprechkabeln und eine an oberirdischen Leitungen gegeben.

An einem Fernsprechkabel für Einzelleitungen mit 1 mm sarken Kupferleitern von Felten & Guilleaume wurden für 1 km folgende Werte der elektrischen Eigenschaften bestimmt[1]):

---

[1]) Franke l. c.

Periodenzahl	Widerstand Ohm	Selbstinduktion Henry	Kapazität Mikrofarad	Ableitung 1/Megohm
224	25.4	0.001 76	0.213	8
319	25.5	0.001 37	0.221	9
450	25.3	0.001 28	0.212	19
593	26.4	0.001 21	0.214	24
774	26.5	0.001 17	0.212	48
931	26.9	0.001 15	0.212	57
1095	27.0	0.001 09	0.214	79
1236	27.2	0.001 09	0.215	72

Bei einem Doppelleitungskabel des Kabelwerks Rheydt A.G.[1]) wurden folgende Werte für 1 km bestimmt:

Periodenzahl	Widerstand Ohm	Selbstinduktion Henry	Kapazität Mikrofarad
363	5.47	0.000 406	0.0865
535	5.54	0.000 396	0.0847
762	5.56	0.000 411	0.0847
909	5.61	0.000 419	0.0842

Bei einer 222 km langen oberirdischen Doppelleitung aus 3 mm starken Bronzedrähten[2]) erhielt man für 1 km:

Periodenzahl	Widerstand	Selbstinduktion	Kapazität
315	2.53	0.001 01	0.0116
500	2.54	0.001 03	0.0115
704	2.57	0.001 02	0.0113
900	2.62	0.001 02	0.0116

Daß die Methode nicht nur an langen Kabeln oder Leitungen, sondern auch an Versuchsstücken angewendet werden kann, zeigen Messungen, welche an etwa 500 m langen Proben von Guttaperchakabeln für das Deutsch-Amerikanische Seekabel gemacht wurden.[3]) Es wurden damit die Werte des Widerstandes und der Selbstinduktion bei drei Periodenzahlen von etwa 50, 95 und 170 bestimmt.

Ein solches Kabel, dessen Seele zur Erhöhung der Selbstinduktion mit einer Spirale aus Bandeisen bewickelt war, und welches mit konstantem Strome gemessen einen Widerstand von 0,562 Ohm zeigte, hatte folgende Impedanzen:

[1]) El. Ztschr. 1901. S. 1046.
[2]) El. Ztschr. 1899. S. 192.
[3]) El. Ztschr. 1899. S. 842.

Periodenzahl	Impedanz
51	$0{,}814\, e^{+42^\circ i}$
99	$1{,}301\, e^{+58.6^\circ i}$
170	$1{,}850\, e^{+61.5^\circ i}$

Der reelle Teil dieser Werte läßt sich angenähert durch die Formel

$$W = 0{,}564\,(i + 0.00034\,n + 0.0000177\,n^2)$$

ausdrücken, während der Faktor von i, die Reaktanz durch

$$R = 0.01163\,(n - 0.00107\,n^2)$$

dargestellt wird.

Diese Beispiele geben auch eine Erklärung zu dem vorhin Gesagten über die Veränderlichkeit der elektrischen Eigenschaften, sobald Induktionen nach außen in Frage kommen. Während die Doppelleitungen annähernd konstante Werte zeigen, sind Widerstand und Selbstinduktion der Einzelleitungen in mehr oder weniger großem Maße mit der Periodenzahl veränderlich.

E. Theorie der Seile.

Formeln. Wir setzen voraus, daß die Seile aus Drähten oder Adern von gleichem Durchmesser zusammengedreht sind.

Die für ein Seil in Betracht kommenden Größen sind bestimmt durch die Drahtzahl in der ersten Lage. Es gibt 4 verschiedene Formen von Seilen, nämlich

1. Form I, mit einem einzigen zentralen Draht,
2. Form III, mit drei zentralen Drähten,
3. Form IV, mit 4 zentralen Drähten,
4. Form V, mit 5 zentralen Drähten.

Es bezeichne für die nachfolgenden Untersuchungen

δ den Durchmesser des Drahtes oder der Ader,

d den äußeren ϕ des Seiles (resp. des umschriebenen Kreises),

n die Lagenzahl (zentrale Drähte als erste Lage gezählt),

z die Drahtzahl des Seiles von n Lagen,

z' die Drahtzahl der $n$ten Lage,

q den nutzbaren Querschnitt des Seiles, d. h. die Summe aller Drahtquerschnitte, dividiert durch den Querschnitt des dem Seile umschriebenen Kreises.

Es ist zunächst der Beweis zu leisten für die bekannte Tatsache, daß die Zahl der Drähte in den aufeinanderfolgenden Lagen eines Seiles immer um 6 zunimmt, ausgenommen Form I, zweite Lage.

Wir betrachten die $n$te Lage irgend eines Seiles von der Drahtzahl z'. Der Kreis, auf welchem die Mittelpunkte dieser Drähte liegen, hat den Durchmesser $d - \delta$ und den Umfang $\pi (d - \delta)$. Für die nächste $(n + 1)$te Lage ist der Durchmesser $d + \delta$ und der Umfang $\pi (d + \delta)$. Die Zunahme des Umfanges ist also $2\pi\delta = 6.28\,\delta$, was scheinbar ungefähr 6 Drahtdurchmessern entspricht.

Im nachfolgenden Abschnitt über „anormale Seile" wird nachgewiesen, daß $6.28\,\delta$ für Form I mathematisch genau der für 6 Drähte erforderliche Umfang ist, einerlei, wie viele Lagen das Seil hat, und daß für die anderen Formeln dasselbe der Fall ist, sobald die Lagenzahl nicht zu klein ist. Für die ersten Lagen dieser Formen wird der Raum nicht vollständig ausgefüllt, aber die Differenz beträgt nur wenige Prozente.

Im nebenstehenden sind die Übersichtstabellen für die verschiedenen Seilformen zu finden. Die Durchmesser berechnen sich nach bekannten Sätzen aus dem 6 (resp. 3- 4- und 5-) Eck, das die Mittelpunkte der Drähte der zweiten (resp. ersten) Lage bildet.

Für die verschiedenen Seilformen lassen sich für die einzelnen Größen leicht einige Formeln aufstellen, die zu rechnerischer Behandlung sehr bequem sind.

Form I. (Ein einziger zentraler Draht.)

Seildurchmesser . . . . $d = (2n - 1)\,\delta$

Drahtzahl der n^{ten} Lage . . . . $z' = 6\,(n - 1)$

Drahtzahl im Seil . . . . $z = 3n\,(n - 1) + 1$

Nutzbarer Querschnitt . . . . . $q = \dfrac{3n\,(n - 1) + 1}{(2n - 1)^2}$

Form III. (Drei zentrale Drähte.)

Seildurchmesser . . . . $d = (2n + 0.15)\cdot\delta$

Drahtzahl der n^{ten} Lage . . . . $z' = 6n - 3$

Drahtzahl im Seil . . . . $z = 3n^2$

Nutzbarer Querschnitt . . . . . $q = \dfrac{3}{4}\cdot\dfrac{n^2}{(n + 0.08)^2}$

Form IV. (Vier zentrale Drähte.)

Seildurchmesser . . . . $d = (2n + 0.40)\cdot\delta$

Drahtzahl der n^{ten} Lage . . . . $z' = 6n - 2$

Drahtzahl im Seil . . . . $z = n\,(3n + 1)$

Nutzbarer Querschnitt . . . . . $q = \dfrac{n\,(3n + 1)}{4\,(n + 0.20)^2}$

Form I. (Ein einziger zentraler Draht.)

Lagenzahl $n =$	1	2	3	4	5	6	7	8	9	10
Drahtzahl der n^{ten} Lage . $z' =$	1	6	12	18	24	30	36	42	48	54
Gesamte Drahtzahl . . . . $z =$	1	7	19	37	61	91	127	169	217	271
Seildurchmesser . . . . . . $d =$	δ	$3 \cdot \delta$	$5 \cdot \delta$	$7 \cdot \delta$	$9 \cdot \delta$	$11 \cdot \delta$	$13 \cdot \delta$	$15 \cdot \delta$	$17 \cdot \delta$	$19 \cdot \delta$

Form III. (Drei zentrale Drähte.)

Lagenzahl $n =$	1	2	3	4	5	6	7	8	9	10
Drahtzahl der n^{ten} Lage . $z' =$	3	9	15	21	27	33	39	45	51	57
Gesamte Drahtzahl . . . . $z =$	3	12	27	48	75	103	147	192	243	300
Seildurchmesser . . . . . . $d =$	$2.15 \cdot \delta$	$4.15 \cdot \delta$	$6.15 \cdot \delta$	$8.15 \cdot \delta$	$10.15 \cdot \delta$	$12.15 \cdot \delta$	$14.15 \cdot \delta$	$16.15 \cdot \delta$	$18.15 \cdot \delta$	$20.15 \cdot \delta$

Form IV. (Vier zentrale Drähte.)

Lagenzahl $n =$	1	2	3	4	5	6	7	8	9	10
Drahtzahl der n^{ten} Lage . $z' =$	4	10	16	22	28	34	40	46	52	58
Gesamte Drahtzahl . . . . $z =$	4	14	30	52	80	114	154	200	252	310
Seildurchmesser . . . . . . $d =$	$2.4 \cdot \delta$	$4.4 \cdot \delta$	$6.4 \cdot \delta$	$8.4 \cdot \delta$	$10.4 \cdot \delta$	$12.4 \cdot \delta$	$14.4 \cdot \delta$	$16.4 \cdot \delta$	$18.4 \cdot \delta$	$20.4 \cdot \delta$

Form V. (Fünf zentrale Drähte.)

Lagenzahl $n =$	1	2	3	4	5	6	7	8	9	10
Drahtzahl der n^{ten} Lage . $z' =$	5	11	17	23	29	35	41	47	53	59
Gesamte Drahtzahl . . . . $z =$	5	16	33	56	85	120	161	208	261	320
Seildurchmesser . . . . . . $d =$	$2.7 \cdot \delta$	$4.7 \cdot \delta$	$6.7 \cdot \delta$	$8.7 \cdot \delta$	$10.7 \cdot \delta$	$12.7 \cdot \delta$	$14.7 \cdot \delta$	$16.7 \cdot \delta$	$18.7 \cdot \delta$	$20.7 \cdot \delta$

Form V. (Fünf zentrale Drähte.)

$$\text{Seildurchmesser} \quad\ldots\ldots\quad d = (2n + 0.70)\cdot\delta$$

$$\text{Drahtzahl der } n^{\text{ten}} \text{ Lage} \quad\ldots\quad z' = 6\,(n-1) + 5$$

$$\text{Drahtzahl im Seil} \quad\ldots\ldots\quad z = n\,(3n + 2)$$

$$\text{Nutzbarer Querschnitt} \quad\ldots\ldots\quad q = \frac{n\,(3n + 2)}{(2n + 0.70)^2}$$

Das graphische Bild von n und z ist für alle Formen eine Parabel.

Der nutzbare Querschnitt ist immer unabhängig vom Drahtdurchmesser und für jede Form durch die Lagenzahl n bestimmt. Mit wachsendem n nähert er sich dem Grenzwerte $^3/_4 = 75\,^0/_0$: Für Form I ist dieser Wert das Minimum, für die andern Formen aber das Maximum. Dieses ergibt sich aus den Formeln für q, wenn man n gleich 1, 2, 3 etc. setzt. Die nachfolgende Tabelle gibt die Werte von q für die ersten 6 Lagen der Seile aller Formen.

Lagenzahl	Nutzbarer Querschnitt in Prozenten.			
	Form I 1 zentr. Draht	Form III 3 zentr. Drähte	Form IV 4 zentr. Drähte	Form V 5 zentr. Drähte
$n = 1$	100	64	69	69
$n = 2$	78	69	72	73
$n = 3$	76	71	73	74
$n = 4$	75	72	74	74
$n = 5$	75	73	74	74
$n = 6$	75	73	74	74

Form I ist die günstigste, Form III die ungünstigste.

Noch wesentlich ungünstiger wird der nutzbare Querschnitt für kombinierte Seile, d. h. Seile, deren Adern ebenfalls Seile bilden. Es bezeichne

d den Durchmesser der Ader,

D „ „ des kombinierten Seiles,

N dessen Lagenzahl,

Z die Zahl der Adern.

Da die Ader sich beim Verseilen ganz genau so verhält, wie ein massiver Draht vom ϕ d, so kann man für das kombinierte Seil wie oben einen Satz Formeln aufstellen, indem man setzt

$$d \text{ statt } \delta$$
$$D \ \text{„} \ d$$
$$Z \ \text{„} \ z$$
$$N \ \text{„} \ n$$
$$Q \ \text{„} \ q$$

Um den nutzbaren Querschnitt Q zu bestimmen, betrachte man die Ader als einen massiven Draht vom ϕ d. Unter dieser Voraussetzung ist der nutzbare Querschnitt Q^1 durch die obigen Formeln gegeben, resp. die Tabelle, wenn man N statt n setzt.

Da die Ader aber selbst ein Seil vom Querschnitt q, entsprechend den n Drähten ist, so wird für das kombinierte Seil $Q = Q' q$ sein. Man muß also in der Tabelle sowohl für n als für N die der Seilform entsprechende Zahl für q entnehmen, und diese miteinander multiplizieren, um für das kombinierte Seil den nutzbaren Querschnitt zu bekommen.

Ist z. B. das Seil nach der Form I aus $N = 3$ Lagen gebildet, so ist $Q' = 0.76$. Ist die Ader nach der Form IV gebildet und enthält $n = 4$ Lagen, so ist $q = 0.74$. Also ist $Q = 0.76 \times 0.74 = 0.56$, d. h. der nutzbare Querschnitt ist bloß $56\,^0/_0$ des Seilquerschnittes.

In der nachfolgenden Tabelle sind die Grenzen zusammengestellt, innerhalb welcher der nutzbare Querschnitt sich bewegt, wenn sowohl Seil als Ader nach den vier Formen aufgebaut wird.

Seilform	Grenze des nutzbaren Querschnitts	Aderform			
		I	III	IV	V
I	Maximum	$61\,^0/_0$	$59\,^0/_0$	$59\,^0/_0$	$59\,^0/_0$
	Minimum	56 „	48 „	52 „	52 „
III	Maximum	59 „	56 „	56 „	56 „
	Minimum	48 „	41 „	54 „	54 „
IV	Maximum	59 „	56 „	56 „	56 „
	Minimum	52 „	44 „	48 „	48 „
V	Maximum	59 „	56 „	56 „	56 „
	Minimum	52 „	44 „	48 „	48 „

Die günstigste Raumausnützung beträgt also $61\,^0/_0$, die geringste $41\,^0/_0$.

Für schwach gedrehte Adern, die sich flach drücken lassen, wird die Raumausnützung für das kombinierte Seil wesentlich günstiger als nach dieser Tabelle.

Anormale Seile. Nach den vier Seilformen lassen sich die Drahtzahlen 3, 4, 5, 7, 12, 14, 16, 19, 27, 30, 33, 37 u. s. w. zu geschlossenen Seilen zusammendrehen. Kupferseile werden immer nach einer dieser Zahlen aufgebaut.

Beim Verseilen von isolierten Adern für Telegraphenzwecke etc. trifft es sich hingegen öfters, daß die Aderzahl in keine der vier Formen hineinpaßt. Um dessenungeachtet ein rundes und regelmäßig geformtes Seil zu bekommen, hilft man sich mit Einlagen, (blinden Adern), oder auch durch Vergrößern des Durchmessers der zentralen Drahtlage.

Ist ein Seil mit einer anormalen Aderzahl zu konstruieren, so muß man sich für blinde Adern oder Plattieren der Mittellage entscheiden. Für das eine oder andere können verschiedene Faktoren maßgebend sein: 1. der Kostenpunkt, 2. die Anfertigungszeit, 3. ob die nötige Maschine vorhanden ist, 4. ob ein regelmäßiger Querschnitt verlangt wird etc.

In den meisten Fällen, besonders wenn das Seil noch einen Bleimantel und ev. einen Panzer bekommt, wird man das Seil so aufbauen, daß es einen minimalen Durchmesser erhält:

Telephonkabel machen beim Aufbau keine Schwierigkeiten. Man kann immer in einer Lage einen oder zwei Drähte weglassen oder hinzufügen, ohne daß das Seil unrund oder der Querschnitt unregelmäßig wird.

Die Aufgabe ist nun, zu untersuchen, wie solche anormalen Seile zu berechnen sind, und welche Form in betreff des Minimaldurchmessers zur Verwendung zu kommen hat.

Wir betrachten zunächst die Seilform I (zentrale Lage eine einzige Ader). Es ist der Durchmesser zu berechnen, auf welchen man die zentrale Ader plattieren muß, damit man irgend eine anormale Aderzahl in 2, 3, 4 etc. Lagen unterbringen kann, so daß alle Drähte sich berühren und keine Lücken vorhanden sind.

Wir betrachten ein Seil von n Lagen. Auf irgend einer Lage n bilden die Mittelpunkte der Drähte einerseits einen Kreis, andererseits die Ecken eines diesem Kreise eingeschriebenen regelmäßigen Vieleckes.

Der Durchmesser, über die $n$te Lage gemessen, ist nach unseren Formeln $d = (2n-1)\delta$, also der Durchmesser des Kreises der Mittelpunkte $d' = d - \delta = 2(n-1)\delta$. Der Umfang des Kreises ist

$$U = 2\pi\delta(n-1) = 6.28\,\delta(n-1)$$

Mit dieser Zahl vergleichen wir den Umfang U' des eingeschriebenen Vieleckes, d. h. die Summe der Durchmesser sämtlicher Drähte dieser Lage. Da dieselbe z' Drähte enthält, so ist $U' = z'\delta$, oder nach den Formeln

$$U' = 6\,\delta(n-1)$$

Wie zu erwarten war, ist U' kleiner als U. Es ist rund

$$U = 1.05 \cdot U'$$

Dieses Gesetz ist unabhängig von der Lagenzahl n, also gilt allgemein: Der Umfang des Kreises der Mittelpunkte einer Drahtlage ist immer um 5 $^0/_0$ größer als die Summe der Drahtdurchmesser dieser Lage. Berechnet man also für irgend eine Drahtlage die Summe der Drahtdurchmesser, schlägt 5 $\%$ dazu und dividiert durch π, so erhält man den Durchmesser des Kreises der Mittelpunkte dieser Lage. Addiert man noch δ, so erhält man den Durchmesser des umschriebenen Kreises, d. h. den Seildurchmesser. Subtrahiert man δ, so erhält man den ϕ des eingeschriebenen Kreises, d. h. der darunter liegenden Lage.

Fügt man der normalen Drahtzahl der Lage noch einen oder zwei Drähte hinzu und führt die Rechnung in gleicher Weise aus, so findet man den Durchmesser, auf welchen man die darunter liegende Lage plattieren muß, damit die vermehrte Drahtzahl genügend Platz hat und doch eng geschlossen ist.

Für die anderen Seilformen findet man die Formeln

$$\text{Form III} \qquad U = 1.05 \frac{n - 0.42}{n - 0.50} \cdot U'$$

$$\text{Form IV} \qquad U = 1.05 \frac{n - 0.30}{n - 0.33} \cdot U'$$

$$\text{Form V} \qquad U = 1.05 \frac{n - 0.15}{n - 0.17} \cdot U'$$

Das Verhältnis ist also nicht mehr so einfach wie bei der ersten Form. Es ist abhängig von der Lagenzahl, strebt aber rasch dem Grenzwert von etwa 5 $\%$ zu. Die nachfolgende Tabelle gibt das Verhältnis von U und U' oder den Zuschlag in Prozenten, den man zu U' machen muß, um U zu finden.

Nummer der Lage	Zuschläge für U' in Prozenten für		
	Form III	Form IV	Form V
$n = 2$	11	7	6
$n = 3$	8	6	6
$n = 4$	7	6	5
$n = 5$	7	5	5
$n = 6$	6	5	5
$n = 7$	6	5	5

Bei diesen Berechnungen ist in Betracht zu ziehen, daß die Adern immer etwas plastisch sind, daß man eine Plattierung der Zentralader nicht immer in den berechneten Dimensionen herstellen kann und daß man durch Veränderung des Dralles die Adern immer der Unterlage mehr oder weniger anpassen kann. Es ist deswegen nicht nötig, daß man die Berechnungen mit großer Genauigkeit durchführe.

Wir können nun auf die einzelnen Fälle der Praxis übergehen.

Die anormalen Aderzahlen 6, 8, 9, 10 und 11 lassen sich auf Form I mit plattierter Zentralader aufbauen. Ein 6 adriges Seil erhält eine blinde Mittelader.

Es sei z' die Aderzahl der zweiten Lage, und δ der Aderdurchmesser. Dann ist der Umfang des Kreises der Mittelpunkte $= 1.05 \cdot z'\delta$, oder dessen $\phi = \dfrac{1.05}{\pi} z'\delta = \dfrac{1}{3} z'\delta$. Also

$$\text{Seildurchmesser } D_a = \left(\frac{1}{3} z' + 1 \right) \delta$$

$$\text{Durchmesser der Zentralader } D_i = \left(\frac{1}{3} z' - 1 \right) \delta$$

Setzt man für z' die Zahlen 8, 9 etc., so erhält man die nachfolgende Tabelle

Aderzahl		Durchmesser über	
des Seiles	der Außenlage	die Zentralader	das Seil
7	6	δ	$3\,\delta$
8	7	$1.3\,\delta$	$3.3\,\delta$
9	8	$1.7\,\delta$	$3.7\,\delta$
10	9	$2.0\,\delta$	$4.0\,\delta$
11	10	$2.3\,\delta$	$4.3\,\delta$
12	11	$2.7\,\delta$	$4.7\,\delta$

Diese Tabelle gibt den Durchmesser, auf welchen man die Zentralader plattieren muß, und den Durchmesser des fertigen Seiles.

Wir erinnern uns, daß für 12 Adern nach Form III der Seildurchmesser $= 4.15\,\delta$ ist. Theoretisch ist also Form I mit plattierter Zentralader nur günstig bis 10 Adern mit dem $\phi = 4.0\,\delta$. In der Praxis sind aber auch 11 Adern nach diesem System nicht dicker als nach Form III mit einer fehlenden Ader. Hingegen gehen 12 Adern nicht mehr.

Nach Form III, mit oder ohne schwacher Plattierung der Zentrallage, wird man 13 Adern verseilen.

Für Seile von 15—18 Adern legt man Form IV zu Grunde und plattiert die Zentrallage.

Die Formeln für D_i und D_a sind praktisch dieselben, wie für die Seilform I. Die Durchführung der Berechnung ergibt folgende Tabelle.

Aderzahl		Durchmesser über	
des Seiles	der Außenlage	die Zentralader	das Seil
15	11	$2.7\,\delta$	$4.7\,\delta$
16	12	$3.0\,\delta$	$5.0\,\delta$
17	13	$3.3\,\delta$	$5.3\,\delta$
18	14	$3.7\,\delta$	$5.7\,\delta$

Der ϕ des 19 adrigen Seiles nach Form I ist $= 5\,\delta$. Dieser Durchmesser wird schon beim 16 adrigen Seil erreicht. Beim 17 adrigen ist er 6, beim 18 adrigen $14\,^0/_0$ größer. Letzteres wird man also nach Form I mit fehlender oder blinder Ader aufbauen.

Führt man die Untersuchung weiter, so findet man, daß die regelmäßig aufgebauten Seile aufhören und nur noch wenige Zahlen verwendbar sind, z. B.

Aderzahl	Aufbau	Durchmesser über	
		die Zentralader	das Seil
21	$1 + 7 + 13$	$1.3\,\delta$	$5.3\,\delta$
23	$1 + 8 + 14$	$1.7\,\delta$	$5.7\,\delta$
25	$1 + 9 + 15$	$2.0\,\delta$	$6.0\,\delta$
27	$1 + 10 + 16$	$2.3\,\delta$	$6.3\,\delta$

Für die anderen Zahlen muß man sich mit einer blinden Ader behelfen. Man kann z. B. auch noch aufbauen wie folgt

$$22 \text{ Adern} = 1 + 7 + 14$$
$$24 \quad „ \quad = 1 + 8 + 15$$
$$26 \quad „ \quad = 1 + 9 + 16$$

indem man in die zweite Lage eine schwache Einlage mitverseilt.

Der Drall. Beim Verseilen legen sich die Drähte immer in Form einer Schraubenlinie von gleichmäßiger Steigung auf die Unterlage. Die Höhe des Schraubenganges wird „Drall" genannt.

Als Folge des Dralles erscheint für jeden Draht eine Zunahme in seiner Länge (verglichen mit der Seillänge) und in seinem wirklichen Durchmesser. Diese Zunahmen können leicht rechnerisch festgestellt werden.

Alle auf den Drall bezüglichen Aufgaben werden mit Hülfe eines rechtwinkligen Dreieckes gelöst. Man betrachte den Zylinder vom Durchmesser d, den die Achsen der Drähte einer Lage bilden. Rollt man denselben ab, so erhält man ein rechtwinkliges Dreieck von πd als Basis und dem Drall D als Höhe. Die Hypotenuse L' ist die wirkliche Drahtlänge. (Fig. 10)

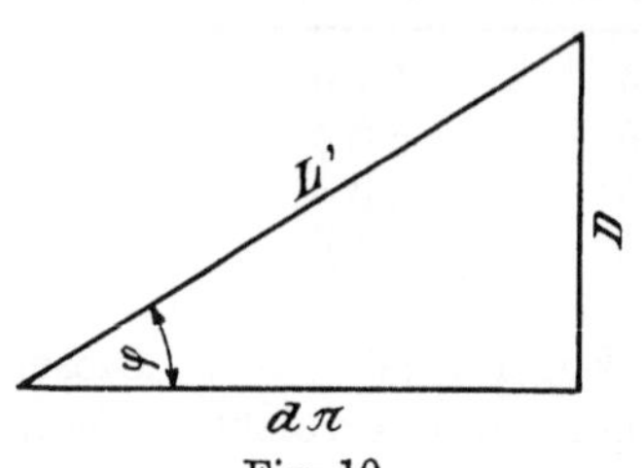

Fig. 10.

Es ist dann

$$L' = \sqrt{\pi^2\, d^2 + D^2}$$

Die Formel wird handlicher, wenn man den Drall als vielfaches des Durchmessers d darstellt. Wir setzen

$$D = m\, d$$

Ohne einen großen Fehler zu begehen, kann man d als die Seildicke oder den Kaliberdurchmesser ansehen. Es ist dann

$$L' = m\, d \sqrt{1 + \frac{\pi^2}{m^2}} = D \sqrt{1 + \frac{\pi^2}{m^2}}$$

Da der Drall D mit der Seillänge L identisch ist, so haben wir für die wirkliche Drahtlänge die Formel

$$L' = L \sqrt{1 + \frac{\pi^2}{m^2}}$$

Daraus berechnet sich die nachfolgende Tabelle.

$m =$	$\sqrt{1 + \dfrac{\pi^2}{m^2}} =$
1	3.30
5	1.18
10	1.05
15	1.022
20	1.013
30	1.005

Da der Drall in der Regel etwa gleich 15—20 Durchmesser gemacht wird, so ist die wirkliche Drahtlänge nach dieser Tabelle also bloß 1—2 $^0/_0$ größer als die Kabellänge.

In ähnlicher Weise berechnet man die Zunahme des Drahtdurchmessers. Derselbe sei $= \delta$ beim Schnitt senkrecht auf die Drahtachse und $= \delta'$ beim Schnitt senkrecht auf die Kabelachse. Bezeichnen wir noch mit φ den Steigungswinkel, so ist

$$\delta' = \frac{\delta}{\sin \varphi} = \frac{\sqrt{1 + \tan^2 \varphi}}{\tan \varphi} \cdot \delta$$

Da wir noch haben

$$\mathrm{tang}\,\varphi = \frac{D}{\pi d} = \frac{m}{\pi}$$

so wird

$$\delta' = \delta \sqrt{1 + \frac{\pi^2}{m^2}}$$

Da diese Formel dieselbe ist wie für die Drahtlänge, so folgt, daß der Schnittdurchmesser des Drahtes im selben Verhältnis wie die wirkliche Drahtlänge zu- resp. abnimmt, wenn man den Drall verändert.

Diese Formel sagt uns auch, daß man beim Auflegen einer Lage von normaler Drahtzahl den Drall nicht beliebig kurz machen kann.

Die Formeln und Tabellen für Drahtseile sind alle unter der Voraussetzung abgeleitet worden, daß der wirkliche Drahtdurchmesser und der Durchmesser, den man erhält, wenn man das Seil rechtwinklig auf seine Mittelachse schneidet, miteinander identisch sind. Nach unseren obigen Zahlen ist dies theoretisch nicht der Fall, wohl aber praktisch, wenn der Drall ca. 15 Kaliber oder mehr beträgt.

Für normale Seile nach der Form I dürfte der kürzeste Drall etwa 10 Kaliber sein. Wird er kürzer genommen, so haben die Drähte nicht mehr genügend Platz. Die Lage muß ihren Durchmesser etwas vergrößern, also sich von der unteren Lage abheben. Das Seil wird instabil, ein Draht kann hinaus- oder hineinfallen.

Ähnlich verhält es sich bei den anderen Seilformen, wenn die Lagenzahl nicht zu klein ist. Da hingegen bei diesen, wie wir früher gesehen haben, die ersten paar Lagen nicht genau schließen, kann man für dieselben mit dem Drall unter 10 Kaliber gehen.

Die Dralltabelle erweist sich auch noch nützlich beim Verseilen von Kabeln mit anormaler Aderzahl, wenn man in einer Lage zu wenig Adern hat und diese doch schließen sollen. Fehlen in der Lage z. B. 5 und 18 $^0/_0$ der Adern, so wird man den Drall gleich 10 resp. 5 Kaliber lang machen. Im allgemeinen hilft für diesen Fall also nur eine recht erkleckliche Verkürzung des Dralles.

Schließlich läßt sich noch eine Formel für die Länge von Drahtspiralen ableiten, die um einen Kern gewickelt sind. Es sei δ die Dicke des Kernes, d der ϕ des Drahtes. Wir setzen $d = n\delta$ und den Drall $= m\delta$. Es wird dann die Länge eines Umganges

$$L = \delta \sqrt{n^2 \pi^2 + m^2}$$

Durch Einsetzen der Zahlenwerte von n und m kann man L für jedes praktische Beispiel berechnen.

Bestimmung des Drahtdurchmessers. Ist für irgend ein Seil der Querschnitt Q gegeben, so dividiert man denselben durch die Zahl der Drähte, die man dem Seil geben will. Daraus erhält man den Querschnitt des Einzeldrahtes. An Hand einer Tabelle für Kreisfunktionen findet man dann den entsprechenden Durchmesser. Es hat keinen Zweck, diesen genauer als $^1/_{100}$ mm anzugeben, da die Drahtziehereien bloß mit einer Genauigkeit von $\pm\,^2/_{100}$ mm arbeiten.

Die für einen bestimmten Querschnitt erforderliche Drahtzahl ist eine Erfahrungssache. Bestimmte Regeln darüber gibt es nicht, und man kann die Drahtzahl in den meisten Fällen innerhalb weiter Grenzen verändern, ohne die Biegsamkeit des Kabels wesentlich zu beeinflussen. Für kleine Seile, wenn keine speziellen Vorschriften für die Biegsamkeit gemacht werden, wird die Drahtzahl wesentlich durch den Preis des Drahtes bestimmt. Man wird einen Drahtdurchmesser vermeiden, wenn dafür ein Überpreis bezahlt werden muß. Bei recht großen Querdurchschnitten muß man sich bei der Bestimmung der Drahtzahl nach der Spulenzahl der Maschine richten, die man zur Verfügung hat.

Nebenstehend geben wir eine Tabelle für die Querschnitte von 10—1000 qmm, aus der die Konstruktion von Seilen nach den vier Grundformen zu entnehmen ist. Die Tabelle enthält auch die Seildurchmesser und die Gewichte per 100 m für die Koeffizienten $c = 0.90,\ 0.92$ und 0.93. Dieses Gewicht $G = c \times Q$. Die drei Zahlen entsprechen einer Drahtverlängerung durch den Drall von ungefähr 2, 3 und $4\,^0/_0$. Da praktischer und theoretisch vorgeschriebener Drahtdurchmesser sozusagen nie miteinander übereinstimmen, braucht man es mit dem Gewicht nicht genau zu nehmen.

Es gilt bisher als Regel, alle Seile nach der Form I mit einem einzigen zentralen Draht zu konstruieren, für alle Fälle, wo der Kupferdraht nachträglich zur Bestellung kommt. Steht aber ein Drahtlager zur Verfügung, so kann man oft mit Vorteil die andern Formen verwenden. In vielen Fällen ist für den betreffenden Querschnitt ein für dieselben passender ϕ auf Lager.

Bei dringenden Bestellungen tritt der Fall sehr oft ein, daß überhaupt kein genau passender ϕ auf Lager ist. Man hilft sich in diesem Fall mit zwei, wenn nötig drei verschiedenen Durchmessern. Wieviel Drähte von der einen oder andern Sorte verwendet werden müssen, wird durch einige Proberechnungen festgesetzt. Solange man Anspruch auf ein rundes und solides Seil macht, darf man die ϕ der Drahtsorten nicht sehr ungleich nehmen.

Tabelle für Drahtseile.

Quer-schnitt in qmm	Aufbau nach der Seilform				Seildurchmess. für Form (in mm)				Gewicht p. 100 m in kg für $c=$		
	I	III	IV	V	I	III	IV	V	0.91	0.92	0.93
10	7×1.34	3×2.06	4×1.78	5×1.60	4.0	4.4	4.3	4.3	9.1	9.2	9.3
15	1.65	2.52	2.18	1.96	5.0	5.4	5.3	5.3	13.6	13.8	14.0
20	1.90	2.91	2.52	2.26	5.7	6.3	6.0	6.0	18.2	18.4	18.6
25	2.13	12×1.63	14×1.50	16×1.41	6.4	6.8	6.6	6.6	22.7	23.0	23.2
30	2.34	1.78	1.65	1.55	7.0	7.4	7.3	7.3	27.3	27.6	28.0
35	2.52	1.93	1.78	1.67	7.6	8.0	7.9	7.8	31.8	32.2	32.5
40	2.70	2.06	1.90	1.78	8.1	8.5	8.4	8.4	36.3	36.8	37.2
45	2.86	2.19	2.02	1.89	8.6	9.1	8.9	8.9	40.9	41.5	42.0
50	19×1.83	2.30	2.13	2.00	9.2	9.5	9.4	9.4	45.4	46.0	46.5
60	2.00	2.52	2.33	2.19	10.0	10.4	10.5	10.3	54.5	55.2	55.8
70	2.16	2.72	2.52	2.36	10.8	11.3	11.1	11.1	63.5	64.4	65.1
80	2.32	2.91	2.70	2.52	11.6	12.1	11.9	11.9	72.5	73.6	74.4
90	2.46	3.09	2.86	2.67	12.3	12.8	12.6	12.6	81.8	82.8	83.7
100	2.60	27×2.17	30×2.06	33×1.97	13.0	13.3	13.2	13.2	91.0	92.0	93.0
110	2.72	2.28	2.16	2.06	13.6	14.0	13.9	13.8	100	101	103
120	2.83	2.38	2.26	2.15	14.2	14.6	14.5	14.4	109	110	112
130	2.95	2.47	2.35	2.24	14.8	15.2	15.1	15.0	119	120	121
140	3.06	2.57	2.44	2.32	15.3	15.8	15.7	15.5	128	129	130
150	3.17	2.66	2.52	2.40	15.9	16.4	16.1	16.1	136	138	140
160	37×2.35	2.75	2.60	2.49	16.5	16.9	16.7	16.6	145	147	150
170	2.42	2.83	2.68	2.56	17.0	17.4	17.2	17.2	154	156	158
180	2.49	2.91	2.76	2.63	17.5	17.9	17.7	17.6	164	166	168
190	2.56	3.00	2.84	2.71	18.0	18.4	18.2	18.2	172	175	177
200	2.62	48×2.30	52×2.21	56×2.13	18.4	18.7	18.6	18.5	182	184	186
220	2.75	2.41	2.32	2.23	19.3	19.6	19.6	19.4	200	202	205
240	2.87	2.52	2.42	2.33	20.1	20.5	20.3	20.3	217	220	224
260	3.00	2.63	2.52	2.43	21.0	21.4	21.3	21.2	236	239	242
280	3.10	2.72	2.62	2.52	21.7	22.1	22.1	22.0	255	257	260
300	3.21	2.82	2.71	2.61	22.5	23.0	22.8	22.7	273	276	280
350	3.48	3.05	2.93	2.82	24.5	24.9	24.7	24.5	318	321	325
400	3.71	3.26	3.09	3.02	26.0	26.5	26.2	26.2	364	368	372
450	61×3.07	3.45	3.32	3.20	27.7	28.1	28.0	27.8	410	414	419
500	3.23	75×2.91	80×2.82	85×2.74	29.1	29.5	29.4	29.2	455	460	465
600	3.54	3.19	3.09	3.00	31.9	32.3	32.1	32.1	546	552	558
700	3.82	3.45	3.34	3.24	34.5	35.0	34.7	34.5	637	644	651
800	4.09	3.68	3.57	3.46	36.8	37.3	37.1	37.0	728	736	744
900	4.34	3.91	3.78	3.67	39.1	39.6	39.4	39.3	819	828	837
1000	4.57	4.12	4.00	3.87	41.2	41.7	41.5	41.1	910	920	930

Oft gelingt es, mit einem Zentraldraht von 3—4 mm Durch-messer und ein bis zwei Lagen dünnen Drahtes, den gewünschten Querschnitt zu bekommen. Die Drahtzahl wird in diesem Fall nach den Regeln anormaler Seile (S. 82) berechnet.

Eine Vergleichung der Durchmesser der vier Seilformen für den gleichen Querschnitt ergibt, daß die Differenzen nur einige

Zehntel Millimetter betragen. Abgesehen von den allerkleinsten Querschnitten der Drahtseile, hat diese kleine Differenz praktisch keinen Wert. Die traditionelle Gewohnheit, Seile nur nach der Form I zu konstruieren, ist also sozusagen unbegründet.

In einer geordneten Fabrikation, welcher Art sie auch sei, muß das Prinzip herrschen, eine Bestellung so rasch wie möglich in Hand zu nehmen und fertigzustellen. Verschmäht man also die drei andern Seilformen nicht, so ist die Aussicht, daß einer der Drahtdurchmesser, die auf Lager gehalten sind, für den verlangten Querschnitt paßt, bedeutend größer geworden. Die Möglichkeit, dem Fabrikationsprinzip zu genügen, wird also erweitert. Im Falle, daß ein passender Durchmesser gefunden wird, entlastet man auch das Magazin von einem Rohmaterial, das Zinsen aufzehrt und sonst keinen Nutzen bringt.

Durch Adoption der vier Seilformen als Normalen bleibt die Zahl der Drahtdurchmesser, die auf Lager zu halten sind, um auch nur die Hälfte der in der Tabelle aufgeführten Querschnitte sofort in Ausführung nehmen zu können, immer noch so groß, daß die allergrößte Fabrik nicht das Risiko übernehmen kann, sie alle auf Lager zu halten.

Es drängt sich die Frage auf, ob das Ziel sich nicht mit einigen wenigen Drahtdurchmessern erreichen lasse. Der Vorteil wäre ein sehr bedeutender.

Was den Abnehmer anbetrifft, könnte er wenigstens zwei Wochen früher befriedigt werden, da die Beschaffung des Kupferdrahtes je nach Umständen und Größe der Bestellung zwei bis vier Wochen in Anspruch nimmt.

Der Fabrikant würde sich in vielfachen Beziehungen wesentlich besser stellen. Seine Kupfervorräte würden auf ein Minimum reduziert, was in Zeiten von schwankenden Kupferpreisen recht viel sagen will. Im gleichen Maße werden sich die Verwaltungskosten, Irrtümer im Magazin etc. verringern.

Noch größer als der kaufmännische würde der in der Fabrikation erzielte Gewinn sein. Man könnte sich immer von jeder Drahtsorte vollgewickelte Spulen auf Lager halten. Es würde also in erster Linie das Abmessen der Drahtlängen wegfallen, eine Operation, die einen wesentlichen Bruchteil der Verseilungskosten bildet. In zweiter Linie würden die kurzen Abfälle vermieden, die meistens nur den Wert von altem Kupfer haben.

Weiter wird in sehr vielen Fällen das Umwechseln der Spulen auf der Seilmaschine wegfallen, was wieder zu wesentlicher Reduktion der Verseilungskosten und einer Beschleunigung der Fabrikation führt, also zu einer bedeutend größeren Ausnutzung der Seilmaschinen. Diese Fälle werden eintreten, wenn hintereinander mehrere Seile von dem gleichen Draht ϕ aber verschiedener Drahtzahl anzufertigen sind.

Wie die nachfolgende Untersuchung zeigt, ist das Ziel, das wir uns gesteckt haben, sehr leicht zu erreichen.

Zur Verfügung stehen uns, wenn wir von allzuhohen Drahtzahlen absehen, zur Anfertigung eines Seiles die normalen und natürlichen Drahtzahlen

3 4 5 7 12 14 16 19 27 30 33 37 48 52 56 61

Wir adoptieren nun fünf Normaldrähte, die wie nachfolgend gekennzeichnet sind

Querschnitt	2	3	4	5	8 qmm
Durchmesser	1.60	1.95	2.26	2.52	3.19 mm
Kurze Bezeichnung	II	III	IV	V	VIII.

Mit diesen fünf Drähten lassen sich die in der nachfolgenden Tabelle gesammelten 80 Querschnitte herstellen.

Vereinfachte Seiltabelle.

Querschnitt in qmm	Konstruktion	Querschnitt in qmm	Konstruktion	Querschnitt in qmm	Konstruktion	Querschnitt in qmm	Konstruktion
6	3 × II	35	7 × V	90	30 × III	165	33 × V
8	4 × II	36	12 × III	95	19 × V	168	56 × III
9	3 × III	38	19 × II	96	12 × VIII	183	61 × III
10	5 × II	40	5 × VIII	96	48 × II	185	37 × V
12	4 × III	42	14 × III	99	33 × III	192	48 × IV
12	3 × IV	48	16 × III	104	52 × II	208	52 × IV
14	7 × II	48	12 × IV	108	27 × IV	216	27 × VIII
15	5 × III	54	27 × II	111	37 × III	224	56 × IV
15	3 × V	56	14 × IV	112	14 × VIII	240	30 × VIII
16	4 × IV	56	7 × VIII	112	56 × II	240	48 × V
20	5 × IV	57	19 × III	120	30 × IV	244	61 × IV
20	4 × V	60	12 × V	122	61 × II	260	52 × V
21	7 × III	60	30 × II	128	16 × VIII	264	33 × VIII
24	12 × II	64	16 × IV	132	33 × IV	280	56 × V
24	3 × VIII	66	33 × II	135	27 × V	296	37 × VIII
25	5 × V	70	14 × V	144	48 × III	305	61 × V
28	14 × II	74	37 × II	148	37 × IV	384	48 × VIII
28	7 × IV	76	19 × IV	150	30 × V	416	52 × VIII
32	16 × II	80	16 × V	152	19 × VIII	448	56 × VIII
32	4 × VIII	81	27 × III	156	52 × III	488	61 × VIII

Ein Blick auf diese vereinfachte Tabelle zeigt, daß mittels der fünf Normaldrähte eine Anzahl von Querschnitten herstellbar ist, die weit über das praktische Bedürfnis hinausgeht. Man kann also ohne Schaden noch einige Querschnitte ausstreichen, z. B. diejenige mit hoher Drahtzahl, wenn dadurch nicht zu große Lücken entstehen.

Es ist nun traditionelle Gewohnheit der Elektrotechniker, den Querschnitt immer als Vielfaches von 5 oder von 10 qmm vorzuschreiben. Ein technisches Bedürfnis ist dies aber nicht. Es kann irgend ein Querschnitt der obigen Tabelle gewählt werden.

Das erstrebte Ziel, die Fabrikation von Drahtseilen mit einem Minimum von Zeitaufwand und Herstellungskosten auszuführen, wird nach der Kenntnis der letzten Tabelle leicht gemacht.

Es haben sich nur die Kabelfabriken mit ihrer Kundschaft auf eine solche Tabelle zu einigen. Dies sollte, in Hinsicht auf die Wichtigkeit, welche die Angelegenheit für beide Teile hat, ohne Schwierigkeiten erreichbar sein. Auch kann man die Querschnitte der einzelnen Drähte anders wählen als in unserer Tabelle, so daß berechtigten Wünschen der Kundschaft in jeder Beziehung entsprochen werden kann.

F. Theorie der Telephonkabel.

Einleitung. Als den Beginn der Telephonie können wir das Jahr 1880 ansetzen. Während des folgenden Jahrzehntes entstanden in den Städten und Städtchen der ganzen zivilisierten Welt die oberirdischen Telephonnetze. Auf das Jahr 1890 können wir das Erscheinen der ersten Telephonkabel mit kleiner Kapazität ansetzen und auf das folgende Jahrzehnt die Ersetzung der oberirdischen Telephonleitungen großer Städte durch ein unterirdisches Kabelnetz. Die Bedürfnisse nach einem interurbanen Telephonverkehr datieren auch ungefähr aus dem Jahre 1890. Dringend war das Verlangen nach einem interurbanen Kabel ungefähr seit dem Jahre 1898.

Die Lösung des Problems des telephonischen interurbanen Sprechverkehrs, die sich erst gegenwärtig vollzieht, ist unbestreitbar die schwierigste Aufgabe der modernen Elektrotechnik gewesen.

Schon im Jahre 1855 hat Sir William Thomson (jetzt Lord Kelvin) die in einem langen Kabel auftretenden elektrischen Vorgänge behandelt und für die intermittierenden, in der Telegraphie benutzten Ströme alle Gesetze festgestellt, auf Grund deren der Telegraphenverkehr durch den Atlantischen Ozean möglich wurde. Im Jahre 1857 hat Prof. Kirchhoff die Grundlagen der Theorie von Wechselströmen in Verbindung mit elektrostatischer Kapazität wesentlich erweitert. Seitdem ist das große Problem von verschiedenen Forschern in die Hand genommen worden, ohne daß ein durchschlagender, für den Techniker brauchbarer Erfolg zu verzeichnen war. Als um die Forschung verdiente Namen sind noch zu nennen: Silvanus P. Thompson und Heaviside.

Natur der Schwierigkeiten. Schon bei dem Bau langer oberirdischer Linien für interurbane Telephonzwecke stellte es sich heraus, daß die telephonische Übertragung auf relativ kurze Distanzen beschränkt werden mußte. Sie versagte einerseits deswegen, weil der elektrische Strom so geschwächt wurde, daß der telephonische Empfänger das Gespräch nicht mehr mit genügender Kraft reproduzierte, und anderseits, weil die Phasenverschiebungen der Ströme so bedeutend waren, daß der Empfänger Laute widergab, ganz verschieden von denjenigen, welche der Geber in die Linie sandte.

Versuche, die an Kabeln ausgeführt wurden, zeigten bald, wie erfolglos das Sprechen war, wenn die Entfernung von Geber und Empfänger ca. 50 Kilometer überstieg. Es wurde auch erkannt, daß die Mißerfolge der Kapazität der verwendeten Kabel zuzuschreiben sind.

Versuche. Der Praktiker kann nicht immer warten, bis ihm der Gelehrte den Weg ebnet, auf dem er fortschreiten muß, um zu seinem Ziele zu kommen. Er muß, wenn ihm die nötigen Hülfsmittel fehlen, den Weg des Experimentes beschreiten.

Der Wichtigkeit der Sache entsprechend, wurde in Kabelfabriken emsig gearbeitet, um ein brauchbares interurbanes Telephonkabel herzustellen. Lange Zeit bezweckten diese Versuche, die Kapazität der Kabel zu vermindern. Der Erfolg war der aufgewendeten Arbeit nicht entsprechend. Man fing dann langsam an einzusehen, daß die Verminderung der Kapazität zu keinem wesentlichen Resultat führe.

Die nächste Strömung im Experimentieren hatte das Ziel, die Selbstinduktion der Kabeladern zu erhöhen. Man ging von der bekannten Formel für den Widerstand eines Wechselstromkreises aus. Bezeichnet $p = 2\pi n$ die Frequenz des Stromes, R dessen ohmischen Widerstand, C die Kapazität und L den Selbstinduktionskoeffizienten, so ist der wirkliche Widerstand

$$R' = \sqrt{R^2 + \left(pL - \frac{1}{pC}\right)^2} \quad \text{C.G.S.-Einheiten.}$$

Werden alle Größen in praktischen Einheiten gemessen, so lautet die Formel

$$R' = \sqrt{R^2 + \left(pL - \frac{10^6}{pC}\right)^2}$$

Daß es möglich ist, durch Erhöhung der Selbstinduktion den Widerstand R' zu reduzieren resp. die Stromstärke zu erhöhen, ist aus dieser Formel sehr einfach zu berechnen.

Wir betrachten einen telephonischen Stromkreis von 1 Kilometer Länge, bestehend aus einem Draht von 1 mm ϕ. Die Schwingungszahl n sei ca. 500, also $p = 3300$. Bildet der Kreis einen Teil eines Kabels, so ist rund $R = 20$ Ohm, $L = 0.0003$ Henry, $C = 0.04$ Mikrofarad.

Es wird dann rund $pL = 1 \qquad \dfrac{10^6}{pC} = 10^4$,

also $$R' = \sqrt{R^2 + 10^8} = 10^4 = 10000 \text{ Ohm.}$$

Der Klammerfaktor unter dem Wurzelzeichen überwiegt R^2 ganz bedeutend, so daß der ohmische Widerstand gegen ihn verschwindet. Der wirkliche Widerstand ist rund 10000 Ohm, also 500 mal größer als R.

Es ist aber aus der Formel ersichtlich, daß der Klammerausdruck abnimmt, wenn man die Größe L anwachsen läßt. Bei einem bestimmten, großen L wird der Klammerausdruck $= 0$, also $R' = R$, d. h. der Stromkreis wird sich verhalten, als enthielte er nur den ohmischen Widerstand R. Für die von uns gewählten Zahlen tritt dieser Fall ein, wenn $L = 6$ Henry.

Wählt man also L zwischen 0.0003 und 6 Henry, so kann man, bei gegebener Kapazität C und ohmischem Widerstand R, über R' in weiten Grenzen verfügen, wird also einen Wert von L bestimmen können, für welchen der Strom noch stark genug ist, um ihn für eine telephonische Übertragung brauchbar zu machen.

Sobald diese Verhältnisse erkannt waren, lag es auf der Hand, die Selbstinduktion der Kabelader durch Einführung von Eisen oder Stahl zu erhöhen. Die Adern wurden gepanzert. Es sind nur wenige dieser Versuche veröffentlicht worden.

Dr. F. Breisig (E.T.Z. 30. Nov. 1899) umwickelt einen Kupferdraht von $4^1/_2$ mm ϕ mit einem Eisenband von 8×0.16 mm in offener Spirale und erzielt dadurch eine Zunahme der Selbstinduktion von $57^0/_0$.

Das Kabelwerk Rheydt (E.T.Z. 19. Dez. 1901, S. 1046—1050) umwickelt die Kabelader mit einem dünnen, isolierten Eisendraht, und erzielt dadurch eine Zunahme von rund $33^0/_0$, wie folgende, an einem Kabel von 17 Kilometer Länge gemessene Zahlen ergeben.

Draht	Kapazität	Selbstinduktion
2 mm ϕ unbewehrt	0.087 MF	0.000296 H.
2 mm ϕ mit Eisen bewehrt	0.085 MF	0.000410 H.

Krarup (E.T.Z. 17. April 1902, S. 344) veröffentlicht einige Zahlen von L für Leiter mit und ohne Eisen. Die Zunahme ist auch hier nicht wesentlich.

Julius West (E.T.Z. 15. Mai 1902, S. 430) hat ein Kabel konstruiert, in welchem gleichzeitig die Selbstinduktion erhöht und die Kapazität erniedrigt wird. Er erreicht dies durch Anordnung der zwei Drähte eines Paares in einer Distanz von 7 bis 8 mm. Passend geformte Papiere halten die Drähte dauernd in dieser Entfernung. Als Mittelwerte der Konstanten für eines seiner Kabel gibt West die folgenden Zahlen:

Draht-durchmesser	Kapazität für		Selbstinduktion für Schleife
	einf. Draht	Schleife	
1.5 mm	0.032 MF	0.017 MF	0.00108 H.
2.0 mm	0.038 MF	0.020 MF	0.00103 H.

Da in diesem Kabel die Kapazität ziemlich vermindert und die Selbstinduktion auf das 3- bis 4-fache gesteigert ist im Vergleich mit den gewöhnlichen Telephonkabeln, so ist die Erfindung von West ganz bemerkenswert.

Der Wert dieser Versuche. Wir wollen einen Überschlag machen, ob die Einführung von Eisen in ein Telephonkabel die Selbstinduktion soweit erhöht, daß eine wesentliche Veränderung in den Stromverhältnissen eintritt.

Nach allen bis jetzt bekannt gewordenen Meßresultaten können wir für die einfache Leitung von 1 mm ϕ eines Kabels die Konstanten wie folgt festsetzen:

$R = 20$ Ohm, $C = 0.04$ MF $\quad L = 0.0003$ Henry per Kilometer.

Betrachten wir nun eine einfache Linie von 50 km Länge resp. 100 km Drahtlänge, so ist die Selbstinduktion der ganzen Linie von der Ordnung 0.03 Henry.

Dazu kommt noch der Sender von rund 400 Ohm und 0.4 Henry und das Telephon von rund 400 Ohm und 0.4 Henry. Die Selbstinduktion der zwei Endapparate beträgt also 0.8 Henry, die der Linie 0.03 Henry. Im ganzen Stromkreise fallen also $96^0/_0$ der Selbstinduktion auf die Endapparate und nur $4^0/_0$ auf die Linie.

Es ist also nicht wahrscheinlich, daß die geringe Erhöhung der Selbstinduktion, die durch Einführung von Eisen in das Kabel erzielt wird, die Stromvorgänge wesentlich ändern wird. Die Linie ist immer noch unbedeutend im Vergleich zu den Apparaten.

Für die telephonische Doppelader sind kaum Zahlenwerte für die elektrischen Konstanten bekannt gemacht worden. Sie sind aber nicht wesentlich von denen der Einzelleitung verschieden. Die Verbesserung durch Einführung von Eisen ist also von derselben Ordnung wie für die Einzelleitung.

Eine gründliche Verbesserung der telephonischen Übertragung ist also auf dem eingeschlagenen Wege vollständig ausgeschlossen.

Weiter ist noch in Berücksichtigung zu ziehen, daß die Verluste durch Hysteresis im Eisen den Strom wieder schwächen werden, und die Möglichkeit ist da, daß der Verlust größer wird als der Gewinn. Auch ist zu berücksichtigen, daß durch Bewehrung der Ader die Dimensionen eines Kabels, und infolge dessen die Kosten desselben ganz bedeutend anwachsen.

Was das Luftkabel von Julius West anbetrifft, so glauben wir auch, daß es so teuer zu stehen kommt, daß es nicht durchdringen wird.

Das Pupinsche Telephonkabel. Prof. Michael J. Pupin in Yonkers, New York, faßte das Problem des interurbanen Telephonkabels von einer anderen Seite an. Er führte die Integration der Differentialgleichungen, welche demselben zu grunde liegen, erfolgreich durch und prüfte seine Theorie an Hand eines künstlichen Kabels (Transact. Inst. El. Eng. 1899, S. 111. 1900, S. 245). Die ersten Mitteilungen über das Pupinsche Kabel (E.T.Z. 29. Aug. 1901, S. 700) brachten die Experimente der Kabeltechniker zum Stillstand. Ein jähes Ende bereitete ihnen die Veröffentlichung der Herren Dolezalek und Ebeling von der Firma Siemens & Halske (E.T.Z. 4. Dez. 1902, S. 1059 ff.).

Das Wesen der Pupinschen Erfindung besteht in der Einschaltung von Induktionsspulen in die einzelnen Kabeladern, wodurch man den Betrag der Selbstinduktion der Ader oder der Schleife nach Belieben erhöhen kann, ohne den Kupferwiderstand der Linie wesentlich zu verändern. Prof. Silvanus Thompson hat schon 10 Jahre früher dieselbe Idee ausgesprochen, und sein Zweck war, die Sprechgeschwindigkeit der submarinen Telephonkabel dadurch zu erhöhen.

Wir wollen versuchen, die gewonnenen Resultate und deren Begründung dem Praktiker zurecht zu legen und in eine Form zu bringen, mit welcher er arbeiten kann. Wir halten uns an die zwei Mitteilungen von Pupin und von Siemens & Halske in der E.T.Z.

Die schwingende Saite. Die unsichtbaren Vorgänge der elektrischen Übertragung in einer Telephonleitung lassen sich durch die bekannten Schwingungen einer gespannten Saite auf sehr leichte Weise anschaulich machen.

Wir erinnern uns des Vorlesungsexperimentes, eine Saite am Punkte A mit der Zinke einer Stimmgabel verbunden und am Punkte B befestigt. Wird die Gabel in Schwingungen versetzt, so wandern Berg und Tal hinter einander gegen B hin, werden dort reflektiert und gehen nach A zurück.

Wellenlänge, Amplitude, Schwingungsdauer und Fortpflanzungsgeschwindigkeit sind bekannte Begriffe.

Bringen wir in die Nähe der Saite, diese sehr lang gedacht, in einem fernen Punkte einen Resonator oder verbinden wir sie mit einer Membran, so sprechen diese Apparate auf jeden vorbeiwandernden Wellenzug an und reproduzieren den Ton der Stimmgabel.

Unter Umständen setzen sich direkte und reflektierte Wellen zu einer stehenden Welle zusammen. In diesem Falle gibt es dann eine Anzahl Punkte auf der Saite, in welchen die Reproduktion des Tones durch den Resonator unmöglich ist. Je mehr man sich aber von diesen Punkten entfernt, desto kräftiger wird der Ton. Er erreicht ein Maximum in der Mitte zwischen zwei Knotenpunkten.

Die stehende Welle wird gebildet, wenn die Seitenlänge ein ungerades Vielfaches einer Viertelwellenlänge beträgt und wenn gleichzeitig direkte und reflektierte Welle gleichstark sind. Im allgemeinen wird eine fortschreitende Welle gedämpft, d. h. ihre Amplitude wird durch Reibungswiderstände immer kleiner, je weiter sie wandert. Stehende Wellen werden sich also bei großen Saitenlängen nicht bilden. Auch wird ein Resonator immer schwächer tönen, je weiter man ihn gegen das Ende der langen Saite verschiebt. Er tönt hingegen in jedem Punkte, da fortwährend Wellenzüge vorbeiwandern.

Wir geben nun der Saite die Form eines großen Kreises, der in einer horizontalen Ebene gedacht ist. Man schneide ihn in einem Punkte A auf und verbinde beide Enden je mit einer Zinke einer Stimmgabel, die in einer vertikalen Ebene liegt. Schlägt man die Gabel an, so wandert in der rechten Kreishälfte ein Wellenzug vorwärts, mit einem Berge voran, und in der linken ein anderer Zug mit einem Tale voran. Im Punkte B, der A diametral gegenüber liegt, treffen sich beide Wellenzüge. In diesem Momente ist die Saite vollständig in Schwingung und enthält eine Anzahl von Knoten. Die Züge halten aber nicht an, sondern gehen weiter. Es ist, als ob der Punkt B ein Befestigungspunkt wäre und ob beide Züge dort reflektiert würden. Die kreisförmige Saite verhält sich also wie zwei befestigte Saiten, und die Schwingungsvorgänge und Dämpfungsverhältnisse sind wie früher.

An der schwingenden Saite interessiert uns hauptsächlich die Dämpfung. In einem bestimmten Moment bietet die Saite ein Bild von abwechselnden Bogen nach oben und nach unten, Berg und Tal, mit Knoten dazwischen. Die Bogen sind alle gleich lang, aber in ihrer Biegung nicht gleich. Die Ausbiegungen z. B. des Scheitels werden immer kleiner, je weiter der Bogen von der Stimmgabel entfernt ist. Die Amplitude nimmt ab, und zwar stetig, um den gleichen Bruchteil von Welle zu Welle. Sei A_1 die Amplitude irgend eines Bogens, so ist die des folgenden Bogens $A_2 = m A_1$, wo m kleiner ist als 1. Die Größe m wird die Dämpfungskonstante der Saite genannt. Die Übertragung der Schwingungen ist um so vollkommener, je mehr m sich der Zahl 1 nähert.

Die Ursache der Dämpfung liegt in Energieverlusten. Einmal schwingt die Saite in der Luft und gibt Energie an deren Teilchen ab, indem sie dieselben in Bewegung setzt und diese Bewegung nicht zurückgewinnt. Dann wird die Saite dadurch, daß sie die Bogen bildet, gestreckt. Ihre Teilchen schwingen in der jedesmaligen Richtung des Bogens longitudinal hin und her. Dies verursacht einen inneren Energieumsatz, bei dem auch wieder etwas eingebüßt wird. Gewöhnlich bezeichnet man diese Verluste als äußere und innere Reibung. Beide zusammen sind ungefähr proportional dem Quadrate der Geschwindigkeit der Saite in dem betrachteten Punkte.

Es ist von Wichtigkeit, zu wissen, ob eine schwere oder eine leichte Saite die Energie mit weniger Verlust überträgt.

Wir greifen irgend einen Punkt heraus, dessen Masse $= m$ und dessen transversale Geschwindigkeit eben $= v$. Die Energie des Massenpunktes ist dann $L = m v^2$. Dieser Punkt gehöre einer leichten Saite an.

Nun nehmen wir noch eine schwere Saite von der vierfachen Masse (Gewicht) und der Geschwindigkeit $\dfrac{v}{2}$ an. Die Energie eines Massenpunktes $= 4\, m \left(\dfrac{v}{2}\right)^2 = m v^2 = L.$ Schwere und leichte Saite übertragen also dieselbe Energiemenge, aber mit verschiedener Geschwindigkeit.

Die Verluste sind aber proportional der Geschwindigkeit im Quadrat, oder $= v^2$ für die leichte und $\dfrac{1}{4} v^2$ für die schwere Saite. Diese letzte eignet sich also besser für die Übertragung von Schwingungen, da die Verluste, bezw. die Dämpfung, weitaus geringer sind.

Zum Abschluß dieses Kapitels ist noch beizufügen, daß wir nur harmonische Schwingungen in Betracht gezogen haben, die von einer Stimmgabel ausgehen. Das Merkmal dieser Wellen ist, daß, abgesehen von der Dämpfung, die fortwandernden Züge einer dem anderen in allen Stücken gleich ist.

Ersetzen wir die Gabel durch eine sprechende Telephonmembran, so wird der Fall anders. Die einander nachfolgenden Schwingungen haben weder gleiche Amplitude, noch gleiche Wellenlänge. Auch werden die Bogen von Tal und Berg nicht mehr kreisbogenähnlich sein, sondern in sich hügelig. Die reflektierten Wellen werden also mit den direkten keine stehenden Wellen bilden können, auch wenn die Saite ohne Dämpfung wäre. Hingegen können sie die Wellenform so verändern, daß eine an der Saite befestigte Telephonmembran andere Laute wiedergibt, als der Sender übertragen hat.

Schwingungen in einem telephonischen Kreise. Wir können die in einem Stromkreise, der unter dem Einflusse eines harmonischen Wechselstromes steht, auftretenden Erscheinungen direkt mit den oben betrachteten Schwingungen einer Saite vergleichen.

Die gerade, an einem Punkt festgeklemmte Saite stellt eine einfache telephonische Leitung dar, die kreisförmige Saite die Doppelleitung. Die Stimmgabel entspricht der sekundären Spule des Mikrophonkreises und der Resonator dem Empfangstelephon.

Betrachten wir jetzt die Vorgänge in einer einfachen Telephonleitung. Sie komme mit einem harmonischen Wechselstrom in Betrieb. Als Moment Null nehmen wir denjenigen an, wo die EMK der sekundären Spule beginnt anzusteigen. Es sei T die Schwingungszeit oder $n = \dfrac{1}{T}$ die Schwingungszahl und λ die Fortpflanzungslänge des Stromes während der Zeit T.

Von $t = 0$ bis $t = \dfrac{1}{4} T$ nimmt die EMK der Spule zu. Der in der Leitung, unter dem Einflusse der Selbstinduktion und der Kapazität entstehende Strom verbreitet sich aber nicht augenblicklich über den ganzen Leiter, wie dies bei Gleichstrom und bei einem Stromkreis von kurzer Länge der Fall wäre. Der Strom schreitet relativ langsam vorwärts und erreicht nach der Zeit $t = \dfrac{1}{2} T$ einen Ort in der Entfernung $\dfrac{1}{2} \lambda$.

Zwischen den Orten 0 und $\dfrac{1}{2} \lambda$ bildet der Strom eine harmonische Welle. Trägt man senkrecht zum Leiter in jedem Punkte die gerade dort herrschende Stromstärke auf und verbindet alle so bestimmten Punkte, so erhält man einen halben Wellenbogen, gerade wie bei der Saite. Nennen wir den nach vorwärts schreitenden Strom positiv, und tragen wir die Stromordinaten nach oben ab, so entspricht ein Wellenberg einem $+$ Strom.

Wir betrachten nun die Vorgänge während der Zeit $t = \dfrac{1}{2} T$ und $t = \dfrac{2}{2} T$. Die EMK der sek. Spule ist während dieser Zeit negativ. Die Amplitude wächst von Null zu einem negativen Maximum und sinkt dann wieder auf Null zurück. In der Leitung ist der positive Strom während dieser Zeit weiter fortgeschritten. Er befindet sich zur Zeit $t = \frac{2}{2} T$ zwischen den Orten $\frac{1}{2} \lambda$ und $\frac{2}{2} \lambda$, und repräsentiert wieder einen Wellenberg wie früher. Zwischen den Orten 0 und $\frac{1}{2} \lambda$ dagegen ist der Strom negativ, das heißt er fließt gegen den Anfang zurück. Er wird durch ein Wellenthal dargestellt. Wir haben also in dem Draht eine einzige vollständige elektrische Welle, mit den Knotenpunkten an den Orten 0, $\frac{1}{2} \lambda$ und λ und den Bäuchen bei $\frac{1}{4} \lambda$ und $\frac{3}{4} \lambda$. Vom mittleren Knotenpunkte $\frac{\lambda}{2}$ fließen die Ströme nach vorwärts und nach rückwärts. Der Teil des Leiters zwischen den Orten λ und dem Ende ist jetzt noch nicht unter Strom.

Nach Verlauf der doppelten Schwingungszeit betrachten wir den Leiter wieder. Wir werden nun in demselben zwei vollständige Wellen und eine noch nicht unter Strom stehende Leiterstrecke finden.

Es sind 5 Knotenpunkte vorhanden. Vom zweiten und vierten fließen die Ströme nach rechts und links voneinander weg und im dritten fließen sie von rechts und links aufeinander zu.

Unsere traditionellen Anschauungen, daß der Strom in einem Leiter in jedem Augenblick und an jedem Orte dieselbe Richtung und dieselbe Stärke haben, trifft daher beim telephonischen Leiter, und im allgemeinen bei Leitern mit Selbstinduktion und Kapazität unter Wechselstrombetrieb, nicht zu. Der Strom hat eine Wellenform, d. h. er ist, örtlich betrachtet, bald $+$, bald $-$, und die Welle gleitet stetig vom Anfang gegen das Ende hin, genau wie in einer gespannten Saite die sichtbare Welle. Ein Telephon, das irgendwo in die Leitung eingeschaltet ist, wird in die vorbeiziehenden Wellen, eine nach der anderen, hörbar machen.

Wir können uns nun an das Studium der mechanischen Vorgänge machen. Für eine Saite liegt die Ursache der fortschreitenden Bewegung in der transversalen Geschwindigkeit, resp. der lebendigen Kraft L der einzelnen Massenteilchen. Beim telephonischen Leiter spielen die Massenteilchen keine Rolle. Die bewegende Kraft liegt außerhalb des Leiters in dem elektro-magnetischen Felde, das der in das Leiterstück vorgedrungene Strom sich geschaffen hat. Graphisch aufgetragen bildet dieses Feld auch eine

Wellenlinie, die mit derselben Geschwindigkeit wie der Strom dem Drahte entlang fortgleitet.

Die treibende Kraft des Feldes ist proportional seiner Stärke und der Geschwindigkeit, mit welcher die Stärke sich ändert. Die Feldstärke ist das, was man gewöhnlich den Koeffizienten L der Selbstinduktion nennt. Die Kraft ist folglich $= L \dfrac{di}{dt}$

Für die Saite ist die Kraft gleich Masse mal Beschleunigung
$$= m \cdot \dfrac{dv}{dt}$$

In der telephonischen Linie können wir daher die Selbstinduktion mit der Masse oder dem Gewicht der Saite vergleichen. Aus Analogie können wir nun schließen, daß in einem elektrischen Kreise mit großer Selbstinduktion die Dämpfung geringer sein wird, als in einer Linie mit wenig Selbstinduktion.

Bei der Saite haben wir als Energieverluste innere und äußere Reibung, die schließlich als Wärme erscheinen. Im elektrischen Kreise entspricht demselben die Stromwärme RI.

Um die Analogie zwischen Saite und elektrischem Kreise zu Ende zu führen, müssen wir noch das Äquivalent für die Kapazität suchen.

Je kleiner diese wird, desto größer wird die Fortpflanzungsgeschwindigkeit der elektrischen Welle.

Für die Saite gilt der Satz, daß mit zunehmender Spannung die Schwingungsdauer kleiner oder die Fortpflanzungsgeschwindigkeit größer wird. Es sind somit Spannung der Saite und das Reziproke der Kapazität im elektrischen Kreise analoge Begriffe.

Die Induktionsspulen von Pupin. Nachdem die Tatsachen festgestellt waren, daß es nötig ist, eine telephonische Linie mit Induktion zu belasten, und daß dies durch eine gleichförmige Belastung der Ader nicht zu erreichen ist, blieb kein anderer Ausweg offen, als die Einschaltung von Induktionsspulen in verschiedenen Punkten des Kabels.

Es drängt sich nun die Frage auf, in welcher Art und Weise die Einschaltung zu erfolgen hat.

Die Lösung kann wieder an Hand einer Saite anschaulich gemacht werden. Für diese wird das Problem lauten: Eine Saite soll mit bestimmten Massen, in gewissen Abständen verteilt, so belastet werden, daß die Bildung von Wellen und die Fortpflanzung derselben möglich sei und daß die Schwingungsvorgänge möglichst dieselben sind, als wäre die Masse gleichförmig über die ganze Saite verteilt.

Es ist augenscheinlich, daß die Schwingungen in einer solchen Saite um so weniger gestört werden, je symmetrischer die Massen verteilt sind. Wäre die gesamte Belastung in einem Punkt konzentriert, so wäre die durch eine Welle hergebrachte Energie nicht stark genug, um dessen Masse zu bewegen. Die Welle würde einfach reflektiert, wie wenn die Saite in diesem Punkte befestigt wäre. Dasselbe könnte auftreten, wenn man die Masse auf einige wenige Punkte verteilen würde.

Es liegt auf der Hand, die Frage der Verteilung durch die Annahme zu erledigen, daß man die Masse in möglichst viele kleinere und sich gleiche Massen zerlegen und diese in gleiche Distanzen an der Saite befestigen müsse.

Nach Prof. Pupin ist diese Annahme aber unrichtig. Die Verteilung hat mit Rücksicht auf die Wellenlänge vorgenommen zu werden.

Pupin hat durch Rechnung bestimmt, in welchen Abständen die Spulen eingeschaltet werden müssen, damit die so belastete Linie mit einer Linie von gleicher S.-Ind., aber gleichförmig verteilt, möglichst übereinstimme.

Es bedeute n die Zahl der Spulen (alle von gleich großer S.-Ind. gedacht), so ist der Grad G der Übereinstimmung der zwei Leitungen durch die Formel gegeben.

$$G = \sin \frac{\pi}{n} : \frac{\pi}{n}$$

Da π/n immer ziemlich klein ist, kann man in Reihen entwickeln und erhält dann

$$n = \frac{\pi}{\sqrt{6(1-G)}}$$

Daraus berechnet man für

$$
\begin{aligned}
G &= 0.90 &&= 10\,^0/_0 & n &= 4 \\
G &= 0.99 &&= 1\,^0/_0 & n &= 13 \\
G &= 0.9925 &&= {}^3/_4\,^0/_0 & n &= 15 \\
G &= 0.9975 &&= {}^1/_4\,^0/_0 & n &= 26.
\end{aligned}
$$

Die Einschaltung der Spulen ist nur von Erfolg begleitet, wenn der Grad der Übereinstimmung ca. $1\,^0/_0$ und weniger beträgt. Es müssen also auf die Wellenlänge 13 Spulen oder mehr kommen.

Nach Durchführung seiner Berechnungen hat Pupin an einem künstlichen Kabel die Resultate seiner Theorie geprüft.

Ein künstliches Kabel ist ein für Experimente geeigneter Apparat, der sowohl betreffs Kupferwiderstand als betreffs Kapazität identisch ist mit dem Kabel, welches er vorstellen soll.

Pupin stellte sein künstliches Kabel wie folgt her. Auf den beiden Seiten eines paraffinierten Papieres wird je ein gitterförmig geschnittener Streifen Stanniol aufgeklebt. Durch eine bestimmte Dimensionierung von Papier und Stanniol wird ein Widerstand von 9 Ohm für jedes Gitter und eine gegenseitige Kapazität von 0.074 MF erzielt, oder dieselben Konstanten, die eine englische Meile Telephonschleife aufweist. Der Apparat ist also identisch mit einer Meile Telephonschleife.

Pupin schaltete nach und nach bis zu 250 solcher Apparate hintereinander, und fand, daß telephonisches Sprechen bis 50 Meilen gut war, leidlich gut bis 75, schwierig bis 100 und unmöglich bei mehr als 112 engl. Meilen. Das Sprechen wurde bei zunehmender Länge nicht nur leiser, sondern auch undeutlicher.

Der Versuch wurde wiederholt, nachdem zwischen je zwei Apparaten, in Reihe und in jeden der beiden Leiter, eine Induktionsspule eingeschaltet worden war. Das Sprechen war dann über die ganze Länge von 250 Meilen $= 400$ km ganz vorzüglich.

Pupin machte weiter Versuche mit Wechselströmen, um festzustellen, wie weit dieses künstliche Kabel mit streckenweiser Induktionsbelastung mit einem Kabel von gleichmäßig erteilter Induktion identisch sei. Die Versuche ergaben, daß bei 3500 Perioden die Übereinstimmung beider immer noch innerhalb $1\,^0/_0$ sei.

Die in das künstliche Kabel eingeschalteten Spulen waren auf einen Holzkern von 12.5 cm ϕ und 12.5 cm Länge gewickelt, 2×580 Windungen eines Drahtes von 0.81 mm. Der Kern enthält also zwei Spulen, je eine für Leitung und Rückleitung. Die S.-Ind. jeder Spule ist 0.030 H., die gegenseitige Induktion 0.028 H., so daß die effektive S.-Ind. im Hin- und im Rückleiter 0.058 H. per Meile betrug.

Die Differentialgleichung. Wir betrachten eine telephonische Doppelleitung von der Länge $= l$ Kilometer. Der Kupferwiderstand, die Selbstinduktion und die Kapazität, bezogen auf die einfache Leitung und auf 1 km Länge, werde durch die Größen R, L und C bezeichnet.

In dem durch beide Leitungen gebildeten Kreise zirkuliere ein Wechselstrom J von der Schwingungszahl n oder der Frequenz $p = 2\pi n$. Der Strom werde erzeugt durch eine EMK $\varepsilon = E\,e^{\mathrm{i}pt}$.

Der Strom J wird sowohl zeitlich als örtlich verschiedene Werte haben. Wir greifen irgend einen Punkt der Leitung in der Entfernung x heraus. Dort herrsche zur Zeit t die Stromstärke J und die Spannungsdifferenz V.

Gehen wir vom Punkt x um ein Längenelement dx weiter, so findet ein Spannungsabfall statt $= -\dfrac{dV}{dx}\cdot dx$. Nach dem Ohmschen Gesetz ist dieser gleich dem Spannungsverlust im Kupferwiderstand $= RJdx$ plus der auf das Element dx fallenden EMK der Selbstinduktion

$= L\,\dfrac{dJ}{dt}\cdot dx$, also ist

$$RJ + L\cdot\frac{dJ}{dt} = -\frac{dV}{dt} \ \ \ldots \ \ldots \ \ldots \ (1)$$

Eine weitere Bedingungsgleichung liefert die Kapazität. Durch diese erfolgt auf dem Elemente dx ein Stromverlust

$$-\frac{dJ}{dx}\cdot dx = C\cdot\frac{dV}{dt}\cdot dx, \ \text{oder}$$

$$-\frac{dJ}{dx} = C\cdot\frac{dV}{dt} \ \ \ldots \ \ldots \ \ldots \ (2)$$

Die Isolation ist bei Telephonkabeln so hoch, daß man die Ableitung A des Stromes vernachlässigen kann.

Man kann nun sowohl J als V durch eine Exponentialfunktion darstellen, ähnlich der Funktion $\varepsilon = Ee^{ipt}$ und die eine oder die andere Größe aus (1) und (2) eliminieren. Eliminiert man V, so wird die Gleichung für J lauten

$$L\cdot\frac{d^2J}{dt^2} + R\,\frac{dJ}{dt} = \frac{1}{C}\frac{d^2J}{dx^2} \ \ \ldots \ \ldots \ \ldots \ (3)$$

Diese Gleichung bezieht sich auf die gleichförmig mit Induktion und Kapazität belastete Linie, und es ist angenommen worden, daß zur Erzeugung der harmonischen EMK kein spezieller Apparat eingeschaltet wurde, der die Gleichmäßigkeit der Linie stört.

In einer telephonischen Schleife befindet sich aber am Anfange der Sender und am Ende das Empfangstelephon, beides Apparate von beträchtlichem Kupferwiderstand und großer S.-Ind. Der Sender ist die Quelle der EMK $\varepsilon = Ee^{ipt}$.

Um das Problem der Schleife vollständig zu lösen, ist sowohl für den Sender als für den Empfänger je eine Bedingungsgleichung aufzustellen, und dann kann man an die Integration der Differentialgleichung (3) schreiten.

Die Durchführung der Integration erfordert Rechnungskünste, die dem praktischen Ingenieur nicht geläufig sind, so daß wir darauf verzichten müssen, sie hier wiederzugeben. Interessenten verweisen wir auf die Originalarbeit von Pupin (Transact. Inst. El. Eng. 1899 S. 111. 1900 S. 245), auf deren Wiedergabe durch

Dolezalek und Ebeling (E.T.Z. 4. Dez. 1902 S. 1059, sowie auf Wietlisbachs Handbuch der Telephonie 1899).

Als Aufgabe setzen wir uns, die Resultate der Rechnung vorzutragen und dieselben dem Praktiker so zurecht zu legen, daß er sie für nützlichen Fortschritt verwenden kann.

Im Laufe der Rechnung treten zunächst zwei Größen α und β auf und deren Werte sind

$$\alpha = \sqrt{\frac{1}{2}\, p\, C\, \left(\sqrt{p^2\, L^2 + R^2} + p L\right)} \quad \cdot \ \cdot \ \cdot \ \cdot \quad (4)$$

$$\beta = \sqrt{\frac{1}{2}\, p\, C\, \left(\sqrt{p^2\, L^2 + R^2} - p L\right)} \quad \cdot \ \cdot \ \cdot \quad (5)$$

Die Größen gelten sowohl für die einfache als für die doppelte Leitung. Die Größen R, L und C beziehen sich auf den Kilometer Kabellänge. Es ist also für eine Schleife R durch $2\,R$, L durch $2\,L$ und C durch die gegenseitige Kapazität zu ersetzen.

Diese Formeln sind schon vor Pupin bekannt gewesen, und deren Richtigkeit wird allgemein beglaubigt.

Bezeichnen wir mit J_a und J_e die effektiven, das heißt mit einem Amperemeter am Anfange (Sender) und am Ende (Empfänger) des Kabels gemessenen Ströme, so ist nach Pupin

$$J_e = \frac{2\, J_a}{\sqrt{e^{2\beta l} + e^{-2\beta l} + 2\cos 2\alpha l}} \quad \cdot \ \cdot \ \cdot \ \cdot \quad (6)$$

wo α und β durch die Gleichungen (4) und (5) gegeben sind und l die Leitungslänge in Kilometer darstellt.

Setzt man den ersten Ausdruck unter der Wurzel vor die Klammer, so wird

$$J_e = \frac{2\, J_a\, e^{-\beta l}}{\sqrt{1 + e^{-4\beta l} + 2 e^{-2\beta l} \cos 2\alpha l}}$$

Der Nenner dieser Formel wird für mit Induktion belastete Telephonkabel größerer Länge gleich eins. Für das später erwähnte Kabel Berlin-Potsdam der Firma Siemens & Halske ist z. B. $\beta = 0.015$. Nimmt man $l = 200$ an, so wird $e^{\beta l} = 20$, $e^{-2\beta l} = 4 \times 10^{-3}$ und $e^{-4\beta l} = 10^{-5}$. Da der Kosinus nie größer als 1 wird, verschwinden im Nenner die zwei letzten Größen gegen 1 und es bleibt schließlich

$$J_e = 2\, J_a \cdot e^{-\beta l} \quad \cdot \ \cdot \ \cdot \ \cdot \ \cdot \ \cdot \ \cdot \quad (7)$$

Es bedeuten e die Basis der natürlichen Logarithmen und l die Kabellänge in km.

Die Formel ist nur gültig für Leitungen, die mit Induktion

stark belastet sind, und weiter noch unter der Voraussetzung, daß nur der Geber eine merkliche Impedanz habe und die des Empfängers zu vernachlässigen ist.

Für den allgemeinen Fall hat auch Prof. Pupin die Berechnung noch nicht durchführen können.

Zu den erwähnten Bedingungsgleichungen, die der Rechnung zu Grunde liegen, kommt noch je eine für jede eingeschaltete Spule. Die Ausrechnung hat das auf S. 102 erwähnte, von Pupin gefundene Gesetz ergeben, daß die belastete Linie sich bloß dann wie eine Linie mit gleichförmig verteilter Induktion verhält, wenn der Abstand der Spulen einen Bruchteil der Wellenlänge des im Leiter kreisenden Wechselstroms beträgt. In der Erkenntnis dieses Gesetzes ist der Erfolg des Pupinschen Systems zu suchen.

Die Dämpfung. Nach der Formel 7) ist die Amplitude einer elektrischen Schwingung in der Entfernung l einzig und allein von der Größe β abhängig, und es ist

$$\text{in CGS-Einheiten} \quad \beta = \sqrt{\tfrac{1}{2} p C \left(\sqrt{p^2 L^2 + R^2} - p L \right)} \quad . \quad . \quad (5)$$

Für ein gegebenes Kabel sind die Größen R, L und C gegebene Konstanten. Hat man also mit Wellen von bestimmter Frequenz p zu tun, so ist β eine Konstante, die sog. **Dämpfungskonstante**, da sie den Grad bestimmt, nach welchem die Schwingung in der Entfernung l gedämpft wird.

Sämtliche Größen der Formel sind in absoluten Einheiten zu nehmen. Für Rechnungszwecke ist es vorteilhaft, die Formel in praktischen auszudrücken. Da

$$
\begin{array}{ll}
1 \text{ Ohm} \;\; = 10^9 \text{ CGS} \quad & 1 \text{ MF} = 10^{-15} \text{ CGS} \\
1 \text{ Henry} = 10^9 \quad\text{,,} & 1 \text{ F} \;\; = 10^{-9} \quad\text{,,}
\end{array}
$$

so wird

$$\text{in praktischen Einheiten} \quad \beta = 10^{-8} \sqrt{\tfrac{1}{2} p C \left(\sqrt{p^2 L^2 + R^2} - p L \right)} \quad (8)$$

Für eine einfache Leitung sind für R, L und C die gewöhnlichen Werte einzusetzen, für eine Doppelleitung hingegen $2R$ und $2L$ statt R und L und für C die gemessene gegenseitige Kapazität.

Das ganze Problem des interurbanen Telephonkabels reduziert sich nun hauptsächlich auf das Studium der Größe β, und die Mittel, deren Zahlenwert klein zu machen.

Wir betrachten zunächst irgend ein Kabel von der Länge l. Nach Formel 7) ist der Endstrom gegeben. Wir setzen voraus, daß in demselben Kabel, z. B. durch Einführung der Pupinschen

Spulen die Größe β auf den zehnten Teil ihres Wertes reduziert wird. Vergrößert man nun die Kabellänge auf $10 \times l$, so hat das Produkt βl wieder denselben Wert wie früher, daher auch der Strom. In dem zweiten Kabel wird dann eben wieder die Grenze des deutlichen Sprechens erreicht sein. Wir können somit das Reziproke von β als die Sprechweite des Kabels (unter sonst gleichen Umständen) bezeichnen.

Wenden wir uns nun zum Studium von β nach der Formel 8).

Über die Kapazität C kann man bei Telephonkabeln nicht verfügen. Sie ist ungefähr von derselben Größe, ob man Draht von 1 oder 2 mm ϕ verwende. Dagegen kann man über R und durch Einschaltung von Spulen über L in ziemlich weiten Grenzen verfügen. Die Größe $p = 2\pi n$ ist durch die Schwingungszahl n der menschlichen Sprache bestimmt. Nehmen wir für n als untere und obere Grenze die Zahlen 100 und 1000 an, so liegt der Wert von p für unsere Untersuchungen zwischen 600 und 6000.

Die Größe β ist wesentlich bestimmt durch die Werte von pL, verglichen mit R, und es gibt zwei Grenzfälle, die uns besonders interessieren.

a) Es sei pL klein im Vergleich zu R.

Dieser Fall tritt auf bei oberirdischen Linien und bei gewöhnlichen Telephonkabeln.

Setzt man in Formel 8) R vor die Klammer, und entwickelt in Reihen, so wird

$$\beta = 10^{-3} \left(1 - \frac{pL}{2R}\right) \sqrt{\frac{1}{2}pCR} \quad \cdots \quad (9)$$

Ist pL verschwindend klein gegen R, so wird

$$\beta = 10^{-3} \sqrt{\frac{1}{2}pCR} \quad \cdots \quad (10)$$

Für eine gewöhnliche Telephonader von 1 mm ϕ haben wir $R = 20$ Ohm, $L = 0.0003$ Henry, $C = 0.04$ MF. Für $p = 2000$ wird $pL = 0.6$ und für $p = 10\,000$, $pL = 3.0$. Also ist pL gleich 3, resp. 15 $^0/_0$ des Wertes von R und die Formeln (10) und (9) können zur Berechnung von β verwendet werden. Für $p = 2000$ wird $\beta = 0.03$.

Für alle Beispiele, die wir anführen, werden wir die Zahlen möglichst abrunden.

Aus den Formeln (9) und (10) kann man zunächst herauslesen, daß für ein bestimmtes Kabel die Dämpfung von p, oder von der Tonhöhe abhängt, und zwar werden hohe Töne mehr geschwächt als tiefe. Mit wachsender Distanz gehen also die Obertöne der Vokale verloren.

Ist pL ganz klein, so ist die Dämpfung proportional $\sqrt{p}$, also wird der vierte Oberton doppelt so viel an Stärke einbüßen, als der Grundton.

Wird pL größer, so wird nach (9) die Dämpfung der Obertöne etwas geringer, da der Klammerausdruck kleiner wird.

Nun untersuchen wir, wie die Dämpfung vom Draht ϕ d abhängt. Wir operieren gleich mit der Sprechweite $S = 1 : \beta$. Nach (9) ist dieselbe prop. $1 : \sqrt{R}$ oder prop. dem Drahtdurchmesser d. Mit wachsendem Durchmesser des Leiters eines gewöhnlichen Telephonkabels wächst also die Sprechweite rasch an.

Wir können an Hand der Formel (9) auch die Zunahme der Sprechweite schätzen, die durch Einführung einer kleinen Induktion in die Leitung erzielt wird. Dies betrifft den Fall der Versuchskabel mit Eisenbewehrung des Leitungsdrahtes. Der Wert von β hängt mit L durch den Klammerausdruck zusammen. Praktisch ist $\frac{pL}{2R}$ ungefähr $= 0.1$, also der Klammerausdruck $= 0.9$. Verdoppelt man L, so wird er gleich 0.8. Der Wert von β, also auch die Sprechweite, ändert sich also bloß in der Ordnung von $10\,^0/_0$.

b) Es sei R klein gegen pL. Dieser Fall tritt auf beim Pupinschen Kabel. Entwickeln wir Formel (8) wieder nach Reihen, so wird

$$\beta = \frac{1}{2}\,\mathrm{R} \cdot 10^{-3}\,\sqrt{\frac{C}{L}} \qquad \ldots \quad \ldots \quad (11)$$

In dieser Formel ist die Frequenz p ganz verschwunden, also hat die Periodenzahl n keinen Einfluß mehr auf die Dämpfung. Hohe und tiefe Töne werden auf einem Leiter mit starker Induktion gleichmäßig geschwächt, so daß die Klangfarbe des Sprechenden wieder zu erkennen ist und die Verständlichkeit weniger leidet, als bei induktionslosen Leitern, welche die Wellen verzerren.

Der Wert von β hängt in erster Linie vom Leitungswiderstand R ab, und zwar ist er ihm proportional, und umgekehrt prop. dem Quadrate des Drahtdurchmessers. Die Sprechweite wächst also wie dieses Quadrat, oder weitaus schneller als bei einer induktionsarmen Leitung.

Weiter ist aus der Formel (11) herauszulesen, daß die Sprechweite nur wie $\sqrt{L}$ anwächst.

Hat man somit bei einem gegebenen L eine Grenze der Sprechweite erreicht, so muß man L ganz beträchtlich verstärken, um dieselbe zu vergrößern. In diesem Falle wird eine Vergrößerung des Durchmessers wirksamer sein.

Daß durch Vergrößerung von L der Wert β wesentlich kleiner wird, müssen wir an Hand eines praktischen Beispieles ausführen.

Wir nehmen wieder eine Ader von 1 mm ϕ an, für die $R = 20$ Ohm und $C = 0.04$ MF ist, das heißt, dieselbe Ader, die wir unter a) betrachtet haben. Durch Einschalten von Spulen werde $L = 0.05$, das heißt 170 mal größer als beim gewöhnlichen Papierkabel. Gleichzeitig wächst R auf 23 Ohm an.

Für $p = 2000$ wird $pL = 100$, also ist $R = 23\,^0/_0$ von pL und man kann Formel (11) anwenden. Sie ergibt, da C wieder $= 0.04$ ist, $\beta = 0.01$, d. h. den dritten Teil der Dämpfung beim induktionslosen Kabel. Die Sprechweite wird somit die dreifache sein, was ein ganz wesentlicher Gewinn ist.

Die Wellenlänge. Transformiert man die Formel (4) auf praktische Einheiten, so lautet sie

$$\text{Praktische Einheiten} \quad \alpha = 10^{-3}\sqrt{\tfrac{1}{2}pC\left(\sqrt{p^2 L^2 + R^2} + pL\right)} \quad (12)$$

Die Größe α bestimmt die Wellenlänge λ der elektrischen Schwingung und es ist

$$\lambda = \frac{2\,\pi}{\alpha} \qquad \ldots \ldots \ldots \quad (13)$$

Wir untersuchen auch hier wieder die zwei Grenzfälle.

a) Es sei pL klein gegen R, was sich auf oberirdische Linien und gewöhnliche Telephonkabel bezieht. Wir finden

$$\alpha = \left(1 + \frac{pL}{2R}\right)\sqrt{\tfrac{1}{2}pCR} \cdot 10^{-3} \qquad \ldots \ldots \quad (14)$$

und wenn das Verhältnis sehr klein ist

$$\alpha = \sqrt{\tfrac{1}{2}pCR} \cdot 10^{-3} \qquad \ldots \ldots \quad (15)$$

Die Wellenlänge, nach (13) berechnet, gibt für (15) eine einfache Formel, nämlich

$$\lambda = \sqrt{\frac{12.6}{nCR}} \cdot 10^3 \qquad \ldots \ldots \quad (16)$$

Die Wellenlänge ist also proportional $1 : \sqrt{R}$, oder direkt proportional dem Drahtdurchmesser bei gleicher Schwingungszahl n und gleicher Kapazität C.

Die Wellenlänge wird kürzer mit wachsender Schwingungszahl n und zwar wie $\sqrt{n}$. Der vierte Oberton hat die halbe Wellenlänge des Grundtones.

Von der S.-Ind. L wird die Wellenlänge nach (16) gar nicht und nach (14) nur wenig beeinflußt, nimmt aber langsam ab mit wachsendem L. Der Faktor $pL:2R$ hat wieder ungefähr den Wert 0.1.

Für unser Beispiel, Draht $\phi = 1$ mm, $R = 20$, $C = 0.04$ berechnet man die Wellenlänge nach (16) für die Schwingungszahlen $n = 100$ und 1000 zu 400 resp. 130 km.

b) Es sei pL groß gegen R, wie beim Pupinschen Kabel. Durch Reihenentwickelung reduziert sich (12) auf

$$\alpha = \left(1 + \frac{1}{8}\,\frac{R^2}{p^2 L^2}\right) \cdot p \cdot \sqrt{CL} \cdot 10^{-3} \qquad \ldots \ldots \quad (17)$$

und wenn R gegen pL sehr klein ist, zu

$$\alpha = p\sqrt{CL} \cdot 10^{-3} \qquad \ldots \ldots \ldots \quad (18)$$

Diese letztere Formel gibt einen sehr einfachen Wert für die Wellenlänge

$$\lambda = \frac{10^3}{\sqrt{n^2 CL}} \qquad \ldots \ldots \ldots \quad (19)$$

Es ist demnach für Adern mit sehr starker Induktion und kleinem Kupferwiderstand die Wellenlänge von dem Draht ϕ unabhängig, umgekehrt prop. der Tonhöhe n und der $\sqrt{L}$.

Für unsere als Beispiel gewählte Ader: Draht $\phi = 1$ mm, $R = 23$, $C = 0.04$ und $L = 0.05$ berechnet man für

$$n = 100, \quad \frac{R}{pL} = 0.8, \text{ nach Formel (17) die Wellenlänge zu 265 km}$$

und für

$n = 1000$ nach (19) gleich 22 km.

Bau von langen Telephonlinien. In diesem Kapitel wollen wir zeigen, wie die im Vorhergehenden aufgestellten Theorien in der Praxis verwendet werden.

Wir tun dies am besten an Hand der zwei Beispiele, die Prof. Pupin anführt (E.T.Z. 29. Aug. 1901, S. 702.)

1. Es soll eine oberirdische Telephonlinie von 4800 km Länge gebaut werden. Der Dämpfungsfaktor βl soll gleich 1.5 sein, nämlich gleich demjenigen, welchen die beste heutige Linie New York—Chicago (American Bell Telephon Co.) aufweist. Dieser Faktor ist, abgesehen von der Ableitung, für die höchste in Betracht kommende Periodenzahl $n = 1500$ gültig.

Für die projektierte Linie ist $4800\,\beta = 1.5$, also $\beta = 0.00031$. Als Leitungsdraht wählen wir einen solchen von ca. 2.5 Ohm per km, was einem ϕ von 3 mm entspricht. Der durch die Spulen eintretende Zusatzwiderstand soll 0.375 Ohm für jeden Kilometer betragen, so daß $R = 2.875$ wird.

Für den gewählten Draht ist $C = 0.006$ MF per km, wenn das Gestänge dasselbe ist wie bei der Linie New York—Chicago.

Die Selbstinduktion des Drahtes ist verschwindend klein gegen diejenige der Spulen, die wir einschalten müssen. Wir können somit nach Formel (11) die per Kilometer nötige S.-Ind. L berechnen. Es wird $L = 0.135$ Henry.

Für die höchste in Betracht kommende Periodenzahl $n = 1500$ wird $pL = 9500$, oder $R : pL = 0.0003$. Das Verhältnis ist sehr klein, also können wir die Wellenlänge nach Formel (19) berechnen. Man findet $\lambda = 24$ Kilometer.

Eine Annäherung bis auf $^3/_4\,^0/_0$ an die gleichförmige Leitung wird erreicht, wenn man 15 Spulen auf die Wellenlänge einschaltet, oder je eine Spule auf 1.6 Kilometer Leitung.

Um eine solche Spule herzustellen, hat man ca. 480 m eines Drahtes von 1.25 Ohm per km oder 4.2 mm ϕ auf eine Spule von 125 mm Kern und 750 mm Länge zu wickeln. Der Draht hat ein Gewicht von ca. 60 kg.

Diese Leitung hat eine sehr hohe Induktanz, ist also eine „Hochspannungsleitung". Man wird daher finden, daß sich dazu Transformatoren mit höherer Übersetzung als die gebräuchlichen am besten eignen werden.

2. Es soll ein unterseeisches Telephonkabel von 3200 km gebaut werden.

Der Leitungsdraht habe einen Kupferwiderstand von 3.12 Ohm per km (2.7 mm ϕ). Nach der gegenwärtigen Konstruktion hat ein solches Kabel eine Kapazität von rund $C = 0.2$ MF. Es sollen in geeigneten Abständen in die Leitung Spulen eingeschaltet werden, so daß die durchschnittliche S.-Ind. per km $L = 0.2$ Henry wird und der Kupferwiderstand sich um 0.6 Ohm erhöhe. Dann ist $R = 3.7$ und man berechnet nach (11) $\beta = 0.00186$. Die totale Dämpfung $\beta l = 3200 \times 0.000186 = 6$. Da für die oberirdische Leitung New York—Chicago $\beta l = 1,5$, wird dieses Kabel weniger gut sprechen.

Nach Formel (19) berechnet sich die Wellenlänge des Kabels zu 3.2 km. Soll der Grad der Übereinstimmung unter $^3/_4\,^0/_0$ liegen, so müssen wir per Wellenlänge rund 16 Spulen einschalten, oder eine solche auf je 200 m.

Jede Spule hat dann einen Kupferwiderstand von 0.0125 Ohm und eine S.-Ind. von 0.0375 Henry. In einem unterirdischen Kabel ist es leicht, die Induktionsspulen einzuschalten. Man zerschneidet das Kabel, bringt die zwei Enden in einen gußeisernen Kasten, der die Spulen enthält, schließt diese an die Adern an, schraubt den Kasten zu und vergießt mit einer Füllmasse. Bei unterseeischen Kabeln läßt sich dieses Verfahren nicht anwenden, da man die Kasten auf dem Meeresgrunde nicht montieren kann. Sie mit dem Kabel gleichzeitig zu versenken, geht auch nicht. Die Spulen müssen also außerordentlich klein gemacht werden, so daß sie in dem Panzer des Kabels Unterkunft finden können.

Pupin konstruiert für diesen Fall die Spulen mit Stahl- oder Eisenkern. Diesen baut er auf aus ringförmigen Scheiben, 2,5 und 6,5 cm Durchmesser und 0.002 cm dick. Die Länge des Kernes wird 10 cm. Er wird umwickelt mit zwei Lagen Draht, 2 mm ϕ, jede Lage mit 48 Windungen. Pupin berechnet für diese Spule $R = 0.0125$ Ohm und $L = 0.04$ Henry und hält dafür, daß sie sich in der Armatur des Kabels unterbringen läßt und den enormen Wasserdrucken im Ozean widerstehen kann.

Die Versuche von Siemens & Halske. Die von F. Dolezalek und A. Ebeling (E.T.Z. 4. Dez. 1902, S. 1059) veröffentlichten Versuche über telephonische Fernleitungen nach dem System Pupins, sind als einer der wesentlichsten Marksteine in der Geschichte der Kabelindustrie zu betrachten. Der Firma Siemens & Halske gebührt große Anerkennung, daß sie diese Versuche ausgeführt und so rasch der Öffentlichkeit mitgeteilt hat. Unterstützt wurde die Firma von der deutschen Reichstelegraphenverwaltung, indem sie das zwischen Berlin und Potsdam liegende Telephonkabel für das Experiment zur Verfügung gestellt hat.

Dieses Kabel hat 28 Doppeladern von je 1 mm Drahtdurchmesser und gewöhnliche Papierisolation. Das Kabel liegt unterirdisch und ist zum größten Teil asphaltiert. Die Länge beträgt 32,5 km. Zum Versuche wurden 14 Paare benutzt, während die restlichen 14 Paare im Betriebe blieben, aber auch zu Vergleichsmessungen verfügbar standen.

Konstanten des unbelasteten Kabels. Es wurde durch Messungen für den Kilometer Doppelleitung bestimmt: $R = 42$ Ohm, $C = 0.037$ MF, $L = 0.0003$ Henry.

Es wird also für

$$n = 900 \qquad p = 5600 \qquad pL = 1.7 = \frac{4}{100} R$$

$$n = 400 \qquad p = 2500 \qquad pL = 0.8 = \frac{2}{100} R$$

Das Verhältnis $pL : R$ ist so klein, daß wir die Größen α, β und λ nach den Formeln (10), (15) und (16) berechnen können. Es wird

$$\beta_{900} = 0.066 \qquad \alpha_{900} = 0.071 \qquad \lambda_{900} = 90 \text{ km}$$
$$\beta_{400} = 0.045 \qquad \alpha_{400} = 0.046 \qquad \lambda_{400} = 160 \text{ „}$$

Konstanten des belasteten Kabels. Wir befassen uns erst mit einer einzigen der 14 für den Versuch vorbehaltenen Doppeladern. Die Spleißmuffen des Kabels liegen in Entfernungen von je ca. 650 m. Es wurde jede zweite Muffe geöffnet und sowohl in die Hin- als in die Rückleitung eine Spule eingeschaltet. Diese liegen also je ca. 1300 m voneinander entfernt, und auf die Länge von 32.5 km kommen im ganzen 48 Spulen von je 4.1 Ohm und 0.062 Henry.

Gleichmäßig auf 1 km Doppelader berechnet, wird $R = 47$ $L = 0.092$. Die Kapazität ist dieselbe wie früher $C = 0.037$. Im belasteten Kabel ist also die Selbstinduktion 300 mal größer als im unbelasteten. Es ist nun für

$$n = 900 \qquad p = 5600 \qquad pL = 515 \qquad R = \frac{9}{100} pL$$

$$n = 400 \qquad p = 2500 \qquad pL = 230 \qquad R = \frac{20}{100} pL$$

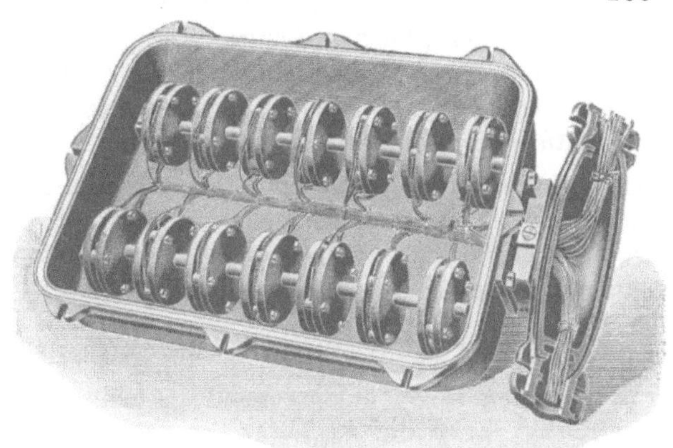

Fig. 11.

Nach Formel (11) wird β unabhängig von der Schwingungszahl $= 0.015$ oder 3 bis 4 mal kleiner als im unbelasteten Kabel. Die Sprechweite wird dementsprechend 3 bis 4 mal größer, oder auf gleiche Distanzen wird das Pupinsche Kabel viel lauter und deutlicher sprechen als das gewöhnliche Kabel.

Für die Sprechversuche war nicht nur die eine Doppelader, sondern deren 14 Stück mit den Spulen ausgerüstet. Diese wurden jedesmal in einem Kasten untergebracht, der leicht mit der geöffneten Spleißmuffe verbunden und abgeschlossen werden konnte.

Fig. 11 stellt diesen Kasten dar. Wie von Pupin angegeben, sind auf jeder Spule zwei Drähte aufgewickelt, also eigentlich 28 Stück in jedem Kasten vorhanden.

Für Sprech- und andere Versuche wurde die Kabellänge dadurch vergrößert, daß man zwei oder mehr der 14 Aderpaare von je 32.5 km hintereinander schaltete. Messungen bestätigten direkt, daß diese Schaltung erlaubt sei, was auch Breisig schon früher festgestellt hat.

Das aus der Formel berechnete Resultat, daß die Sprechweite im belasteten Kabel etwa 4 mal größer sei als im unbelasteten, wird durch die Versuche von Siemens & Halske annähernd bestätigt. Auf einer 5 fachen Kabellänge mit Spulen ist die Verständigung ungefähr dieselbe, wie auf der einfachen Länge ohne Spulen.

Überhaupt sind durch die Sprechversuche die theoretisch vorausgesagten Verbesserungen durchaus bestätigt worden. Das gewöhnliche Kabel erreichte bei rund 100 km die Grenze der Verständlichkeit, das Pupinkabel hingegen erst bei 400 km.

Durch einen anderen Versuch wurde nachgewiesen, daß eine belastete Doppelader ungefähr so gut spricht wie eine doppelte oberirdische Leitung von der gleichen Länge. Diese bestand aus zwei Bronzedrähten von je 2 mm ϕ und befindet sich ebenfalls zwischen Berlin und Potsdam. Je nach der Witterung sprach die eine oder andere Doppelleitung besser.

Das Resultat, daß eine Kabelleitung einer Freileitung von doppeltem Durchmesser gleichwertig gemacht werden kann, ist sehr bemerkenswert. Die Theorie sagt dieses Resultat auch voraus; worin man eine andere Bestätigung der Anschauungen von Pupin finden kann.

Es bleibt noch zu untersuchen, ob bei diesem Versuch die Spulen der Pupinschen Regel entsprechend geschaltet sind. Nach Formel (19) wird $\lambda_{900} = 20$ km, $\lambda_{400} = 44$ km. Die mittlere Wellenlänge ist also $= 32$ km $=$ der Kabellänge. Da auf diese 24 Spulen kommen, ist der Grad der Übereinstimmung rund $^1/_4\,^0/_0$, also die Regel erfüllt.

Ein weiterer Sprechversuch wurde von Siemens & Halske auf einer belasteten Freileitung ausgeführt. Zwischen Berlin und Magdeburg liegen zwei Freileitungen von 2 bezw. 3 mm ϕ Bronzedraht und den Längen von 150 bezw. 180 km. Es ist klar, daß auf der dickeren Leitung leichter gesprochen wird.

Nun wurde die dünnere Leitung mit Induktion belastet, und zwar wurden in Distanzen von je 4 km je eine Spule von 6 Ohm nnd 0.08 Henry eingeschaltet. Die Spule und deren Montierung auf dem Gestänge zeigt Fig. 12. Ein Sprechversuch zeigte, daß die Linie mit 2 mm Draht nun derjenigen mit 3 mm Draht bedeutend überlegen war.

Experimentelle Prüfung der Formeln. Dolezalek und Ebeling gaben sich mit den Sprechversuchen nicht zufrieden und führten einige Beobachtungsreihen aus, um direkt die Ströme am Anfang und am Ende der Linien zu messen. Diese Versuche geben einen Anhaltspunkt zur Prüfung der von Prof. Pupin aufgestellten Formeln.

Die Beobachtungen wurden am 32.5 km langen Kabel Berlin—Potsdam 2×28 Adern 1.0 mm ausgeführt. Es wurde je eine Versuchsreihe mit belasteter und unbelasteter Doppelader ausgeführt, wobei zur Vergrößerung der Kabellänge zwei, drei etc. Schleifen hintereinander geschaltet wurden. Jede Reihe wurde erst mit einem Strom von 900 und dann von 400 Perioden durchgeführt.

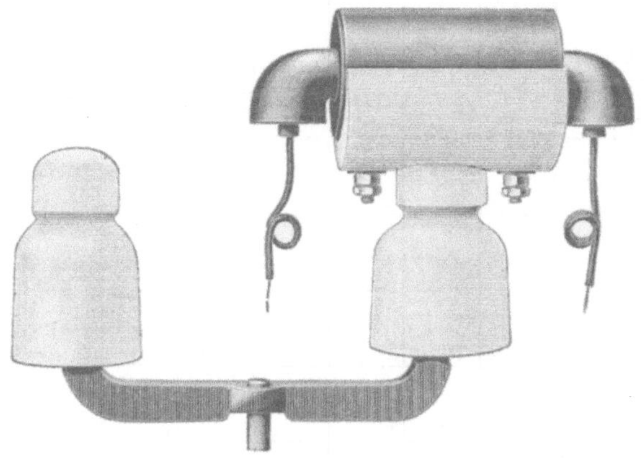

Fig. 12.

In den Anfang der ersten Doppelader wurde eine sinusförmige EMK eingeschaltet, sowie ein empfindliches Galvanometer zur Messung des Stromes. Am Ende der Doppelleitung wurde ein ähnliches Galvanometer eingeschaltet ebenfalls zur Messung des Stromes. Nach Beendigung der Messungen wurde dieses Galvanometer weggenommen, eine neue Doppelader zu der ersten zugeschaltet, das Galvanometer am Ende der neuen Linie angeschlossen, die Messungen ausgeführt etc.

Die untersuchten Kabellängen sind also Vielfache von 32.5 km, und zwar ungerade, um den Transport des Galvanometers von Berlin nach Potsdam und zurück zu vermeiden.

Um den bei der Telephonie üblichen Verhältnissen nahe zu kommen, wurde die EMK in jedem Experiment so reguliert, daß die Stromstärke im Anfange der Leitung 3.38 Milliampere betrug. Die zwei Meßinstrumente stimmen in ihrem Kupferwiderstand von 400 Ohm und ihrer S.-Ind. von ca. 0.4 Henry ungefähr mit einem telephonischen Sender und Empfänger überein.

Wir erinnern uns nun, daß die Pupinsche Formel für Anfangsstrom J_a und Endstrom J_e

$$J_e = 2 \cdot J_a \cdot e^{-\beta l} \quad . \quad . \quad . \quad . \quad . \quad . \quad (7)$$

nur unter der Voraussetzung gültig ist, daß die Induktanz des Empfängers gegen diejenigen des Gebers verschwindet. Die Bedingungen des Versuches entsprechen diesen Anforderungen nicht, und zwar aus dem Grunde, weil sie sich nicht herstellen ließen. Die zur Messung so kleiner Ströme erforderlichen Elektrodynamometer haben eben beträchtliches R und L.

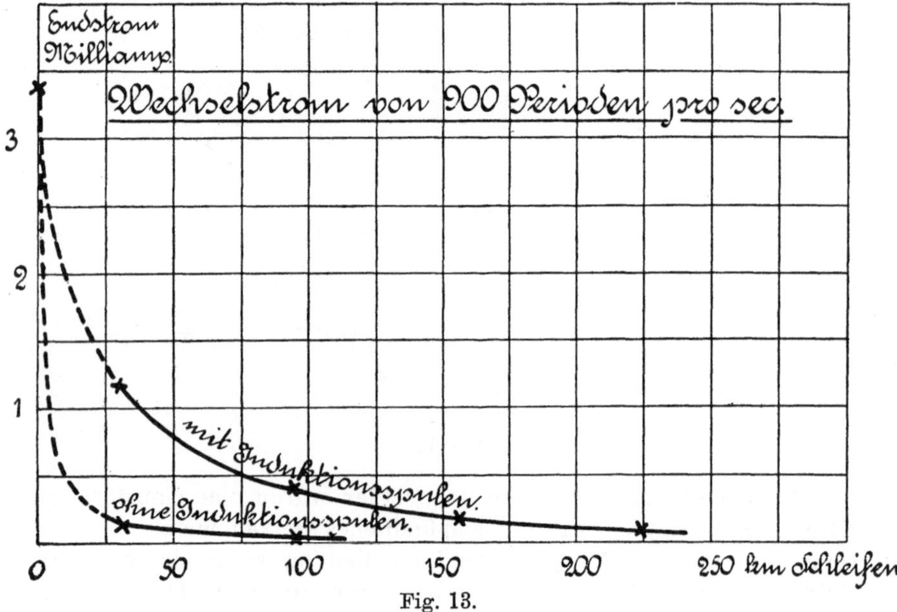

Fig. 13.

Es ist also vorauszusehen, daß die Versuchsresultate mit der Formel schon aus diesem Grunde nicht genau übereinstimmen können. Da aus den Beobachtungen β berechnet werden muß und β ein Exponent ist, darf man also schon aus den Abweichungen der Bedingungen von Theorie und Versuch nicht auf eine große Übereinstimmung zwischen beobachtetem und berechnetem Endstrom J_e hoffen.

Die Meßresultate sind in den Figuren 13 und 14 graphisch dargestellt. Als Abszissen sind die Schleifenlängen aufgetragen und als Ordinaten die Ströme J_e am betreffenden Ende der Kabellänge, bei einem Anfangsstrome von 3.38 Milliampere.

Fig. 13 bezieht sich auf eine Periodenzahl von 900 und Fig. 14

von 400, und in beiden sind die Beobachtungen am belasteten und
am unbelasteten Kabel eingetragen.

Die Stromstärken fallen mit wachsender Kabellänge im großen
und ganzen wirklich so, wie es theoretisch zu erwarten war, d. h.
nach einer Exponentialfunktion, und zwar diejenige der stark mit
Induktion belasteten Ader weitaus langsamer als die der gewöhnlichen Ader.

Die Übereinstimmung hingegen ist nicht vollständig.

Betrachten wir z. B. die belastete Ader. Der Theorie zufolge
sollte β und demnach J_e von der Schwingungszahl n unabhängig

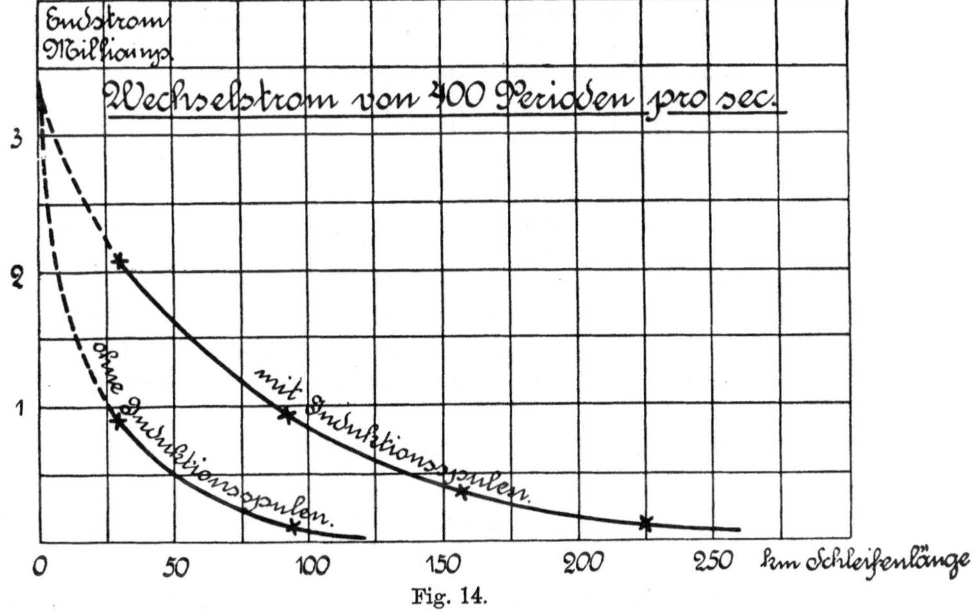

Fig. 14.

sein. In Wirklichkeit ist aber der Strom J_e für 400 Perioden rund
doppelt so stark als für 900 Perioden.

Wir haben einen Vergleich zwischen Theorie und Be-
obachtung durchgeführt, um zu sehen, wie groß der Grad der
Übereinstimmung der beiden ist, und geben im Nachfolgenden die
Resultate.

a) Unbelastetes Kabel. Es ist

$$\beta = 10^{-3}\sqrt{\frac{1}{2}pCR} \quad \ldots \ldots \quad (10)$$

also β von der im Stromkreise vorhandenen Selbstinduktion unabhängig. Die Berechnung wurde für 32.5 und 97.5 km durchge-

führt. Verteilt man die 800 Ohm im Anfang und Ende der Leitung gleichförmig auf die Kabellänge, so wird per km $R = 67$ resp. 50 Ohm. Berechnet man nun für 900 und 400 Perioden die Dämpfung β, daraus $e^{-\beta l}$ und schließlich J_e, so erhält man die in der nachfolgenden Tabelle zusammengestellten Endströme. Zum Vergleich sind die aus den Kurven abgelesenen, bezw. beobachteten Ströme beigefügt.

Kabellänge	Periodenzahl	Endstrom J_e	
		Berechnet	Beobachtet
32.5 km	900	0.4 MA	0.16 MA
97.5 „	900	0.007 „	0.02 „
32.5 „	400	1.1 „	0.9 „
97.5 „	400	0.06 „	0.1 „

Die beobachteten Ströme sind im allgemeinen kleiner als die berechneten, also ist die nach der Formel (10) berechnete Dämpfung etwas zu klein. Formel (9) gibt noch etwas kleinere Werte für β als (10). Im großen und ganzen kann man aber mit der Übereinstimmung von Theorie und Praxis zufrieden sein. Bei der Periode von 400 ist die Abweichung schon ganz unbedeutend.

b) Belastetes Kabel. Es ist zu berechnen

$$\beta = 10^{-3} \cdot \frac{1}{2} R \sqrt{\frac{C}{L}} \quad \ldots \ldots \quad (11)$$

daraus βl und schließlich der Endstrom J_e. Die Periodenzahl fällt weg. Die Linie enthält drei Größen, nämlich die Leitung, die eingeschalteten Spulen und die Endapparate. Jede Größe hat ein R und ein L. Es ist deren Summe zu berechnen und auf den Kilometer Doppelader gleichmäßig zu verteilen. Dies gibt die Werte von R und L für die Formel (11). Die Werte von $\dfrac{R}{pL}$ sind 0.10 für 900 und 0.20 für 400 Perioden. Also darf man diese Formel zur Berechnung von β verwenden. Die Kapazität ist $C = 0.037$ wie immer.

Berechnungsresultate und Beobachtung sind in dieser Tabelle zusammengestellt.

Kabellänge	Endstrom J_e		
	Berechnet	Beobachtet bei	
		400 Perioden	900 Perioden
32.5 km	3.6 MA	2.1 MA	1.15 MA
97.5 „	1.3 „	0.94 „	0.40 „
162.5 „	0.48 „	0.36 „	0.17 „
227.5 „	0.18 „	0.12 „	0.09 „

Die Übereinstimmung läßt wieder wenig zu wünschen übrig, besonders bei 400 Perioden und großer Kabellänge.

Aus diesen Vergleichungen von Theorie und Praxis darf man also den Schluß ziehen, daß die Gleichungen von Pupin die in langen Telephonlinien auftretenden elektrischen Vorgänge mit ziemlich großer Genauigkeit darstellen.

Der Spulenabstand. Dolezalek und Ebeling erwähnen mehrmals, daß der Kernpunkt des Pupinschen Systems in der Erkenntnis liege, daß die eingeschaltete Selbstinduktion nur dann eine Verminderung der Dämpfung herbeiführe, wenn der Spulenabstand ein Bruchteil der Wellenlänge des Stromes beträgt, der auf der Leitung fortgepflanzt wird. Bei größeren Abständen tritt eine Reflexion der Wellen ein, so daß die Übertragung noch schwieriger wird als wenn gar keine Selbstinduktion eingeschaltet wäre. Bei der Betrachtung der Schwingung einer Seite haben wir ähnliche Resultate gefunden.

Dolezalek und Ebeling haben einige darauf bezügliche Untersuchungen ausgeführt (E.T.Z 4. Dez. 1902, S. 1062). Als Versuchsobjekt diente ein gewöhnliches Telephonkabel von 1 mm Kupferdraht mit Papierisolation, und einer Länge von 28 km.

Für dasselbe ist, auf den Kilometer Doppelleitung bezogen $R = 42$, $L = 0.075$ und $C = 0.04$. Die Selbstinduktion war in 2×20 Spulen von je 0.11 Henry verteilt. Die Versuche wurden ausgeführt mit den Perioden 980, 600 und 400. Die Wellenlängen berechnen sich zu

$$\lambda_{980} = 12.9 \text{ km} \qquad \lambda_{600} = 21 \text{ km} \qquad \lambda_{400} = 31.5 \text{ km}$$

Die Selbstinduktion wurde nacheinander in 20, 10, 5 und 2 Punkten eingeschaltet, so daß die Distanz derselben zwischen 1.4 bis 10 km variiert werden konnte. Die gesamte Belastung war immer dieselbe, nämlich 2×20 Spulen. Der Anfangsstrom wurde auf 3.00 Milliampere eingestellt.

In der Fig. 15 sind die Meßresultate graphisch eingetragen,

als **Abszisse** die Spulenabstände und als Ordinaten die Endströme J_e am Ende der Leitung von 28 km Länge.

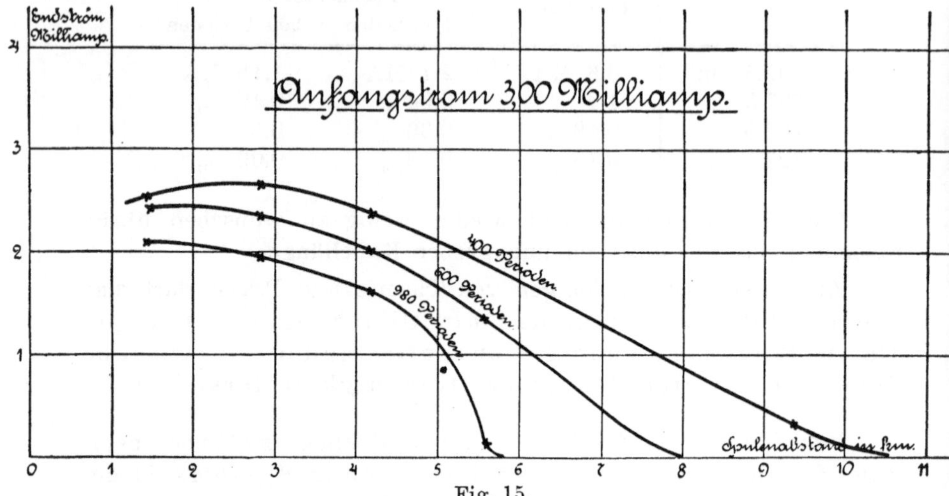

Fig. 15.

Jede Periodenzahl gibt eine andere Kurve, und wie zu erwarten, wird der Endstrom um so kleiner, je höher die Periodenzahl ist. Für jede Kurve steigt der Strom erst an und fällt dann mehr oder

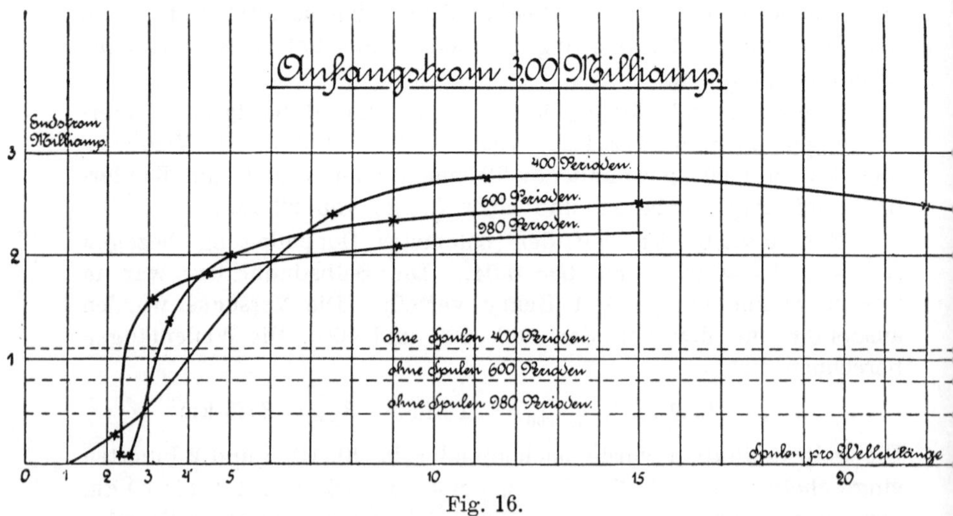

Fig. 16.

weniger rasch ab. Der Strom wird für die drei Perioden 980, 600 und 400 gleich Null bei den Spulendistanzen 6, 8 und 11 km. Die Schwingung ist also nicht mehr im stande, eine große Selbstinduktion, in größeren Abständen plaziert, zu durchdringen. Sie wird zurückgeworfen, und zwar schnelle Schwingungen mehr als langsame. Der größte Endstrom wird bei Distanzen von 1 bis 3 km erhalten.

In Fig. 16 sind dieselben Beobachtungen eingetragen, aber diesmal stellen die Abszissen die Spulenzahlen für eine Wellenlänge dar. Jede Periodenzahl hat wieder ihre eigene Kurve. Mit wachsender Spulenzahl nehmen die Endströme für die Periodenzahlen 980 und 600 erst außerordentlich rasch und dann langsam zu. Die günstigste Schaltung ist bei etwa 15 Spulen erreicht.

Die Periode 400 hat eine etwas andere Kurve. Sie erreicht bei 13 Spulen ihr Maximum und sinkt dann. Es ist fraglich, ob der obere Teil der Kurve richtig ist.

Wir sind der Ansicht, daß die oberen Zweige aller drei Kurven um so mehr ansteigen, je weiter man mit der Verteilung der einzuschaltenden Selbstinduktion geht, und daß der Beweis nicht geleistet ist, daß eine Spulenzahl von 15 bis 25 per Wellenlänge, wie von Pupin angegeben, der Kernpunkt seines Systems ist. Soviel uns beim Studium dieser Angelegenheit klar geworden ist, liegt derselbe in den relativ hohen Werten der eingeschalteten Selbstinduktion.

II. Die Fabrikation von Kabeln.

A. Starkstromkabel.

Das Verseilen.

Normale Seile. Die Herstellung eines Seiles aus Kupfer- etc. Drähten ist die erste Operation der Kabelfabrikation, und deren Zweck ist vielfältig.

In erster Linie sind für das Verseilen Rücksichten auf die Biegung des Leiters maßgebend. Je mehr man den Leiter unterteilt, desto biegsamer wird er. Die Praxis stellt verschiedene Anforderungen in dieser Hinsicht, und Erfahrung sowohl als Tradition haben für die einzelnen Querschnitte Normen für die mindeste Drahtzahl aufgestellt.

Die Verseilung hat nebenbei auch noch den Zweck, den Leiter rund zu machen, ihm also für die weiteren Operationen, durch die er geführt wird, den kleinsten Durchmesser zu geben und die Drähte fest zusammen zu halten. Ein Kabel mit parallel gelegten Drähten wäre schwierig zu konstruieren und wenig biegsam. Beim Biegen könnte es bei einem solchen Kabel vorkommen, daß die Isolation gesprengt wird.

Bei wichtigen Kabeln von kleinem Querschnitt, z. B. bei solchen für Telegraphenzwecke, hat das Verseilen des Leiters, resp. dessen Unterabteilung, noch einen anderen Zweck. Dünne Drähte brechen gelegentlich, sei es während der Fabrikation oder später. Da es nicht wahrscheinlich ist, daß bei einem mehrfachen Leiter alle Drähte gleichzeitig durchbrechen, sichert man sich in diesem Falle die Kontinuität desselben.

Für Leiter, die für die Stromübertragung irgendwie fest verlegt werden, verwendet man bis ca. 10 qmm einen massiven Leiter, also einen Kupferdraht von $3^1/_2$ mm ϕ. Für größere Querschnitte verwendet man Seile, deren Drahtzahl mit wachsendem Querschnitt größer wird.

Über die Drahtzahl eines Seiles etc. ist in dem Kapitel „Theorie der Drahtseile" Seite 77 ff. schon alles Nötige gesagt worden.

Der Vorgang der Verseilung für die Form I ist der folgende.

Man wickelt auf eine Spule einen Draht von, sagen wir 100 m Länge und bringt diese hinter die Seilmaschine auf ein Ablaufgestell. Darauf zieht man das Drahtende durch die hohle Achse der Maschine bis zum Kaliber und befestigt es am Zugseil, das durch den vorderen Teil der Maschine hindurchgeht und mindestens 3 Mal um die Abzugsscheibe geschlungen ist. Es werden 6 weitere Spulen von demselben Draht gewickelt, aber jede 102 bis 103 m lang. Diese werden auf dem Stern der Maschine in die Gabeln eingesetzt, so daß sie frei drehbar sind. Die Spule hat eine Friktionsbremse, die um so stärker angezogen wird, je dicker die Drähte sind. Die 6 Spulen werden auf dem Stern symmetrisch angeordnet, so daß derselbe gleichmäßig belastet wird.

Hierauf zieht man die 6 Drahtenden gegen das Kaliber der Maschine und schließlich durch dieses hindurch und befestigt sie am Zugseil. Hinter dem Kaliber sitzt eine Verteilungsscheibe mit Löchern. Die 6 Drähte gehen symmetrisch angeordnet durch diese Scheibe.

Das Kaliber bekommt einen ϕ gleich 3 Mal der Drahtdicke.

Setzt man nun die Seilmaschine in Betrieb, so nimmt das Zugseil die 7 Drähte nach vorwärts und gleichzeitig legen sich die 6 äußeren um den inneren Draht in Form von Schraubenlinien herum. Die Ganghöhe der Schraubenlinien entspricht dem Vorschub des Mitteldrahtes während eines vollen Umganges des Sternes. Diese Ganghöhe wird gewöhnlich „Drall" genannt.

Läßt man die Maschine weiter laufen, so wird mehr Seil gebildet und dieses ist fertig, wenn die inneren Enden der Drähte auf den Spulen durch das Kaliber gehen. Das Seil hat dann eine Länge von 100 m.

Das von der Zugscheibe ablaufende Seil wird zu einer Trommel geführt, die durch die Maschine gedreht wird, und dort aufgewickelt.

Sind weitere Drähte aufzulegen, so betrachtet man das fertige 7 fache Seil als Mittelader, bringt 12 Spulen auf die Maschine und wiederholt die eben geschilderte Operation.

Für jede weitere Lage ist der Vorgang wieder derselbe.

Es gibt auch Maschinen, mittels welcher man zwei bis drei Lagen gleichzeitig auflegen kann. Es sind dies die Tandemmaschinen. Statt bloß einem Stern hat die Maschine deren zwei oder drei, von 6, 12 und 18 Spulen, die hintereinander stehen und deren Mittelachsen zusammenfallen. Der Abzug ist für alle Sterne gemeinsam.

Man richtet die Maschine zunächst für das 7 fache Seil her, auf dem Stern, der am weitesten rückwärts steht und setzt sie in Betrieb. Sobald der Anfang des Seiles beim Kaliber des zweiten Sternes erscheint, stellt man ab, verbindet die 12 Drähte desselben mit dem Anfange des 7 fachen Seiles, richtet das Kaliber und setzt die Maschine in Bewegung. Es erscheint nun ein Seil mit zwei Lagen.

Bei dessen Ankunft am dritten Stern wiederholt man den letzten Vorgang etc.

Im allgemeinen gibt man den verschiedenen Lagen eines Seiles entgegengesetzte Drehung, den sog. Kreuzschlag. Die ungeraden Lagen haben z. B. eine Drehung nach rechts, die geraden nach links. Man sichert sich durch diese Konstruktion ein festes Seil, da jede Lage die darunter liegende zusammenhält. Für Seile aus harten Drähten hat diese abwechselnde Drehung noch einen anderen Vorteil. Solche Drähte haben immer das Bestreben, sich wieder aufzudrehen. Wird das Seil frei ohne Zug hingelegt, so streben diese Kräfte darnach, entlastet zu werden, wobei sie das Seil krumm biegen. Bei abwechselnder Drehung der Lagen heben sich diese Kräfte teilweise auf.

Für ein Seil ist von großer Wichtigkeit, wie groß die Dralllänge ist. Diese kann kurz oder lang sein. Ein kurz gedrehtes Seil hält außerordentlich fest zusammen, dafür ist aber das Kupfergewicht sowie der elektrische Widerstand um einige Prozent größer als für lang gedrehte Seile.

Kommt ein Seil blank zur Verwendung, so wird man es stark drehen. Erhält es eine Plattierung, so darf man den Drall stärker machen, weil letztere es verhindert, sich aufzudrehen und auseinander zu fallen.

Für die Länge des Dralles sind uns zwei Regeln bekannt.

1. Sie ist für mittlere Drehung = 20 mal (für starke 15 und für schwache 25 mal) dem Durchmesser über die untere Lage plus einer Drahtstärke.

Einfacher lautet die Regel: Der Drall ist = 20 mal etc. dem Kaliberdurchmesser.

2. Die Länge des Dralles ist für mittlere Drehung = 4 mal (für stärkere Drehung 3 und für schwache 5 mal) der Zahl der Drähte, die man auflegt, multipliziert mit dem Drahtdurchmesser.

Die erste Regel ist entschieden einfacher. Sie ergibt eine Zunahme der Länge von etwa $1\,^0/_0$, die zweite aber von $5\,^0/_0$.

Wenn man die komplizierte zweite Regel genauer untersucht, so findet man, daß sie sich auch auf eine Kaliberregel zurückführen läßt. Der Drall ist aber um das 1.7 fache kürzer als nach Regel 1, z. B. 12 statt 20 Kaliber.

Im großen und ganzen braucht man es mit dem Drall nicht so genau zu nehmen, wie die Regeln es vorschreiben. Man stellt sich für jede Seilmaschine eine Tabelle auf, auf welcher der Vorschub des Seiles per Umgang des Sternes für die verschiedenen Kombinationen der Wechselräder aufgeschrieben ist. Dieser Tabelle entnimmt man den Drall, welcher dem nach der Regel 1 berechneten am nächsten kommt und setzt die entsprechenden Wechselräder auf die Maschine.

Hat man mit der Verseilung von runden Drähten oder Adern zu tun, so verlangen die Spulen eine Rückdrehung. Beim Arbeiten einer Seilmaschine kann man beobachten, daß die Spulenflanschen immer in vertikaler Lage bleiben. Verfolgt man den Vorgang genauer, so sieht man, daß die Spule sich dem Sterne entgegengesetzt dreht, und daß sie gleichzeitig mit diesem einen vollen Umgang vollendet. Diese Rückdrehung wird durch den Exzenter der Maschine hervorgebracht.

Der Zweck der Rückdrehung liegt darin, zu verhindern, daß der ablaufende Draht bei jedem Umgang des Sternes eine Torsion von 360^0 erhält. Diese würde ihn härter und seinen elektrischen Widerstand größer machen.

Die bei der Verseilung auftretenden Torsionen kann man sich auf folgende Art anschaulich machen.

Man betrachte einen einzigen Draht, z. B. einen Flachdraht, den man mittels einer Seilmaschine auf einen runden Holzstab aufwickelt. Die Spule sei fest mit der Maschine verbunden, also ohne Rückdrehung, und man stelle sie so, daß der Draht in der Tangentialebene des Kreises der Spulen liege. Wenn sich der Stern dreht, bleibt die Außenseite des Drahtes immer außen, und die Innenseite legt sich in natürlicher Weise auf den hölzernen Stab, sich ihm genau anschmiegend. Nach einem Umgang des Sternes bildet der Draht einen vollen Schraubengang. Man schneide sich diesen heraus, entferne den Holzkern und ziehe die Drahtspirale aus. Es wird sich dann zeigen, daß der Draht eine Torsion von 360^0 enthält. Dieselbe ist im Drahtstück zwischen Spule und Kaliber gebildet worden, aber dadurch unsichtbar geworden, daß der Draht auf den Zylinder aufgewickelt wurde. Sie kommt erst zu Gesicht, wenn man die Spirale abschneidet und ausstreckt.

Derselbe Fall tritt ein, wenn man sektorförmige Adern, z. B. Lichtkabel von halbkreis-, drittelkreis- etc. förmigem Querschnitt zu einem runden Seil zusammendreht. Man muß also auch in diesen Fällen ohne Rückdrehung arbeiten.

Betrachten wir nun den Fall, wo wir einen Flachdraht mit Rückdrehung auf den Holzstab auflegen. Während einer Umdrehung bleibt die obere Seite immer oben. Der Anfang der Spirale legt sich glatt auf den Stab. Nach $^1/_4$ Umdrehung steht er aber mit der einen und nach $^3/_4$ Umdrehung mit der anderen Kante senkrecht auf dem Stab. Nach $^2/_4$ und $^4/_4$ Umdrehung liegt er glatt an. Der Draht hat scheinbar eine Verdrehung. Daß dies aber nicht der Fall ist, findet man durch Abschneiden, Herausziehen des Kernes und Strecken der Spirale.

Ist der Draht rund, so geschieht genau dasselbe. Da er aber keine Kanten hat, beobachtet man die scheinbare Torsion nicht.

Wickelt man auf die Spule zwei Drähte und läßt sie parallel ablaufen, so verhalten sich die beiden wie ein einziger Flachdraht. Statt des Aufstellens auf die Kanten tritt in diesem Falle auf der Spirale eine Kreuzung der zwei Drähte ein. Entfernt man den Kern und zieht die Spirale aus, so verschwindet die Kreuzung und man hat wieder zwei parallele Drähte in den Fingern.

Dreht man isolierte Seile ohne Rückdrehung zusammen, so kann es vorkommen (je nach der Drehungsrichtung der letzten Lage), daß das Seil wieder aufgedreht wird, so daß es sich in Schlingen wirft und die Isolation aufsprengt.

Seile mit unrundem Querschnitt. Solche sind in den letzten Jahren ganz besonders in England in Aufschwung gekommen. Sie dienen zur Anfertigung von mehrfachen Kabeln unter Bleimantel und bringen nicht zu verachtende Ersparnisse im Mantel und ev. Panzer mit sich, da sie den äußeren Durchmesser des kombinierten Seiles verringern.

Das bekannteste Seil dieser Sorte, für Dreileiterkabel bestimmt, hat im Querschnitt die Form eines Kleeblattes. Zwei Seiten sind gerade und bilden einen Winkel von 120^0; die dritte Seite ist ein Stück eines Kreisbogens. Drei solche Seile, samt ihrer Isolation zusammengedreht, bilden, wenn gut konstruiert, einen vollständig zylindrischen Körper.

Die Fabrikation solcher Seile ist nicht besonders schwierig.

Zunächst hat man für irgend eine Type den Querschnitt festzustellen, z. B. für ein Dreileiterkabel von 3000 Volt mit Isolationsdicken von 6 mm. Man zeichne einen großen Kreis und ziehe vom Mittelpunkt aus die drei Radien, welche ihn in 3 gleiche Teile zerlegen. Diese bilden Winkel von je 120^0. Man betrachtet einen der Winkel und zieht zwei Parallelen zu dessen Schenkeln, in Abständen von 3 mm, aber in vergrößertem Maßstabe. Diese bilden dann zwei Seiten des Kupferquerschnittes. Es bleibt nun noch der Kreisbogen zu bestimmen, was eine Sache des Ausprobierens ist.

Als Anhaltspunkte desselben weiß man zwei Sachen. Erstens muß der Querschnitt möglichst wenig leere Räume enthalten. Zweitens kann man sich von der Drahtzahl, resp. dem Drahtdurchmesser ungefähr eine Idee bilden. Es sei derselbe etwa 2 mm. Man nimmt den Zirkel, stellt ihn auf diesen Durchmesser ein, das Maß vergrößert wie bei der Isolation, und zieht den Querschnitt voll Kreise, die sich möglichst alle berühren. Die erste Reihe paßt man den Schenkeln an und führt sie dann einem Kreisbogen entlang. Diesen verändert man so lange, bis die kleinen Kreise eine geschlossene Lage bilden. Dann zeichnet man eine zweite derselben eingeschriebene Lage und füllt schließlich den Rest des Raumes so gut aus als es geht.

Es wird nun entweder die Drahtzahl nicht passend sein, oder der Querschnitt hat zu große Lücken. Das macht aber nichts. Nach dieser Zeichnung kann man sich orientieren und einen zweiten Versuch machen. Der dritte führt gewöhnlich zum Ziel. Sobald man in solchen Konstruktionen Übung hat, geht die Einteilung sehr rasch vor sich.

Sobald die günstige Disposition gefunden ist, hat man die Dimensionen des Querschnittes. Nach diesen dimensioniert man dann das Kaliber.

Das letztere haben wir auf folgende einfache Weise hergestellt. Es wurde ein Holzmodell von Form und Dimensionen des Querschnittes angefertigt und dieses mit geschmolzenem Lagermetall umgossen. Das kleeblattförmige Kaliber so zu gießen, daß es zweiteilig ist und in die Öffnung der Maschine paßt, erfordert keine besonderen Kunstgriffe.

Sobald die nötigen Kaliber vorhanden sind, geht das Verseilen von Kupferdraht ohne besondere Schwierigkeiten vor sich. Meistens ergibt es sich, daß bei der Bildung des Kernes des Seiles auf der rechten und linken Seite einige Drähte parallel, ohne verseilt werden zu können, mitlaufen müssen. Es kommt nun gewöhnlich vor, daß diese Drähte sich beim Durchgange durch das Rohr der Seilmaschine miteinander verwickeln, und sich dann im Kaliber nicht an die für sie bestimmten Plätze legen wollen. Dieser Übelstand wird vermieden, wenn man die Drähte je durch ein Gasrohr bis unmittelbar an das Kaliber separat zuführt.

Hat man isolierte Adern von sektorförmigem Querschnitt zu verseilen, so muß man den Spulen des Sternes die Rückdrehung nehmen, also den Exzenter festmachen. Weiter muß dafür gesorgt werden, daß das zusammengedrehte Seil sich vor dem Kaliber nicht wieder aufdreht. Seile haben meist das Bestreben, dies zu tun.

Das Aderstück zwischen Kaliber und Spule erhält bei jedem Umgang des Sternes eine Torsion, die aber bei normalem Vorgang auf das Seil gelegt wird und verschwindet. Erlaubt man aber dem Seil eine Drehung, so wird nur ein Teil der Torsion der Ader weggenommen. Der Rest bleibt in ihr zurück und macht sich nach einigen Drehungen des Sternes als eine vollständige Torsion bemerkbar.

Die Drehung des Seiles kann durch verschiedene Mittel verhindert werden, z. B. dadurch, daß man die Abzugsscheibe so nahe als möglich an das Kaliber heranschiebt.

Kombinierte Drahtseile. Es kommt oft vor, sei es wegen Rücksichten auf die Biegsamkeit, als wegen außerordentlich großem Querschnitt, daß die Drahtzahl eines Seiles über das herausgeht, was man mit den vorhandenen Seilmaschinen bei lagenweisem Aufbau herstellen kann. Es gibt nur wenige große Fabriken, die z. B. 60 Drähte auf einmal auflegen, also 331 drähtige Seile schlagen können.

In solchen Fällen muß man das Seil aus einzelnen kleinen Seilen kombinieren, z. B. erst ein 7-, 19- etc. drähtiges Seil anfertigen, und dann dieselben geradeso, wie wenn sie einzelne Drähte wären, 7-, 19- etc. fach zusammenlegen.

Die Bestimmung von Draht- und Seildurchmesser etc. ist einfach genug.

Stahlseile etc. Die Anfertigung derselben ist dieselbe, wie die von Kupferseilen.

Gewöhnlich ist für Stahlseile eine gewisse Bruchfestigkeit vorgeschrieben. Nun kennt man die Bruchfestigkeit des Stahldrahtes, den man verwenden will. Aus dieser berechnet man den Querschnitt des Seiles und aus der bekannten Drahtzahl den Drahtdurchmesser.

Die Sicherheitskoeffizienten werden je nach dem Zweck des Seiles als 5 bis 10 angenommen.

Verseilen von Adern. Dies ist eine Operation, die sich häufig einstellt. Mehrleiterkabel für Licht und Kraft, Telegraphen- und Telephonzwecke bestehen gewöhnlich aus einer Anzahl isolierter Adern. Über das Verseilen an und für sich ist nichts wesentlich Neues hinzuzufügen.

Für Guttapercha- und Gummiadern wird man den Kalibern besondere Sorgfalt widmen und überhaupt die Maschine in allen Teilen revidieren, damit die Adern nicht beschädigt werden.

Den Drall wird man so groß nehmen, als sich mit der Biegsamkeit des Kabels verträgt. Dünnen Adern gibt man ca. 4 und starken Adern, z. B. bei Dreileiterkabeln, 2 Umdrehungen per 1 m Länge.

Beim Verseilen von Adern kommt man in den Fall, Einlagen zu verwenden. Es sind dies weiche, schwach gedrehte Stränge aus Jutegarn, die den Zweck haben, von den Adern offen gelassene Räume auszufüllen. Dieselben kommen wie eine Ader auf eine Maschinenspule und werden gleichzeitig verseilt. Die Bemessung der Dicke der Einlagen ist eine Erfahrungssache. Man nehme sie immer stärker an, als man für nötig glaubt.

Einlagen sollen das Kabel rund machen, oder für eine fehlende Ader den Raum ausfüllen. Sind z. B. 5 Adern zu verseilen, so gibt man eine Einlage in die Mitte, so dick, daß die 5 Adern, darum herum verseilt, vollständig geschlossen sind. Hat man aus 6 Adern ein Seil zu bilden, so lege man entweder eine Einlage oder eine Ader in die Mitte. Im zweiten Fall hat man eine Außenader durch eine Einlage, auch blinde Ader genannt, zu ersetzen. Sind 8 Adern zu verseilen, so wird man die Mittelader etwas stärker plattieren, so daß für 7 Außenadern Platz ist.

Auf S. 81 ff. ist die Konstruktion solcher unregelmäßiger Seile theoretisch behandelt.

Sind Adern von 5 mm ϕ und mehr zu einem genau runden Seil zusammen zu drehen, so müssen in der äußeren Lage, zwischen je 2 Adern, kleinere Einlagen mit verseilt werden. Diese müssen die dreieckförmigen Zwischenräume der Adern ausfüllen. Mit Einlage, Plattierung der Mittelader oder mit blinder Ader kann man für jede abnormale Aderzahl ein rundes Kabel bekommen. Dessen Durchmesser hängt von der Art ab, wie man die Lücken ausfüllt. In den meisten Fällen wird verlangt, daß der Seildurchmesser ein Minimum sei.

Kommt ein Kabel mit Einlagen nach der Verseilung zum Zwecke einer Isolationsprobe in Wasser, wie z. B. Guttapercha- oder Gummikabel, so müssen die Einlagen vor dem Verseilen naß gemacht werden. Trockene Einlagen ziehen sich beim Naßwerden ganz beträchtlich zusammen, arbeiten sich infolgedessen in das Kabel hinein, indem sie eine oder mehrere Adern verschieben, wenn nicht ganz aus dem Seil hinauswerfen.

Das Plattieren.

Das Umwickeln des Kupferleiters mit Fäden wird Plattieren genannt. Wahrscheinlich kommt dieser Ausdruck aus der Galvanoplastik.

Elektrische Kabel sind bis jetzt zum größten Teil mit Jute plattiert worden, wohl aus dem Grunde, daß mit diesem Material weder das Plattieren noch das Trocknen und Imprägnieren ernsthafte Schwierigkeiten veranlaßt. Außerdem ist Jute das billigste Isoliermaterial.

Das Plattieren mit Jute ist eine äußerst einfache Operation. Die auf Spulen gewickelte Jute wird auf den Spinnteller der Plattiermaschine gebracht; die Enden der Fäden zum Kaliber und dann durch dieses hindurch gezogen und am Leiter befestigt. Setzt man die Maschine in Gang, so legen sich die Fäden spiralförmig auf den Leiter. Die Dichte der Fäden kann mittels der Fadenzahl, der Tourenzahl des Spinntellers und der Abzugsgeschwindigkeit des Kabels reguliert werden.

Seit einigen Jahren ist die Jute auf Kreuzspulen zu bekommen und moderne Fabriken haben sich dem entsprechend eingerichtet. Durch den Gebrauch dieser Spulen werden die Maschinenspulen der Plattiermaschine überflüssig, was diese ganz bedeutend billiger macht. Die Kreuzspulen kann man direkt von der Jutefabrik beziehen, oder wenn man sie selber spulen will, gleich den ganzen Jutevorrat verarbeiten, wodurch unnötige Aufenthalte der Plattiermaschine vermieden werden.

Wenn man eine moderne Seilmaschine mit 2 oder 3 Juteplattierläufen zur Verfügung hat, kann man gleichzeitig verseilen und plattieren, erspart sich die Plattiermaschine und verschiedene Arbeiten. Eine solche Seilmaschine versagt nur in den Fällen, wo das Kupferseil einen sehr großen Durchmesser hat.

Der Vorschub ist dann ein so bedeutender, daß Faden- und Tourenzahl des Plattierlaufes nicht mehr ausreichen, um eine gute Plattierung herzustellen.

Beim Umspinnen eines Kabels mit Jute ist darauf zu achten, daß genügend Fäden aufgelegt werden und diese straff gespannt sind. Die Plattierung muß immer hart sein, so hart, daß man die Fäden nicht verschieben kann. Zu wenig Fäden geben eine lose Plattierung, die sich beim Durchgang durch die Bleipresse öffnen und zu Hemmungen Anlaß geben kann. Wenn zu viel Fäden aufgelegt werden, legen sich einige derselben über die anderen und werden vom Kaliber abgewürgt, oder sie verhindern den Vorschub des Seiles durch das Kaliber. Dieses muß immer ziemlich knapp genommen werden. Mit knappem Kaliber und richtiger Fadenzahl wird die Oberfläche der Plattierung glatt und sozusagen glänzend.

Als zweite Regel für die Plattierung merke man sich, daß der Drall der Jutefäden möglichst kurz sein muß. Hat die Plattierung einen langen Drall, so öffnet sie sich bei späteren Operationen, wie

Auflegen einer neuen Schicht von Jute, Umpressen mit Blei und Panzern, und kann zu Stauungen und deren Folgen Anlaß geben.

Eine dritte Regel sagt, daß man beim Plattieren immer zwei Schichten auflegen soll. Eine einzige Schicht kann sich öffnen und zu Kurzschluß Anlaß geben. Es sind uns Fälle bekannt, daß Drähte von 1 bis 3 mm ϕ, mit zwei Lagen Jute schlecht umsponnen und mit Blei umpresst, eine große Anzahl von Kurzschlüssen aufgewiesen haben.

Die Dicke der Isolation kann durch Auflegen verschiedener Lagen von Jute und durch Anwendung verschiedener Jutenummern in den weitesten Grenzen reguliert werden. Eine Lage Jute No. 2 vermehrt den Durchmesser um 2 mm, zwei Lagen um 4 mm etc. Will man andere Isolationsdicken haben, so verwende man die No. 1, $1^1/_2$, 3, 4, 5 und 6.

Was die Dicke der Isolation für Kabel verschiedener Typen anbetrifft, so hat jeder Fabrikant darüber seine eigene Meinung. Allgemein gültige Vorschriften hat der Verband Deutscher Elektrotechniker bis heute nur für einfache Gleichstromkabel bis 700 Volt Spannung gegeben und wir lassen die darauf bezügliche Tabelle auf nächster Seite folgen.

Aus dieser Tabelle entnehmen wir aus der Spalte „Isolierhülle" die Minimaldicken 2 mm für leichte, $2^1/_4$ bis $2^3/_4$ mm für mittlere und 3 mm für schwere Kabel. Die Durchschlagspunkte für 2, $2^1/_2$ und 3 mm liegen ungefähr bei 3500, 4000 und 4500 Volt, also sind die Sicherheitskoeffizienten gleich 7, 8 und 9, wenn 500 Volt als Betriebsspannung fixiert wird.

Es empfiehlt sich nicht, für Gleichstromkabel von geringerer Spannung, z. B. 100 Volt, die Isolationsdicken schwächer zu nehmen. Die Ersparnis an Material ist eine geringe und das Kabel wird unverhältnismäßig schwächer gegen mechanische Beschädigungen. Auch ist es unerläßlich, daß die Isolationsschichte von Gleichstromkabeln mit der Schwere des Leiters zunimmt. Die Isolationsschicht ist schon während der Fabrikation Beschädigungen ausgesetzt, und diese sind um so bedeutender, je größer das Gewicht des Kabels. Ebenso gibt es während des Transportes und der Verlegung Anlässe zu mechanischen Beschädigungen, die dem Gewichte proportional sind. Alle diese möglichen Beschädigungen müssen durch vermehrte Isolationsdicke kompensiert werden.

Andere Kabelsorten haben wir immer mit den nachfolgenden Isolationsdicken konstruiert.

Konzentrische Kabel für niedrige Spannung. Für leichte Kabel 2 mm Wandstärke zwischen den Leitern und 2 mm gegen Blei.

Normalien für einfache Gleichstromkabel mit und ohne Prüfdraht bis 700 V.

Nach den gemeinsamen Beschlüssen des Verbandes Deutscher Elektrotechniker und der Vereinigung der Elektrizitätswerke.

Toleranz 5 % für sämtliche Dimensionen mit Ausnahme der Länge, der Isolationsstärke und des im Leitungswiderstande oder der Leitungsfähigkeit ausgedrückten Querschnittes.

Effektiver Kupferquerschnitt	Zahl der Drähte		Durchmesser eines jeden Drahtes bei Kabel mit Prüfdraht	Prüfdraht: Querschnitt der Kupferseele qmm	Isolierhülle		Bleimantel		Bespinnung des Bleimantels		Blechstärke der Armierung	Dicke der Bewickelung des armierten Kabels ca. mm	Äußerer Durchmesser des fertigen Kabels		Maximal-Prüfungsspannung
	Kabel				Konstruktion	Dicke Minimaldicke, Toleranz 0.25 mm	einfacher	doppelter	Konstruktion	Dicke			ohne	mit	
	ohne	mit						Gesamtdicke							
	Prüfdraht Minimalzahl												Prüfdraht		
16	7	3	2.60		2.0	2.0	1.5	2×0.9		2.0	2×0.5	2.0	23	24	
25	7	6	2.30		2.0	2.0	1.5	2×0.9		2.0	2×0.5	2.0	24	25	
35	7	6	2.73		2.0	2.0	1.6	2×0.9		2.0	2×0.8	2.0	25	26	
50	19	6	3.26		2.0	2.0	1.6	2×1.0		2.0	2×0.8	2.0	29	30	
70	19	13	2.60		2.0	2.0	1.7	2×1.0		2.0	2×0.8	2.0	31	32	
95	19	13	3.10		2.0	2.0	1.7	2×1.0		2.0	2×0.8	2.0	32	33	
120	19	13	3.42		2.0	2.0	1.8	2×1.1		2.0	2×1.0	2.0	35	36	
150	19	18	3.26	1	2.0	$2^{1}/_{4}$	1.9	2×1.1		2.0	2×1.0	2.0	37	38	
185	37	26	3.00		2.0	$2^{1}/_{4}$	2.0	2×1.1		2.5	2×1.0	2.0	40	41	
240	37	29	3.25		2.0	$2^{1}/_{2}$	2.1	2×1.2		2.5	2×1.0	2.0	43	44	
310	37	36	3.31		2.0	$2^{1}/_{2}$	2.2	2×1.2		2.5	2×1.0	2.0	46	47	
400	37	36	3.76		2.0	$2^{1}/_{2}$	2.3	2×1.2		2.5	2×1.0	2.0	49	50	
500	37	36	4.20		2.0	$2^{3}/_{4}$	2.4	2×1.3		3.0	2×1.0	2.0	54	55	
625	37	36	4.70		2.0	$2^{3}/_{4}$	2.6	2×1.3		3.0	2×1.0	2.0	58	59	
800	37	36	5.32		2.0	3.0	2.8	2×1.4		3.0	2×1.0	2.0	63	64	
1000	37	36	5.95		2.0	3.0	3.0	2×1.5		3.0	2×1.0	2.0	67	68	

Konstruktion Isolierhülle: Imprägnierte Faserisolation. *Bespinnung des Bleimantels, Konstruktion:* Säurefreie imprägnierte Jute. *Maximal-Prüfungsspannung:* 1200 Volt Wechselstrom.

Der Is.-W. der Kabel soll bei Abnahme im Werk mindestens 500 Megohm pro km bei einer Temperatur von 15° C. betragen.

Für mittlere Kabel $2^1/_2$ mm zwischen den Leitern und 2 mm gegen Blei.

Für schwere Kabel 3 mm zwischen den Leitern und $2^1/_2$ mm gegen Blei.

Drei- und Vierleiterkabel für niedrige Spannung. Isolationsdicke zwischen den Leitern für alle Querschnitte gleich und nicht weniger als 3 mm, und zwischen Leiter und Blei nicht weniger als $2^1/_2$, bei schwerem Kabel 3 mm.

Konzentrische Kabel für hohe Spannung. Die Isolationsdicken zwischen den Leitern, resp. zwischen Leiter und Blei sind für alle Querschnitte dieselben, nämlich 5 und 4 mm für 2000 Volt und 6 und 5 mm für 3000 Volt.

Die Isolation zwischen den Leitern enthält immer noch eine Papierschicht von $1^1/_2$ mm Wandstärke.

Wenn die Isolation nur aus Jute bestehen würde, so wären die Durchschlagsspannungen für 4, 5 und 6 mm etwa gleich 5500, 6500 und 7500 Volt, die Sicherheitskoeffizienten also etwa 3.2 und 2.7 für Kabel von 2000 Volt und 2.5 und 2.2 für Kabel von 3000 Volt. Die Papierschicht erhöht diese Koeffizienten um einiges.

Drei- und Vierleiterkabel für hohe Spannungen. Alle Querschnitte erhalten die gleiche Isolationsdicke. Jede Ader wird erst mit Papier von $1^1/_2$ mm Wandstärke umwickelt und dann mit Jute plattiert, und zwar bis auf 3 mm totale Isolationsdicke für 2000 Volt und bis auf $3^1/_2$ mm für 3000 Volt, so daß nach dem Verseilen die Abstände der Leiter theoretisch 6 und 7 mm, praktisch aber mindestens 5 und 6 mm sind.

Die Sicherheitskoeffizienten sind um etwas größer als für konzentrische Kabel, da die Papierdicke doppelt so stark ist.

Nach dem Verseilen wird noch soviel Jute aufgelegt, daß die Isolationsstärke zwischen Leiter und Blei 5 mm für 2000 Volt und 6 mm für 3000 Volt beträgt.

Was die Isolation von Kabeln mit Papier allein anbetrifft, haben wir zu wenig Erfahrung in der Fabrikation, um darüber etwas Wesentliches sagen zu können.

Da Papier sehr brüchig ist, und gebrochene Stellen in Bezug auf Durchschlagskraft minderwertiger sind als ganze, scheint uns das Prinzip des Plattierens mit Papier zu sein, alles zu vermeiden, was beim Biegen des Kabels Anlaß zum Bruch der Isolation gibt. Es wird also empfehlenswert sein, die Papierbänder so schmal wie möglich zu nehmen, sie wenig steil und ohne Überlappung zu wickeln und dünnes, glattes, kräftiges Papier zu verwenden, das sich leicht verschieben kann. Zu imprägnieren sind solche Kabel

mit einem dünnen Öl, das leicht durchdringt und als Schmier-
mittel für leichtes Verschieben der einzelnen Papierschichten dient.

Zum Schluß dieses Kapitels geben wir noch die soeben er-
schienenen Vorschriften für die Konstruktion und Prüfung von
Kabeln, welche der Verband der englischen Kabelfabrikanten
sich seit Anfang 1903 aufgelegt hat. Die bezüglichen Dicken der
Isolation sowohl als des Bleimantels sind Minimalzahlen.

Tabelle für Kabel bis 500 Volt Spannung.

Prüfung in der Fabrik für	Prüfung verlegt und gespleißt
Papierisolation 2500 Volt für 15 Min.	1000 Volt für 1 Stunde
Juteisolation 1500 „ „ 15 „	1000 „ „ 1 „

Die Isolationsdicke für Zweileiterkabel ist dieselbe wie für Dreileiter.

Quer-schnitt	Einfache Kabel		Konzentrische Kabel			Dreifach konzentrische Kabel				Dreileiter-kabel	
	Isolat.-Dicke	Blei-dicke	Dicke innere Isola-tion	Dicke äußere Isola-tion	Blei-dicke	Isolationsdicke			Blei-dicke	Isol.-Dicke Leiter/Leiter u. Leiter/Blei	Blei-dicke
						innen	Mitte	außen			
qmm	mm	mm	mm	mm	mm	mm	mm	mm	mm	mm	mm
16	2.0	1.5	2.0	2.0	1.8	2.0	2.0	2.0	2.0	2.3	2.0
32	2.0	1.5	2.0	2.0	2.0	2.0	2.0	2.0	2.3	2.3	2.3
45	2.0	1.8	2.0	2.0	2.0	2.0	2.0	2.0	2.5	2.3	2.5
65	2.3	1.8	2.3	2.3	2.3	2.3	2.3	2.3	2.5	2.5	2.5
80	2.3	1.8	2.3	2.3	2.3	2.3	2.3	2.3	2.8	2.5	2.8
97	2.3	2.0	2.3	2.3	2.5	2.3	2.3	2.3	2.8	2.5	2.8
130	2.3	2.0	2.3	2.3	2.5	2.3	2.3	2.3	3.0	2.5	3.0
160	2.5	2.3	2.5	2.5	2.8	2.5	2.5	2.5	3.3	2.8	3.3
193	2.5	2.3	2.5	2.5	2.8	2.5	2.5	2.5	3.3	2.8	3.3
225	2.5	2.3	2.5	2.5	3.0	2.5	2.5	2.5	3.5	2.8	3.5
257	2.5	2.5	2.5	2.5	3.0	2.5	2.5	2.5	3.5	2.8	3.5
321	2.5	2.5	2.5	2.5	3.3	2.5	2.5	2.5	3.8	2.8	3.8
386	2.8	2.8	2.8	2.8	3.3						
450	2.8	2.8	2.8	2.8	3.5						
484	2.8	2.8	2.8	2.8	3.5						
515	3.0	3.0	3.0	3.0	3.8						
580	3.0	3.0	3.0	3.0	3.8						
645	3.3	3.3	3.3	3.3	3.8						

Tabelle für hochgespannte zweifach konzentrische Kabel.

Querschnitt	2000 Volt			3000 Volt			6000 Volt			10000 Volt		
	Isolationsdicke innen	Äußere Isolat.-Dicke Außenleiter Erde	Bleidicke	Isolationsdicke innen	Äußere Isolat.-Dicke Außenleiter Erde	Bleidicke	Isolationsdicke innen	Äußere Isolat.-Dicke Außenleiter Erde	Bleidicke	Isolationsdicke innen	Äußere Isolat.-Dicke Außenleiter Erde	Bleidicke
qmm	mm	mm	mm	mm	mm	mm	mm	mm	mm	mm	mm	mm
2× 16	3.0	2.0	2.0	3.8	2.3	2.3	5.8	2.5	2.5	8.9	3.0	3.0
2× 32	3.0	2.0	2.3	3.8	2.3	2.5	5.8	2.5	2.8	8.9	3.0	3.3
2× 45	3.0	2.0	2.3	3.8	2.3	2.5	5.8	2.5	3.0	8.9	3.0	3.6
2× 65	3.3	2.3	2.5	4.0	2.5	2.5	6.1	2.8	3.0	9.2	3.0	3.6
2× 80	3.3	2.3	2.5	4.0	2.5	2.8	6.1	2.8	3.3	9.2	3.0	3.6
2× 97	3.3	2.3	2.8	4.0	2.8	2.8	6.1	3.0	3.3	9.2	3.0	3.8
2×130	3.3	2.3	2.8	4.0	2.8	3.0	6.1	3.0	3.3	9.2	3.0	3.8
2×160	3.6	2.5	3.0	4.3	2.8	3.4	6.3	3.0	3.6	9.4	3.0	4.1

Tabelle für hochgepannte Dreileiterkabel (verseilt).

Querschnitt	2000 Volt			3000 Volt			6000 Volt			10000 Volt		
	Isolat.-Dicke Leiter/Leiter u. Leiter/Blei	Isolat.-Dicke Leiter/Blei Sternschaltung Neutralp. Erde	Bleidicke	Isolat.-Dicke Leiter/Leiter u. Leiter/Blei	Isolat.-Dicke Leiter/Blei Sternschaltung Neutralp. Erde	Bleidicke	Isolat.-Dicke Leiter/Leiter u. Leiter/Blei	Isolat.-Dicke Leiter/Blei Sternschaltung Neutralp. Erde	Bleidicke	Isolat.-Dicke Leiter/Leiter u. Leiter/Blei	Isolat.-Dicke Leiter/Blei Sternschaltung Neutralp. Erde	Bleidicke
qmm	mm	mm	mm	mm	mm	mm	mm	mm	mm	mm	mm	mm
16	3.3	2.5	2.0	3.8	3.0	2.3	5.8	4.3	2.5	8.9	5.8	3.0
32	3.3	2.5	2.3	3.8	3.0	2.5	5.8	4.3	2.8	8.9	5.8	3.3
45	3.3	2.5	2.5	3.8	3.0	2.5	5.8	4.3	3.0	8.9	5.8	3.3
65	3.6	2.8	2.8	4.0	3.3	2.8	6.1	4.6	3.0	9.2	6.1	3.6
80	3.6	2.8	2.8	4.0	3.3	3.0	6.1	4.6	3.3	9.2	6.1	3.6
97	3.6	2.8	3.0	4.0	3.3	3.0	6.1	4.6	3.3	9.2	6.1	3.8
130	3.6	2.8	3.3	4.0	3.3	3.3	6.1	4.6	3.6	9.2	6.1	4.1
160	3.8	3.0	3.3	4.3	5.6	3.6	6.4	4.8	3.8	9.4	6.4	4.3

Spannungsprüfung für hochgespannte Kabel.

Betriebsspannung	In der Fabrik	Verlegt und gespleißt
2 000 Volt	10 000 Volt für 15 Min.	4 000 Volt für 1 Stunde
3 000 „	12 000 „ „ 15 „	6 000 „ „ 1 „
6 000 „	20 000 „ „ 15 „	12 000 „ „ 1 „
10 000 „	30 000 „ „ 15 „	20 000 „ „ 1 „

Isolation und Bleimantel.

Die Isolationsdicken, wie in den Tabellen festgesetzt, dürfen angewendet werden für Spannungen bis $10\,^0/_0$ über den Normalien.

Die Dicke der Isolation und des Bleies, einerlei ob für Leitungskabel oder für Prüfdrähte, für Kabel unter 16 qmm sind dieselben, wie für Kabel von 16 qmm.

Alle nicht angeführten Querschnitte müssen nach dem in der Tabelle angegebenen nächst größeren Querschnitt dimensioniert werden.

Die Toleranz für die Dicken der Isolation und des Bleimantels an verschiedenen Punkten beträgt $10^0/_0$ der Werte der Tabelle, aber der Mittelwert soll die vorgeschriebene Zahl erreichen.

Vorschriften für den Panzer.

1. Für Kabel unter $^1/_2'' = 12.5$ mm Durchmesser über Blei, verzinkter Eisendraht von $0.072'' = 1.82$ mm ϕ.
2. Für Kabel von $^1/_2 - ^3/_4''$ oder 12—19 mm ϕ über Blei, 2 Lagen asphaltiertes Stahlband, jedes $0.03'' = 0.75$ mm dick.
3. Für Kabel von $^3/_4 - 2''$ oder 19—50 mm ϕ über Blei, 2 Lagen asphaltiertes Stahlband $0.04'' = 1.0$ mm dick.
4. Für Kabel über $2'' = 50$ mm ϕ über Blei, 2 Lagen asphaltiertes Stahlband $0.06'' = 1.5$ mm dick.

Die normalen Jutedicken betragen:

1. Für Kabel unter $^1/_2'' = 12$ mm ϕ über Blei . . . $0.06'' = 1.5$ mm,
2. für Kabel mit mehr als 12 mm ϕ über Blei . . . $0.1'' = 2.5$ mm.

Das Trocknen der Isolation.

Der Zweck des Trocknens ist, die der rohen Isolation innewohnende Feuchtigkeit zu entfernen, und es ist einer der wichtigsten Prozesse der Kabelfabrikation, dem alle Sorgfalt zu widmen ist, wenn man sich vor doppelter Arbeit schützen will.

Jute, Papier, Baumwolle etc. enthalten immer ziemlich viel Feuchtigkeit und Öle, die sie teils von Natur aus mitbringen, teils während der Fabrikation zu Garn oder Band und während des Ablagerns aufnehmen. Je mehr Wasser und Öle man entfernen kann, desto höher wird die Isolation. Neben dem zufällig aufgenommenen Wasser enthält die Pflanzenfaser noch Wasser, das einen Teil ihrer Konstitution ausmacht. Auch von diesem muß etwas durch Trocknen entfernt werden. Dadurch verliert die Faser einen Teil ihrer Natur und wird brüchig. Wird der Trockenprozeß über einen gewissen Punkt ausgedehnt, so verliert die Faser ihre Natur ganz und zerfällt in Staub.

Zum Zwecke des Trocknens rollt man das Kabel auf einen flachen Teller aus Eisen. Ist das Kabel sehr lang, also dessen Volumen sehr groß, so empfiehlt es sich, nach jeder dritten oder vierten Lage durch eingelegte Latten oder Eisenstäbe Lücken zu schaffen, durch welche die Dämpfe entweichen, und die Wärme eintreten kann.

Die Methoden des Trocknens sind verschieden, aber für alle wird eine Erwärmung des Trockengutes angewendet.

Die älteste Methode war wohl die der Trockenkammer, die heute ganz aufgegeben ist. Die mit Kabel beschickten Teller wurden in geschlossene Räume gebracht, dort auf mit Dampf geheizte Wärmekörper gestellt und der freien Trockung überlassen. Nach dieser Methode stellten sich die Trockenzeiten auf 10 bis 15 Tage (zu 10 Stunden gerechnet) und Isolationswiderstände von 1000 Megohm per km waren schon seltene Ereignisse.

Andere Fabrikanten haben die Feuchtigkeit durch Auskochen entfernt, und wir glauben, daß diese Methode jetzt noch von einigen Firmen angewendet wird. Sie ist entschieden die beste, billigste und rascheste, wenn ganz kurze Kabellängen zum Trocknen kommen, und die einzig anwendbare zum Weitertrocknen, wenn imprägnierte Kabel nicht genügende Isolation haben. Soweit unsere Erfahrung reicht, kann die Isolation solcher Kabel durch Trocknen im Vakuum nicht verbessert werden.

Das Auskochen von Kabeln hat weiter den Vorteil, daß durch die stets in Strömung befindliche Tränkmasse die Wärme rascher in Gegenden dringt, die von der Wärmequelle weiter abliegen als andere, also ein rascheres und gleichmäßigeres Durchwärmen des Kabels bewirkt als bei anderen Prozessen.

Ob die Feuchtigkeit aus dem Inneren des Kabelringes sich genügend rasch entfernt, ist zu bezweifeln. Auch ist nicht anzunehmen, daß der Trockenprozeß bei Kabeln mit sehr dicker Isolationsschicht so rasch vor sich geht wie bei anderen Methoden.

Ein entschiedener Nachteil des Auskochens liegt darin, daß die Tränkmasse beständig warm und der Kessel offen bleiben muß. Infolgedessen entweichen die leichteren Bestandteile der Masse und müssen von Zeit zu Zeit ersetzt werden. Auch werden die von der Masse aufsteigenden Dämpfe in den Fabriksräumen eine ungesunde Luft schaffen, wenn sie nicht entfernt werden können.

Wir haben selber nie nach dieser Methode gearbeitet und auch nie Gelegenheit gehabt, Näheres über sie zu hören. Doch sind uns öfters Musterstücke von ausgekochten Kabeln in die Hände gekommen. An diesen haben wir immer die Beobachtung gemacht, daß die Faser stark brüchig, und oft nahezu in Staub zerfallen ist. Es ist uns erzählt worden, die Faser eines ausgekochten Kabels, die frisch von der Fabrik weg ziemlich gut war, wäre nach einem Jahr zu Staub geworden. Ebenso, daß ausgekochte

Kabel, die aus irgend welchem Grunde nachträglich aus den Kanälen herausgenommen und neu verlegt wurden, den Anforderungen des Betriebes nicht mehr Genüge leisten konnten.

Es liegt auf der Hand, anzunehmen, daß, sowie eine gesunde Faser für Gewebe etc. eine größere Dauerhaftigkeit hat als eine halb zerstörte, dies auch der Fall sei, wenn die Faser als Isolationsmittel verwendet wird. Doch liegen unsers Wissens heute noch keine bestimmten Beweise vor, welche diese Annahme bestätigen.

Der nächste Fortschritt war das Trocknen im Vakuum. Da Wasser im luftleeren Raume bei gleicher Temperatur rascher verdampft als unter Atmosphärendruck, war anzunehmen, daß auf diesem Prinzip gebaute Trockenapparate schneller arbeiten als die vorher beschriebenen.

In der Tat ist durch solche Apparate die Trockenzeit einer Ladung von mittlerer Größe, d. h. 100 bis 150 kg Jute, auf 3 bis 4 Tage reduziert, und Isolationswiderstände von 1000 Megohm sind als Minimum erreicht worden.

Vakuumkessel sind meistens rund und von etwa 2 m Durchmesser. Die Wärmezufuhr geschieht durch Dampf von 4 bis 6 Atmosphären Druck. Ältere Kessel sind doppelwandig, neuere mit Schlangen am Boden und an den Seitenwänden ausgestattet. Unerläßlich ist, daß jede Schlange aus einem einzigen Rohr besteht und keine Muffe oder Schweißung hat. Die Schlangen sollten mit 10 Atm. Dampf- und 20 Atm. Wasserdruck ausprobiert werden. Fehler in denselben entdeckt man, wenn der Kessel mit Öl angefüllt wird.

Doppelwandige Kessel sind oft nicht genügend dampfdicht und immer gefährlich.

Der Vakuumkessel ist mit einem abnehmbaren Deckel verschließbar, an dem der Schlauch zur Luftpumpe und das Manometer befestigt werden. Das erreichbare Vakuum liegt zwischen 650 und 700 mm. Als Kesseldichtung eignet sich am besten Hartblei. Undichte Stellen werden mit einer brennenden Kerze gesucht.

Von Wichtigkeit ist, daß die Schlange einen geringen Fall hat, damit das kondensierte Wasser wegläuft. Das Ende der Schlange führt zu einem Kondenstopf. Die Rohrleitung hat ebenfalls etwas Fall. Die Kondenstöpfe sollten nicht im gleichen Raum mit Trockenkesseln und Bleipresse untergebracht werden, da sie immer dampfen und eine mit Dampf gesättigte Atmosphäre ein getrocknetes Kabel (besonders Papierkabel) wieder schädigen kann.

Die Kondenstöpfe sollten leicht zugänglich sein, da deren Kontrolle während des Trockenprozesses unerläßlich ist. Auch sollten sie erlauben, die Menge des Kondenswassers messen zu können, um Bestimmungen über den Wärmeverbrauch machen zu können.

Im Trockenraum stehen meistens mehrere Vakuumkessel, mindestens drei Stück, und alle sind mit einer Luftpumpe verbunden, und von derselben Dampfleitung gespeist. Diese hat Fall gegen die Kessel zu und am Ende einen Kondenstopf. Einer der Kessel dient als Gefäß für die Tränkmasse und ist mit sämtlichen anderen durch ein Rohr von 50 bis 70 mm Öffnung verbunden. Der Abschluß der einzelnen Kessel voneinander geschieht durch schwere Messinghähne.

Ist die Trocknung beendigt, so öffnet man den Hahn des betreffenden Kessels gegen das Massegefäß, und das Vacuum zieht die heiße Masse in den Kessel auf das getrocknete Kabel, das so im Vakuum imprägniert wird. Auch die Rohrleitung für die Masse muß Fall haben und am tiefsten Punkt zu öffnen sein, für eventuelle Reinigung. Sie liegt im selben Kanal wie die Dampfrohre, damit sie immer warm bleibt.

Sämtliche Rohrverbindungen werden mit Flanschen und nicht mit Schraubenmuffen gemacht. Bei Reparaturen machen die letzteren oft unglaubliche Schwierigkeiten.

Sämtliche Rohrleitung soll so einfach wie möglich sein.

Die Erfahrung hat gelehrt, daß ein bloßes Anwärmen des Trockengutes im Vakuum nicht genügt, um eine hohe Isolation zu erzielen, auch dann nicht, wenn das Manometer immer 650 und mehr Millimeter zeigt. Es ist wesentlich, daß die Wasserdämpfe, deren Druck nur wenige mm ausmacht, fortwährend entfernt werden.

Die ältere Methode, dies zu erreichen, lag in der Einschaltung eines Absorptionsmittels, das in einem flachen Gefäß in den Vakuumkessel hineingebracht wurde. Ungelöschter Kalk, Gips etc. kann für diesen Zweck verwendet werden. Das Absorptionsmittel muß beinahe jeden Tag erneuert, also der Kessel geöffnet und dann wieder geschlossen werden. Dies bedeutet eine beträchtliche tägliche Arbeit und führt zu raschem Ruin der Dichtungen, der Muttern und Bolzen und oft zum Bruch der Ränder von Deckel und Kessel.

Diese Art der Entfernung der Wasserdämpfe ist also auf jeden Fall teuer und umständlich.

Die runden Vakuumkessel haben den Nachteil, daß die Kabel von der oberen Seite nicht erwärmt werden. Die Schlangen geben die Wärme als Strahlung ab, so daß sich die oberen Schichten, unter dem Deckel, und die am Kern befindlichen, erst erwärmen, wenn das Kabel von der Seite und von unten aus ganz durchgewärmt ist. Wenn man bei Beginn der Trocknung den ersten halben Tag die Kessel nicht auspumpt, erwärmen sich Deckel, Kern und Kabel bedeutend rascher.

Die letzte Vervollkommnung haben die Trockenapparate durch

die Ingenieure Huber und Paßburg erhalten. Der Hauptpunkt der Verbesserung liegt in der Anordnung eines rationell gebauten Kondensators zur Entfernung der Wasserdämpfe. Dann ist auch die Form des Trockengefäßes abgeändert, so daß der Kabelring auf seinen zwei Breitseiten erwärmt wird.

Diese Apparate haben die Trockenzeit auf 1 bis 2 Tage reduziert und liefern Isolationswiderstände von 5000 Megohm per km und mehr. Zudem bleibt die Faser so frisch wie vor dem Trocknen.

Uns sind nur die Huberschen Trockenapparate bekannt und wir haben mit denselben die besten Resultate erreicht, wenn die Luftpumpe fortwährend in Betrieb war. Wenn einen halben Tag vorgewärmt und dann die Pumpe in Betrieb gesetzt wird, sieht man im Kondensator einen förmlichen Regen niederfallen. Eine Kontrolle bei diesen Apparaten ist nur für das Kühlwasser des Kondensators nötig, und man tut gut, das Ablaufrohr so einzurichten, daß man das rinnende Wasser sehen und dessen Temperatur bestimmen kann. Man lasse auch nicht außer acht, zu kontrollieren, ob die Trockenapparate unter Dampf stehen und die Kondenstöpfe funktionieren.

Mit dem großen Trockenschrank von Huber erreicht man ein Vakuum, das nur wenig unter dem Barometerstande ist.

Bei einer Unterbrechung des Trockenprozeßes schließe man den Vakuumkessel ab, damit das im Kondensator befindliche Wasser nicht nach rückwärts destilliert.

Für Bestimmung der Trockenzeit merke man sich das Gewicht des Trockengutes, ob dicke oder dünne Isolation, und die Dicke des Kabelringes auf dem Teller. Eine Ladung von 200 kg Jute erfordert mehr Zeit als eine von 100 kg, und ein dicker Ring mehr als ein dünner.

Das Tränken.

Die Tränkung hat den Zweck, die getrocknete Faser für die Wiederaufnahme von Wasser so viel als möglich unfähig zu machen. Soweit unsere Erfahrung reicht, verbessert die Tränkung den Widerstand gegen das Durchschlagen des Funkens nicht auf die Dauer.

Als Tränkmasse kann man verschiedene Substanzen verwenden, ohne daß die Qualität des Kabels verbessert oder verschlechtert wird, solange die Masse die für den Zweck nötigen Eigenschaften hat. Man wird sich also zu einer Masse entschließen, die wenig kostet, deren Beschaffung immer leicht und in gleicher Qualität möglich ist und die beim Betrieb keine Schwierigkeiten macht.

In der Tat hat beinahe jede Kabelfabrik ihre eigene Tränkmasse. Alle aber bestehen aus Mischungen von Harzen, Wachsen und Ölen. Als Komponenten einer Masse kommen in Betracht: Kolophonium, Bitumen, Pech, Goudron, Teer, Paraffin, Ceresine, Vaselin, Leinöl, Harzöl, Rüböl etc. Materialien, die mit der Zeit einen Niederschlag oder Schlacken in den Kesseln bilden, sind zu vermeiden. Diese kann man in der Regel nur mit Hammer und Meißel entfernen.

Die Anforderungen an eine gute Tränkmasse sind die folgenden:

1. Sie muß bei Temperaturen von 130 bis 150⁰ C. leichtflüssig sein, damit sie in die Faser eindringt und sie vollständig sättigt. Dicke Massen lassen nur ihre leichtflüssigen Bestandteile durchfiltrieren. Es ist uns passiert, daß wir mit einer ziemlich dünnflüssigen Masse mit Baumwolle plattierte Kabel nicht durchtränken konnten.

2. Bei gewöhnlicher Temperatur muß die Masse geschmeidig und biegsam sein. Auch darf sie nicht in Staub zerfallen, wenn sie jahrelang im Kabel gelagert wird. Massen mit großem Ceresingehalt zeigen diesen Übelstand.

3. Muß die Tränkmasse eine gewisse Klebrigkeit zeigen und am Material haften bleiben. Es gibt Massen, die, nachdem das Kabel mit Blei umpreßt und zum Kühlen weggestellt ist, aus der Faser herausfließen und sich am tiefsten Punkte der Trommel ansammeln, so daß dort Überfluß an Masse und in den oberen Stellen Mangel herrscht.

4. Die Masse muß trocken sein. Ist sie es nicht, so gibt das Kabel wenig Isolation. Nasse Masse trocknet man durch Anwärmen bei offenem Deckel.

5. Der Säuregehalt der Masse soll gering sein, damit Kupfer und Isolation nicht mit der Zeit leiden. Ein geringer Säuregehalt macht den Leiter blank, was auf der Montage von Kabeln von Vorteil ist.

Im Nachfolgenden geben wir die Säurezahlen einiger Substanzen, die wir vor ca. 10 Jahren als Zusatz für Tränkmassen verwendeten. Von den damit imprägnierten Kabeln haben wir nicht gehört, daß sie gelitten haben.

Harzöl, von Hamburg bezogen   1.0

„   „   „   „   37.0

„   „ London   „   29.0

Kolophonium 160.0

Die Tränkung eines Kabels wird am besten erreicht, wenn man dasselbe warm in die Masse hineinbringt. Hat man Vakuumkessel zur Verfügung, so macht sich die Tränkung besonders leicht, wenn man die heiße Masse durch Luftdruck in den Trockenkessel treibt.

Es ist sehr empfehlenswert, ein getränktes Kabel noch einen halben bis einen ganzen Tag in der heißen Tränkmasse zu lassen, d. h. auszukochen. Man erreicht dadurch nicht nur eine gute Imprägnierung, sondern auch Aufschluß, ob das Kabel trocken ist oder nicht.

Es kann einmal vorkommen, daß die Trockenapparate nicht funktionieren und dies nicht bemerkt wird, besonders bei Apparaten, wo die Kontrolle umständlich ist, und dann bringt man eben ein feuchtes Kabel in die Tränkmasse. Ein solches wird fortwährend Blasen zeigen, wenn die Tränkmasse heiß genug ist. Oft sind die Wasserblasen schwer von den Luftblasen zu unterscheiden. Feuchtigkeit schlägt sich am Deckel des Kessels nieder, und es läßt sich mit weißem Löschpapier leicht nachweisen, ob an demselben Wassertropfen hängen oder solche von leichten Ölen.

Folgendes Beispiel liefert eine Illustration. Ein mehraderiges Telegraphenkabel, mit 280 kg Jute wurde drei Tage getrocknet und am dritten Abend imprägniert. Am folgenden Vormittag zeigten starke Blasen, daß etwas nicht in Ordnung war. Eine Untersuchung förderte ein Glas voll Wasser aus der Dichtungsrinne heraus, und im Laufe des Tages wurde $^1/_2$ Liter Wasser gesammelt. Das Kabel wurde dann vier Tage ausgekocht und ergab Isolationswiderstände von 30 000 Megohm.

Kabel, die infolge fehlerhaften Bleimantels naß geworden sind, koche man so lange aus, bis keine Blasen mehr aufsteigen. Dieser Prozeß kann 3 bis 5 Tage dauern.

Kabel mit zu geringer Isolation behandle man in ähnlicher Weise, nachdem man das Blei abgeschält hat. Meistens genügen 1 bis 2 Tage Auskochen, um 1000 bis 2000 Megohm zu erzielen.

Den Tränkmassen setze man von Zeit zu Zeit ein passendes Öl zu, um sie immer dünnflüssig zu erhalten. Die leichten und flüchtigen Bestandteile destillieren ab, besonders beim Auskochen mit offenem Deckel, und werden auch von der Faser mehr eingesaugt als die dickeren Bestandteile.

Das Umpressen mit Blei.

Allgemeines. Die Bleipresse ist die wichtigste Maschine der ganzen Kabelfabrikation und hat bis dahin sozusagen in allen Fabriken Anlaß zu großen Sorgen und Kämpfen gegeben. Mancher Ingenieur wird mit Schmerzen an die Zeiten zurückdenken, da die

Presse trotz Aufwand alles Scharfsinns und aller bis dahin gesammelten Erfahrungen doch nicht in regelmäßigen und sicheren Gang zu bringen war. Die Zeit hat auch diese Sorgen überstanden, aber alle Wunden, welche die Bleipresse verursacht hat, sind doch noch nicht geheilt.

Auf einen ordentlichen Erfolg der Presse kann man nur rechnen, wenn man dieselbe von Grund aus kennt, immer in bester Ordnung hält und die Bedienungsmanschaft mit aller Strenge erzogen hat.

Eine gut geschulte Preßmannschaft ist für den Ingenieur immer von gewissem Wert, doch darf man sich auf dieselbe nicht ganz verlassen. Kontrollen sind unerläßlich, und von großem Nutzen, besonders wenn man dazu den richtigen Zeitpunkt erwählt, d. h. wenn man eine Unregelmäßigkeit erwartet. Hat die Kontrolle öfters keinen Erfolg, so verletzt man die Bedienung und fordert sie zu Widerspruch heraus.

Vor Beginn der Pressung empfiehlt es sich, alles zu kontrollieren, was zu einer Betriebsstörung oder zu einem Fehler im Kabel führen könnte.

Betriebsstörungen können herkommen von unrichtigen Temperaturen des Rezipienten und des geschmolzenen Bleies, sowie von mangelhafter Funktionierung des Abrolltellers und der Wickelvorrichtung. Das geschmolzene Blei sollte eine Temperatur von ca. 450° C. haben. Gemessen wird dieselbe durch ein gutes und kräftiges Pyrometer.

Betriebsstörungen können auch von der Presse herkommen und sind sehr häufig, wenn man dieselbe nicht in Ordnung hält.

Ebenso treten Betriebsstörungen auf, wenn das Kabel durch irgend welche Ursache in der Presse stecken bleibt, wie z. B. infolge loser Plattierung, zu engem Dorn oder durch einen Fremdkörper, den das einlaufende Kabel mit sich geführt hat und der Hemmungen veranlaßt, sobald er im Trichter des Dornes nicht mehr weiter kann.

Fehler in der Isolation oder im Bleirohr können durch eine Reihe von Ursachen entstehen.

Es kann vorkommen, daß durch irgend eine Ursache kleine Fremdkörper, Steinchen, Nägel, Metallspäne, Glas, Abfälle von Kupferdraht etc. ihren Weg in den Tränkkessel finden, am Kabel haften bleiben und mit durch die Presse geführt werden, ohne daß man es bemerkt.

Oft wird die Isolation durch Wassertropfen verdorben, die vom Dach oder von einer Dampfleitung herkommen.

Fehlerhaftes Bleirohr rührt von vielerlei Ursachen her. Es können kleine Metallteilchen in die Bleizylinder hineingeraten, die sich mit dem Blei vorwärts bewegen. Treten sie, im Bleimantel eingebettet, aus der Presse heraus, so hat das Rohr entweder eine schwache Stelle oder ein Loch. Bleibt der Fremdkörper zwischen Dorn und Matrize hängen, so hat das heraustretende Rohr eine Längsspalte.

Unreinigkeiten im Blei, meistens von mitgerissenen Oxyden herrührend, verursachen ebenso schwache Stellen oder Löcher im Bleimantel. Desgleichen Luftblasen, die im Mantel eingeschlossen sind.

Will man ein tadelloses Kabel haben, so nehme man das Blei rücksichtslos wieder herunter, sobald irgend ein nennenswerter Fehler im Rohr auftritt. Kleinere Fehler schneide man heraus und verlöte den Schaden. Von den Luftblasen sind diejenigen die schlimmsten, die sich an der Innenseite des Rohres befinden.

Es ist unbedingt nötig, daß man an die Presse einen zuverlässigen Mann stellt, der das heraustretende Rohr fortwährend untersucht und anhalten läßt, wenn Fehler kommen.

Fehler im Rohr kommen oft auch von der Trommel her, auf die das Kabel gewickelt wird. Diese ist immer auf vorstehende Nägel zu untersuchen.

Wandstärke des Bleirohres. Dafür ist bis jetzt noch keine allgemeine Vorschrift gültig. Einige Fabriken berechnen sie als eine Funktion des Durchmessers D (in mm gemessen) über die Isolation nach der Formel:

$$\Delta = 0.9 + \frac{5}{100} D \text{ Millimeter.}$$

Vergleiche auch die Vorschriften des V.D.E. S. 132 und des Verbandes der englischen Kabelfabrikanten S. 134 ff.

Doppelter Bleimantel. Besteller von Kabeln haben lange Zeit geglaubt, und glauben es teilweise jetzt noch, daß ein doppelter Bleimantel für ein Kabel bester Qualität ein unbedingtes Erfordernis ist. Diese Ansicht hat wohl ihren Grund darin, daß einige angesehene Kabelfirmen doppelten Mantel offerieren und Besteller nicht gerne auf Konstruktionen anerkannter Häuser verzichten und auf etwas Neues übergehen.

Überlegt man sich die Sache aber genauer, so kann man mit wenigen Argumenten den Schluß ziehen, daß ein einfacher Mantel einem doppelten in allen Fällen vorzuziehen ist.

Ein Kabel mit doppeltem Mantel ist mit zwei Bleirohren umpreßt, jedes ungefähr halb so dick in der Wandstärke als dasselbe Kabel mit einfachem Bleimantel. Der zylindrische Raum zwischen den beiden Mänteln wird, so gut es eben geht, mit weichem Harz ausgefüllt, um eventuelles Fortwandern von Feuchtigkeit zu verhindern.

Stellen wir uns nun zwei Kabel vor, eins mit einem einfachen Mantel von 2 mm Wandstärke, und eins mit zwei Mänteln von je 1 mm Dicke. Fehler, herrührend von Unreinigkeiten und Luftblasen oder mechanischen Beschädigungen, sind immer möglich. Dieselben sind um so wichtiger, je tiefer sie gehen. Eine Luftblase von 1 mm Tiefe hat in dem einfachen Mantel von 2 mm Dicke nicht viel zu sagen. Sie bildet bloß eine schwache Stelle, die nur Bedeutung erhalten kann, wenn das Blei später weggefressen wird. In dem Rohr von 1 mm Dicke spielt eine solche Blase aber eine ganz andere Rolle. Sie bildet in demselben ein komplettes Loch. Der zirkulare Raum zwischen den zwei Mänteln wird nur zufällig ganz mit Masse ausgefüllt, wovon man sich durch Zerlegen eines doppelwandigen Rohres überzeugen kann. Durch späteres Biegen auf den Maschinen und beim Verlegen wird dieser Zwischenraum eher vergrößert als verkleinert, so daß man annehmen kann, daß er wirklich vorhanden ist.

Nach den Gesetzen der Kapillarität wird dieser Raum durch ein Loch im äußeren Mantel Wasser ansaugen, und zwar um so gieriger, je enger er ist. Hat nun der innere Mantel auch noch ein Loch, so wird das Wasser im Laufe der Zeit dasselbe erreichen, in die Isolation eindringen und zu einem Kurzschluß führen.

Sind nicht direkte Löcher vorhanden, so werden sie sich doch, bei event. Zerfressen des Bleies, rascher bilden als bei einem Kabel mit einfachem Mantel.

Der doppelte Bleimantel ist also in allen Fällen minderwertiger als der einfache. Auch stellt er sich in der Fabrikation teurer.

Die Kabelpresse von Huber. Eine eingehende Beschreibung des Umpressens mit Blei müssen wir an Hand der Kabelpresse des Ingenieurs Huber geben, da wir nie Gelegenheit hatten, mit einer andern zu arbeiten.

Dorn und Matrize. Die Dimensionen des Bleirohres werden durch die Größen der Bohrungen von Dorn und Matrize, sowie deren Stellung gegeneinander bestimmt.

Der innere ϕ des zu formenden Rohres ist immer gleich dem ϕ über die Isolation des Kabels, also bekannt. Ebenso ist die Wandstärke des Rohres gegeben.

Es handelt sich nun, den Dorn und die Matrize zu bestimmen, die ein vorgeschriebenes Rohr erzeugen. Den Dorn muß man immer so groß nehmen, daß das plattierte Kabel unter allen Umständen leicht hindurchgezogen werden kann, auch wenn es stellenweise ungleich dick ist und sich der Trichter des Dornes nach und nach mit abgeriebenem Isolationsmaterial füllt. Aus letzterem Grunde nehme man für sehr lange Kabel einen Dorn mit größerer Öffnung als für ein kurzes Kabel von gleicher Dicke.

In der Regel wähle man für dünne Kabel einen Dorn, der 1 mm mehr Öffnung hat als das Kabel dick ist. Für mittlere Kabel schlage man ca. 2 und für starke Kabel 2 bis 3 mm zum Kabeldurchmesser zu.

Den Matrizendurchmesser erhält man, wenn man zum ϕ über das Bleirohr, den man schon berechnet hat, ca. $10\,^0/_0$ zuschlägt. Diese Regel ist gültig bis ca. 40 mm Rohrdurchmesser.

Über diese Zahl hinaus berechne man die Matrize in gleicher Weise, reduziere aber die gefundene Zahl um ca. $^1/_2$ mm bis gegen 50 und um etwa 1 mm bis gegen 60 mm Rohrdurchmesser.

Die so bestimmten Dorne und Matrizen werden nun in ihre resp. Halter eingeschraubt und, außerhalb der Presse, so gelagert, wie sie innerhalb der Presse stehen, wenn sie für die richtige Wandstärke des Rohres eingestellt sind. Dann bestimmt man den Abstand der Spitze des Dornes von der Stirnfläche des Matrizenhalters, schraubt erst diesen in die Presse hinein, bis er festsitzt, und dann den Dornhalter. Letzterer wird so weit hineingeschraubt, bis die früher abgemessene Distanz wieder hergestellt ist. Dann preßt man ein Stück Rohr und mißt es auf die Wandstärke. Wenn nicht zentrisch, hilft man mit den Zentrierbolzen der Matrize nach, und wenn nicht von richtiger Wandstärke, schraubt man den Dorn nach vorwärts oder rückwärts.

Das Rohr mache man für Starkstromkabel eher zu eng als zu weit. Das Kabel darf nicht im Rohr herumwackeln. Für Telephonkabel mache man es eher zu weit als zu eng.

Füllen und Pressen. Zum Füllen der Bleirezipienten stelle man die Preßzylinder möglichst weit zurück, damit man einen Überschuß von Blei bekommt, der beim Anfahren durch Füll- und Luftloch entweicht und event. am Ende der Rezipienten sitzende Luft mit sich nimmt.

Das Blei soll eine Temperatur von circa 400^0 C. haben. Beim Füllen der Rezipienten mit heißem Blei lasse man genügend überfließen, um event. Luftblasen wegzuschwemmen. Sobald das überfließende Blei anfängt fest zu werden, wird die Pumpe in Bewegung gesetzt, erst langsam und nach und nach rascher. Der Zweck ist, das sich abkühlende Blei als massiven Zylinder beizubehalten, der den Rezipienten vollständig ausfüllt, also den Eintritt von Luft verhindert. Nach etwa zwei Minuten ist das Blei fest geworden und man kann die Pumpe mit vollem Druck arbeiten lassen. Die Preßzylinder haben unterdessen den am Ende des

Rezipienten sitzenden Überschuß an Blei durch die zwei Löcher herausgepreßt, und das übrigbleibende Blei wird vorwärts geschoben. Es kann nur durch den ringförmigen Raum zwischen Dorn und Matrize austreten und bildet so das Rohr. Dieses schiebt das Kabel mit sich nach vorwärts und man hat nicht nötig, es zu ziehen.

Sobald man am Ende des Kolbenhubes angekommen, ist der Prozeß zu Ende. Man kann dann mit den Pistons zurückfahren, wieder füllen und die Operation solange wiederholen, als nötig ist, um die vorhandene Kabellänge zu pressen.

Jede neue Füllung schmilzt die Oberfläche des von der vorhergehenden (in der Mitte des Rezipienten) gebliebenen Restes an und verbindet sich mit ihm zu einem massiven Block, so daß das Rohr immer kontinuierlich ist und nicht geschweißt. Die neue Füllung kommt zum Vorschein, wenn die Preßkolben einen Weg von ca. 25 cm zurückgelegt haben.

Jedesmal wenn die Pressung unterbrochen wird, bildet sich auf dem Rohr ein Ring, der sog. Bambusring. Dieser läßt sich nicht vermeiden und kommt wahrscheinlich davon her, daß beim Aufheben des Druckes Matrize und Dorn sich etwas nach innen verschieben. Der Bambusring hat weiter keine Bedeutung. Wenn die Presse in Ordnung ist, so ist diese Stelle gleichwertig mit jeder anderen des Rohres.

Ist das Blei viel zu heiß gewesen, oder hat man die Pumpe zu früh in Bewegung gesetzt, so kann es vorkommen, daß bei Beginn der neuen Füllung flüssiges Blei herausspritzt.

Der erlaubte Druck des Preßwassers ist ca. 150 Atm. bei ältern und ca. 200 Atm. bei neuern Huber-Pressen. Die Temperaturen des Rezipienten sollen 100—150 resp. 140—170^0 C. sein. Bei Zusatz von 3$^0/_0$ Zinn steigt der Druck um ca. 30$^0/_0$.

Die Rezipienten müssen immer sauber und verschlossen gehalten werden, damit nicht zufällige Fremdkörper hineinkommen. Als oberstes Gesetz gilt: Alles, was in die Rezipienten hineinkommt, muß wieder hinaus.

Die Strömung des Bleies. Die einzelnen Punkte des Bleizylinders im Rezipienten bewegen sich beim Vorrücken der Preßzylinder im großen und ganzen in horizontalen Linien. Beim Eintritt in den Mittelraum des Rezipienten biegt sich ihre Bahn nach vorwärts, in den um den Dorn sich befindenden konischen Raum, und schließlich führt sie durch den ringförmigen Schlitz zwischen Dorn und Matrize nach außen.

Der in der Huber-Presse befindliche Bleiklotz ist immer massiv, während er in einigen anderen Pressen durch im Konus befindliche Rippen zerschnitten wird. Man sagt, daß so zerschnittenes Blei nie mehr ein massiver Klotz wird, und daß Rohre, von solchen Pressen produziert, nicht homogen sind, sondern aus so vielen Stücken bestehen, als Rippen vorhanden sind. Solche Rohre sollen Nähte haben, die beim Durchgange durch die Matrize zusammengepreßt werden. Durch öfteres Biegen oder durch inneren Druck soll ein solches Rohr in seine Bestandteile zerlegbar sein. Wir haben nie Gelegenheit gehabt, diese Ansicht auf ihre Richtigkeit zu prüfen.

Wir wollen nun den Vorgang der Strömung weiter untersuchen. Als Vorder- resp. Hinterseite der Kabelpresse bezeichnen wir die Hälfte, die dem Kabelaustritt resp. -Eintritt zugewendet wird.

Rechte und linke Rohrhälfte wird von rechtem und linkem Bleizylinder gebildet. Die obere Mittellinie des Rohres wird von den Teilchen gebildet, die in der oberen Mittellinie der beiden Zylinder gelegen haben. Darum kommt Schmutz immer auf der oberen Mittellinie des Rohres zum Vorschein. Analog wird die untere Mittellinie des Rohres von den zwei unteren Mittellinien der Zylinder gebildet. Da Unreinigkeiten in Blei sich nie am Boden befinden, ist diese Linie und deren Nachbarschaft immer sauber.

Die Oberfläche der hinteren Hälfte der Bleizylinder strömt im großen und ganzen auf die Innenseite des Rohres, die rechte auf die rechte, die linke auf die linke Rohrhälfte.

Ebenso bildet die Oberfläche der vorderen Hälfte der Bleizylinder die äußere Oberfläche des Rohres.

Man kann diese Strömungen studieren, indem man die Stirnflächen der Bleizylinder mit Minium anstreicht, und untersucht, an welchen Stellen des Rohres sie zum Vorschein kommen.

Befindet sich im Bleiklotz eine harte Stelle von größerer Ausdehnung (z. B von schlecht gemischtem Zinn herrührend) und in Schichten eingebettet, die verschiedene Geschwindigkeit haben, so kann der Bleiklotz in seinem Innern zerschnitten werden und das Rohr wird eine Naht haben, die nur unvollkommen schließt und sich z. B. während der Verlegung des Kabels öffnen kann.

Das Blei. Es ist durchaus nicht einerlei, was für Blei man beim Pressen verwendet. Es gibt Sorten, die man nicht verwenden darf, auch wenn sie im allgemeinen gute und weiche Rohre geben. Wir haben einmal mit gutem spanischem Blei gepreßt. Nach der Wasserprobe war das Kabel feucht. Trotz eingehender Prüfung des Rohres war kein Fehler nachweisbar.

Mehrere etwas später gepreßte Kabel zeigten die gleiche Erscheinung. Das Rohr wurde nun an der Fehlerstelle sorgfältig mit der Loupe untersucht, und schließlich wurden dem bloßen Auge unsichtbare schwarze Punkte entdeckt, meistens auf der Innenseite des Rohres und einige wenige auf der Außenseite. Das Blei war ganz zweifellos porös.

Wenn man eine gute Bleisorte gefunden hat, so bleibe man auf alle Fälle bei derselben.

Beim Pressen mit legiertem Blei gebrauche man jede Vorsicht. Blei und Zinn mischen sich sehr schlecht miteinander. Wenn irgendwie möglich, presse man Blei, dem das Zinn schon in den gekauften Blöcken zugesetzt ist.

Hat man die Mischung selber zu machen, so kann man sie nicht genug umrühren. Wir führen aus unserer Erfahrung folgende Beispiele an.

Ein Stück Bleirohr, mit $3\,^0/_0$ Zinnzusatz, mitten aus einem abgeschälten Kabel herausgeschnitten, wurde dem Laboratorium zur Untersuchung überwiesen. Die Analyse lautete: Das Muster enthält nur Spuren von Zinn.

Bei selbst gemischter Legierung haben wir öfters Längsrisse im Rohr gefunden. Eine Kabellänge, normal im Wasser geprüft, zeigte diese Risse erst sechs Monate nach der Verlegung.

Ein andermal beobachteten wir, auch bei selbst gemischter Legierung, das Auftreten von kleinen Körnern im Bleirohr, in Aussehen und Härte ähnlich dem Metall, das zum Gießen von Lagerschalen verwendet wird. Zeitweise hatte das austretende Rohr Längsrisse, offenbar von größeren Stücken dieser Legierung herrührend, die beim Durchgang durch die Mundstücke hängen blieben.

Eine weitere böse Erfahrung haben wir mit einem vorzüglichen deutschen, zweimal raffinierten Blei gemacht, dem wir Bancazinn beimischten. Es waren alle Vorsichtsmaßregeln getroffen, um eine gute Mischung zu erzielen. Trotzdem schlugen die Pressungen fehl. Das erste gepreßte Kabel, 1700 m lang, 21 mm über den Bleimantel und 2.0 mm Wandstärke, hatte einen Querriß, und das zweite, 1000 m lang, 30 mm über den Bleimantel und 2.4 mm Wandstärke, hatte zwei Querrisse an verschiedenen Stellen. Die Risse gingen vollständig durch und hatten Längen von 5 bis 15 mm.

Mit demselben Blei beobachteten wir zeitweise auch kleine oder größere weiße Flecken auf dem Bleirohr. Eine Untersuchung zeigte, daß dieselben von Zinnteilchen herrührten, die, noch flüssig, aus der Matrize heraustraten und dann gleich fest wurden. Ähnliche Stellen, aber von größeren Dimensionen, fanden wir auch bei den Querrissen.

Luftblasen im Bleirohr treten meistens auf, wenn der eine oder beide Rezipienten nicht genügend gefüllt werden, oder wenn die Preßpistons beim Füllen nicht genügend weit zurückgestellt sind. Sobald beim Anfahren der Pistons aus Füll- und Luftloch nicht lange Bleischwänze austreten, kann man mit ziemlicher Sicherheit annehmen, daß die Füllung, oder die nachfolgende, Luftblasen im Rohr ergeben wird. Luft, die gegen die Mitte der Presse eingebettet ist, wird in der gleichen Füllung ausgepreßt, solche, die sich am äußeren Ende des Bleizylinders und in dessen Nähe befindet, tritt erst mit der nachfolgenden Pressung heraus.

Luftblasen, die von nicht vollständiger Füllung herkommen, befinden sich immer auf der oberen Mittellinie des Bleirohres oder in deren Nähe. Luft, die am Füllloch hängen bleibt, erscheint etwas seitlich von der Mittellinie.

Eine andere Quelle von Luftblasen hat bei den ersten Huberpressen viel Mühe gemacht, bis deren Ursache entdeckt war.

Es kommt gelegentlich vor, besonders wenn das Blei zu heiß ist, daß dasselbe sich mit dem Piston legiert. Beim Zurückfahren verläßt der Piston unter normalen Verhältnissen das Blei ohne weiteres, und die äußere Stirnfläche des Bleiklotzes ist glatt und eben. Sobald aber das Blei mit dem Stahl des Pistons eine Legierung eingeht, reißt derselbe beim Zurückweichen aus dem Klotz ein Stück Blei heraus, oft bis zu einer Länge von 1 cm, und in feine Krystalle oder Nadeln auslaufend. Man kann diese Gebilde sehen, wenn man die Preßkolben ganz aus dem Rezipienten herauszieht. Wir haben sie oft beobachtet in der Ausdehnung von 1 bis 10 qcm. Sie sitzen meistens unter dem Füllloch, wo das Blei die höchste Temperatur hat.

Auf der Stirnfläche des in dem Rezipienten sich befindenden Bleiklotze wird man gleichzeitig das Negativ des Krystallgebildes am Piston finden, d. h. eine Höhlung, die in feine Klüfte ausläuft. Bei der nachfolgenden Füllung kann das flüssige Blei infolge seiner Oberflächenspannung diese Klüfte und Risse nicht ganz ausfüllen; es wird also Luft im neuen Bleizylinder eingebettet, die als Blasen im Rohr erscheint, sobald der Anfang der neuen Füllung heraustritt.

Wenn man diesen Vorgang beobachtet, fahre man mit dem Piston ganz heraus, entferne den abgerissenen Bleiklumpen mit Messer und Feile und schmirgle den Kopf des Pistons so lange, bis er ganz sauber ist. Nachher wird er gut eingefettet. Überhaupt sollte man dieses Einfetten nach jeder zweiten oder dritten Füllung vornehmen, aber damit vorsichtig sein, um nicht Fetttropfen in den Rezipienten einzuführen.

Wenn alle diese Vorsichtsmaßregeln durchgeführt werden liefert die Hubersche Presse Rohre ohne Blasen.

Schmutz im Bleirohr kommt einzig und allein von einer unsauberen Bedienung, die erlaubt, daß Unreinigkeiten in die Rezipienten gelangen. Bleiasche und dergleichen schwimmen immer oben auf dem Blei und gelangen nie durch das fließende Blei in die Rezipienten. Dies muß man dem Preßmeister genügend oft sagen, damit er es schließlich glaubt.

Unreinigkeiten kommen meistens von den Enden der Bleibüchse, und sie werden beim Füllen hineingeschoben. Auch werden sie durch einen schmutzigen Fülltrichter hineingebracht.

Einige Pressen haben Neigung zur Miniumbildung in den Ablaufstutzen des Bleies und an den Ventilsitzen. Dasselbe wird dann, wenn sich größere Stücke gebildet haben, gelegentlich beim Füllen weggewaschen und kommt im Rohr zum Vorschein.

Die Miniumbildung wird befördert durch einen Ablaufstutzen, der mit dem flüssigen Blei eine große Adhäsion hat, und durch eine zu hohe Temperatur des Stutzens. Wenn man längere Zeit Minium beobachtet, so gehe man zu einem Stutzen aus anderem Metall über. Bronze legiert sich leicht mit flüssigem Blei. Wir erinnern uns an einen Stutzen, der nach halbjährigem Dienst sehr stark angefressen war. Auch einzelne Stahlsorten legieren sich gerne mit Blei, oder zeigen dafür eine große Adhäsion.

Falten im Bleimantel treten immer auf, wenn das Blei nicht gleichmäßig aus den Mundstücken der Presse heraustritt, also wenn einer oder wenn beide Preßkolben stoßweise arbeiten. Die Falten befinden sich meistens auf der rechten oder linken Rohrseite, oft unten, also an den Stellen, wo der Abfluß des Bleies den geringsten Widerstand findet.

Das stoßweise Arbeiten eines Kolbens braucht weder sichtbar noch fühlbar zu sein, da ein plötzlicher Stoß von 0.1 mm schon 1 Gramm mehr Blei herausbefördert, als bei normalem Arbeiten. Die Preßkolben gehen oft stoßweise vor, wenn die Presse nicht in Ordnung ist. Sie können eintreten, wenn die Kolben nicht genau zentrisch in die Bleibüchsen eingepaßt sind und sie auf ihrem Hube irgend welche Hemmungen finden. Weiter können sie veranlaßt werden durch Reibungen in den hydraulischen Zylindern, in den Regulierstangen und im Regulierventil. Dieses letztere ist besonders wichtig für die Faltenbildung.

Falten werden durch alles begünstigt, was den Abfluß des Bleies erleichtert. Beim Pressen von kleinen Rohren haben wir sie nie beobachtet, auch wenn die Presse im allerschlechtesten Zustand war. Beim Pressen von großen Rohren, mit großer Abflußöffnung hingegen treten sie sehr häufig auf.

Die Temperatur des Bleies, in rechter und linker Büchse,

wenn nicht zu sehr verschieden, hat nach unserer Erfahrung keinen Einfluß auf die Faltenbildung, ebensowenig als Form und Stellung der Mundstücke.

Das Grusonwerk hat in der letzten Zeit einen ovalen Grundring in die Presse eingesetzt, der den Bleistrom mehr nach oben und unten dirigiert, also eine bessere Verteilung im Druck und eine gleichförmigere Geschwindigkeit im Zufluß zu den Mundstücken hervorbringt. Wir glauben, daß dieser Grundring dazu beiträgt, die Faltenbildung zu vermindern, da er die zu große Beweglichkeit des Bleies etwas reduziert.

Es ist sehr empfehlenswert, die Presse genau einzustellen und alle beweglichen Teile auf Reibung und Hemmung zu untersuchen, bevor man anfängt ein großes Rohr zu pressen. Auch vergesse man nicht, den ovalen Grundring einzusetzen.

Löcher am Bambusring rühren davon her, daß der eine Piston beim Anfahren arbeitet und der andere nicht. Das Kabel wird dann vorwärts geschoben, ehe der fehlerhafte Piston Blei herausdrückt. Der Fehler kann vermieden werden, wenn man äußerst behutsam anfährt.

Das Prüfen.

Jedes Bleikabel, auch wenn es dem Anschein nach tadellos gepreßt worden ist, muß auf mindestens 24 Stunden in Wasser gestellt werden, um das Bleirohr auf seine Dichtigkeit zu prüfen.

Die **Wasserprobe** ist unerläßlich, ebenso ihre Dauer von 24 Stunden. Einen absoluten Aufschluß über die Gesundheit des Rohres gibt sie indessen nicht. Es ist uns ein Fall bekannt, daß ein Rohr sich erst nach drei Tagen als undicht erwies. Es enthielt Poren, die von bloßem Auge nicht sichtbar waren.

Es kann auch vorkommen, daß man selbst auf große Löcher im Blei durch die Wasserprobe nicht aufmerksam gemacht wird. Dieser Fall kann eintreten, wenn die Tränkmasse die Poren der Isolation hermetisch abschließt.

Einen solchen Vorgang haben wir einmal zufällig gefunden. Ein starkes Kabel für 3000 Volt Wechselstrom ergab nach der Wasserprobe eine niedrige Isolation. Der Fehler wurde 15 m vom äußeren Ende entfernt gefunden. Nachdem 17 m abgeschnitten waren, war der Isolations-Widerstand auf 2800 Megohm gestiegen.

Da die Presse zur Zeit nicht in Ordnung war, vermuteten wir noch andere Fehler und ließen das Kabel umrollen. Eine Isolationsmessung, nach dieser Operation gemacht, ergab 75 Megohm. Das Blei wurde hierauf abgeschält und wir fanden noch drei andere Löcher.

Aus dieser Erfahrung könnte man den Schluß ziehen, daß es erforderlich wäre, jedes Kabel nach der Wasserprobe umzurollen. Eine solche Folgerung würde aber zu weit führen, erstens weil Löcher im Blei an und für sich schon seltene Ausnahmefälle sind, und zweitens, weil selten ein Bleikabel blank zur Verwendung gelangt. Gewöhnlich kommt es noch einmal auf eine Maschine, wo es umgerollt und gebogen wird, also ev. unentdeckte Fehler aller Wahrscheinlichkeit nach zum Vorschein kommen.

Es ist also unerläßlich, daß man jedes Kabel nach Beendigung aller Operationen nochmals auf Isolation prüfe, ev. noch einmal einer Wasserprobe aussetze.

Wir haben es uns zur Regel gemacht, jedes Kabel sofort nach der Umpressung mit Blei, also heiß, ins Wasser zu stellen. Das Blei leidet dadurch nicht, aber es ist wahrscheinlich, daß durch die gewaltsame Abkühlung von Blei und Isolation schwache Stellen ganz zerrissen werden, und daß sich luftleere Räume bilden, in welche das Wasser eindringen muß, während es in einem kalten Kabel durch Oberflächenspannung zurückgehalten werden kann.

Über die **Isolationsprobe** ist alles wesentliche schon auf S. 55 ff. gesagt worden.

Man sehe darauf, daß die Leiter, deren Isolationswiderstand gemessen werden soll, soweit gereinigt werden, daß die Klemme wirklich Kontakt macht, und kontrolliere die Leitungen, damit man sicher ist, man mißt das Kabel und nicht bloß die Leitung oder etwas anderes. Den ersten Ausschlag beobachte man bei jeder Messung. Er gibt eine Kontrolle über richtige Verbindung.

Als Galvanometer wähle man eines für Fabrikszwecke, mit durchsichtiger Skala, und kein Instrument für wissenschaftlichen Gebrauch. Auch mache man es nicht zu empfindlich.

Ist die Konstante zu klein, so werden die Isolationswiderstände, besonders bei kurzen Kabellängen, ungenau. Ist sie zu groß, so hat man gegen die Deformation des Fadens und die Änderung des erdmagnetischen Feldes zu kämpfen, resp. die Nulllage des Schattenbildes fortwährend zu regulieren. Man wähle die Konstante immer so groß als möglich, gehe aber nicht so weit, daß die Ruhelage nicht mehr stundenlang konstant bleibt.

Den Ausschlag beobachte man während einer Minute. Er muß stetig kleiner werden. Kommen Schwankungen vor, so ist die Isolation nicht in Ordnung. Legt man in diesem Fall den anderen Batteriepol an das Kabel, so findet man einen Ausschlag von anderer Größe.

Da der Isolationswiderstand eine Größe ist, bei der es oft auf 100 Megohm mehr oder weniger nicht ankommt, ist es nicht nötig, ihn mit aller Feinheit zu bestimmen.

Die Isolationsmessung beginne man immer mit der Messung der Konstanten des Galvanometers. Als Batterie wird meistens 100 Volt verlangt. Am besten eignen sich für das Meßzimmer Trockenelemente.

Über die **Spannungsprobe** ist auf S. 59 ff. schon alles Wesentliche gesagt.

Man prüfe alle Kabel, ohne Ausnahme, auf Spannung, auch Gleichstromkabel für 100 Volt. Es kann in der Isolation immer ein Fehler stecken, der durch eine Isolationsmessung nicht angezeigt wird.

Die Probe sollte immer mindestens eine Viertelstunde dauern, und wenn man Zeit hat, dehne man sie so lange aus als möglich. Es gibt Fehler, die sehr lange Zeit nehmen, bis sie sich so weit entwickeln, daß ein Durchschlag erfolgt. Auch mache man es sich zur Regel, nach jeder Spannungsprobe die Isolation nochmals zu messen. Ist sie nicht mehr die frühere, so setze man die Probe so lange fort, bis ein Durchschlag erfolgt.

Es ist empfehlenswert, besonders bei hohen Spannungen, dieselbe nicht auf einmal an das Kabel zu werfen, noch auf einmal abzuschalten. Diese Operation sollte immer in Stufen ausgeführt werden. Auch sollte man den Transformator und die Stromquelle ganz genau kennen und vor plötzlichen Schwankungen der Spannung geschützt sein.

Gibt der Transformator nicht mehr die normale Spannung, so konsultiere man das Kapitel über Kapazität, S. 62.

Sind Mehrleiterkabel zu prüfen, so muß separat jeder gegen alle anderen und schließlich alle gegen Blei geprüft werden.

Hohe Spannung und Lebensgefahr. Die Frage, welche Spannung für den Menschen tödlich, ist heutzutage noch nicht gelöst. Es sind schon Unglücksfälle mit 200 Volt vorgekommen.

Unserer Ansicht nach ist die Gefahr ganz individuell, und wir möchten einige Fälle aus unserer Praxis hier anführen.

Einmal prüften wir ein Bleikabel mit 3000 Volt, den einen Pol an Erde, den anderen am Leiter. In der Meinung, der Strom sei abgeschaltet, faßten wir den Leiter direkt mit der Hand an. Die Wirkung war eigenartig. Unsere beiden Unterschenkel wurden so heftig in den Knien gebogen und nach oben geschlagen, daß unterwegs an einem Hindernis ein Absatz unserer Schuhe verloren ging. Die Hände hatten wir während dieser Bewegung unbewußt weggezogen. Außer einem kleinen Schrecken hatte der Unfall keine Folgen.

Ein andermal kamen wir mit dem Rücken in Berührung mit einem Leiter, der 5000 Volt Spannung gegen Erde hatte. Wir spürten ein ganz angenehmes Kitzeln über den ganzen Rücken, und entdeckten beim Aufstehen am nächsten Morgen in der rechten Ferse eine erbsengroße Brandstelle. Die dicke Haut war ganz verkohlt. Am Rücken aber war keine Spur vom Eintritt des Stromes zu finden.

Ein drittes Mal prüften wir eine Gummiader gegen Wasser mit 40 000 Volt. Während des Versuches beugten wir uns nach vorn und kamen der Ader zu nahe. Wir spürten, daß wir unter dem Banne des Stromes waren und hörten die Funken überschlagen. Das Gefühl war ein sehr eigentümliches und die Beherrschung der Muskeln war ganz verloren. Unser Oberkörper wurde langsam aus der nach vorn gebeugten Lage aufgerichtet. Wie der Körper vertikal war, entfuhr uns unbewußt ein Schrei. Darauf begann das Biegen nach rückwärts, das schließlich zu einem Fall führte, wobei durch eine gespannte Schnur der Strom automatisch ausgeschaltet wurde. Auch dieser Unfall hatte keine anderen Folgen, als einen kurzen Schrecken, und eine Brandstelle, die von der linken Schulter bis zur Uhr in der Westentasche reichte. Wir versuchten aus der Anzahl der perlenähnlichen Wunden die Zahl der uns erreichten Perioden, also die Zeitdauer des Vorfalles abzuzählen, aber deren Anzahl und Größe per Centimeter Länge war zu unregelmäßig.

Lokalisierung von Fehlern. Fehler in der Isolation von Bleikabeln rühren von drei Ursachen her, nämlich

1. Es kann ein Fremdkörper in die Isolation eingedrungen sein.

2. Durch einen Fehler im Bleimantel ist Wasser eingedrungen.

3. Während der Spannungsprobe ist die Isolation zerstört worden.

Der Isolationswiderstand aller dieser Fehler ist gewöhnlich gering, sagen wir $^1/_{10}$ bis 1 Megohm, und die Lokalisierung derselben wird in der Fabrik in den meisten Fällen durch Anwärmen des Fehlers ausgeführt. Je nach der Größe des Isolationswiderstandes setzt man den Fehler unter eine Spannungsdifferenz von einigen Hundert oder einigen Tausend Volt. Hochspannungskabel brennt man gewöhnlich mit 2000 bis 5000 Volt aus. Sobald der Isolationswiderstand gering geworden ist, setzt man sie unter die Spannung von 100 bis 500 Volt einer Dynamomaschine. Den Strom, der in das Kabel eintritt, sollte man immer messen, damit man die Isolation nicht zu stark verbrennt.

Nach einiger Zeit greift man die Bleifläche ab und sucht nach einer warmen Stelle. Man rollt das Kabel um, bis man dieselbe findet. Bleibt man ohne Erfolg, so war die Anwärmung nicht genügend und man wiederholt den Prozeß.

Fehler in Gummi- und Guttaperchakabeln bestimmt man ebenfalls auf bequeme Weise durch Ausbrennen. Der fehlerhafte Ring wird in einem Wasserbad an einer Stange aufgehängt und so weit als möglich ausgebreitet. Dann stellt man zwischen dem Leiter und dem Wasser eine Spannungsdifferenz her und sucht nach aufsteigenden Blasen. Bei gewöhnlichen Gummidrähten und nicht zu großen Fehlern erfordert man dazu mindestens 1000 Volt und kann bis 3000 Volt gehen, ohne die Ader durch den Versuch selber zu schädigen. Die von der Ader aufsteigenden Blasen bestimmen den Ort des Fehlers.

Es kommt oft vor, daß Gummiader der Lokalisierung hartnäckigen Widerstand bietet. In diesen Fällen gehe man bis bis 3000 Volt und warte das Aufsteigen von Blasen ruhig ab, auch wenn sie einige Stunden auf sich warten lassen.

Eine weniger gewalttätige Lokalisierung beruht auf der Wheatstoneschen Stromverzweigung. Dafür ist S. 65 nachzuschlagen.

Das Beheben von Fehlern. Wie man einen gefundenen Fehler aus einem Kabel entfernen soll, entscheiden immer die Umstände. Ist die Länge des Kabels nicht vorgeschrieben, so wird der Fehler ohne weiteres herausgeschnitten und das Kabel in zwei Längen geliefert.

Beide haben dann vorsichtig geprüft zu werden, besonders, wenn es sich um Hochspannungskabel handelt und der Fehler von einem Durchschlag herrührt, für den keine plausible Ursache gefunden werden kann. Es ist sowohl beim Ausprüfen als bei Betrieb von Kabeln mit hoher Spannung häufig, daß ein Durchschlag von einem oder mehreren anderen, an anderen Stellen, begleitet ist.

Kabel, die durch fehlerhaften Bleimantel Wasser bekommen haben und noch nicht gepanzert sind, werden gewöhnlich abgeschält, das heißt, das Blei wird wieder heruntergeschnitten, was auf einer Seilmaschine, mit zwei Messern am Kaliber befestigt, keine großen Umstände macht. Das abgeschälte Kabel wird dann wieder getrocknet, wenn für Telephon-, und ausgekocht, wenn für Starkstromzwecke bestimmt.

Hat ein Hochspannungskabel nach der Entfernung des Fehlers nicht absolut tadellosen Isolationswiderstand, so entscheide man sich ohne weiteres, auch die Jute oder andere Isolation abzuschälen.

Die Vermeidung von Fehlern während der Fabrikation und deren rücksichtslose Entfernung, wenn sie auftreten, sind für den technischen Erfolg eines Kabelwerkes unbedingt erforderlich.

Das Panzern von Kabeln.

Es ist unerläßlich, ein Kabel gegen chemische Einflüße und mechanische Beschädigungen zu schützen, ganz einerlei, komme es unter oder über die Erde. Es sind Fälle bekannt geworden, daß Ratten das blanke Blei eines Kabels durchnagt haben.

Der einfachste Schutz, den man einem Bleikabel gibt, ist die asphaltierte Jute, oft auch Compound genannt. Der Bleimantel wird mit einer weichen und biegsamen Asphaltmasse bestrichen und dann mit einer Schicht Jute umsponnen, gewöhnlich mit No. $^1/_2$. Diese Jute muß mit Asphalt, Teer oder einer Mischung beider gut getränkt werden, damit sie nicht rasch in Verwesung übergeht. Gewöhnlich überzieht man die Juteschicht noch mit einer Schicht von hartem Asphalt, der rasch trocknet. Teer trocknet nicht rasch. Beim Verlegen eines Kabels, das abfärbt, hat man Schwierigkeiten mit den Arbeitern, also sollte man die Jute mit Teer allein nicht imprägnieren, sondern noch die harte Kruste darüber legen. Auch wird es notwendig, auf der Maschine das Kabel, nachdem es den letzten Tränkkessel passiert hat, mit einer Mischung von Wasser und Kreide zu bespritzen. Das Wasser kühlt die heiße Tränkmasse ab, und die Kreide verhindert, daß die einzelnen Kabelringe auf der Trommel aneinander kleben bleiben. Die Kreideschicht ist auch beim Verlegen angenehm, da die Leute nicht schmutzig werden.

In vielen Fällen wird über diese Lage asphaltierte Jute noch ein Panzer aus Bandeisen und über diesen wieder eine Lage asphaltierte Jute gegeben. Dieser Panzer verleiht dem Kabel einen gewissen Schutz, hauptsächlich gegen böswillige Beschädigungen und den Unverstand von Neugierigen. Gegen gewaltsame mechanische Stöße oder Schläge bietet der Panzer aber keinen ausreichenden Schutz. Ebenso schützt er nicht gegen Zugkraft, also darf man ein Kabel, das aufgehängt oder von einem Schiff aus verlegt wird, nicht mit Eisenband panzern.

Das Eisenband wird meistens in Dicken von 1 mm, für ganz dünne Kabel von $^1/_2$ mm zum Panzern verwendet. Es ist ziemlich einerlei, ob man kalt oder warm gewalztes Band verwende. In England braucht man meistens Stahlband.

Das Band wird in Rollen gewickelt bezogen und dann auf die Spulen der Panzermaschine aufgewickelt. Während dieses Prozesses geht es durch einen Rollenapparat, der die harte Zunderschicht bricht und das Band geschmeidig macht. Zu hartes Band darf man zum Panzern nicht verwenden, da es sich beim Wickeln bedeutend dehnen muß.

Sind zwei Längen des Bandes miteinander zu verbinden, so

besorgt man das in den meisten Fabriken mit zwei Nieten. Wir haben Kupfernieten den eisernen immer vorgezogen, weil man mit ihnen einen bessere Arbeit erzielt und Brechen nahezu ausgeschlossen ist. Der Stoß der zwei Bänder darf nicht rechtwinklig geschnitten sein. Eine auf das Band gezeichnete gerade Linie, senkrecht auf die Kanten gezogen, erscheint beim aufgelegten Band als ein Kreisbogen. Man kann eine andere Linie auf dem Band ziehen, die nach dem Auflegen noch eine gerade Linie bildet. Verbindungsstellen, nach dem Winkel dieser Linie geschnitten, werden während des Auflegens auf das Kabel nicht deformiert, die Nieten leiden nicht und die Ecken der Bänder biegen sich nicht um. Mit rechtwinklig geschnittenen Bändern biegen sich die Ecken oft fest um und verletzen das Blei.

Das Band wird spiralförmig um das Kabel gelegt, und zwischen den einzelnen Umgängen sind Lücken von 5 bis 8 mm Breite. Diese müssen zugedeckt werden mit einem zweiten Band, das über das erste zu liegen kommt. Dessen Lücken müssen auf der Mittellinie des unteren Bandes zu liegen kommen. Es ist oft schwer, dies herauszubringen, aber wenn die Maschine gut ist und man kennt sie einigermaßen, so ist die Sache nicht besonders schwierig.

Auf der Maschine lasse man das untere Band dem oberen um mindestens einen Gang vorlaufen. Man ist dann sicher, daß die zwei nie miteinander in Kollision kommen, oder dass das obere Band zum unteren wird.

Die Regulierung der Spannung der ablaufenden Bänder und die Stellung der Spulen ist wesentlich für einen tadellosen Panzer. Wir haben bei mehreren Anlässen probiert, dem Band zwischen Spule und Kabel eine Führung zu geben, entfernten diese aber immer wieder, da sie auf die eine oder andere Art zu Beschädigungen des Bandes oder des Kabels Anlaß geben konnte.

Die Abzugsgeschwindigkeit der Panzermaschine sollte sich von 5 zu 5 mm per Tour des Bandlaufes verändern lassen, und dieser sollte keine zu große Tourenzahl haben. Gleich hinter dem Bandlauf muß ein Tränkapparat stehen, damit die Bänder gut asphaltiert werden. Mit einer gut konstruierten Maschine und Band von $^1/_2$ mm Dicke kann man noch Kabel von 10 mm ϕ über Blei panzern.

Was die Breite des Bandes anbetrifft, so gilt als Regel, daß man das obere Band immer um ca. 5 mm breiter hält als das untere. Das Band muß immer so breit sein, daß beim Auflegen auf das Kabel zwischen den einzelnen Umgängen noch genügende Zwischenräume entstehen. Fallen diese weg oder sind sie zu klein, so läßt sich das Kabel nur sehr schwer biegen. Kann man die Zwischenräume herstellen, so ist es im allgemeinen einerlei, ob man

mit einem breiten oder einem schmalen Band panzert. Je breiter
das Band ist, um so größer ist die Kabellänge, die man in einer
Stunde panzern kann.

Die Bandbreiten nehme man ungefähr nach folgender Tabelle:

Kabeldurchmesser unter 15 mm, Bandbreiten 20 und 25 mm
„   von 15 bis 25 „   „   25 „ 30 „
„   „ 25 „ 35 „   „   35 „ 40 „
„   über 35 „   „   40 „ 45 „

Das Panzern mit Band ist meistens eine schwierige Operation,
mit der man nur einen ganz zuverlässigen und geschickten Arbeiter
betrauen sollte. Der gewöhnlichste Unfall ist das Zerreißen des
Kabels, veranlaßt durch Steckenbleiben desselben in den Kalibern,
in nicht aufgewärmten Tränkapparaten oder dadurch, daß das Kabel
hinten nicht von der Trommel ablaufen kann.

Der gewöhnliche Drahtpanzer macht so gut wie gar keine
Schwierigkeiten, da die Operation dieselbe ist wie das Verseilen
von Draht. Deckt der Panzer vollkommen, so nennt man ihn geschlossen, und offen, wenn er nur teilweise deckt.

Gewöhnlich wird für Drahtpanzer verzinkter Eisendraht verwendet. Die Verbindung zweier Drahtlängen geschieht vorzugs-
weise durch Schweißen im Feuer und nachheriges Hämmern. Als
Bindemittel verwendet man Kupfer oder Messing. Die Zinkschicht
entferne man durch Abfeilen, bevor der Draht in das Feuer kommt.
Es gibt Eisensorten, die sich nicht zuverlässig zusammenschweißen
lassen. Drähte von 1 bis 3 mm ϕ lassen sich leicht mit Silber
auf dem elektrischen Apparat löten.

Nach dem Schweißen oder Löten wird die Bindestelle in einem
Zinkbade wieder verzinkt.

Je größer der Durchmesser des Eisendrahtes wird, desto
schwieriger werden die Operationen des Schweißens und besonders
des Verseilens. Doch lassen sich mit einer kräftigen Drahtseil-
maschine Drähte von 8 und selbst von 10 mm ϕ noch bemeistern.

Um die für einen Drahtpanzer nötige Anzahl Drähte zu bestimmen, berechne man den Umfang des Kreises, der durch die
Mittelpunkte der Drähte gebildet wird, dividiere denselben durch
den Drahtdurchmesser und ziehe von der gefundenen Zahl circa
10 % ab.

Drahtpanzer wird in allen Fällen verwendet, wo das Kabel
bei der Verlegung unter Zug kommt, oder wenn es aufgehängt
wird. Ebenso bei ganz dünnen Kabeln, die man nicht mit Band
panzern kann.

Flachdrahtpanzer wird für dieselben Zwecke verwendet wie

gewöhnlicher Drahtpanzer. Er deckt und schützt immer etwas mehr als letzterer, erfordert weniger Material und gibt dem Kabel einen kleineren Durchmesser.

Im Querschnitt bildet der Flachdraht ein Stück eines Ringes, ist also begrenzt durch zwei konzentrische Kreise und zwei Radien. Gebräuchlich sind Dicken von ca. 1.7 mm und Breiten von 4 bis 6 mm.

Bei der Berechnung der Drahtzahl berücksichtige man wieder, daß auf Zwischenräume und Eindrehung etwa 10 % fallen.

Flachdrähte werden ebenfalls mit der Seilmaschine aufgelegt, wobei der Exzenter entfernt und die Spulen fixiert werden müssen. Die Verteilungsscheibe muß so viel Löcher haben, als Drähte vorhanden sind, und sie darf vom Kaliber nicht zu weit entfernt sein, damit sich die Drähte nicht verlaufen und einer über den anderen zu liegen kommt.

Die Löcher in der Verteilungsscheibe zum Durchführen des Drahtes bilden nicht Teile desselben konzentrischen Ringes, sondern stehen unter einem bestimmten Winkel gegen den Teilkreis, so daß die Drähte dem Kaliber verkantet zugeführt werden. In dieser Art geführt, werden sie dem Kabel wie ein Band zugeführt und legen sich regelmäßiger auf.

Bei Drahtpanzer im allgemeinen schaue man darauf, daß der Draht immer gerade ist und so gewickelt, daß sich die einzelnen Ringe der Spule nicht ineinander verhängen. Ebenso daß alle Drähte straff und gleichmäßig gespannt sind. Dadurch verhütet man Reißen und Überspringen der Drähte.

Façondrahtpanzer kommt nur bei submarinen und Tunnelkabeln zur Verwendung, wenn ein außerordentlich starker Schutz, 5 bis 10 mm dick, verlangt wird. Die Form des Querschnittes solcher Drähte kann manigfaltig gewählt werden, und sie ist immer so, daß, wenn die Drähte auf das Kabel aufgelegt sind, ein Draht einzeln nicht mehr entfernt werden kann. Alle zusammen bilden einen geschlossenen Panzerkörper von bedeutender Dicke, und trotzdem ist das Kabel noch biegsam.

Fabrikationsfehler.

Die am häufigsten auftretenden Fabrikationsfehler haben ihren Sitz im Bleimantel und rühren her von Rissen, Löchern und mechanischen Beschädigungen.

Risse im Mantel haben wir während einer zehnjährigen Praxis mit der Huberpresse nur einmal erhalten und glauben diese schlecht legiertem Blei zuschreiben zu müssen. Das betreffende Rohr hatte einen Zinnzusatz von $3\,^0/_0$. Häufiger haben wir Längsspalten gesehen, herrührend von fremden Teilchen, die ihren Weg in die Bleibüchsen fanden und beim Durchgange durch die Mundstücke stecken blieben. Mehreremal konstatierten wir, daß diese Fremdteilchen von der Bleibüchse selber herrührten. Ein schlechter Preßmeister hatte die Gewohnheit, die Bleistempel nicht zu zentrieren und schürfte beim Hineinfahren Teile der Büchse ab. Die betreffende Presse hatte die Eigenschaft, sich fortwährend zu verschieben, davon herrührend, daß die Liderungen sich sehr rasch ausarbeiteten, weil der Zylinder von einem ganzen System tiefer Rinnen durchzogen war.

Löcher im Blei kommen meistenteils von eingebetteten Fremdkörpern, wie Schmutz und Minium her. Wir haben eine Presse beaufsichtigt, bei der das Minium nur durch fortwährendes Ausputzen der Ablaufstutzen zu vermeiden war, während wir bei einer anderen dessen Bildung außerordentlich selten beobachtet haben. Die erste Presse arbeitete mit Petrol-, die zweite mit Kohlenfeuerung. Daß der Grund darin lag, wollen wir nicht behaupten. Es ist möglich, daß er im Material des Stutzens zu suchen ist.

Weiter erscheinen Löcher im Blei beim Auftreten von sehr starken Luftblasen, die bei ihrem Austritt knallen. Luftblasen, die nach der Innenseite des Rohres offen sind, sind die gefährlichsten, da man sie oft schwer beobachten kann, trotzdem ihre Wandstärke nach außen nur einige Zehntel Millimeter ausmacht.

Die größten Löcher im Bleimantel kommen vor beim Anfahren der Presse, wenn ein Piston später anfängt zu arbeiten als der andere. Auf dessen Seite wird dann kein Blei herausgepreßt und das Rohr erscheint mit einem Loch. Die Pistons fahren immer ungleichzeitig an, wenn man bei einer Raststelle (Bambusring) bemerkt, daß altes und neues Rohr seitlich zueinander verschoben sind.

Wir erinnern uns auch einiger Fälle, daß der Bleimantel Löcher bekommen hat durch vorstehende Nägel der Wickeltrommel oder durch Unvorsichtigkeit der Arbeiter.

Von schlechtem Blei herrührende Fehler erinnern wir uns zweier Fälle. Mit einem spanischen Blei erhielten wir in zwei Kabeln von bloßem Auge unsichtbare Löcher. Ein anderes Blei von unbekannter Herkunft trat schon mit leichten Querrissen aus der Presse heraus und brach ganz beim Aufwickeln des Kabels auf der Trommel.

Einmal haben wir auf der Montage beim Abpanzern eines Endes das Blei rund herum gebrochen gefunden. Die Ursache konnte nicht festgestellt werden. Das Kabel stand zwei Monate lang im Freien, und trotzdem war seine Isolation so gut wie nach der Fabrikation.

Ein andermal fanden wir einen Fehler im Blei, der von der Panzermaschine herrührte. Der Rand des inneren Eisenbandes hatte sich durch irgend welche Ursache rechtwinkelig umgebogen und beim Aufwickeln das Blei und einen Teil der darunter liegenden Jute vollständig durchgeschnitten. Das Kabel war im Herbst verlegt und den ganzen Winter über mit 2000 Volt Wechselstrom betrieben worden. Der Fehler machte sich erst im nächsten Frühjahr geltend.

Auf der Panzermaschine kann es auch vorkommen, daß das Kabel irgendwie hängen bleibt, so daß der Bleimantel, der Leiter oder das ganze Kabel zerrissen wird. Sind die Eisenbänder zu stark gespannt, kann das Kabel so stark gewürgt werden, daß die Isolationsdicke für die Spannung nicht mehr genügt.

Eine ganze Reihe von Fehlern haben ihren Sitz in der Isolation. Gewöhnlich kann man sie darauf zurückführen, daß Metallspäne, Nägel etc. in die Tränkkessel gekommen und mit dem Kabel durch die Presse gewandert sind. Der Fall, daß ein feiner Kupferdraht mit der Jute versponnen auf das Kabel kam, ist uns einmal passiert. Die Lokalisierung des Fehlers und dessen schließliche Entdeckung war eine sehr mühsame Arbeit und gelang nur dadurch, daß wir entschlossen waren, die Natur des Fehlers unbedingt festzustellen.

Ähnliche Fehler konstatierten wir als herrührend von flossenähnlichen Spänen und Fasern, die an dem Kupfer (meistens Drähte von 4 bis 6 mm ϕ) hingen und so fest damit verwachsen waren, daß sie die Jute und der Durchgang durch das Kaliber nicht wegdrücken konnten.

Bei dünnen, mit Jute isolierten Drähten kommt es häufig vor, daß der Draht ein Knie hat, das durch die Isolation durchsticht und mit dem Blei Kurzschluß macht.

Fehler einer anderen Art kommen vor, wenn die Presse zu heiß und das neue Blei noch flüssig zu den Mundstücken gelangt. Dasselbe dringt dann gewöhnlich in die Isolation des Kabels hinein und spritzt nach vorne aus der Presse heraus.

Bleibt das in die Presse hineinlaufende Kabel aus irgend welcher Ursache stecken, so sammelt sich das aus den Mundstücken herausfließende Blei in der Bohrung des Matrizenhalters zu einem Klumpen an, dessen Entfernung oft ein starkes Stück Arbeit erfordert.

Natürlich ist in diesen zwei letzten Fällen das Bleirohr und meist auch das Kabel fehlerhaft geworden.

Zu der Liste der Fehler gehören schließlich noch die faltigen Rohre und gelegentlich beobachtete Isolationsfehler, deren Ursache man nicht feststellen kann.

Verpackung von Kabeln. Wenn Kabel für Transport oder Lagerung hergerichtet werden, müssen in erster Linie die Enden derselben gegen Eindringen von Feuchtigkeit geschützt werden. Man verwendet dazu Bleikappen, die man mit dem Bleirohr des Kabels sorgfältig verlötet. Diese Kappen müssen aus einem Stück gemacht werden, damit sie bei ev. Quetschungen sich nicht öffnen. Eine gute Kappe erhält man, wenn man ein Bleirohr über einem Dorn mit rundem Ende hämmert, bis es beinahe eine geschlossene Kuppel bekommt. Den Anschluß der Kuppel erreicht man mit einigen Tropfen Lot.

Zum Transport kommen Kabel meistens auf Holztrommeln. Der Kerndurchmesser derselben sollte etwa 20 mal dem Durchmesser des Kabels sein. Man kommt für gewöhnlich aus mit drei Trommelgrößen von den Durchmessern 500, 800 und 1000 mm. Der Flanschendurchmesser ist gewöhnlich doppelt so groß wie der Kern, und die Kernlänge etwa 500 mm für kleine und 1000 mm für mittlere und große Trommeln. Letztere sollten so stark gebaut sein, daß sie 3000—4000 kg tragen können und 3 bis 4 Reisen machen können.

Gußeiserne Achsenbüchsen tragen sehr viel zur Erhaltung von Trommeln bei.

Der Kern einer Trommel sollte so stark sein, daß er sich beim Tragen der Last nicht durchbiegt. Beim Abrollen von schweren und langen Kabeln beobachtet man oft, daß das innere Ende sich langsam herausarbeitet. Dies kommt nur bei schwachen Trommeln vor, deren Kern sich durchbiegt, resp. unter der Last kleiner wird. Das Kabel hängt dann frei auf den oberen Brettern des Kernes, wie ein Schmierring auf seiner Welle. Wenn die Welle rotiert, bleibt der Ring infolge seines größeren Durchmessers bei jedem Umgang etwas zurück. Ganz ähnlich ist der Fall mit dem Kabel, und das Ende muß sich bei jeder Umdrehung der Trommel um einige Centimeter herausarbeiten.

Das Kabel darf die Trommel nicht vollständig füllen, damit es beim Rollen nicht durch Steine etc. gedrückt wird. Als bester Schutz des Kabels während des Transportes und der Lagerung gilt die Verschalung mit Brettern. Eine Umwickelung mit Strohseilen gibt keinen so guten Schutz, genügt aber für gepanzerte Kabel.

Jede Trommel bekommt eine Signierung, die das Kabel genau kennzeichnet. Diese muß möglichst in der Mitte der Flansche angebracht werden. Ist sie nahe am Rande, so wird sie bald durch den Straßenschmutz unleserlich gemacht.

Kürzere Kabellängen kommen oft in Form von Ringen zur

Versendung, in Strohseile verpackt. Handlich sind solche nur in großen Städten, wo Krahne zum Verladen zur Verfügung stehen. Zum Wickeln von solchen Ringen braucht man eine zerlegbare Trommel.

B. Telephonkabel.

Allgemeines. Die enorme Entwickelung der städtischen Telephonnetze hat vor etwa 10 Jahren zu dem Bedürfnis geführt, die Leitungsdrähte zwischen Zentrale und den Teilnehmern unterirdisch zu verlegen, also dieselben in Form von Kabeln anzuordnen. Zu derselben Zeit fing man auch an, jeden Apparat mit einer Hin- und einer Rückleitung zu versehen.

Da für Fernsprechzwecke die Kapazität der Leitung eine außerordentlich große Rolle spielt, sind mehrfache Kabel mit den bekannten Isolationen aus imprägnierter Faser, aus Gummi und Guttapercha, deren Kapazitäten zwischen 0.15 und 0.25 MF per km liegen, für die Übertragung telephonischer Ströme nicht geeignet. Man hat schon früher nach Kabelkonstruktionen gesucht, die kleine Kapazitäten geben. Das Kabel von Fortin Hermann war die erste Lösung.

Die jetzt gebräuchlichen Kabel mit loser Papierisolierung sind vor ca. 10 Jahren von Amerika zu uns gekommen und haben der Kabelfabrikation Anlaß zu einem ungeheuren Aufschwung gegeben.

Gegenwärtig kommt neben dem Abonnentenkabel noch das interurbane Telephonkabel zur Entwickelung, so daß auch für die Zukunft der Kabelbedarf kein kleiner sein wird.

Die Fabrikation von Telephonkabeln bietet soweit nichts Neues, so daß wir dieselbe nur kurz zu besprechen brauchen. Auch ist das meiste die Konstruktion betreffende in den Spezifikationen S. 175 ff. gesagt.

Der Leiter. Der Durchmesser des Leiters ist verschieden, je nach dem Zwecke des Kabels. Für Abonnentenkabel hat man in den ersten Zeiten durchwegs Draht von 1.0 mm verwendet. Später ist man dann herunter gegangen auf 0.8 mm und in einzelnen Fällen auf 0.7 mm. Für interurbane Kabel wird der Durchmesser beträchtlich dicker. Die englische Postverwaltung verlangt z. B. folgende Durchmesser für ihre Kabel: 0.9, 1.27, 2.00, 2.45 und 2.85 mm.

Von den Drähten eines Paares ist immer der eine verzinnt und der andere unverzinnt. Sehr oft trifft man auch die Vorschrift, daß im Kabel keine Lötstelle der Drähte enthalten sein darf. Soweit unsere Erfahrung geht, ist diese Vorschrift nicht ganz gerechtfertigt. Eine Lötstelle, wenn gut gemacht, bricht nur ausnahmsweise, dagegen haben wir sehr häufig beobachtet, daß die verzinnten Drähte ohne plausibeln Grund reißen. Auch in unverzinnten Drähten treten Brüche auf, doch weitaus weniger als in den verzinnten.

Überhaupt treten Drahtrisse während der Fabrikation sehr selten auf, und noch weniger beim Verlegen und Einziehen der Kabel.

Da die Kapazität eines Leiters von dessen Durchmesser und dem Durchmesser seiner Isolationshülle abhängt, siehe S. 17, so wird die Kapazität von Kabeln mit verschiedener Drahtstärke verschieden sein, je nach dem ϕ des Leiters bei gleicher Isolationsdicke. Will man also die Kapazität mit wachsendem Drahtϕ ungefähr in den gleichen Grenzen halten, so muß man den Durchmesser über die Isolation ungefähr proportional dem Drahtϕ vermehren.

Die Isolation. Für die Isolation werden Papierbänder verwendet, je nach dem Zwecke in Dicken von 0.06 bis 0.25 mm und in Breiten von ca. 8 mm bis 20 mm. Für Papierproben siehe S. 176.

Das Papier wird entweder spiralig oder longitudinal, in ein oder zwei Lagen aufgelegt. Longitudinal aufgelegtes Papier verlangt einen spiralförmig gewickelten Faden, um die Papierröhre zusammen zu halten.

Die Größe der Papierröhre ist eine Sache der Erfahrung. Sie kann innerhalb gewisser Grenzen abgeändert werden, ohne daß die Kapazität leidet. Unserer Erfahrung nach ist es einerlei, ob die Röhre rund oder flach sei.

Ebenso ist es einerlei, ob zur Bildung des Rohres ein oder zwei Papiere verwendet werden. Es sind Kabel mit einem longitudinalen Papier von 0.06 mm Dicke fabriziert und eingezogen worden, und die Zahl der beobachteten Berührungen von Drähten war nicht größer als bei Kabeln mit zwei Papieren von 0.10 mm Dicke.

Theoretisch sollte die Papiermenge, die in einem Kabel von bestimmtem Durchmesser vorhanden ist, auf die Kapazität einen wesentlichen Einfluß ausüben, da die spez. Kapazität von Papier bedeutend größer ist als diejenige von Luft. In der Praxis scheint dies aber nicht der Fall zu sein, wenigstens nicht innerhalb der Grenzen der Papiergewichte, die man einem sog. Luftkabel geben kann.

Wir ziehen diesen Schluß aus folgendem uns bekannt gewordenen Fall. Eine größere Kabellieferung, von vorgeschriebenem

Durchmesser und Kapazität, wurde auf drei der konkurrierenden
Firmen verteilt. Die Kabel jeder Firma wurden von denselben
Beamten geprüft und ohne Anstände übernommen, also entsprachen
alle drei den Vorschriften. Die Papiergewichte, welche die drei
Fabriken in die Kabel gegeben haben, entsprachen ungefähr den
Zahlen 1 : 2 : 3.

Paarweises Verseilen hat den Zweck, die für einen Abonnenten
bestimmten zwei Leitungsdrähte immer beisammen zu halten, so
daß sie bei Spleißungen und beim Verbinden mit den Anschluß-
kabeln nicht verwechselt werden.

Durch das Verseilen der Adern wird auch noch erreicht, daß
die Induktion des Paares auf die Nachbarpaare ein Minimum wird.
Die letztere ist die Ursache des Überhörens.

Es ist leicht einzusehen, daß die gegenseitige Induktion nur
auf ein Minimum reduziert wird, wenn die einzelnen Paare, die
nebeneinander liegen, eine verschiedene Dralllänge haben und ev.
den Drall in entgegengesetzter Richtung. Zwei Paare mit gleichem
Drall nebeneinander gelegt, verhalten sich so, daß der verzinnte
Draht des einen Paares dem verzinnten Draht des anderen parallel
ist. Dasselbe ist der Fall mit den zwei unverzinnten Drähten.
Diese Anordnung ist der gegenseitigen Induktion günstig, und daß
bei den vielen bis jetzt verlegten Telephonkabeln das Überhören
nicht lästig geworden ist, liegt bloß an der kurzen Länge der
Sprechlinien. In interurbanen Linien von größerer Länge ist das
Überhören beobachtet worden, und mußte durch Kreuzungen in den
Spleißungen reduziert werden.

Die französische Postverwaltung schreibt folgenden Versuch
vor, um das Überhören in Kabeln zu prüfen: Von zwei nebeneinander liegenden Paaren wird das eine in den Kreis einer Batterie
mit gutem Mikrophon eingeschaltet, das andere Paar durch ein
Telephon zu einem geschlossenen Kreis verbunden. Spricht man
in das Mikrophon, so darf man im Telephon das Gespräch nicht
hören, so lange die Kabellänge unter einem Kilometer liegt.

Die Dralllänge hängt ab von dem ϕ des Drahtes. Theoretisch
soll sie möglichst kurz sein. Für Draht von 0.8 bis 0.9 mm verlangt die englische Postverwaltung die kleinsten Längen, 100 bis
150 mm, die französische die größten, nämlich 250 mm. Für Drähte
von 2.85 mm schreibt die englische Postverwaltung Dralllängen von
250 bis 325 mm vor.

Das Verseilen von einem Paar wird gewöhnlich gleichzeitig
mit dem Bedecken mit Papier gemacht. Die Maschine von
O. Weiß & Co. legt unten die Papiere auf und oben werden je

zwei Drähte miteinander verseilt, und es ist eine Kleinigkeit, mit dieser Maschine Paare von ungleichem Drall zu bekommen.

Früher wurde gelegentlich verlangt, daß vier Drähte miteinander verseilt werden. Es ist offenbar, daß bei einem so konstruierten Kabel die Induktion der zwei Paare aufeinander groß werden kann, besonders wenn die Drähte nicht symmetrisch angeordnet liegen, und wenn bei den Spleißungen Fehler gemacht werden, was leicht vorkommen kann.

Das Verseilen bietet keine Schwierigkeiten. Man wird den Drall der einzelnen Lagen so lang machen, als für das Biegen des Seiles zuträglich ist. Man gebe den inneren Lagen immer einen kurzen Drall und den äußeren einen langen. Die einzelnen Drähte werden dann ziemlich gleich lang und die Differenzen in Kupferwiderstand und Kapazität von inneren und äußeren Lagen sind nicht sehr bedeutend.

Jede Lage bekommt zwei nebeneinander liegende Paare, die mit farbigem Papier isoliert sind, z. B. rot und blau, von denen aus man ein beliebiges Paar abzählen kann.

Seile, die lagenweise nach rechts und links gedreht sind, haben weniger Induktion als solche, in denen alle Lagen gleiche Drehung haben.

Man gibt oft über jede Lage ein Papier, ein Baumwollband oder einige Fäden Baumwolle. Nötig ist dies aber nur, wenn der Drall außerordentlich lang ist. Auf jeden Fall aber muß das fertige Kabel gut mit Band eingewickelt werden.

Der Durchmesser eines fertigen Seiles ist teilweise bestimmt durch den Durchmesser der isolierten Paare oder der Einzelader, teilweise durch die Kaliber, die man beim Auflegen der Lagen verwendet. Man kann den Durchmesser in ziemlich weiten Grenzen abändern, ohne daß die Kapazität sich beträchtlich ändert. Dies zeigt folgender Versuch mit einem Kabel von 52 Paaren und Draht von 0.8 mm ϕ.

Es wurden 3 Kabel aus denselben Adern angefertigt, mit den Durchmessern 31, 27 und 25 mm, und jedesmal die Kapazitäten gemessen. Die folgende Tabelle zeigt die Differenzen

Durchmesser 31	Kapazität 0.049 bis 0.052
„ 27	„ 0.047 „ 0.054
„ 25	„ 0.052 „ 0.072

Nach diesen Zahlen würde also eine Variation des Gesamtdurchmessers um 10—15 $^0/_0$ keine wesentliche Änderung der Kapazität mit sich führen. In der Tat sind die Durchmesser

gleicher Kabel, von verschiedenen Firmen geliefert, sehr von einander verschieden.

Der einfachste Weg, eine Angabe über den Durchmesser eines
Telephonkabels zu machen, besteht darin, die Fläche zu berechnen,
welche auf ein Drahtpaar kommt.

Dividiert man den Gesamtquerschnitt eines Seiles durch die Zahl
der darin enthaltenen Paare, so kommt man auf einen Wert, welcher
von der Drahtzahl nahezu unabhängig ist. Für Draht von 0.8 mm
ϕ ist diese Fläche rund 10 qmm per Paar.

Genauer wird die Fläche nach folgender Tabelle angegeben

Zahl der Paare	10—20	21—60	61—150	151—200
Fläche per Paar ca.	13	12	10	9.5 qmm.

Für Kabel mit 1.8 mm Drahtdurchmesser und bis 30 Paare
haben wir diese Fläche als etwa 30 qmm bestimmt.

Felten und Guilleaume haben für den Gotthardtunnel ein
Telephonkabel, 7 Paare 1.8 mm, geliefert, das von Bächtold
(E.T.Z. 1901. S. 529) beschrieben worden ist. Für dieses ist die
Fläche per Paar ca. 40 qmm, wobei zu bemerken ist, daß das
Kabel extra stark konstruiert worden ist.

Das Trocknen von Telephonkabeln ist leicht genug, da überall
Lufträume vorhanden sind, durch welche die Wasserdämpfe entweichen können. Der Trocknungsprozeß kann mit Hülfe guter
Apparate in 10 bis 20 Stunden durchgeführt werden. Isolationen
von 10 000 Megohm per km sind leicht zu erreichen. In den
meisten Fällen nimmt die Isolation mit der Länge des Kabels zu.
Der Ausschlag des Galvanometers kommt zum größten Teil von
minderer Isolation der Enden her.

Wir haben vor einigen Jahren 10 Längen Telephonkabel von
je 300 Meter Länge angefertigt. Der durchschnittliche Isolationswiderstand war ca. 20 000 Megohm. Das verlegte Kabel, mit
9 Spleißungen darin und zwei montierten Endverschlüssen ergab
einen mittleren Isolationswiderstand von ca. 150 000 Megohm per km.
Wäre die niedrige Isolation der einzelnen Längen nicht in den
Enden gelegen, so hätten die zehn verbundenen Längen auch einen
Isolationswiderstand von ca. 20 000 Megohm per km gezeigt.

Das Trocknen der Kabel kann auch nach dem Umpressen mit
Blei vorgenommen werden, indem man getrocknete und erwärmte
Luft in dieselben hineintreibt. Ob diese Methode empfehlenswert
ist, wissen wir nicht.

Umpressen mit Blei. Der Vorgang ist ganz derselbe wie für
Beleuchtungskabel, und es ist nichts Wesentliches beizufügen.

Bettungskabel werden mit reinem Blei umpreßt, Einzelkabel mit einem Zusatz von 3 $^0/_0$ Zinn.

Wenn Kabel mit sehr großem Durchmesser zu umpressen sind, vergesse man nicht die Bleipresse vorher vollständig in Ordnung zu bringen, und den Grundring mit der ovalen Öffnung einzusetzen.

Gleich nach dem Umpressen stecke man die Kabelenden in ein Gefäß mit Paraffin und imprägniere die Enden der Adern auf etwa einen Meter. Hierauf verlöte man die beiden Enden des Bleirohres und bringe das Kabel sofort unter Wasser.

Das Prüfen und das Beheben von Fehlern. Nach jeder Operation auf der Seilmaschine müssen die sämtlichen Adern auf Kontinuität und auf Berührung geprüft werden. Es genügt nicht, bloß die neu aufgelegten Adern zu prüfen, da Fehler ebenso oft auch in den früher aufgelegten Lagen auftreten.

Eine Berührung zu lokalisieren ist sehr einfach. Der Übergangswiderstand der 2 Drähte ist meistens so gut wie Null, so daß eine Widerstandsmessung, vom inneren oder äußeren Ende aus gemacht, zum Ziele führt. Erforderlich ist bloß, daß man die Kabellänge genau mißt.

Umständlicher ist die Lokalisierung eines Drahtbruches. Im getrockneten Kabel genügt dazu die Bestimmung der Kapazität beider Teile des gerissenen Drahtes. Die zwei gesuchten Längen verhalten sich direkt wie die zwei Ausschläge.

Bei ungetrocknetem Kabel kann man die Lokalisierung auf gleiche Weise beginnen, aber da der Isolationsstrom überwiegt, kann man bloß ungefähr die Gegend bestimmen, wo der Bruch liegt. Die genaue Fehlerstelle wird dann mit einer Nadel festgestellt. Man bedient sich dazu einer Batterie mit Klingel, legt den einen Pol an das eine Ende des gerissenen Drahtes und den anderen Pol an eine Nadel. Mit dieser geht man dem Kabel entlang und sticht in das Aderpaar hinein, das den Bruch enthält. Ist man hinter der Bruchstelle, so läutet die Glocke, ist man vor ihr, so läutet sie nicht. Durch Halbieren der angestochenen Längen kommt man nach und nach auf die Bruchstelle, die man dann zur Vornahme der Reparatur öffnen muß.

Die eigentliche Prüfung eines Telephonkabels wird gemacht, wenn es mit Blei umpreßt 24 Stunden im Wasser gelegen hat. Das Bleirohr wird an jedem Ende, je nach der Aderzahl, um 250 bis 500 mm zurückgeschnitten und die Drähte lagenweise zurück gebogen, so daß jede Lage einen Konus bildet; zwischen den einzelnen Konussen bleibt ein Raum von 50—100 mm, damit man leicht zu jedem einzelnen Draht gelangen kann. Diese Anordnung der Adern nennt man die „Rose". Hierauf wird von jedem Drahtende das Papier auf ca. 30 mm entfernt und der Draht vom Paraffin gereinigt.

Nun bildet man am einen Kabelende mit Hülfe eines Kupferdrahtes von ca. 0.3 mm ϕ die „Spirale". Diese beginnt am Blei und endet in der zentralen Lage. Jedes der Aderenden ist mit diesem Draht in Verbindung gebracht worden, indem man ihn ein oder zweimal um das blanke Aderende wickelt. Vom Blei geht die Spirale an die erste Ader der äußeren Lage und dann successive zur nächsten und von der letzten zur ersten der zweiten Lage etc.

Durch die Spirale wird also jede Ader des Kabels an Blei resp. Erde gelegt, und alle werden mit einander kurz geschlossen.

Die erste Prüfung wird auf Kontinuität des Kupfers gemacht. Man legt den einen Pol eines Läutewerkes an das Blei und tupft mit dem andern jede Ader des Kabels an dem Ende, das keine Spirale hat. Bei jeder Berührung wird die Glocke läuten, wenn der Draht nicht gerissen ist.

Die zweite Prüfung ist die auf Isolation und Kapazität, und wird teilweise mit dem Galvanometer ausgeführt, und zwar von dem Ende aus, das mit der Spirale versehen ist. Am anderen Ende sind die Enden der Adern sorgfältig auseinander gebogen, so daß keine Berührungen eintreten können. Die eine Meßleitung wird an Blei gelegt, die andere an irgend ein Aderende, das man von der Spirale losgelöst und isoliert hat. Darauf kann man nach bekannter Weise die Isolation messen, indem man die Ablenkung des Spiegels nach einer Minute Elektrisierung der Ader bestimmt. Wiederholt man den Versuch, aber unter Messung des ersten Ausschlages, so erhält man die Kapazität der Ader.

Die Arbeit wird auf die Hälfte reduziert, wenn man beim Stromschluß gleich den ersten Ausschlag mißt, und nach einer Minute den Isolationsausschlag. Nimmt man den Strom ab, so kann man durch Beobachtung des Entladungsstromes den Kapazitätsausschlag nochmals kontrollieren.

Obgleich diese einfache Methode auf der Hand liegt, ist deren Anwendung doch vielen Telephonbeamten noch unbekannt.

Für die Ausführung der Messungen schlage man auf S. 57 nach.

Ist der erste Draht gemessen, so wird er wieder mit der Spirale verbunden, d. h. mit allen anderen Adern zusammen an Erde gelegt. Man löst dann einen zweiten Draht von der Spirale los, macht die Galvanometermessungen, schaltet ihn wieder zurück und mißt in dieser Weise Ader nach Ader.

Die Zahl der Drähte in einem Telephonkabel ist meistens ziem-

lich bedeutend, so daß eine komplette Messung mit dem Galvanometer in einer Fabrik kaum durchführbar ist. Auch wäre sie eine
ziemlich unnütze Arbeit, da sowohl die Isolationswiderstände als
auch die Kapazitäten der Drähte in den einzelnen Lagen ungefähr
dieselben sind.

Aus diesen Gründen begnügt man sich, in jeder Lage bloß
einige Stichproben zu machen, in der innersten Lage z. B. vier
und in jeder folgenden Lage zwei mehr. Die Adern, die man
messen will, soll man immer gleichmäßig verteilen, so daß die elektrischen Konstanten auf der ganzen Peripherie der betreffenden
Lage bekannt werden.

Die Isolationsmessung wird nun mit dem Prüftelephon zu Ende
geführt. Man überzeugt sich wieder, daß auf der einen Seite alle
Adern an der Spirale liegen und am anderen Ende alle voneinander
isoliert sind. Darauf legt man den einen Pol des Meßapparates
permanent an das Blei, das Telephon an das Ohr, und den anderen
Pol hält man in der rechten Hand. Ein Gehülfe nimmt dann, von
der zentralen Lage aus beginnend, successive einen Draht nach
dem anderen von der Spirale ab, so daß dessen blankes Ende
isoliert ist. Ein Tupfen mit dem freien Pol des Apparates genügt,
um zu wissen, ob die betreffende Ader in Ordnung ist. Das Messen
schreitet in dem Tempo fort, wie die Adern von der Spirale los-
gemacht werden können, und es ist eine Kleinigkeit, in der Minute
20 bis 40 Messungen zu machen.

Es ist nicht nötig, die gemessenen Adern wieder zu verbinden
und an Erde zu legen, da ja jede gegen alle anderen und Blei
schon gemessen ist. Der Gehülfe hat nichts anderes zu tun als die
Spirale, von der Mitte aus beginnend, successive von den Adern
loszumachen, in der Reihenfolge, wie sie verbunden sind, und von
Zeit zu Zeit die gemessenen Adern etwas zurückzubiegen, um Raum
für seine Hände zu gewinnen.

Eine Ader mit guter Isolation gibt beim Tupfen im Telephon
einen harten und kurzen Schlag, eine mit schlechter Isolation einen
weichen Schlag von größerer Zeitdauer, der sich bei mehrmaligem
Tupfen wiederholt. Berührung zweier Adern gibt wieder einen
kräftigen Schlag. Der Charakter dieser drei Schläge ist so bestimmt, daß ein einmaliges Tupfen genügt, um genau orientiert zu
sein, mit welchem der drei Fälle man es zu tun hat.

Ein Kabel, auf diese Art gemessen und gut befunden, ist vollständig sicher, wie uns eine achtjährige Erfahrung gelehrt hat.

Für Telephonkabel ist es üblich, auch den Kupferwiderstand zu messen. Es würde auch hier zu weit führen, sämtliche
Adern zu messen. Man begnügt sich, in jeder Lage einzelne Drähte

zu messen, z. B. fünf verzinnte und fünf unverzinnte Drähte, die fünf immer hintereinander verbunden.

Ist das Kabel fehlerhaft, d. h. hat es Drahtrisse oder Berührungen, so kann man drei Sachen machen: 1. das Kabel zerschneiden, so daß der Fehler herausfällt, 2. das Blei herunternehmen und reparieren und 3. den Fehler darin lassen und sich vom Besteller ev. Abzüge machen lassen.

Ist das Bleirohr undicht, so wird man dasselbe herunterschneiden, das Kabel trocknen und neu umpressen.

Wenn das gemessene Kabel zur Auflegung von asphaltierter Jute oder zum Panzern nochmals auf die Maschine kommt, so ist nach jeder Operation wieder mit Klingel und Prüftelephon die Messung auf Kontinuität und Berührung zu wiederholen.

Wenn die letzte Messung vollendet ist, bekommen die Kabelenden Kappen aus Blei, die einen Stoß oder eine Quetschung aushalten, ohne daß sie Risse zeigen. Die Kappen werden mit dem Blei des Mantels wasserdicht verlötet.

Lokalisierung von Fehlern bei nassen Adern. Wird ein mit Blei umpreßtes Telephonkabel feucht, so kann man mit der Wheatstoneschen Schleifenmethode den Fehler suchen, wenn man nicht vorzieht, das Blei abzuschneiden.

Einen Fehler eigentümlicher Art mußten wir einmal bei einem verlegten Telephonkabel suchen. Dasselbe war mit trockener Luft ausgepumpt worden, ohne daß die Isolation die vorgeschriebenen 1000 Megohm erreichte. Es wurde schließlich entdeckt, daß die Luft unterwegs verloren ging, also das Bleirohr einen Leck haben mußte.

Es wurden dann, wie bei gewöhnlichem Fehlersuchen, die üblichen Gruben gemacht, so daß das Kabel an verschiedenen Stellen zugänglich wurde. Dann wurde je ein kleines Loch in den Bleimantel geschnitten und der austretende Luftstrom beobachtet. Aus der Stärke des Blasens wurde konstatiert, nach welcher Richtung der Leck zu suchen sei. Es war dies eine unsichere und schwierige Aufgabe, aber der Fehler wurde doch richtig lokalisiert. Das Bleirohr war etwa auf Meterlänge geplatzt.

Einfluß der Nachbaradern auf die Kapazität. Der Einfluß von geerdeten Nachbaradern auf die Größe der Kapazität einer Ader ist den nachfolgenden Beobachtungen zu entnehmen. Der erste Ausschlag (prop. der Kapazität ist mit a bezeichnet.

1. Kabel mit 10 Paaren.

Zentrale Ader Cu blau gegen Blei gemessen, alle anderen Adern isoliert und dann nach und nach Nachbaradern an Erde gelegt

Cu blau / alle anderen isoliert . . . $a = 264$
   „   / Sb an Erde . . . . . . $a = 295$
   „   / noch rotes Paar Erde . . . $a = 312$
   „   / noch zweites Nachbarpaar Erde $a = 324$
   „   / ganze zentrale Lage Erde . $a = 324$
   „   / alle anderen Adern Erde . . $a = 330$

Dasselbe mit Cu blau der Außenlage wiederholt

Cu blau / alle anderen isoliert . . . $a = 305$
   „   / Sb blau Erde . . . . . $a = 332$
   „   / noch ein Nachbarpaar Erde . $a = 334$
   „   / beide Nachbarpaare Erde . $a = 336$
   „   / ganze Außenlage Erde. . . $a = 337$
   „   / alle Adern Erde . . . . . $a = 343$

2. Kapazität eines Paares.

Es wurde gemessen für ein Paar die Kapazität der Einzel-
adern Cu und Sb und die Kapazität der beiden hintereinander, auf
die Kabellänge bezogen. Alle anderen Adern liegen an Erde.

Ader Cu gegen alle anderen . . . . . $C = 0.050$ MF
   „ Sb „   „   „ . . . . . . $C = 0.048$ „
Beide hintereinander gegen alle anderen $C = 0.077$ „

Meßresultate. Nach den Protokollen von **Aubert, Grenier
& Co.** Die Kabel mit 0.8 mm Draht sind isoliert mit einer Lage Papier
0.15 mm dick und 12 mm breit, diejenigen mit 1.8 mm Draht mit
einer Lage Papier von 0.25×16 mm und über das verseilte Paar
nochmals eine Lage Papier.

Die erste Zeile gibt Details über das gemessene Kabel; die
zweite die mittleren Kupferwiderstände jeder Lage; die dritte die
Isolationswiderstände und die letzte die maximalen und minimalen
Kapazitäten einer jeden Lage. Alle Messungen sind bezogen auf
1 km bei 15° C.

a) $10 \times 2 \times 0.8$ mm   149 m $\phi = 13.5$ mm
34.7   34.9 Ohm
20 000 Megohm
0.052—0.049;   0.043—0.040 MF

b) $40 \times 2 \times 0.8$ mm   126 m $\phi = 27.5$ mm
34.5   34.5   33.9   34.2 Ohm
15 000 — 25 000 Megohm
0.042—0.045;   0.043—0.041;   0.037—0.040;
   0.045—0.045 MF

c) $80 \times 2 \times 0.8$ mm   414 m $\phi = 35.5$ mm
34.8   35.0   35.0   34.6   34.5 Ohm
80 000   —   100 000 Megohm
0.044—0.053;   0.049—0.055;   0.054—0.055;
    0.052—0.055;   0.042—0.047 MF

d) $140 \times 2 \times 0.8$ mm   344 m $\phi = 46$ mm
33.8   34.1   34.5   34.7   33.8   33.6   34.0 Ohm
20 000   —   40 000 Megohm
0.053—0.056;   0.052—0.054;   0.053—055;
    0.051—0.055;   0.052—0.052;   0.047—0.052;
    0.046—0.051 MF

e) $200 \times 2 \times 0.8$ mm   300 m $\phi = 53.0$ mm
34.9   34.9   34.9   34.5   34.5   34.2   33.6 Ohm
36 000   —   72 000 Megohm
0.050—0.054;   0.050—0.054;   0.051—0.054;
    0.049—0.053;   0.049—0.051;   0.050—0.052;
    0.050—0.052;   0.047—0.048 MF

f) $7 \times 2 \times 1.8$ mm   602 m $\phi = 16.5$ mm
6.5   6.4 Ohm
25 000   —   32 000 Megohm
0.077—0.083;   0.064—0.065 MF

g) $14 \times 2 \times 1.8$ mm   400 m $\phi = 24$ mm
6.6   6.5 Ohm
25 000   —   50 000 Megohm
0.069—0.071;   0.065—0.065 MF

h) $28 \times 2 \times 1.8$ mm   602 m $\phi = 33.0$ mm
6.37   6.37   6.44 Ohm
60 000   —   120 000 Megohm
0.077—0.082;   0.068—0.070;   0.064—0.066 MF.

Armierung. Je nach der Verlegungsart eines Telephonkabels erhält es entweder gar keinen Panzer, oder einen solchen aus Bandeisen, Flachdraht oder Runddraht.

Für das Einziehsystem nach Hultmann, siehe S. 213, kommen die Kabel mit blankem Bleimantel zur Verlegung. Das Blei ist mit 3 $^0/_0$ Zinn legiert. Beim Einziehen von Kabeln in die Zementblöcke sind folgende Zugkräfte beobachtet worden: Circa 150 m 200 aderige Kabel in einen Kanal von 75 mm eingezogen 300 bis 500 kg; 120 m 480 aderiges Kabel in denselben Kanal eingezogen, 700 bis 2000 kg. Für Bruchfestigkeit von reinem und legiertem Blei siehe S. 250

Kabel, die in große Rohre eingezogen werden und dort in

größerer Anzahl aufeinander liegen, erhalten meistens einen Flachdrahtpanzer ohne äußere Compoundschicht.

Kabel, die unter Brücken, an Häusern, Mauern etc. entlang aufgehängt werden, bekommen einen Runddrahtpanzer mit äußerer Compoundschicht. Deckt der Draht die ganze Oberfläche, so nennt man die Armatur geschlossen, deckt sie nur teilweise, so spricht man von offener Armatur.

Bettungskabel bekommen entweder eine Lage asphaltierte Jute oder einen kompletten Panzer aus Bandeisen.

Kabel zum Aufhängen. In der Telephonie kommt der Fall häufig vor, daß Kabel temporär oder permanent über Dächer, Straßen, Flüssen etc. weggeführt und aufgehängt werden müssen.

Für diese Zwecke verwendet man je nach den Umständen normale oder spezielle Kabel. Normale Kabel können gewöhnliche oder reduzierte Bleistärke haben, legiertes oder unlegiertes Blei und leichten oder schweren Panzer. Die Spezifikation des Kabels hängt ganz von den Umständen ab.

Wenn die Kabel zu schwer werden, muß man das Blei weglassen und durch einen Schlauch aus Gummi oder Okonit ersetzen. Die Spezifikation für ein solches Kabel lautet ungefähr so:

Die verseilten Adern werden mit einem oder mehreren Baumwollbändern von guter Qualität fest umwickelt, mit Gummi oder Okonit umpreßt, mit zwei gummierten Bändern umwickelt, mit einer wasserdichten und wetterbeständigen Lackschicht versehen, mit Leinenzwirn dicht umflochten, mit Asphalt getränkt, mit Flachdraht oder Runddraht in offener Spirale armiert, wieder mit bestem Leinenzwirn umflochten und mit wetterbeständigem Compound oder einer Mischung von Asbest und Zinkweiß getränkt.

Spezifikationen.

Als Ergänzung der einzelnen Paragraphen über Telephonkabel fügen wir noch einige Spezifikationen an, aus denen weitere Details entnommen werden können.

1. **Telephonkabel der englischen Post nach den Vorschriften vom Oktober 1900.**

Für die Veröffentlichung dieser Spezifikation sind wir durch das Schreiben vom 13. Aug. 1901 des Generalpostmeisters autorisiert und nehmen die Gelegenheit wahr, für die erteilte Erlaubnis hier öffentlich unseren Dank auszusprechen.

Diese Spezifikation ist das vollständigste, was wir gesehen haben, und kann in allen Fällen als Leitfaden benutzt werden, so daß wir sie nahezu vollständig wiedergeben.

Leiter. Jeder Leiter besteht aus einem massiven Kupferdraht aus reinem ausgeglühten Kupfer, glattgezogen, zylindrisch, gleichförmig in Qualität, frei von Fehlern, hat ein Normalgewicht entsprechend der Tabelle I, und ist im ϕ weder kleiner noch größer als vorgeschriebenes Minimum und Maximum.

Die kleinste Leitungsfähigkeit ist $100\,^0/_0$ nach Matthiessens Normalkupfer.

Der maximale Kupferwiderstand bei 16^0 C. darf den in der Tabelle I angegebenen nicht überschreiten.

Der Draht muß frei sein von irgend welchen Lötstellen; die einzige erlaubte Ausnahme ist gestattet im Falle ein 20 Pfd.- oder 40 Pfd.-Leiter (0.90 oder 1.27 mm ϕ) auf der Maschine bricht.

Wenn in den Kabeln mit 0.90 mm ϕ, von 150 Adern an auf wärts, nach Fertigstellung ein oder mehrere Drähte fehlerhaft sind, so wird ein Abzug von $2^1/_2\,^0/_0$ für jedes fehlerhafte Paar gemacht, und es dürfen nicht mehr als zwei solche Paare in einem Kabel vorhanden sein.

Isolation. Jedes Leiterpaar wird so mit Papier umwickelt, daß jeder Draht vom anderen und den Drähten anderer Paare wirksam isoliert ist. Das Papier ist gleichförmig in Textur und Dicke, langfaserig, stark und frei von Metallteilchen und anderen schädlichen Substanzen. Ein Streifen von 1 Zoll $= 25$ mm Breite muß ein Gewicht von 4 Pfd. $= 1.8$ kg für jeden $^1/_{1000}$ Zoll $= 0.0254$ mm Dicke tragen. Papier unter $^3/_{1000}$ Zoll $= 0.075$ mm Dicke darf nicht verwendet werden, um den Draht zu isolieren oder zum Einwickeln der einzelnen Lagen. Die isolierten Drähte werden paarweise verseilt. Der Drall ist gleichmäßig und hat folgende Längen:

Leiter, Gewicht und Durchmesser		Länge des Dralles im Paar und Farbe des Papieres							
		a		b		c		d	
		Rot u. Blau		Rot u. Weiß		Blau u. Weiß		Grün u. Weiß	
Pfd.	mm	Zoll	mm	Zoll	mm	Zoll	mm	Zoll	mm
20	0.90	3	75	4	100	5	125	6	150
40	1.27	5	125	6	150	7	175	8	200
100	2.00	7	175	8	200	9	225	10	250
150	2.46	9	225	10	250	11	275	12	300
200	2.85	10	250	11	275	12	300	13	325

Die isolierten Paare werden zu einem festen und gleichmäßig gedrehten Seil verarbeitet und die Reihenfolge der Paare ist wie folgt:

1. In Kabeln, die ein einziges Paar im Zentrum haben, hat dieses den Drall a der Tabelle, und die nachfolgenden Lagen haben die Dralle b, c und d der Reihe nach.

2. In Kabeln mit drei zentralen Paaren sind die Dralle bezw. b, c und d. Die weiteren Lagen sind wie in 1. angeordnet.

3. Im Falle eines 30 aderigen Kabels (vier zentrale Drähte) hat das Zentrum die Dralle a, b, c, d; die erste Lage hat zwei Gruppen von je vier Paaren mit den Drallen a, b, c und d und eine Gruppe von drei Paaren mit den Drallen a, b und c.

Der Aufbau des Zentrums und der verschiedenen Lagen der einzelnen Kabeltypen geschieht nach Tabelle II. Um die zentrale, sowie um jede andere Lage wird ein Papierband spiralförmig gewickelt. Wenn das Zentrum mehr als ein Paar enthält, so wird es linksgängig verseilt, die nachfolgenden Lagen abwechselnd rechts- und linksgängig.

Endlich wird das fertige Seil mit mindestens einer Papierdicke umwickelt, und wird sorgfältig und gründlich getrocknet bei einer Temperatur, die 225^0 F. $= 107^0$ C. nicht übersteigt.

Bleimantel. Der Mantel aus englischem Blei soll mit einer Temperatur von nicht über 600^0 F. $= 315^0$ C. aufgepreßt werden und einen vollständigen Zylinder ohne Löcher, Risse und sonstige Fehler bilden. Er soll einen Innendruck von 75 Pfd. per Q.Z. $= 5$ Atm. aushalten. Die Dicke des Mantels muß innerhalb der Grenzen von Tabelle III gehalten werden, ebenso der äußere ϕ. Ausgebesserte Stellen dürfen in keinem Bleimantel vorhanden sein.

Kapazität. a) Die elektrostatische Kapazität per Meile jedes Drahtes, gemessen gegen alle anderen Drähte und Blei als Erde, darf die folgenden Zahlen nicht überschreiten:

20 Pfd. Leiter oder 0.90 mm Draht.

1. 0.08 MF $= 0.050$ MF per km in Kabeln bis 358 Drähte.

2. .0.085 MF $= 0.053$ MF per km in Kabeln von 384 und mehr Drähten. Die mittlere Kapazität darf in diesen Fällen 0.08 MF $= 0.050$ MF per km nicht überschreiten.

40 Pfd. Leiter oder 1.27 mm Draht: 0.08 MF $= 0.05$ MF per km.

100 Pfd. und schwerere Leiter oder Drähte von 2.0 mm und mehr Durchmesser: 0.10 MF $= 0.0625$ MF per km.

Die Temperatur darf während der Messung nicht unter 50^0 F. $= 10^0$ C. sein.

b) Die mittlere elektrostatische Kapazität, gemessen von Draht zu Draht eines Paares, alle anderen Drähte, Batterie und Meßapparate isoliert, darf nicht mehr als $70^0/_0$ der unter a) vorgeschriebenen gewöhnlichen Kapazität betragen.

Die **Wasserprobe** soll 24 Stunden dauern.

Der Isolationswiderstand eines Drahtes gegen alle anderen und Blei, nach einer Minute bei nicht weniger als 50^0 F. $= 10^0$ C., soll nicht unter 5000 Megohm per Meile oder 3000 Megohm per km sein. Die Ausschläge des Galvanometers müssen auf eine vollkommen gleichmäßige Elektrifikation hinweisen. Das Kabel wird außer Wasser gemessen und die Enden werden sofort nach der Messung mit Metallkappen versiegelt.

Die Isolationsmessungen müssen mit nicht weniger als 300 Volt gemacht werden, und 600 Volt müssen dem Inspektor auf Verlangen zur Verfügung gestellt werden.

Inspektion. Alle Materialien, die für ein Kabel verwendet werden, müssen dem Inspektor zur Prüfung vorgelegt werden. Er hat das Recht, die Fabrikation in allen Stufen zu überwachen, und irgend ein Material zu beanstanden, das ihm nicht geeignet oder von mangelhafter Qualität erscheint. Keine Kabellänge darf expediert werden, die nicht übernommen ist und nicht den offiziellen Stempel des Inspektors trägt.

Ablieferung. Die Kabel werden geliefert auf starken Holztrommeln von nicht mehr als 50 Zoll Breite $= 1250$ mm und mit dickem Tuch gut eingewickelt. Die Trommel bekommt eine Holzverschalung aus starken Brettern. Der Transport geschieht auf Gefahr des Lieferanten.

Garantie. Der Lieferant garantiert für die Isolation; wenn beim Einziehen des Kabels oder beim Umwickeln auf eine andere Trommel sich ein Kurzschluß oder anderer Fehler entwickelt, ist er haftbar für Ersatz der fehlerhaften Strecke und aller Kosten, sobald sich ein Fabrikationsfehler nachweisen läßt.

Tabelle I.   Durchmesser und Widerstand.

Gewicht des Leiters per Meile in Pfunden	Durchmesser				Max.-Kupferwiderst. in Ohm	
	Minimum		Maximum			
	Mils	mm	Mils	mm	Per Meile	Per Kilo
20	35	0.89	36	0.91	43.890	27.3
40	49.5	1.26	50.5	1.28	21.940	13.6
100	78	1.98	80	2.03	8.778	5.46
150	96	2.43	98	2.49	5 852	3.63
200	110.5	2.81	113 5	2.88	4.389	2.73

Tabelle III. Dicke und äußerer Durchmesser des Bleimantels.

Gesamt-zahl der Drähte	Für Telephonkabel enthaltend														
	0.90 mm Draht			1.27 mm Draht			2.0 mm Draht			2.46 mm Draht			2.85 mm Draht		
	Bleidicke in mm		Maxim. äußerer Φ in mm	Bleidicke in mm		Maxim. äußerer Φ in mm	Bleidicke in mm		Maxim. äußerer Φ in mm	Bleidicke in mm		Maxim. äußerer Φ in mm	Bleidicke in mm		Maxim. äußerer Φ in mm
	Minim.	Maxim.		Minim.	Maxim		Minim.	Maxim.		Minim.	Maxim.		Minim.	Maxim.	
6	2.54	2.92	14.2	2.54	2.92	17.2	2.80	3.17	21.0	3.05	3.55	24.6	3.05	3.55	27.9
8	2.54	2.92	15.2	2.80	3.17	19.3	2.80	3.17	22.9	3.05	3.55	26.7	3.05	3.55	30.7
14	2.54	2.92	17.8	2.80	3.17	22.3	3.05	3 55	27.9	3.05	3.55	31.7	3.30	3.81	35.6
24	2.80	3.17	22.9	3.05	3.55	29.2	3.30	3.81	36.8	3.30	3.81	41.9	3.55	4.04	47.0
30	2.80	3.17	24.1	3.05	3.55	30.5	3.30	3 81	38.1	3.30	3.81	44.5	3.55	4.04	49.5
38	3.05	3.55	26.7	3.30	3.81	34.3	3.30	3.81	41.9	3.55	4.06	49.5	3.55	4.04	54.6
54	3.05	3.55	31.7	3.30	3.81	40.6	3.55	4.06	50.8	3.55	4.06	58.4	3.81	4.32	66.0
74	3.30	3.81	34.3	3.30	3.81	44.4	3.55	4.06	55.9	3.81	4.32	66.0	4.06	4.70	73.7
96	3.30	3.81	39.4	3.55	4.06	52.1	3.81	4.32	63.5	4.06	4.70	76.2			
122	3.30	3.81	41.9	3.55	4.06	55.9	3.81	4.32	68.6						
150	3.55	4.06	47.0	3.81	4.32	62.2	4.06	4.70	77.5						
182	3.55	4.06	48.3	3.81	4.32	66.0									
216	3.55	4.06	53.3	4.06	4.70	72.4									
254	3.55	4.06	55.9	4.06	4.70	76.2									
294	3.80	4.32	59.7	4.06	4.70	82.5									
338	3.80	4.32	62.2	4.32	4.95	86.3									
384	3.80	4.32	66.0	4.32	4.95	92 7									
434	3.80	4.32	67.3												
486	3.80	4.32	68.6												
542	4.06	4.70	73.7												
600	4.06	4.70	77.5												

Tabelle II. Normaltypen.

Zahl der Drähte im Kabel	Zahl der Paare in der Lagennummer									
	Zentral	1	2	3	4	5	6	7	8	9
6										
8										
14	1	6								
24	3	9								
30	4	11								
38	1	6	12							
54	3	9	15							
74	1	6	12	18						
96	3	9	15	21						
122	1	6	12	18	24					
150	3	9	15	21	27					
182	1	6	12	18	24	30				
216	3	9	15	21	27	33				
254	1	6	12	18	24	30	36			
294	3	9	15	21	27	33	39			
338	1	6	12	18	24	30	36	42		
384	3	9	15	21	27	33	39	45		
434	1	6	12	18	24	30	36	42	48	
486	3	9	15	21	27	33	39	45	51	
542	1	6	12	18	24	30	36	42	48	54
600	3	9	15	21	27	33	39	45	51	57

2. Deutsche Reichspost.

Bedingungen zur Lieferung von Fernsprechkabeln, datiert den 17. Dezember 1900.

Die Veröffentlichung verdanken wir dem Entgegenkommen des Reichspostamtes. Wir haben diejenigen Punkte weggelassen, die kein technisches Interesse haben.

1. Die Kabel sind zu 4, 7, 14, 23, 56, 112, 168 und 224 Doppelleitungen von 0.7 oder 0.8 mm Stärke herzustellen.

Von den Leitern jedes Paares ist der eine verzinnt, der andere blank; sie werden einzeln mit Papier hohl umgeben und nach dieser Isolierung paarweise oder in Gruppen zu vier verseilt.

Die Kabelseele wird in der Weise gebildet, daß die Adernpaare oder Aderngruppen in konzentrischen Lagen verseilt und zusammen mit Band bewickelt werden. Darüber folgt ein einfacher oder doppelter, vollkommen wasserdichter, nahtloser Bleimantel, der 3 vom Hundert Zinn enthält und dessen Stärke je nach der Zahl der Aderpaare und je nachdem die Kabel eine Bewehrung erhalten oder nicht, wie folgt festgesetzt ist:

Zahl der Adernpaare	Kabel mit bloßem Bleimantel mm	Kabel mit offener Bewehrung mm	Kabel mit geschlossener Bewehrung mm
4	1.4	1.3	1.3
7	1.5	1.4	1.4
14	1.7	1.6	1.5
28	2.0	1.8	1.7
56	2.2	2.0	1.8
112	2.5	2.2	2.0
168	2.8	2.5	2.2
224	3.0	3 0	2.5

Zur Bestimmung der Zählrichtung ist mindestens ein Aderpaar in jeder Lage besonders zu kennzeichnen.

Der Bleimantel ist bei bewehrten Kabeln mit einer äußeren Schutzhülle zu umgeben, zu deren Imprägnierung aber nicht Stoffe verwendet werden dürfen, die freie organische Säuren enthalten und dadurch auf den Bleimantel nachteilig einwirken könnten.

Verzinkte Flacheisendrähte von trapezförmigem Querschnitt oder runde Stahldrähte bilden die Bewehrung, auf die noch Asphalt- oder Compoundschichten mit oder ohne Juteeinlage aufgetragen werden, wenn die Kabel nicht in Röhren eingezogen, sondern in die Erde gelegt werden sollen.

Für Röhrenkabel kommen nur Flacheisendrähte zur Verwendung.

Der äußere Durchmesser der stärksten unbewehrten Kabel soll 67 mm nicht überschreiten.

2. In elektrischer Beziehung werden folgende Anforderungen gestellt:

Der Leitungswiderstand der einzelnen Adern darf bei den 0.7 mm starken Leitungen 48, bei den 0.8 mm starken Leitungen 37 Ohm für das Kilometer bei 15^0 C. nicht überschreiten; der Isolationswiderstand für beide Arten muß für das Kilometer bei derselben Temperatur mindestens 500 Megohm betragen, während die Ladungsfähigkeit bei den 0.7 mm starken Leitungen höchstens 0.05 Mikrofarad und bei den 0.8 mm starken Leitungen höchstens 0.055 Mikrofarad für das Kilometer ausmachen darf.

Bei den Isolations- und Kapazitätsmessungen sind sämtliche Adern, abgesehen von denjenigen, welche gerade gemessen werden, an Erde zu legen. Das Gleiche hat mit dem Bleimantel oder mit den Schutzdrähten zu geschehen, je nachdem Kabel ohne oder mit Bewehrung geprüft werden.

3. Bei den elektrischen Werten, sowie bei allen Abmessungen — mit Ausnahme der Kabellängen — sind Abweichungen von den vorgeschriebenen Maßen bis zu 5 vom Hundert nach oben und unten gestattet. Außerdem wird hinsichtlich des Meistwertes der Ladungsfähigkeit noch nachgelassen, daß bei einzelnen Adern (deren Zahl jedoch 10 vom Hundert aller Adern des betreffenden Kabels nicht überschreiten soll) die Ladung bis zu einem Werte von 7.5 vom Hundert des normalen Garantiewertes ansteigen darf. Für solche Adern wird der Preis des Kabels der betreffenden Einzellänge, bei welcher sich ein solcher höherer Ladungswert bei der Abnahme in der Fabrik ergibt, um je 2 vom Hundert des vertragsmäßigen Preises heruntergesetzt.

Ferner ist dem Unternehmer überlassen, in die Kabel zu 56 Doppelleitungen und mehr Reserveaderpaare in folgender Anzahl aufzunehmen:

bei 56-paarigen Kabeln	.	. . .	1 Paar
„ 112- „	„	. . . .	2 Paare
„ 168- „	„	. . . .	3 „
„ 224- „	„	. . . .	4 „

Der Bleimantel ist bei der Fabrikation in der ganzen Länge der einzelnen Kabelenden aus einem Stück herzustellen. Die Schutzdrähte müssen für das ganze Kabel einheitlich sein, auch soll ihr Drall einheitlich, rechtsgängig und stetig verlaufen.

Um das Eindringen von Feuchtigkeit in die Kabel fernzuhalten, sind die Enden in einer Länge von ungefähr 1,5 m mit besonders zubereiteter Masse auszugießen und außerdem noch mit Bleikappen zu verschließen. Für die aus einer mangelhaften Sicherung entstehenden Nachteile hat der Unternehmer aufzukommen. Falls eine Ausgießung der Kabelenden nicht gewünscht wird, ist dies in den Bestellungen angegeben.

Zur Prüfung des Bleimantels ist der Unternehmer verpflichtet, die Kabel vor Aufbringung einer Schutzhülle mindestens 12 Stunden unter Wasser zu legen. Die mit der Prüfung und Abnahme der Kabel beauftragten Beamten haben das Recht, sich von der Ausführung dieser Bestimmung zu jeder Zeit Überzeugung zu verschaffen.

Die zu den elektrischen Messungen der Kabel erforderlichen Meßinstrumente, Apparate, Batterien und Geräte sind ohne besondere Vergütung von dem Unternehmer zur Verfügung zu stellen. Die Stärke der Batterien wird von dem abnehmenden Beamten bestimmt,

6. Der Unternehmer hat eine gute Sprechverständigung in den Kabeln bis auf eine Länge von 10 km auch für den Fall zu gewährleisten, daß die einen Adern der Doppelleitungen an Erde gelegt werden. Es dürfen dann zwischen den anderen Adern keine erheblichen, die Sprechverständigung störenden Induktionserscheinungen auftreten.

Für die Erhaltung der elektrischen Eigenschaften und der Sprechfähigkeit der Kabel ist eine dreijährige Garantie zu leisten. Falls die Kabel innerhalb der drei Jahre, von der Abnahme ab gerechnet, an Sprechfähigkeit einbüßen, stärkere Induktionserscheinungen oder ungünstigere als die im § 2 angegebenen elektrischen Eigenschaften zeigen sollten, hat der Unternehmer sie entweder auf seine Kosten in den vertragsmäßigen elektrischen Zustand wieder zu versetzen oder zurückzunehmen. In letzterem Falle ist der gezahlte Preis zurückzuerstatten, auch hat die Herausnahme der Kabel aus den Röhren u. s. w. auf Kosten des Unternehmers zu erfolgen.

7. Wenn die Kabel innerhalb der Gewährzeit durch Naturereignisse, durch mechanische oder sonstige Einwirkungen, die der Unternehmer nicht abwenden konnte, beschädigt werden sollten, so ist er hinsichtlich dieser Schäden und ihrer Folgen seiner Gewährleistung enthoben.

3. Anschlußkabel.

Bedingungen der Deutschen Reichspost für die Lieferung von wetterbeständigen Kabeln und von Paraffinkabeln zum Anschluß der Fernsprechkabel, datiert den 15. Dez. 1900.

Die Spezifikation ist uns vom Reichspostamt zur Verfügung gestellt worden und wir entnehmen derselben nur die § 1 bis 5, die von technischem Interesse sind.

1. Die Kabel sind mit 4, 7, 14, 28 oder 56 Aderpaaren herzustellen, die 0.8 mm starke Leiter enthalten. In wetterbeständigen Kabeln sind beide Leiter jedes Paares verzinnt, während in Paraffinkabeln es nur ein Leiter ist, der andere dagegen blank bleibt.

Die mit Gummi oder Okonit isolierten Adern der wetterbeständigen Kabel müssen 2,5 mm stark sein, nach Umwickelung von Isolierband beträgt ihr äußerer Durchmesser 3.1 mm. Die Adern sind paarweise oder in Gruppen zu vier derart zu verseilen, daß sie in einer freien Länge von 20 cm deutlich als zusammengehörig erkannt werden können. Die Kabelseele wird in der Weise gebildet, daß die Aderpaare oder Adergruppen in konzentrischen Lagen verseilt, mit Isolierband bewickelt und je nach Bedarf entweder mit einem wasserdichten Bleimantel oder einem Hanfgeflecht versehen werden. Zur Bestimmung der Zählrichtung sind die Adern besonders zu kennzeichnen. Der Bleimantel hat bei den 4 bis 28-paarigen Kabeln 1.2 mm, bei den 56-paarigen Kabeln dagegen 1.5 mm stark zu sein.

Bei den Paraffinkabeln ist zur Isolierung in Paraffin getränkte Baumwolle zu verwenden, deren Fäden eng aneinander liegen und die Drähte fest umhüllen müssen. Hinsichtlich der Verseilung und Kennzeichnung der Adern gelten in gleicher Weise die vorbezeichneten Bestimmungen. Die Kabelseele ist mit Nesselband, Stanniol und imprägniertem Band zu umwickeln, sowie mit einer Beklöppelung zu versehen, die flammensicher imprägniert ist.

2. In elektrischer Beziehung werden folgende Anforderungen gestellt:

Der Leitungswiderstand der einzelnen Adern sämtlicher Kabel darf für das Kilometer bei 15^0 C. 40 Ohm nicht überschreiten: ihr Isolationswiderstand muß unter den gleichen Voraussetzungen bei den wetterbeständigen Kabeln mindestens 100 Megohm, bei den Paraffinkabeln dagegen mindestens 1 Megohm betragen, während die Ladungsfähigkeit bei den wetterbeständigen Kabeln nicht größer als 0.3 MF, bei den Paraffinkabeln nicht größer als 0.2 MF für das Kilometer sein soll.

3. Bei den Isolations- und Kapazitäts-Messungen sind sämtliche Adern, abgesehen von denjenigen, welche gerade gemessen werden, an Erde zu legen. Das Gleiche hat mit dem Bleimantel zu geschehen.

5. Die Lieferung der Kabel hat in den Einzellängen zu erfolgen, wie sie von den Ober-Postdirektionen bestellt werden.

Die Lieferungen haben 3 Wochen nach Eingang der Bestellungen zu beginnen. Als Beginn wird der Tag angesehen, an welchem die Kabel bei vertragsmäßiger Beschaffenheit zur Abnahme bereit gestellt werden. Auf die vorliegenden Bestellungen sind wöchentlich mindestens 500 m Gummi- und Paraffinkabel zu liefern.

Die zur Beförderung der Kabel erforderlichen Verpackungsmaterialien und Haspel hat der Unternehmer ohne besondere Vergütung mitzuliefern. Kabel bis zu 500 kg Gewicht müssen in Stroh und Packleinwand fest verpackt, schwerere Kabel dagegen auf Haspel gewickelt sein; diese werden später an den Unternehmer frei Bahnhof Fabrikort zurückgesandt.

Über jede Lieferung ist der empfangenden Ober-Postdirektion eine den Vorschriften der Telegraphenverwaltung entsprechende Rechnung zu übersenden.

Die Zahlung erfolgt innerhalb sechs Wochen nach Ausführung der Lieferung.

4. **Vorschriften einer Privatgesellschaft für Lieferung von 500aderigen Telephonkabeln.**

1. Der Draht darf im ϕ nicht unter 0.7 mm sein und besteht aus bestem Elektrolytkupfer von nicht weniger als 98 $^{0}/_{0}$ Leitungsfähigkeit. Der Widerstand darf 47 Ohm per km und 15° C. nicht übersteigen.

2. Das Papier muß von allerbester Qualität sein und der französischen Probe (siehe S. 259) genügen. Über die Art der Bewickelung werden keine Vorschriften gemacht.

3. Zwei isolierte Drähte, davon einer verzinnt und einer unverzinnt, werden zu einem Paar verseilt. Der Drall soll nicht mehr als 150 mm betragen.

4. Das Verseilen geschieht lagenweise und mit abwechselnder Drehung. Jede Lage enthält zwei nebeneinander liegende farbige Paare zur Bestimmung der anderen. Über die letzte Lage kommt eine Umspinnung mit Baumwolle. Der äußere ϕ soll nicht mehr als 51 mm betragen.

5. Der Bleimantel ist einfach und besteht aus 97 Teilen Blei und 3 Teilen Zinn, die gleichmäßig gemischt sind. Der Mantel darf nirgends weniger als 3 mm Wandstärke haben und muß vollständig frei sein von Löchern, Rissen, Falten und anderen Fehlern, und es ist Grundbedingung, daß das Rohr keine mit Zinn- oder Bleilötung ausgebesserte Stellen hat. Der äußere ϕ soll 57 mm nicht übersteigen.

6. Das fertige Kabel erlaubt der Luft freien Durchgang. Eine Länge von 250 m, wenn an einem Ende Luft unter einem Drucke von $1^1/_2$ bis $2^1/_2$ Atm. eingeblasen wird, muß nach 5 Minuten am anderen Ende den Austritt von Luft zulassen.

7. Jede Länge wird mit einem inneren Luftdruck von 2 Atm. geprüft, wobei ein Ende luftdicht verlötet wird. Der Druck wird zwei Stunden lang beobachtet und darf während dieser Zeit nicht sinken.

8. Die durchschnittliche Kapazität soll 0.050 MF per km nicht übersteigen. Sie wird mit einer Spannung von 10 Volt gemessen, wobei alle anderen Drähte und Blei an Erde liegen. Das Maximum der erlaubten Kapazität ist 0.053 MF.

9. Die Isolation wird mit derselben Anordnung wie die Kapazität gemessen, nur hat die Batterie 100 Volt und die Dauer der Elektrisierung beträgt eine Minute. Der mindeste erlaubte Isolationswiderstand beträgt 1000 Megohm.

10. Die Kabelenden werden vor Versand sorgfältig isoliert, aber Kontrollmessungen müssen auch auf den Trommeln leicht ausführbar sein.

11. Die Kabellängen sind lieferbar auf starken Trommeln, nicht unter 900 mm Kern ϕ und nicht über 1800 mm Flanschen ϕ. Die Abrollstange hat 70 mm ϕ und sie läuft in eisernen Büchsen von 75 mm Bohrung.

12. Die Gesellschaft erhält für jede Länge ein Zertifikat über Isolations- und Kapazitätsmessung und die Druckprobe. Dasselbe ist unterzeichnet von zwei Beamten der Fabrik.

13. Vier Wochen nach Übergabe der Bestellung müssen jeden Tag mindestens zwei Längen von 100 bis 150 m geliefert werden.

14. Die Gesellschaft verpflichtet sich, innerhalb 3 Wochen nach Beendigung der Verlegung eigene Messungen zu machen. Der Lieferant hat das Recht, zu denselben einen beobachtenden Vertreter zu stellen.

15. Spleißungen werden von der Gesellschaft selber ausgeführt.

16. Ergibt die Messung, daß mehr als $5\,^0/_0$ der Paare betriebsunfähig sind, so muß der Lieferant auf seine Kosten so viele Längen auswechseln, bis der Prozentsatz verlorener Paare unter 5 ist. Liegen die Fehler in den Spleißungen, so übernimmt die Gesellschaft den Schaden.

17. Der Lieferant haftet für eine Zeit von 3 Jahren für alle Schäden, die durch fehlerhaften Bleimantel verursacht sind, das heißt durch Nichterfüllung der in § 5 aufgeführten Vorschriften. Ebenso haftet er für ev. Schäden innerhalb des Rohres, die von chemischen Einflüssen herrühren.

18. Der Kontrakt ist nicht übertragbar.

19. Der Kontrakt ist nicht erfüllt, wenn die Lieferung nicht nach § 13 erfolgt oder mehr als $33\,^0/_0$ der gelieferten Längen auf Grund der Prüfungsresultate verworfen werden. Die Gesellschaft hingegen sichert dem Lieferanten im Falle von Betriebsstörungen die weitgehendste Nachsicht zu.

20. Ist der Lieferant nicht imstande, den Vertrag einzuhalten, so bezieht die Gesellschaft den Rückstand von dritter Seite. Der Lieferant ist für alle Preisdifferenzen, Frachten und Spesen haftbar.

21. Der Übernehmer bietet für vertragsmäßige Ausführung der Lieferung eine Kaution von $15\,^0/_0$ des Gesamtwertes der Bestellung.

22. Zahlungsbedingungen . . . . .

23. Streitigkeiten zwischen Lieferant und Besteller, die sich aus diesem Kontrakt ergeben, werden durch Schiedsgericht erledigt, entsprechend den Artikeln des . . . . Gesetzes über Schiedsgerichte vom . . . . . (Datum).

C. Gummikabel und Drähte.

Der Leiter. Während des Fabrikationsprozesses der Isolation, sowie nachher, ist der Kupferleiter der Zerstörung von Schwefeldämpfen ausgesetzt. Durch Verzinnen des Leiters schützt man ihn gegen diese chemische Einwirkung, da Zinn sich weniger leicht mit Schwefel verbindet. Der Schutz ist nur vollständig, wenn die Verzinnung nicht zu dünn ist und die ganze Oberfläche des Leiters bedeckt.

Eine Zeitlang hat man noch andere Schutzmittel, neben dem Verzinnen, verwendet, z. B. Umwickeln des Leiters mit Papier; Umspinnung mit Baumwolle, in die Zinkoxyd eingerieben wurde, ist lange im Gebrauch gewesen. Das Zinkoxyd wird mit einer Gummilösung oder oxydiertem Leinöl wie eine Anstreichfarbe zusammengerieben und dann auf die Umspinnung aufgetragen.

Diese Schutzmethoden sind gegenwärtig ziemlich verschwunden, wohl deswegen, weil man erkannt hat, daß eine gute Verzinnung das Beste ist.

Wir erinnern uns, einmal ein Muster eines Gummikabels gesehen zu haben, dessen Leiter mit einer Schicht Stanniol umwickelt war. Die Kupferdrähte waren nicht verzinnt und hatten die natürliche Farbe des Kupfers.

Ist der Draht nicht genügend verzinnt, so erscheint er nach der Vulkanisation schwarz und wird mit der Zeit vollständig durchgefressen. Ist die Verzinnung noch ersichtlich, aber schwarz, so hat das Zinn einen größeren Zusatz von Blei.

Die Isolation. Der Gummi wird auf den Leiter gewöhnlich in zwei Schichten von je $^1/_2$ mm Dicke aufgelegt. Oft umwickelt man die Gummischicht noch mit einem gummierten Baumwollband, teils aus Fabrikationsrücksichten, teils zum Schutze. In den meisten Fällen versieht man Drähte noch mit einer Umflechtung aus Baumwoll- oder Leinenzwirn. Gummikabel werden mit Blei umpresst, seitdem man in England mit Gummi allein so schlechte Erfahrungen gemacht hat.

Die zwei Gummilagen haben meistens verschiedene Färbung, die innere weißlich, die äußere schwärzlich. Dies sind Erinnerungen an die Kindheit der Gummiisolation. Man setzte der inneren Schicht gar keinen oder nur wenig Schwefel zu, mit der Absicht, dadurch die von der äußeren Gummischicht gegen den Kupferleiter vordringenden Schwefeldämpfe abzuhalten und zur Vulkanisierung der inneren Schicht zu verwenden. Davon kommen die Namen Separator und Mantel für innere resp. äußere Gummischicht. Gegenwärtig gibt man beiden Schichten denselben Schwefelgehalt und färbt die eine Lage, damit der Kunde die traditionell aussehende Ware bekommt.

Das zur Isolierung von Kabeln zur Verwendung kommende Material ist eine Mischung, in welcher der Gummi nur 30 bis $50\,^0/_0$ ausmacht. Den Rest bilden feingemahlene Mineralien, Metalloxyde, Gummisubstitute etc. und etwa $3\,^0/_0$ Schwefel.

Diese Materialien werden auf besonderen Maschinen zu einer homogenen Masse vermischt und schließlich in Platten ausgewalzt von 30 bis 50 m Länge, ca. 0.8 m Breite und 0.5 mm Dicke. Je nach der Gummisorte, die in der Mischung enthalten ist, und deren Prozentsatz, hat dieselbe einen anderen Preis, andere elektrische und mechanische Eigenschaften und eine andere Haltbarkeit.

Für Isolierungszwecke zerschneidet man die Gummiplatte in Streifen von bestimmter Breite, und wickelt sie spiralförmig, in ein, zwei oder mehr Lagen um den Kupferleiter herum, jede Lage mit etwas Überlapp, so daß vollständige Abdichtung erreicht wird. Da der Wickelprozeß ziemlich langsam vor sich geht, und der Gummi teilweise in doppelter, vierfacher etc. Lage erscheint, ist diese Arbeitsmethode weder sehr leistungsfähig noch ökonomisch.

Weitaus bessere Dienste leistet die longitudinale Gummipresse. Der Draht wird horizontal in die Maschine eingespannt, und zwischen zwei Gummibändern in die Walzenmesser hineingelassen. Diese drücken die Bänder fest auf den Leiter und schneiden den Überschuß der Bänder weg, so daß ein vollständig runder, mit einer Lage Gummi isolierter Draht aus der Walze heraustritt. Dieser läuft dann durch eine zweite. ev. dritte Walze, die weiter vorn auf der Maschine stehen, und wird mit weiteren Gummischichten umpreßt.

Eine solche Maschine liefert per Tag, wenn gut bedient, bis 3000 m Draht.

Noch leistungsfähiger und ökonomischer arbeitet die Maschine, wenn man sie zur gleichzeitigen Bedeckung mehrerer Drähte einrichtet. Es gibt Maschinen für 3, 6 etc. bis 24 Drähte.

Je mehr Drähte laufen, desto komplizierter wird die Bedienung und desto unsicherer das Produkt, aber mit einer sechsdrähtigen Maschine kann man immer auf 10 000 bis 12 000 m fertigen Draht per Tag rechnen.

Diese Maschine gibt vorzügliche Resultate, sobald verschiedene Bedingungen erfüllt sind. Vor allem braucht man für sie ein Personal, das die Maschine durch und durch kennt und überhaupt in Gummiarbeiten bewandert ist. Ebenso ist eine gute Gummiplatte erforderlich. Wenn die Nähte auf dem Draht nicht schließen, so untersuche man zunächst die Oberfläche der Gummiplatte. Ist diese nicht mehr klebrig, so kann man die Platté auch auf den besten Walzen nicht mehr verarbeiten. Platte verliert ihre Klebrigkeit durch zu langes Lagern oder wenn sie zu stark talkumiert wird. Nähte schließen auch nicht, wenn die Walzenmesser nicht mehr scharf sind oder nicht zentrisch zueinander stehen. Periodisch auftretende Fehler der Nath suche man in den Messerschneiden oder in ungleichmäßigem Gang der Walzen.

Sehr wichtig ist der Abzug der Walzenmaschine. Nimmt dieser mehr Draht weg, als die Walze vermöge ihrer Tourenzahl liefern kann, so wird der Gummiüberzug gestreckt, bricht und springt zurück, entweder schon auf der Maschine oder beim Vulkanisieren. Sind die Bänder gezwungen, unter sehr starkem Zug gegen die Walzenmesser zu laufen, so treten ähnliche Erscheinungen ein.

Der Isolationswiderstand von Gummidrähten, die mit der horizontalen Maschine angefertigt werden, schwankt zwischen 50 und 500 Megohm, wenn der Gummi eine Dicke von 1 mm hat und die Isolationsschicht keine Fehler hat. Billige Qualitäten haben gewöhnlich geringe Isolationswiderstände.

Will man den Isolationswiderstand vergrößern, so muß man die Wandstärke der Isolation vermehren, also z. B. drei Lagen Gummi auflegen. Zu dieser dritten Lage verwendet man in den meisten Fällen Naturgummi, d. h. reinen Gummi ohne irgend welche Beimischung. Dieser Gummi hat die Eigenschaft, hohe Isolation zu besitzen und zu behalten, wenn er nicht mit Wasser in Berührung kommt, das er sehr stark absorbiert. Gemischter Gummi hat die umgekehrten Eigenschaften.

Die Naturgummischicht gehört also direkt auf den Leiter und nicht auf die Außenseite der Isolierung. Die Wandstärke derselben wird meistens auf $^1/_4$ mm bemessen. Sobald man Naturgummi verwendet, nimmt man für die zwei äußeren Lagen eine Mischung von bester Qualität und bekommt dann Isolationswiderstände von 1000 bis 2000 Megohm per km.

Isolationswiderstände von 5000 bis 10 000 Megohm verlangen Materialien erster Klasse in bedeutender Dicke und können nur von wenigen Fabriken hergestellt werden.

Die Naturgummischicht wird mittels der Gummipresse aufgelegt, geradeso wie die gemischte Platte. Ist das Band kräftig genug, so kann man es auch mit einem Bandwickler auflegen.

Verfügt eine Fabrik für Gummidraht nicht über ein eigenes Walzwerk, so hat sie sehr viele Schwierigkeiten zu überwinden. Meistens fehlt es an einem geeigneten Raum für die Gummiarbeit, an geschultem Personal, sowie an Reinlichkeit und Zuverlässigkeit. Dazu kommen dann noch die Schwierigkeiten mit der gekauften Platte, an der meistens verschiedenes auszusetzen ist. Oft ist sie durch den Transport beschädigt oder voll Schmutz geworden; oft bildet die Rolle einen Klumpen, von dem man das Band nicht abrollen kann, und ein andermal hat die Platte keinen Klebstoff mehr, so daß die Nähte am Draht nicht schließen. Mit diesen Schwierigkeiten wird man sozusagen nie fertig. Wenn man die eine beseitigt hat, so taucht eine andere auf.

Um bei Platten, die zur Versendung auf große Distanzen kommen, das Zusammenkleben der einzelnen Lagen zu verhindern, empfehlen wir einen leichten Überzug mit einer Schellacklösung, auf eine Seite der Platte aufgetragen. Man muß denselben aber ordentlich trocknen lassen, bevor man die Platte aufrollt. Wird sie noch naß gerollt, so bekommen beide Seiten einen Schellacküberzug und die Folge ist, daß die Nähte nicht mehr schließen. So präparierte Platten muß man aber gegen Erwärmung schützen.

Im allgemeinen läßt sich sagen, daß bei der Gummiarbeit die allerpeinlichste Reinlichkeit erforderlich ist. Unreinigkeiten irgendwelcher Art, kommen sie vom Fußboden oder von der Decke in den Gummi hinein, führen immer zu schlechter Isolation oder zu direkten Fehlern. Für alle Operationen, die man mit Band und Abfällen vornimmt, benütze man Gefäße aus verzinktem Eisenblech und halte diese immer sauber.

Ebenso wie vor Unreinigkeiten bewahre man die Gummiplatte vor Feuchtigkeit. Beim Vulkanisieren sprengt diese die Nähte oder macht den Gummi porös. Für die Aufbewahrung der Platte muß ein trockener Keller zur Verfügung stehen, dessen Temperatur im Laufe des Jahres nicht zu großen Schwankungen unterworfen ist.

Die Schlauchmaschine. Das Bestreben, nahtlose Gummischläuche zu machen, hat vor etwa 20 Jahren zur Erfindung dieser Maschine geführt und deren Verwendung zum Isolieren von Drähten war selbstverständlich.

Soviel wir wissen, kann eine Schlauchmaschine nur minderwertige Mischungen, d. h. solche mit wenig Gummigehalt, verarbeiten, wenigstens was Drähte und Kabel anbetrifft. Die Masse muß plastisch sein, und diese Eigenschaft haben nur Mischungen mit wenig Gummi. Da indessen die Nachfrage nach minderwertiger

Ware eine ganz bedeutende ist, hat die Schlauchmaschine für Drähte und Kabel ihre volle Berechtigung. Sie hat sich indessen noch nicht so eingebürgert, wie sie es verdient. Wohl ist sie von den meisten Kabelfabriken eingeführt und ausprobiert worden, aber viele haben sie nach mühevollen Versuchen wieder aufgegeben.

Die Ursachen dieses Mißerfolges liegen wohl in erster Linie in der technischen Unvollkommenheit der Maschinen, die bis vor kurzem zur Verfügung gestanden haben, und in zweiter Linie in der Unkenntnis der richtigen Arbeitsbedingungen.

Die Hauptfaktoren in der Erzeugung von Schläuchen und Gummidrähten mittels der Schlauchmaschine aus plastischen Massen sind: Temperatur, Kraft und Geschwindigkeit. Diese drei Größen muß man je nach Bedürfnis herstellen und dann erhalten können. Jede Änderung dieser Größen muß leicht und unabhängig von den anderen zu erzielen sein.

Plastische Mischungen sind gegen Temperaturänderungen ziemlich empfindlich, und die Vorrichtungen zur Regulierung derselben in Speisezylinder und Kopf der Maschine sollten gut durchkonstruiert sein. Es gibt hingegen nur wenige Maschinen, bei denen dies der Fall ist. Die meisten sind aus diesen und anderen Gründen ganz unbrauchbar.

Beim Ausprobieren einer Schlauchmaschine suche man sich erst die richtigen Temperaturen heraus, und zwar für jede Mischung, die man mit ihr verarbeiten will. Nachdem suche man für die verschiedenen Drahtdicken die am besten passenden Geschwindigkeiten. Im allgemeinen ist eine große Geschwindigkeit empfehlenswert, nur hüte man sich, zu weit zu gehen. Die Spindel kann einen sehr starken Druck ausüben, aber wenn dieser unterschätzt wird, kann man die Maschine ruinieren.

Große Aufmerksamkeit sollte man auch der Speisung des Zylinders widmen. Es ist nicht einerlei, in welchen Intervallen und in welchen Mengen man den Gummi zuführt. Am besten ist kontinuierliche Zufuhr, ungefähr in gleicher Menge, wie die Mischung aus der Maschine abfließt.

Man hat uns erzählt, daß es Virtuosen gibt, die im stande sind, auf der Schlauchmaschine, mit den gleichen Mundstücken Gummischichten von verschiedenen Dicken mit vollkommener Gleichheit aufzutragen, einfach durch Veränderung der Geschwindigkeit der Maschine und der Zufuhr der Mischung.

Erwähnenswert ist noch, daß der Draht, der durch die Schlauchmaschine geht, vollständig gerade sein muß und daß dessen Zufuhr der Maschine allein überlassen werden muß. Die austretende Mischung muß ihn vorwärts schieben.

Wandstärke. Der Preisliste einer angesehenen alten Firma entnehmen wir folgende Angaben über Wandstärke und Isolationswiderstand. Die Zahlen beziehen sich auf konzentrische Kabel für 2500 Volt. Die Wandstärken zwischen den Leitern und Außenleiter und Blei sind dieselben.

Querschnitt	Wandstärke	Isolationswiderstand zwischen	
		Leitern	A.-Leiter u. Blei
2×15 qmm	2.5 mm	3400	1700
40 „	3.0 „	3400	1700
60 „	3.4 „	2500	1300
80 „	3.7 „	2500	1300
100 „	3.8 „	2500	1300
120 „	4.1 „	2000	1000
200 „	4.9 „	2000	1000

Die Vulkanisierung. Die Gummimischung erhält erst durch die Vulkanisierung die Eigenschaften, die sie für viele Zweige der Technik so wertvoll gemacht haben, nämlich: Elastizität, eine gewisse Härte, Widerstand gegen Temperatur, einen bestimmten Isolationswiderstand und die Haltbarkeit dieser Eigenschaften.

Die Vulkanisation von Mischungen kann in verschiedener Weise durchgeführt werden, da der Prozeß immer eintritt, wenn die Masse über den Schmelzpunkt des Schwefels erhitzt wird. Doch ist es unerläßlich, die Mischung während der Vulkanisation in irgendwelcher Weise unter Druck zu halten, sei es mechanischer oder Dampfdruck. Ohne Druck erhitzt, wird die Mischung schwammig.

Bestimmte Daten über die Vulkanisation von Gummiader und Kabel können wir hier nicht aufstellen. Wie in anderen Zweigen der Gummiindustrie, kann nur jahrelange Erfahrung mit den Rohmaterialien, den Beimischungen, den Fabrikationsmethoden und den Maschinen dem Techniker die Möglichkeit geben, die Eigenschaften des vulkanisierten Produktes im großen und ganzen vorauszusagen, und die richtigen Abänderungen zu treffen, wenn das Produkt anders ausfällt als erwartet. Auch wenn man die Materialien und Arbeitsmethoden so genau als nur möglich beschreibt und zwei Personen streng alle Anweisungen bei der Anschaffung der Materialien und während der Fabrikation befolgen, bringen sie doch nicht die gleichen Produkte zu stande. Die Gummifabrikation kann eben nur durch jahrelange Erfahrung gelernt werden.

Gummiader wird durchgehend unter Dampfdruck vulkanisiert. Der Schmelzpunkt des Schwefels liegt bei 115° und diese Temperatur muß beim Vulkanisieren überschritten werden. Jede Gummimischung verlangt ihre bestimmte Temperatur resp. Dampfdruck.

Für die Größe des Dampfdruckes und überhaupt den ganzen Vulkanisierungsprozeß ist nichts Bestimmtes zu sagen, da derselbe in jeder Fabrik anders ausgeführt wird. Eine 30-prozentige Paramischung z. B. wird von der einen Fabrik mit $2^1/_3$ Atm. $= 125^0$ C. vulkanisiert und von einer anderen mit $2^3/_4$ Atm. $= 131^0$. Eine Mischung mit einem Gummigehalt von $30\,^0/_0$ Negrohead und Borneo wird in verschiedenen Fabriken mit $2^3/_4$ bis 3 und sogar $3^1/_2$ Atm. vulkanisiert, oder bei den Temperaturen von 131, 134 und 139^0 C.

Die Vulkanisierungszeit ist im wesentlichsten bestimmt durch die Gewichte von Gummi und Kupfer, die sich in den Kesseln befinden. Beide müssen angewärmt werden. Eine doppelt so große Masse braucht ungefähr doppelt so viel Zeit als eine einfache, um sich auf dieselbe Temperatur zu erwärmen. Kabel mit viel Kupfer verlangen eine längere Vulkanisierzeit als dünne Drähte. Dünne Gummischichten vulkanisieren sich in kürzerer Zeit als dicke. Mischungen mit hohem Gummigehalt vulkanisieren langsamer als solche mit kleinem Gehalt.

Man vulkanisiert z. B.:

$30\,^0/_0$ Mischung, Draht und dünne Kabel	$1^1/_4 - 1^3/_4$ Std.
$40\,^0/_0$ „ „ „ „ „	$1^3/_4 - 2^1/_2$ „
$60\,^0/_0$ „ „ „ „ „	$2\ \ - 2^3/_4$ „

Für dieselbe Vulkanisierung haben wir andere Angaben bekommen, nämlich Zeiten von $2^1/_2$, 3 bis $3^1/_2$ Stunden.

Was die Frage anbetrifft, ob man beim Beginn der Vulkanisierung sofort den vollen Druck geben oder langsam ansteigen soll, so gehen die Meinungen auseinander. Es wird auf beide Arten vulkanisiert.

Aus diesen unbestimmten Angaben möchte man unwillkürlich den Schluß ziehen, es wäre ziemlich einerlei, wie man seine Drähte und Kabel vulkanisiert. Dieser Schluß ist aber etwas voreilig. Richtiger ist die Folgerung, daß die verschiedenen Fabriken nicht Zeit gehabt haben, die Frage der Vulkanisation gründlich zu studieren. Es ist gar nicht einerlei, wie man vulkanisiert. Dieser Prozeß, sowie die ihm vorausgehenden Arbeitsmethoden, sind wesentlich bestimmend nicht nur für mechanische und elektrische Eigenschaften, sondern hauptsächlich für die Haltbarkeit des Produktes. Es gibt alte Firmen, die ihre Fabrikationsmethoden im Laufe der Jahre periodenweise abgeändert und für jede einige Versuchsringe beiseite gelegt haben, die von Jahr zu Jahr auf mechanische und elektrische Eigenschaften geprüft werden. Diese Firmen wissen ganz genau, mit welchem Druck und wie lange ein bestimmter Draht vulkanisiert werden muß, damit seine Lebensdauer möglichst groß wird.

Erwähnenswert ist noch, daß bei der Vulkanisation trockener Dampf verwendet werden muß oder daß man bei nassem Dampf dafür sorgt, daß kein Wasser auf den Gummi fällt. Der Ablaufhahn des Vulkanisierkessels bleibe immer etwas offen zur Entfernung des Kondenswassers. Um eine gleichmäßige Vulkanisation zu erzielen, wickle man Draht und Kabel nur in wenigen Lagen auf die Vulkanisiertrommel und sorge dafür, daß der Dampf überall Zutritt zum Gummi hat. Vulkanisiert man Kabel, so werden deren Enden mit Gummi versiegelt.

Hat man einen doppelwandigen Kessel, so achte man darauf, daß man nicht so lange vorwärmt bis der Gummi warm wird. Bloßes Anwärmen ohne Druck macht den Gummi porös.

Anforderungen an vulkanisierten Gummi. In erster Linie handelt es sich darum, daß der Gummi richtig vulkanisiert sei. Im allgemeinen ist er weich, wenn untervulkanisiert, und hart, wenn übervulkanisiert. Hingegen gibt es auch Gummisorten, die unter allen Umständen weich bleiben. Richtig vulkanisierter Gummi hat bestimmte Härte und bestimmte Elastizität, und nur Erfahrung kann lehren, ob eine gewisse Vulkanisation das richtige Material liefert.

Was die Elastizität anbetrifft, so müssen die Anforderungen verschieden sein, je nach dem Preis, den man für die Mischung resp. die Ader bezahlt. Von geringen Sorten erwartet man wenigstens, daß, wenn ein Span von der Ader heruntergeschnitten wird, dieser sich etwas strecken läßt und dann wieder etwas zurückgeht. Reißt er gleich, so ist der Gummi für Isolationszwecke nichts wert.

Für die Elastizitätsprobe von guter Ware verweisen wir auf die Spezifikation der Englischen Admiralität, siehe S. 197.

Weiter wird vom vulkanisierten Gummi noch verlangt, daß die einzelnen Schichten fest miteinander verschmolzen sind. Ist vorgeschrieben, daß der Gummi auch am Leiter kleben soll, so wird dieser vor dem Überziehen mit einer Gummilösung präpariert, die man trocknen läßt.

Gummi soll auch nicht porös und die Oberfläche soll rund und glatt sein.

Fehler und deren Behebung. Die meisten Fehler von Gummiader kommen von nicht ganz geschlossenen Nähten und der Rest von Unreinigkeiten. Vor der Vulkanisation wird die Ader immer durchgesehen und repariert.

Die Fehler in vulkanisierter Ader brennt man mit hoher Spannung aus. Zu diesem Zwecke hängt man den Drahtring soviel als möglich ausgebreitet auf einer Stange in Wasser auf und stellt zwischen Leiter und Wasser eine Potentialdifferenz her. Man fange mit 500 Volt an und steigere diese, wenn nötig, bis auf 3000 Volt. Es gibt nur selten hartnäckige Fehler, die man mit dieser Spannung nicht ausbrennen kann. Den Ort des Fehlers bestimmt ein Funken im Wasser.

Um einen Fehler in vulkanisierter Ader zu reparieren, schneide man rechts und links von demselben auf ca. 3 cm den Gummi ganz vom Drahte weg, doch so, daß dessen zwei Enden konisch gegen den Leiter verlaufen. Dann wickle man ein Band von weißer Mischung um den Leiter herum und schließe es an die konischen Enden an, oder man lege ein Band parallel herum und schneide den Überschuß mit einer Schere weg. Das Band wird dann mit den Fingern geknetet, so daß es fest auf dem Leiter und auf dem vulkanisierten Gummi haftet und nirgends zu dick ist. Dasselbe wiederhole man mit einem schwarzen Band. Wenn gut gemacht, ist die Reparatur kaum zu erkennen.

Die ausgebesserte Stelle wird dann entweder mit engmaschigem und starkem Kaliko oder mit Vulkanisierband spiralförmig recht fest eingeschnürt und hierauf noch mit einem zweiten Band in entgegengesetzter Richtung. Der schon vulkanisierte Teil wird auch mit diesen Bändern auf eine Länge von ca. 10 cm umwickelt.

Das Vulkanisieren der reparierten Stelle geschieht in einem länglichen Gefäß, in welches die Ader oder das Kabel ohne wesentliche Krümmung eingelegt werden kann. Als Vulkanisierbad kann man irgend eine Masse verwenden, die den Gummi nicht angreift, z. B. Ozokerit, Bienenwachs, Ceresin etc. Dieser Masse setzt man gewöhnlich etwas Schwefel zu. Man verwende z. B.: Ozokerit 2 kg, Bienenwachs 1 kg, Schwefel $^1/_8$ kg.

Das Gefäß wird gewöhnlich mit offener Flamme angewärmt. Die Temperatur des Bades soll 130 bis 140° C. betragen.

Als Vulkanisierungszeit wähle man $^1/_2$ Stunde für dünne Drähte und steigere die Zeit, je nach der Dicke, um 15 Minuten. Recht starke Kabel darf man $1^1/_2$ Stunden lang vulkanisieren.

Erhöhung des Isolationswiderstandes. Ist kein eigentlicher Fehler im Gummi vorhanden, sondern der Isolationswiderstand im ganzen zu gering, so kann man denselben oft durch einen Kunstgriff ganz wesentlich erhöhen. Die Ader wird auf eine eiserne Trommel gewickelt, diese in ein Ceresinbad von 90 bis 100° C. versenkt und dann auf eine zweite Trommel außerhalb des Bades umgewickelt. Billige Gummisorten müssen sofort nach dem Versenken abgespult werden, mit Mittelsorten kann man 5 Minuten und mit guten Sorten kann man 10 bis 15 Minuten warten bis man mit dem Umspulen beginnt.

Messung des Isolationswiderstandes. Darüber ist nichts besonderes zu sagen. Empfehlenswert ist aber, daß man die Messung mit einer starken Batterie, z. B. 500 Volt, vornehme und daß man sowohl mit positivem, als negativem Pol messe. Sind die beiden Ausschläge mehr als $5^0/_0$ voneinander verschieden, so kann man sicher sein, daß die Ader nicht in Ordnung ist.

Noch mehr empfiehlt es sich, vor der Isolationsmessung jede Ader mit 1000 bis 2000 Volt zu prüfen.

Spezifikationen.

Gummiader wird zum großen Teil für Hausinstallationen verwendet, und meistens werden dafür außer für den Isolationswiderstand keine besonderen Vorschriften gemacht.

Weitaus schärfer sind die Militär- und Marinebehörden, die Gummiader in sehr großem Maße bestellen. Wir geben im nachfolgenden einige Spezifikationen solcher Behörden, darunter eine, deren Publikation wir dem Entgegenkommen der englischen Admiralität zu verdanken haben. Auf diese machen wir speziell aufmerksam.

1. Spezifikation der englischen Admiralität.

Kupfer. Die Leiter aller elektrischen Kabel bestehen aus gut ausgeglühtem Kupfer von den vorgeschriebenen Dimensionen. Die Leitungsfähigkeit ist mindestens $98^0/_0$ von Matthiesens Standard von reinem Kupfer und die Elongation mindestens $15^0/_0$ in einer Länge von 6 Zoll $= 150$ mm. Die Drähte haben (wenn nicht anders vorgeschrieben) eine gleichmäßige doppelte Verzinnung und müssen vor dem Verseilen oder Plattieren gründlich gereinigt werden.

Die Zinnschicht muß frei von Blei oder anderen Unreinigkeiten sein und so dick, daß der Draht nach dem Vulkanisieren keine Spur von Kupfersulphid zeigt.

Es sind per Draht nicht mehr als zwei Lötstellen per 1000 Yards eines fertigen Kabels erlaubt, und je zwei derselben müssen mehr als 12 Zoll $= 300$ mm voneinander entfernt sein.

Alle Lötungen müssen mit Hartlot gemacht werden.

Alle Seile werden rechts gedreht, wenn nicht anders vorgeschrieben. Die Kaliber sind aus Buchsholz, um die Verzinnung zu schonen.

Isolierung. Die innere Lage von Naturgummi enthält reinen Paragummi. Für alle Minenkabel ist geschnittenes oder gewalztes reines Paraband zu verwenden. Für die gemischte Platte ist nur Paragummi zu verwenden, und zwar nicht weniger als $60^0/_0$ für Kabel von 2000 Megohms per 1000 Yards und nicht weniger als $40^0/_0$ für die anderen Kabel. Substitute und Altgummi sind ausgeschlossen.

Der Schwefelgehalt einer Mischung darf nicht größer sein, als zu guter Vulkanisierung nötig, und soll in keinem Fall $4^0/_0$ übersteigen, oder zum Kupfer dringen.

Die gemischten Lagen müssen longitudinal aufgelegt werden und der Leiter konzentrisch eingebettet sein.

Wenn vorgeschrieben, wird die Ader spiralig mit einem feinen Baumwollband umwickelt. Dieses ist geschnitten, nicht gewoben, auf beiden Seiten mit Gummicompound wasserdicht gemacht und bildet nach dem Vulkanisieren mit der Ader einen kompakten, homogenen Körper.

Die einzelnen Lagen der Isolation dürfen sich nicht voneinander trennen lassen.

Nach der Vulkanisation müssen Kupfer und Naturgummi vollständig rein und unversehrt sein. Keine Ader wird übernommen, in der Zinn und Naturgummi nicht ganz frisch ausschauen.

Vom Leiter abgetrennte Stücke des vulkanisierten Gummis müssen für drei Stunden eine nasse Wärme von 320^0 F. $= 160^0$ C. und für eine Stunde eine trockene Wärme von 270^0 F. $= 132^0$ C. vertragen, ohne Qualität oder Aussehen zu ändern.

Separate Muster werden für 24 Stunden bei 60^0 F. $= 16^0$ C. gestreckt, und zwar solche von 2000 Megohms per 1000 Yards auf 4 mal, die anderen auf $2^1/_2$ mal ihre Länge. Nach Beendigung der Streckprobe müssen die Muster innerhalb sechs Stunden bis auf $25^0/_0$ ihrer früheren Länge zurückgehen.

Isolationsprüfung. Alle Gummiadern werden 24 Stunden in Wasser von 60^0 F. $= 16^0$ C. eingetaucht und müssen dann bei vorgeschriebener E.M.K. einen vorgeschriebenen Isolationswiderstand haben, abgelesen nach einer Minute.

Die Adern werden mit positivem und negativem Strome geprüft, und die Resultate dürfen nicht mehr als $5^0/_0$ voneinander abweichen.

Der Ausschlag muß gleichmäßig abnehmen.

Wenn eine Ader übernommen ist, so wird sie vom Fabrikanten abgelagert, und zwar während drei Monaten für Minenkabel und während einem Monat für alle andern. Nach dieser Zeit wird der Zustand des Leiters untersucht, und wenn dieser den Vorschriften entspricht, kann die Ader verseilt werden.

Fertige Kabel werden beim Fabrikanten trocken untersucht und müssen eine der Vorschrift ähnliche Isolation haben.

Der Inspektor kann nach Belieben Wasserproben machen.

Panzer.   Verzinkte Stahldrähte.

Muster No.	Drahtstärke vor dem Verzinken		Muß Zug aushalten nicht weniger als		Elongation nicht kleiner als	Zahl der Eintauchungen in $CuSO_4$
	L.S.W.G.	mm	Tons per □''	kg per qmm		
660 u. 662	13	2.33	27	45	12 $^0/_0$	4
1100	16	1.63	27	45	12 „	4
841	20	0.91	50	80	3 „	4
1207	21	0.81	30	48	3 „	4
1049	30	0.32	120	194	—	1
1388	26	0.46	—	—	—	1
1480	26	0.46	—	—	—	1

Der Draht muß die vorgeschriebene Dicke haben, aus einer guten Qualität homogenen Stahles gemacht, vollständig rund im Querschnitt und durchaus zylindrisch sein.

Bruchfestigkeit und Elongation müssen wie vorgeschrieben sein. Erstere wird durch den gemessenen ϕ des verzinkten Drahtes bestimmt.

Der Draht muß sich um den eigenen ϕ wickeln und wieder abwickeln lassen, ohne daß er eine andere Verletzung zeigt als Abschälen der Verzinkung.

Die Zinkschicht muß fest am Draht hängen und glatt und gleichmäßig sein.

Wenn der Draht um einen Zylinder vom siebenfachen ϕ des Drahtes gewickelt wird, darf die Verzinkung keine Beschädigung zeigen.

Die Dicke der Zinkschicht wird durch Eintauchen des Drahtes in eine konzentrierte Lösung von Kupfervitriol von 60^0 F. $= 16^0$ C. geprüft. Nach einer Minute wird der Draht herausgezogen und sauber abgewischt. Die Probe wird so oft wiederholt, als in der Tabelle vorgeschrieben, und es darf sich keine Spur von Kupferniederschlag auf dem Draht zeigen.

Der verzinkte Draht darf nicht federn; wird er abgerollt, so muß er sich ganz gerade legen.

Der Draht darf beim Hartlöten nicht brüchig werden.

2. Spezifikation eines Marinekabels.

Der verzinnte Leiter besteht aus sieben Drähten von 0.8 mm ϕ. Der elektrische Widerstand desselben per Kilometer bei 15^0 C.

darf 17.5 Ohm per 1 qmm nicht übersteigen. Die Reißfestigkeit darf nicht unter 27 kg per qmm, und die Dehnung nicht unter $18^0/_0$ sein.

Die Isolation besteht aus reinem Paragummi von 0.2 mm Wandstärke, einer Lage weißer Mischung von 0.7 mm und einer Lage schwarzer Mischung ebenfalls von 0.7 mm Wandstärke. Der totale Durchmesser soll ca. 5.6 mm über den Gummi sein. Darüber kommt ein vulkanisiertes Band, Durchmesser ca. 6.2 mm und eine Umflechtung von bestem Leinenzwirn, schwarz getränkt, auf ca. 7 mm Durchmesser.

Der Isolationswiderstand darf nach dreitägigem Liegen der Ader in Wasser von 15^0 C. nicht unter 600 Megohm per Kilometer betragen.

Der Gummi wird folgender Prüfung unterworfen. Die Ader wird, nachdem Umflechtung und Band entfernt worden sind, um einen Dorn von 45 mm $\phi = 8$ mal Aderdurchmesser, 10 mal auf- und abgewickelt, jedesmal so, daß die äußere Seite zur inneren wird. Der Gummi darf keine Risse bekommen.

Ebenso darf er weder brüchig, noch weich und klebrig werden, wenn er drei Stunden lang in einem Luftbad von 110^0 C. erwärmt wird.

3. Spezifikation von Feldtelegraphenkabel.

Die Ader besteht aus fünf verzinnten Kupferdrähten von 0.3 mm ϕ und 14 ungeglühten verzinkten Stahldrähten von 0.3 mm ϕ. Die 19 Drähte werden verseilt auf einen Durchmesser von 1.5 mm. Der elektrische Widerstand dieses Leiters darf 37.5 Ohm per km bei 15^0 C. nicht übersteigen, und die Bruchfestigkeit darf nicht unter 165 kg liegen.

Die Isolation besteht aus zwei Lagen vulkanisierten Gummis, ohne Isolierband. Durchmesser 3.5 mm. Die Oberfläche soll glatt und nicht rauh sein. Der Gummi soll fest auf der Ader kleben und nur durch Kratzen entfernbar sein. Der Isolationswiderstand soll nach drei Tagen nicht unter 2000 Megohm per km und 15^0 C. betragen. Die Materialprobe wird wie unter 2 gemacht.

Die Umflechtung darf erst nach dem Vulkanisieren aufgelegt werden und muß aus Leinenzwirn bestehen. Zu deren Tränkung wird bester Ozokerit mit einem Zusatz von 10 bis $15^0/_0$ Holzkohlenteer verwendet. Der Gesamtdurchmesser beträgt ca. 5 mm.

Das Gewicht per Kilometer soll 35 kg nicht übersteigen, aber die Umflechtung muß gut getränkt sein.

4. Spezifikation von Feldtelephonkabel.

Der Leiter besteht aus einem zentralen, gut verzinnten Kupferdraht von 0.4 mm ϕ, um den 7 ungeglühte, gut verzinnte Stahldrähte von 0.3 mm ϕ verseilt sind, auf ca. 1.0 mm.

Der elektrische Widerstand des Leiters beträgt weniger als 93 Ohm per km und 15° C., und dessen Bruchfestigkeit nicht weniger als 100 kg.

Die Isolation besteht aus einer einzigen Lage Gummi von 0.5 mm Wandstärke und wird unbedingt mit Walzen aufgepreßt. Der Isolationswiderstand soll nicht weniger als 1 Megohm sein. Materialproben etc. wie unter 2.

Die Umflechtung aus nicht gezwirntem Leinengarn kann vor der Vulkanisierung aufgelegt werden. Sie bringt den Durchmesser auf ca. 3 mm.

Das Gewicht des Kabels per km soll 14.5 kg nicht übersteigen, wenn die Umflechtung gut mit Ozokerit und Teer getränkt ist.

5. Spezifikation von Sapeurader.

Leiter 7×0.5 mm verzinnt, auf 1.5 mm. Elektrischer Widerstand kleiner als 13 Ohm per km und 15° C. Reiner Para auf 2.5 mm, 2 Lagen Mischung auf 5.5 mm und Vulkanisierband auf 6.2 mm. Isolationswiderstand nicht unter 10 000 Megohm bei 15° per km nach 3 Tagen.

Umflechtung aus Leinengarn auf 6,5 mm, getränkt wie oben. Gewicht ca. 53 kg per km.

Bruchfestigkeit der fertigen Ader nicht unter 600 kg.

6. Spezifikation eines Minenkabels.

Der Leiter besteht aus 3 Kupferdrähten von 0.9 mm, zusammen auf 1.9 mm verseilt. Der Widerstand ist nicht größer als 9.3 Ohm bei 15° C. Die Drähte dürfen absolut keine Lötstellen haben.

Als Isolation kommt erst eine Schicht Guttapercha auf 2.5 mm, dann eine Schicht Naturgummi auf 3.5 mm, und schließlich eine Schicht gemischter Gummi auf 5.5 mm. Die Isolation wird nicht vulkanisiert. Weiter kommen auf die Ader zwei gummierte, longitudinale Bänder und schließlich ein spiralförmig aufgelegtes Band.

Der Isolationswiderstand darf nicht unter 400 Megohm per km und 15° C. sein.

Der Panzer enthält 12 Drähte aus ausgeglühtem und verzinktem Eisen von 2 mm ϕ.

Die Bruchfestigkeit des Kabels muß über 1600 kg liegen. Beim Reißen darf die Verlängerung nicht weniger als 10 und nicht mehr als $25^0/_0$ ausmachen.

D. Mehrfache Kabel.

Mehrfache Kabel kommen für Telegraphen-, Telephon- und Signalzwecke zur Verwendung. Die Typen derselben sind mannigfaltig. Als Isolation wird verlangt Gummi, Guttapercha, Faser oder Papier.

Die Adern werden einzeln, paarweise oder in Gruppen verseilt, jede Gruppe für sich mit Band oder Baumwolle eingebunden und einzelne Adern oder alle mit Farben markiert.

Das Seil wird mit Band umwickelt, mit Blei umpreßt und schließlich gepanzert.

Telegraphenkabel haben traditionell einen Leiter von ca. 7×0.7 mm.

Kabel für Telephonzwecke, jede Ader mit einer Stanniolumhüllung, eine größere Anzahl mit einander verseilt unter Einlage von einigen blanken Drähten, kommen nach und nach außer Gebrauch.

Zur Illustration der Mehrfachkabel geben wir wieder eine Sammlung von Spezifikationen. Einige derselben verdanken wir der Deutschen Reichspost.

1. Telegraphenkabel mit Guttaperchaisolation der Deutschen Reichspost.

a) **Erdkabel.** Jede Kupferlitze besteht aus 7 Drähten von 0.66 mm Stärke. Die elektrischen Eigenschaften sind folgende: Höchster Leitungswiderstand bei 15^0 C. 7 Ohm für 1 km, geringster Isolationswiderstand bei derselben Temperatur 500 Megohm, Ladungskapazität 0,24 MF für 1 km. Stärke der Guttaperchaadern 5.2 mm. Bewehrung für die unmittelbar in die Erde gelegten Kabel aus Rundeisendrähten, für die Röhrenkabel aus Flacheisendrähten. Die Kabel enthalten 1, 3, 4 oder 7 Adern, und werden äußerlich noch mit einer asphaltierten Juteschicht versehen.

b) **Flußkabel.** Jede Kupferlitze besteht aus 7 Drähten von 0,73 mm Stärke; höchster Leitungswiderstand bei $+ 15^0$ C. 6.5 Ohm für 1 km, geringster Isolationswiderstand bei derselben Temperatur 650 Megohm, Ladungskapazität 0,22 MF für 1 km. Stärke der Guttaperchaadern 7 mm. Die Kabel enthalten 1, 3, 4 oder 7 Adern und sind mit einer Bewehrung von 10, 11, 12 oder 13 verzinkten

Eisendrähten von bez. 5.4, 7 und 8.6 mm Stärke und darüber mit einer asphaltierten Juteschicht versehen.

2. Telegraphen-Faserstoffkabel der Deutschen Reichspost.

a) Die Kabel sind zu 4, 7, 14, 28, 56 und 112 Leitungen herzustellen.

Die Leiter bestehen aus 1.5 mm starken Kupferdrähten, die entweder mittels Papiers oder Faserstoffs isoliert werden. Sofern Faserstoffjute verwendet wird, muß der äußere Durchmesser der fertigen Ader mindestens 3.5 mm betragen.

Die Kabelseele wird in der Weise gebildet, daß die einzelnen Adern in der vorgeschriebenen Anzahl miteinander verseilt und zusammen mit Band umsponnen werden. Darüber folgt ein einfacher oder doppelter Bleimantel, der 3 vom Hundert Zinn enthält und dessen Stärke je nach der Zahl der Adern und je nachdem die Kabel eine Bewehrung erhalten oder nicht, wie folgt festgesetzt ist:

Zahl der Adern	Kabel mit bloßem Bleimantel mm	Kabel mit Bewehrung mm
4	1.6	1.5
7	1.7	1.6
14	1.8	1.7
28	2.0	2.0
56	2.5	2.4
112	3.0	2.8

Zur Bestimmung der Zählrichtung ist mindestens eine Ader in jeder Lage besonders zu kennzeichnen. Der Bleimantel ist bei bewehrten Kabeln mit einer äußeren Schutzhülle zu umgeben, zu deren Imprägnierung aber nicht Stoffe verwendet werden dürfen, die freie organische Säuren enthalten und dadurch auf den Bleimantel nachteilig einwirken könnten.

Verzinkte Flacheisendrähte von trapezförmigem Querschnitt oder Stahlbänder bilden die Bewehrung, auf die noch Asphalt- oder Compoundschichten mit oder ohne Juteeinlage aufgetragen werden, wenn die Kabel nicht in Röhren eingezogen, sondern in die Erde gelegt werden.

b) In elektrischer Beziehung werden folgende Anforderungen gestellt:

Der Leitungswiderstand der einzelnen Adern darf 9.6 Ohm für das Kilometer bei 15° C. nicht überschreiten; der Isolationswiderstand muß für das Kilometer bei derselben Temperatur mindestens 500 Megohm betragen, während die Ladungsfähigkeit höchstens 0.24 MF für das Kilometer ausmachen darf.

c) Bei den elektrischen Werten, sowie bei allen Abmessungen, mit Ausnahme der Kabellängen, sind Abweichungen von den vorgeschriebenen Maßen bis zu 5 vom Hundert nach oben und unten gestattet.

Der Bleimantel ist bei der Fabrikation in der ganzen Länge der einzelnen Kabelenden aus einem Stück herzustellen. Die Schutzdrähte müssen für das ganze Kabel einheitlich sein, auch soll ihr Drall einheitlich rechtsgängig und stetig verlaufen.

Um das Eindringen von Feuchtigkeit in die Kabel fernzuhalten, sind die Enden mit Isoliermasse zu dichten und mit Bleikappen zu verschließen. Für die aus einer mangelhaften Sicherung der Kabelenden entstehenden Nachteile hat der Unternehmer aufzukommen.

Zur Prüfung des Bleimantels ist der Unternehmer verpflichtet, die Kabel vor Aufbringung einer Schutzhülle mindestens 12 Stunden unter Wasser zu legen. Die mit der Prüfung und Abnahme der Kabel beauftragten Beamten haben das Recht, sich von der Ausführung dieser Bestimmung zu jeder Zeit Überzeugung zu verschaffen.

Die zu den elektrischen Messungen der Kabel erforderlichen Meßinstrumente, Apparate, Batterien und Geräte sind ohne besondere Vergütung von dem Unternehmer zur Verfügung zu stellen. Die Stärke der Batterien wird von dem abnehmenden Beamten bestimmt.

d) Das Einziehen der Kabel in die Kanäle und Röhren, sowie die Auslegung in die Erde, ferner die Anfertigung der Lötstellen und Endverschlüsse erfolgt durch Beamte der Telegraphenverwaltung. Dem Unternehmer steht es frei, auf seine Kosten einen seiner Beamten zur Beteiligung oder Überwachung dieser Arbeiten zu entsenden.

e) Die Lieferung der Kabel hat in den Einzellängen zu erfolgen, wie sie von den Ober-Postdirektionen bestellt werden. Auch bestimmen diese den Lieferungsort.

Die Anlieferung hat spätestens 4 Wochen nach Eingang der Bestellung zu beginnen. Als Zeitpunkt des Beginns wird der Tag angesehen, an welchem die Kabel bei vertragsmäßiger Beschaffenheit zur Abnahme bereit gestellt werden. Auf die vorliegenden Bestellungen sind wöchentlich mindestens 6 m Kabel zu liefern. Die zur Beförderung der Kabel erforderlichen Verpackungsmaterialien und Haspel hat der Unternehmer ohne besondere Vergütung mitzuliefern. Kabel bis zu 500 kg Gewicht müssen in Stroh und Packleinwand fest verpackt, schwerere Kabel dagegen auf Haspel gewickelt sein; diese werden später an den Unternehmer frei Bahnhof Fabrikort zurückgesandt.

Über jede Lieferung ist der empfangenden Ober-Postdirektion eine den Vorschriften der Telegraphenverwaltung entsprechende Rechnung zu übersenden. Für Lieferungen von 10 km Kabel und mehr für einen Ort und von einer Art ermäßigen sich die Preise um 5 vom Hundert, vorausgesetzt, daß die Kabel mit einemmal bestellt sind. Die Zahlung der Kostenbeträge erfolgt innerhalb sechs Wochen nach Ausführung der Lieferung durch die Ober-Postkasse derjenigen Ober-Postdirektion, welche die Kabel bestellt hat. Auf Zahlungsleistungen vor Beginn des Rechnungsjahres, für das der Vertrag abgeschlossen ist, hat der Unternehmer keinen Anspruch.

f) Für die Erhaltung der elektrischen Eigenschaften der Kabel ist eine dreijährige Garantie zu leisten. Falls die Kabel innerhalb der drei Jahre, von der Abnahme ab gerechnet ungünstigere als die in b) angegebenen elektrischen Eigenschaften zeigen sollten, hat der Unternehmer sie entweder auf seine Kosten in den vertragsmäßigen elektrischen Zustand wieder zu versetzen oder zurückzunehmen. In letzterem Falle ist der gezahlte Preis zurückzuerstatten, auch hat die Herausnahme der Kabel aus den Röhren etc. auf Kosten des Unternehmers zu erfolgen.

g) Wenn die Kabel innerhalb der Gewährzeit durch Naturereignisse, durch mechanische oder sonstige Einwirkungen, die der Unternehmer nicht abwenden konnte, beschädigt werden sollten, so ist er hinsichtlich dieser Schäden und ihrer Folgen seiner Gewährleistung enthoben.

h) Werden die Kabel innerhalb der vertragsmäßigen Frist gar nicht oder nicht vollständig geliefert, oder werden sie bei der Abnahme nicht vertragsmäßig befunden, so hat der Unternehmer, ohne von der Erfüllung des Vertrages entbunden zu sein, für den Verzug eine Vertragsstrafe zu erlegen, die für die erste Woche mit 5, für jede folgende Woche mit $^1/_2$ vom Hundert des vertragsmäßigen Wertes der zu Anfang jeder Woche noch rückständigen Lieferung berechnet wird und zwar von dem vertragsmäßigen Zeitpunkt ab bis dahin, wo die Lieferung dem Vertrag entsprechend beendet wird. Jede angefangene Woche wird hierbei für eine volle Woche in Ansatz gebracht. Der Unternehmer wird durch den bloßen Ablauf der bestimmten Frist, ohne daß es einer gerichtlichen oder außergerichtlichen Mahnung oder einer anderen

Handlung bedarf, in Verzug gesetzt und ist danach zur Erlegung der Vertragsstrafe verpflichtet. Durch die Annahme der verspäteten Lieferung wird der Unternehmer von der Strafe nicht befreit.

Für jede Bestellung und die dazu gehörende Lieferfrist wird die Vertragsstrafe besonders berechnet.

i) Hat der Unternehmer die bestellten Kabel gar nicht oder nicht vollständig geliefert, so ist die Telegraphenverwaltung berechtigt, die noch fehlenden Kabel auf Kosten des Unternehmers, wo und zu welchem Preise sie diese am schnellsten erhält, zu beschaffen und nach dem Bestimmungsorte befördern zu lassen.

Sobald die Telegraphenverwaltung von diesem Rechte Gebrauch macht, wird der Unternehmer schriftlich davon benachrichtigt. Von dem Tage der Zustellung dieser Benachrichtigung ab ist der Unternehmer von der rückständigen Lieferung entbunden. Dagegen muß er der Reichs-Telegraphenverwaltung die in h) festgesetzte Vertragsstrafe bis zum Ablaufe der Woche erlegen, in welcher er davon benachrichtigt wird, daß die Telegraphenverwaltung die Kabel selbst beschaffen werde.

Falls die Telegraphenverwaltung die anderweit beschafften Kabel zu billigeren Preisen erhält, hat der Unternehmer auf Vergütung der Preisunterschiede keinen Anspruch.

Weist der Unternehmer nach, daß der Verzug durch höhere Gewalt oder durch Arbeitseinstellung der Arbeitnehmer verursacht ist, so wird eine Vertragsstrafe (h) nicht erhoben, und ebensowenig treten die Bestimmungen in i) Abs. 1 in Wirksamkeit. Dagegen hat in einem solchen Falle, sobald eine vertragsmäßige Lieferzeit abgelaufen ist und der Unternehmer seine Verpflichtungen nicht vollständig erfüllt hat, die Telegraphenverwaltung das Recht, den Vertrag ohne weiteres aufzuheben, ohne daß dem Unternehmer ein Schadenersatzanspruch irgend welcher Art zusteht.

k) Alle über die Erfüllung des Vertrages entstehenden Streitigkeiten werden unter Begebung des Rechtsweges durch einen vom Reichs-Postamte zu ernennenden unparteiischen Schiedsrichter endgültig entschieden. Auf das schiedsrichterliche Verfahren finden die Vorschriften der §§ 1025 ff. der deutschen Zivil-Prozeßordnung Anwendung.

l) Der Kautionspunkt wird besonders geregelt.

m) Der Unternehmer ist verpflichtet, nur im Inland in eigenem Betriebe hergestellte Kabel zu liefern. Die aus dem Abschlusse des Vertrages erwachsenden Porto- und Stempelkosten hat der Unternehmer zu tragen.

3. Wetterbeständige Kabel zum Abschluß der Telegraphenkabel der deutschen Reichspost.

Die Kabel sind zu 4, 7, 14, 28, 56 und 112 Leitungen herzustellen.

Die Adern müssen aus 1,5 mm starken verzinnten Kupferdrähten bestehen, die mit Gummi oder Okonit auf den äußeren Durchmesser von 3,4 mm zu umgeben und mit Isolierband bis auf 4 mm zu bewickeln sind. Die Kabelseele wird in der Weise gebildet, daß die Adern in konzentrischen Lagen verseilt, gemeinsam mit Isolierband bewickelt und mit einem wasserdichten Bleimantel umpreßt werden. Zur Bestimmung der Zählrichtung ist mindestens eine Ader in jeder Lage besonders zu kennzeichnen.

Die Stärke des Bleimantels ist wie folgt festgesetzt:

für die	4	aderigen Kabel auf		1.20	mm
„ „	7	„	„	„ 1.20	„
„ „	14	„	„	„ 1.25	„
„ „	28	„	„	„ 1.50	„
„ „	56	„	„	„ 1.75	„
„ „	112	„	„	„ 2.00	„

In elektrischer Beziehung werden folgende Anforderungen gestellt.

Der Leitungswiderstand der einzelnen Adern darf für das Kilometer bei 15⁰ C. 9.6 Ohm nicht überschreiten, ihr Isolationswiderstand muß unter den gleichen Voraussetzungen 100 Megohm betragen, während die Ladungsfähigkeit nicht größer als 0.4 MF für das Kilometer sein soll.

Bei den elektrischen Werten, sowie bei allen Abmessungen, mit Ausnahme der Kabellängen, sind Abweichungen von den vorgeschriebenen Maßen bis zu 5 vom Hundert nach oben und unten gestattet.

Der Bleimantel ist bei der Fabrikation in der ganzen Länge der einzelnen Kabelenden aus einem Stücke herzustellen. Zur Prüfung des Bleimantels ist der Unternehmer verpflichtet, die Kabel mindestens 12 Stunden unter Wasser zu legen.

4. Telegraphenkabel mit 27 Adern.

Kupferleiter 7 × 0.7 mm, mit 6 Lagen Papier 0.10 mm dick und zwei Lagen Jute auf 5.0 mm isoliert. 27 solche Adern verseilt und mit einer Lage Jute plattiert auf 32 mm. Getrocknet, getränkt und mit Blei auf 37 mm umpreßt. Mit zwei Eisenbändern gepanzert.

Isolationswiderstand jeder Ader gegen alle anderen 2000 Megohm.
Kapazität nicht über 0.15 MF per km.

5. Eisenbahnkabel mit 40 Adern.

Kupfer 1.2 mm, jeder zweite Draht verzinnt. Isolation fünf
Lagen Papier, 0.10 mm und eine Lage Baumwolle auf 2.0 mm. Je
ein verzinnter und ein nicht verzinnter Draht zu einem Paar verdreht, die 20 Paare verseilt und mit zwei Bändern umwickelt auf
einen Durchmesser von 22 mm. Getrocknet, getränkt und mit Bleimantel auf 36 mm umpreßt.

Isolation 2000 Megohm. Kapazität nicht über 0.15 MF.

6. Telegraphenkabel für einen Meereshafen.

Kupfer 7×0.65 mm verzinnt, mit Gummi und einer Umflech-
tung auf ca. 5 mm isoliert. Sieben solche Adern verseilt und mit
Band auf ca. 15.5 mm umwickelt. Mit Blei auf 18.5 mm umpreßt.
Eine Lage asphaltierte Jute auf 21 mm. Ein Panzer aus 22 ver-
zinkten Eisendrähten von 2 mm ϕ auf 26 mm und darüber zwei
Eisenbänder, 1 mm stark auf 30 mm und eine Schicht asphaltierte
Jute auf 34 mm.

Isolationswiderstand 600 Megohm.

7. Flußkabel für Telegraphenzwecke.

Kupfer 7×0.66 mm, mit 2 Lagen Guttapercha auf 5.5 mm
isoliert. Isolationswiderstand nicht unter 600 Megohm per km.
Fünf solche Adern mit Einlagen aus Hanf verseilt und mit vier
Lagen Hanf plattiert. Einlagen und Plattierung sind gut gegerbt.

Das Kabel wird mit 12 Drähten aus verzinktem Eisen, 8 mm
dick, auf 41 mm ϕ gepanzert und mit einer Schicht asphaltierter
Jute umwickelt.

III. Das Verlegen und Verbinden von Kabeln.

A. Das Verlegen.

Zustellung auf die Baustelle. Einen wichtigen Teil der vielseitigen und mühsamen Arbeit eines Kabelingenieurs bildet die Zufuhr und Fertigstellung der Kabel für das Verlegen. Ein gutorganisiertes System derselben kürzt die Montagezeit wesentlich ab und erspart viele Laufereien. Wenn irgendwie möglich, besorge man die Transporte durch eigene Arbeiter. Fuhrleute lassen einen immer im Stich.

Wir haben Kabelwagen von verschiedenen Konstruktionen gesehen, aber keiner hat unseren Beifall gefunden. Wir glauben, ein richtiger Kabelwagen sollte so konstruiert sein, daß man die Trommel leicht heraufrollen und dann mit einer Achse einige Centimeter heben kann, damit sie zum Abrollen fertig ist. Mit einem solchen Wagen braucht man keine anderen Hülfswerkzeuge. Man kann damit die Kabel vom Lagerplatz wegnehmen und auf der Baustelle sofort verlegen, oder sie dort wieder abladen. Alle diese Operationen kann man mit den eigenen Leuten ausführen.

Ein auf dem Prinzip der Drehscheibe konstruierter Kabelwagen erfordert als Hülfswerkzeuge zwei Dreifüße, zwei Flaschenzüge, Winde, Haken und Ketten etc. Auch muß man die Trommel umwerfen, was immer eine umständliche und gefährliche Operation ist.

Eine Trommel wird oft zur Verlegung fertig gemacht ohne Drehscheibe, nämlich mit einer Stange und zwei Hebeböcken. In vielen Fällen ist dies die am meisten praktische Methode.

Wir haben auch oft Kabel ohne die Hebeböcke verlegt. Man stellt die Trommelflanschen auf zwei Ziegelsteine und baut rechts und links bis zur Höhe der Stange aus Ziegeln je eine Mauer. Die Stange selber kommt auf Holz zu liegen. Zerschlägt man dann die Ziegel unter den Flanschen, so ist die Trommel frei drehbar, und mit etwas Vorsicht kann man sie ohne Unfall abrollen.

Der Graben. Die normale Tiefe eines Kabelgrabens ist 60 cm, d. h. das Kabel soll 60 cm unter dem Niveau zu liegen kommen. Wird es auf eine Sandschicht von 10 cm gebettet, so wird der Graben entsprechend tiefer gemacht. Die minimale Grabenbreite ist ca. 35 cm, d. h. etwa die Kniebreite der Erdarbeiter, und in einen solchen Graben können zwei bis drei Kabel nebeneinander gelegt werden. Für eine größere Anzahl Kabel muß der Graben entsprechend breiter gemacht werden.

Wenn im Graben Hindernisse auftreten, so mache man es sich zur Regel, das Kabel unter denselben zu verlegen, also den Graben so tief zu machen, daß man die zum Schutze des Kabels notwendigen Ziegel etc. noch unter dem Hindernis anbringen kann.

Trifft man auf Gas- oder Wasserrohre und auf gutgemauerte Abwässerkanäle oder Zementrohre, so wird man das Kabel nur ausnahmsweise über dem Hindernis verlegen, nämlich wenn der Kabelkanal mehr als 2 m tief gemacht werden müßte.

In alten Provinzstädten bestehen die Abwässerkanäle sehr oft aus aufgeschichtetem Bruchstein ohne Mörtel, und infolgedessen ist das benachbarte Erdreich von Stoffen durchsättigt, die das Blei angreifen. Hier wird man nur ausnahmsweise unter dem Kanal durchgehen und dann Vorsorge treffen, daß das Kabel geschützt wird, d. h. man wird es in eine geschlossene Schicht Bitumen etc. einbetten, die jeden Zutritt von Wasser oder Gasen ausschließt.

Je nach den Umständen legt man bei solchen Kanälen das Kabel über den Deckel, in den Deckel hinein, oder durch die Seitenwände des Kanales hindurch. In allen drei Fällen sollte es in ein Eisenrohr kommen und vergossen werden. Sind keine Rohre zu bekommen, so kann man oft kurze Stücke von U oder anderen Formeisen auftreiben, welche denselben Dienst tun wie Gas- oder Wasserrohre. Ist gar nichts im Städtchen aufzutreiben, so baue man einen Kanal aus Ziegeln oder Zement. Ziegel und Maurer hat man immer in der Nähe.

Bei Unterführungen von Straßenbahnen etc. nimmt man das Kabel immer mindestens 1 m tief und zieht es in Gasrohre ein.

Im allgemeinen erinnere man sich, daß man nicht die Aufgabe hat, das Kabel möglichst rasch und irgendwie unter den Boden zu verlegen, damit es niemand mehr sieht. Das Verlegen von Kabeln, sobald Schwierigkeiten im Graben gefunden werden, ist eine ebenso große Gewissensarbeit als die Fabrikation, und man muß jeder Kleinigkeit Beachtung schenken, damit das Kabel gegen alle möglichen chemischen Einflüsse, gegen Erdbewegungen und nachträglich immer vorkommende Bauarbeiten geschützt ist. Ein im verlegten

Kabel eintretender Fehler führt zu bedeutenden Reparaturkosten und kann den ganzen Stadtfrieden stören.

Das Verlegen. Bevor dieses beginnt, erfolgt eine Inspektion des Grabens. Alles muß in Ordnung sein: der Graben muß die richtige Tiefe haben, mit Sand ohne Steine gefüllt sein, oder ein anderes Rettungsmaterial enthalten. Besondere Aufmerksamkeit schenke man den Hindernissen.

Die Verlegung selber nimmt die mannigfaltigsten Formen an, je nach den Umständen, den Hülfsmitteln, die man hat, der Arbeiterzahl, der Kabellänge und der Terrainverhältnisse.

In günstigen Fällen, wenn keine Hindernisse im Graben sind und keine Bäume, Laternen etc. im Wege stehen, kann man vom Kabelwagen direkt in den Graben einlegen. Mit sechs bis zehn Mann kann man so in einer halben Stunde bis auf 1 km Kabel legen.

Beim Durchziehen verteile man die Arbeiter je nach der Schwere des Kabels in Abständen von 5 bis 10 m. In Kurven und bei Hindernissen werden die Leute in kleineren Abständen aufgestellt.

Beim Verlegen eines Kabels muß der leitende Ingenieur seine Augen überall haben, besonders, wenn er keine geübten Arbeiter und keine Monteure zur Verfügung hat. Ein Kabel hält immer etwas aus, aber mit ungeübtem Personal kann es dessenungeachtet beschädigt werden. Die Arbeiter nehmen das Kabel gerne auf die Schultern, oder bekommen an einzelnen Stellen zu viel Kabel, so daß es zu stark gebogen wird. Auch kann es beim Einziehen oder um Ecken herum geschürft werden.

Ist die Legung oder das Einziehen beendet, so fängt das Ausrichten des Kabels an. Man beginnt damit an dem Ende, das zuerst zum Anschluß kommt, legt das Kabel in die Mitte des Kanales, oder in die Bettung, macht es gerade, gibt überschüssige Länge nach vorn, entfernt hereingefallene Steine und Erde, gibt dem Kabel in Biegungen und Niveaudifferenzen die nötigen Krümmungen, entlastet es von irgend welchem Zug und widmet ihm ganz besonders bei Hindernissen große Aufmerksamkeit.

Ist diese Arbeit gemacht, so wird die Bettung vollendet, und dann kann man den Graben zufüllen. Wo Maurer- oder andere Schutzarbeiten gemacht werden, darf man erst zudecken lassen, wenn man sich persönlich überzeugt hat, daß die Arbeit zweckgemäß ausgeführt und vollendet ist.

Kommen mehrere Kabel in denselben Graben, so wird jedes einzeln ausgerichtet. Zum Zwecke der Orientierung bei ev. Ausgraben der Kabel bringt man in Strecken von 3 zu 3 m sogenannte Polzeichen an. Es sind dies Ringe aus Zinkblech, etwa

$^3/_4$ geschlossen, auf welche der Querschnitt des Kabels eingestanzt ist.

Ist die Legung vollendet, so werden sofort die Spleißgruben aufgemacht und die Verbindung mit der Anschlußlänge ohne Verzögerung ausgeführt.

Bettungsarten. Ein verlegtes Kabel ist mannigfachen Gefahren ausgesetzt, gegen die man es zu schützen sucht. Den ersten Schutz bildet der Panzer aus Stahl- oder Eisenband, und man hat lange geglaubt, daß derselbe genügt, um das Kabel gegen einen Krampenhieb zu schützen. Doch macht sich mehr und mehr die Ansicht geltend, daß der Panzer ein teurer und doch sehr unvollkommener Schutz für ein Kabel ist.

Es sind uns mehrere Beispiele bekannt, daß städtische Arbeiter durch einen Hieb ein mit Ziegeln bedecktes gepanzertes Kabel bis auf den Kupferleiter durchgeschlagen haben, oder daß Gasarbeiter mit dem Locheisen das Kabel verletzten oder ganz entzwei geschnitten haben.

Die Bettungen für verlegte Kabel sind sehr mannigfaltig.

Eine der ältesten ist das Eindecken mit Ziegelsteinen. Das Kabel wird auf eine Sandschicht gelegt und um dasselbe aus Ziegelsteinen, rechts und links aufgestellt, ein Kanal gebildet. Dieser wird mit Sand gefüllt und schließlich oben mit weiteren Ziegeln abgeschlossen. Der dadurch erreichte Schutz ist kein besonderer, könnte aber verbessert werden, wenn als Deckel ein sehr widerstandsfähiger Ziegel, z. B. aus Zement, verwendet würde. Für spätere Arbeiten, wie z. B. bei Herstellung von Anschlüssen hingegen ist diese Bettungsmethode sehr günstig. Auch ist ein Ziegel ein Material, das immer handlich und anpassungsfähig ist.

Ähnlich der Ziegeleindeckung ist die Rinnenbettung. Die Rinnen sind von U-förmigem Querschnitt und werdeu nach Einlegung des Kabels mit einem Deckel abgeschlossen. Die Länge der Rinnen wechselt von einem halben bis 3 und 5 m. Als Material wird dazu verwendet: Gußeisen, Holz, gebrannter Ton, Steingut, Zement etc. Oft werden die Rinnen mit Asphalt ausgefüllt, um die Kabel gegen chemische Einflüsse zu schützen.

Das Rinnensystem bietet, wenn die Elemente nicht zu lang sind, für nachträgliche Kabelarbeiten dieselben Vorteile, wie die Ziegelbettung.

In der letzten Zeit ist die Rinnenbettung sehr stark in Anwendung gekommen und die Kabel werden meistens ungepanzert hineingelegt.

Bei Unterführung von Brücken, in Tunnels etc. kommt das

Rinnensystem sehr häufig in Verwendung als Holzkanal oder doppeltes Zorreseisen.

Eine Bettung in Röhren aus Eisen, Zement etc. gibt dem Kabel einen außerordentlich guten Schutz, hat aber ihre großen Nachteile. Sowohl das Ein- als das Ausziehen der Kabel ist eine umständliche Sache, und Kabelanschlüsse können nur durch Zertrümmern des Rohres gemacht werden. Diese Bettung empfiehlt sich also bloß für Speise- und andere Kabel, an denen keine nachträglichen Arbeiten vorgenommen werden. Die Bettung in Eisen hat auch noch andere Nachteile. Es sind Fälle zur allgemeinen Kenntnis gelangt, daß Bettungsrohr sowie Eisenpanzer in verhältnismäßig kurzer Zeit zerstört worden sind. Eisen ist wenig widerstandsfähig gegen chemische Einflüsse des Bodens. Weiter ist die Möglichkeit da, daß das Blei des Kabels mit dem Eisen der Bettung unter Zutritt von Flüssigkeit ein galvanisches Element bildet und so die Vorbedingungen für elektrolytische Wirkungen gebildet werden.

Die Bettung in Eisen wird empfohlen in Städten mit elektrischen Straßenbahnen. Sie schützt die Kabel vor vagabundierenden Erdströmen.

Ebenso wird die Bettung in Eisenröhren bei Unterführungen von Straßen- und Eisenbahnen viel verwendet.

Wir verweisen hier noch auf eine verdienstvolle Arbeit von J. Schmidt über Bettungsarten von Kabeln, die in der E.T.Z. 1903 SS. 55, 75, 117, 131, 160, 185 erschienen ist, leider zu spät, um hier noch benutzt werden zu können.

Die Bettungspraxis in England. Einer Zusammenstellung aller auf die englischen Elektrizitätswerke bezüglichen Daten im Electrician entnehmen wir die folgenden Angaben über die zur Verwendung kommenden Bettungsarten von Kabeln.

Die hauptsächlichsten Systeme sind die nachfolgenden:

> Gußeiserne Röhren,
> Gußeiserne und schmiedeeiserne Rinnen,
> Röhren mit Zementbekleidung,
> Metallrinnen mit Ziegelbedeckung,
> Das Callendersystem,
> Das Doultonsystem,
> Sykes Steingutsystem,
> Rinnen aus Ton,
> Röhren aus Ton,
> Rinnen aus Steingut,
> Röhren aus feuerfestem Ton,
> Rinnen aus Bitumen,
> Rinnen aus Holz.

Einzelne der Systeme sind zum Einziehen der Kabel eingerichtet. Oft werden die Kabel in den Rinnen mit Pech oder Bitumen vergossen.

Die 52 Elektrizitätswerke in London und Umgebung, die in den Jahren 1883 bis 1899 gebaut worden sind, haben ihre Kabel meistens nach zwei oder drei verschiedenen Systemen eingebettet. Gepanzerte Kabel sind größtenteils ohne Bettung verlegt.

Die nachfolgende Tabelle gibt eine Übersicht, wie viel mal, das heißt von wie vielen Werken die einzelnen Bettungsarten angewendet worden sind.

Direkte Bettung in Erde	19 mal
Bettung in Ton und Steingut	27 „
„ „ Eisenrinnen	12 „
„ „ Eisenröhren	13 „
„ „ Holz	3 „

Bei 25 Elektrizitätswerken, die in England, Schottland und Irland gegenwärtig im Bau begriffen sind, kommen vor

Direkte Bettung in Erde	2 mal
Bettung in Ton und Steingut	8 „
„ „ Eisen	5 „
„ „ Holz	12 „

Diese Tafeln zeigen ganz deutlich, daß gepanzerte Kabel gegenwärtig zur Seltenheit werden, daß Eisen als Bettungsmaterial verlassen wird und Holz mehr und mehr in Verwendung kommt.

Ob diese Entwickelung richtig ist, wird sich im Laufe einiger Jahre herausstellen. Das Vergießen der Rinnen, resp. das Einbetten der Kabel in Bitumen, ist für die Konservierung des Bleimantels das Vorzüglichste, was man sich denken kann. Andererseits bieten sich beim Herausnehmen von Kabeln beträchtliche Schwierigkeiten, und es scheint, daß die vielen Explosionen, die in London aufgetreten sind, auf diese Bettungsart zurückzuführen sind. Bei Durchschlägen in den Kabeln entwickeln sich in dem erhitzten Bitumen Dämpfe, die ihren Weg in die Einsteigschächte finden, wo sie unter Umständen explodieren.

Das Hultmannsche Einziehsystem. Eine Kabelverlegung ist für das Publikum einer großen Stadt immer eine unangenehme Sache und jeder Einwohner ist froh, wenn sie ein Ende genommen hat. Kommen Reparaturen des verlegten Netzes nach, und weitere neue Legungen von Jahr zu Jahr, so verlieren Behörden und Publikum die Geduld und verlangen energisch, daß das Aufreißen der Straßen und die damit verbundenen Übelstände aller Art ein definitives Ende nehmen.

Es ist also das Problem zu lösen gewesen, Kabellegungen in einer Art vorzunehmen, welche das Publikum so wenig wie möglich belästigt und Reparaturen dessen Auge ganz entzieht.

Der schwedische Ingenieur Hultmann hat diese Aufgabe in glänzender Weise gelöst und dessen System ist seitdem in vielen Städten zur Verwendung gelangt.

Das Prinzip dieses Systems ist das folgende. Es werden unter die Erde Kabelkanäle eingebaut, groß genug, um die nötige Kabelzahl und die für eine lange Reihe von Jahren voraussichtlich notwendigen supplementären Kabel unterzubringen.

Im Detail sieht die Hultmannsche Konstruktion für jedes Kabel einen eigenen Kanal vor. Das Röhrensystem wird hergestellt durch eine Reihe aneinander gebauter Zementblöcke, jeder mit der gleichen Anzahl von Bohrungen, wie sein Vorgänger, und gleich gelegen. Die Blöcke selber werden starr miteinander verbunden, so daß sie sich auch bei starken Erdsenkungen nicht voneinander trennen können und das Röhrensystem ein für allemal erhalten bleibt.

Die Kabel selber werden in die Röhren eingezogen. Es ist also notwendig, in bestimmten Distanzen den Zementstrang zu unterbrechen und eine unterirdische Kammer einzubauen, in welcher man einen Teil der zum Einziehen nötigen Apparate unterbringen kann und in welcher auch die Spleißungen der einzelnen Längen gemacht werden müssen. Die Kammern werden nach oben durch einen Schachtdeckel abgeschlossen.

Sobald das Röhrensystem eingebaut und die Straße zugeschüttet ist, beginnt das Einziehen der Kabel. Das Publikum wird von demselben so gut wie gar nicht belästigt, ebenso nicht, wenn später Kabel ausgewechselt oder neue eingezogen werden. Von den Spleißungen in den Schächten bekommt man gar nichts zu sehen.

Das Hultmannsche System wird meistens für Telephonkabel verwendet, aber es ist von ebenso großem Wert für Beleuchtungskabel, von denen keine Abzweigungen gemacht werden und die in großer Anzahl einer Straße entlang geführt werden müssen.

Das Hultmannsche System ist in dem Buche „Die K. K. Telephon-Zentralen in Wien, 1899" eingehend beschrieben worden. Durch gütige Erlaubnis des K. K. Handelsministeriums in Wien, datiert 14. Dez. 1901, sind wir in den Stand gesetzt, die das System betreffenden Beschreibungen, sowie die zugehörigen Illustrationen nachdrucken zu dürfen.

Das folgende bildet diesen Nachdruck.

1. Zementblockkanäle.

Die Kanäle werden aus einzelnen Zementblöcken mit der entsprechenden Anzahl von zylindrischen Öffnungen zusammengesetzt. Die bei der Regulierung des Kabelnetzes zur Anwendung gelangten Blocktypen, mit den zugehörigen Unterlagsplatten in den Fig. 17 bis 24 dargestellt, sind folgende:

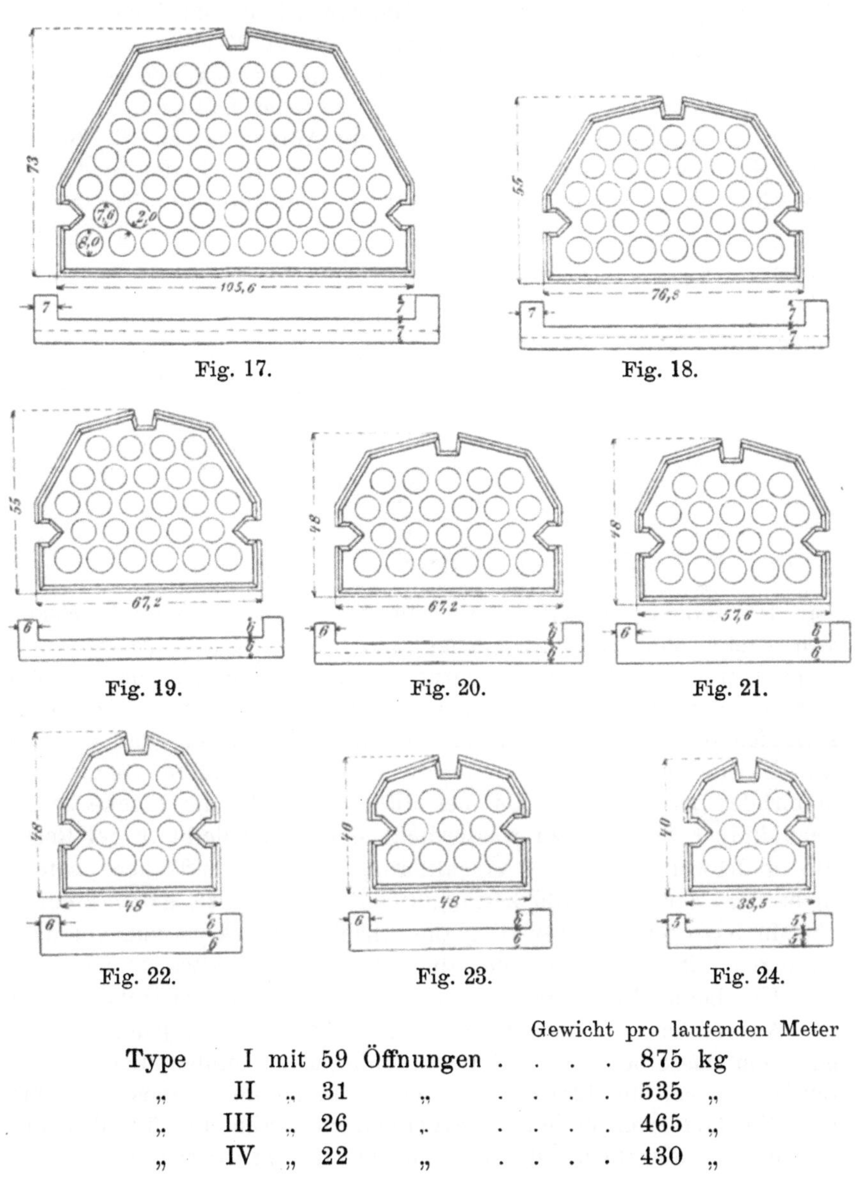

Fig. 17.   Fig. 18.

Fig. 19.   Fig. 20.   Fig. 21.

Fig. 22.   Fig. 23.   Fig. 24.

				Gewicht pro laufenden Meter
Type	I mit 59 Öffnungen	. . . .	875 kg
„	II „ 31	„	535 „
„	III „ 26	„	465 „
„	IV „ 22	„	430 „

	Gewicht pro laufenden Meter
Type V mit 18 Öffnungen	368 kg
„ VI „ 14 „	308 „
„ VII „ 11 „	268 „
„ VIII „ 8 „	225 „

Die Öffnungen in der untersten Reihe sind aus konstruktiven Gründen 80 mm, alle übrigen Öffnungen 76 mm im Lichten weit; die Stegstärke zwischen den Öffnungen beträgt 20 mm. Die Blöcke werden normal 1 m lang erzeugt und in den sogenannten „Paßlängen" an Ort und Stelle nach Bedarf mit der Säge zugeschnitten. Jeder Block besitzt drei Längsrillen zur Aufnahme der die Blöcke untereinander verbindenden Eisenstangen und ist an den Stoßenden mit einer Abschrägung und einer halben Nut versehen (Fig. 25).

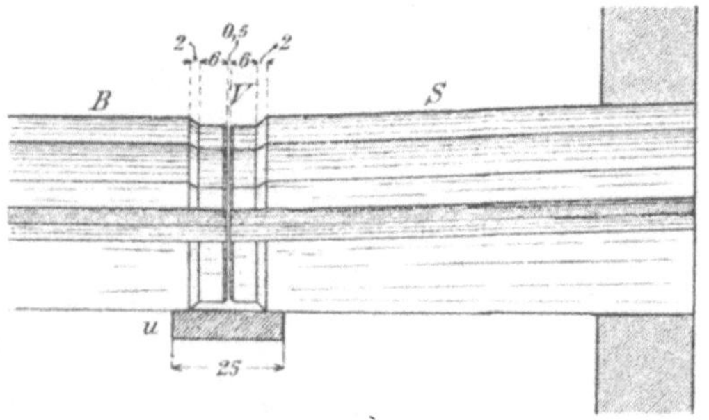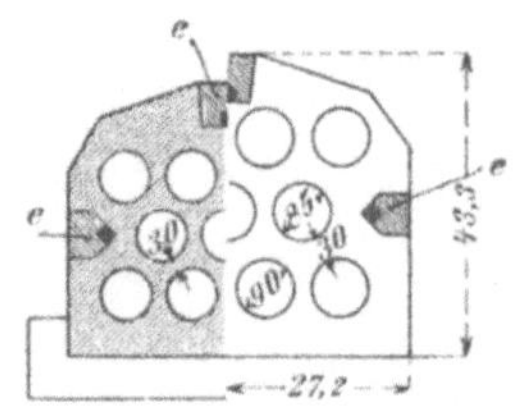

Fig. 25.

Die Blöcke werden in eisernen Formen aus einem Gemische von drei Teilen gepochtem Quarzsand und einem Teile Portlandzement erzeugt. Die Modellkerne für die Öffnungen sind in den Formwänden drehbar und einzeln ausziehbar befestigt. Das Einstampfen der Betonmasse erfolgt in liegenden Formen, und werden die Kerne schichtweise eingelegt, um eine größere Dichte des Materiales zu erzielen. Da bei dieser Methode die Blöcke schon nach kurzer Zeit nahezu wasserdicht sind, unterbleibt in der Regel die anderwärts übliche Asphaltierung der Außenflächen, sofern nicht der betreffende Blockstrang in Grundwasser zu liegen kommt. Nur in letzterem Falle werden die einzelnen Stücke schon vor dem Verlegen mit einem Anstriche dünnflüssigen Asphaltes versehen.

Um beim Transport der schweren Blöcke mittels Hebestangen das Ausbrechen der Kanten zu vermeiden, wird an jedem Blockende ein dasselbe umschließendes Drahtgeflecht einbetoniert. Vorteilhaft ist es, die Blöcke vor deren Einbau mindestens zwei bis drei Wochen erhärten und austrocknen zu lassen und überdies die Kanten der einzelnen Öffnungen beiderseits abzuschrägen.

Die Blöcke ruhen mit ihren Enden auf Unterlagsplatten aus Beton von der in den Fig. 17 bis 24 dargestellten Form, welche nicht nur die Trennung der Blöcke in vertikaler Richtung, sondern auch gleichzeitig die seitliche Verschiebung derselben hintanzuhalten bestimmt sind. Die größeren Platten bis zur Type IV enthalten behufs Erhöhung der Tragfähigkeit im Innern Eisendrähte.

Auf die Sohle der Cunette werden vorerst die einzelnen Unterlagsplatten 1 m von Mitte zu Mitte entfernt gelegt und nach der Wage eingerichtet. In Strecken, wo aus Verkehrsrücksichten die Cunette nicht in der ganzen Länge zwischen zwei Brunnen ausgehoben werden kann, ist die Höhenlage der Platten durch Nivellements so zu fixieren, daß der Kanal beim Zusammenschließen der Teilstrecken ein einheitliches Gefälle erhält.

Nachdem über jene Platte, welche unter dem zuletzt versetzten Blocke liegt, das für die Verbindung der Blockenden bestimmte, geteerte Seil gelegt ist, wird der zu versetzende Block auf die mit Zementmörtel ausgestrichenen Unterlagsplatten niedergelassen, bis auf ca. 1 cm Intervall an den Nachbarblock angerückt und so lange

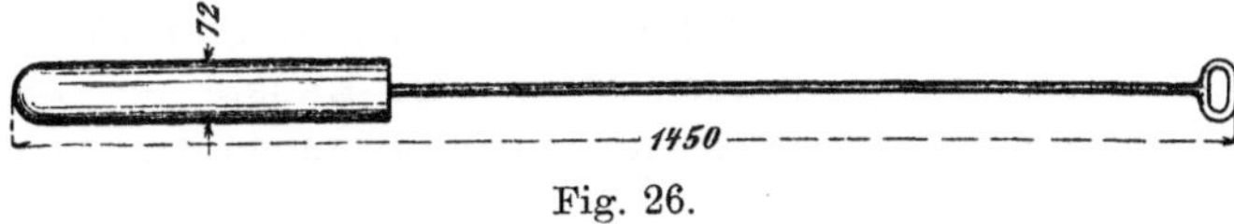

Fig. 26.

gerichtet, bis sämtliche Längsöffnungen in den Achsen genau übereinstimmen. Um sich hiervon zu überzeugen, werden in die Öffnungen Stahlkaliber (siehe Fig. 26) von 72 mm Durchmesser und 50 cm Länge so weit eingeschoben, daß die Fuge in die Mitte des Kalibers zu liegen kommt. Der Block muß so lange eingerichtet werden, bis dieses Kaliber sich in sämtlichen Röhren ohne merkbare Reibung hin- und herbewegen läßt. In die an dem Zusammenstoße der Blöcke gebildete Vertiefung wird das früher auf die Platte gelegte, geteerte Hanfseil eingedrückt und so die Stoßfuge gedichtet.

Behufs Verbindung der Blöcke untereinander werden drei Eisenstangen in die hierzu bestimmten Längsrillen derselben eingelegt, und zwar wird für die Kanäle mit 8 bis 26 Öffnungen 26 mm, für jene mit 31 bis 59 Öffnungen 30 mm Quadrateisen verwendet.

Die Eisenstangen, in beliebigen Längen von 5 m aufwärts, werden an den Stößen auf 2 cm voneinander entfernt gehalten, wobei die Stöße selbst so einzuteilen sind, daß stets nur einer und auch dieser womöglich in die Mitte eines Blockes zu liegen komme.

Sind die Eisen eingelegt, so werden die Längsvertiefungen der Blöcke mit Zementmörtel (Mischungsverhältnis 1 : 2) voll ausgestrichen und die Quervertiefungen zwischen den Blöcken rund herum mit einer Mischung von Teer, Goudron und Asphalt ausgefüllt.

Wo der Kanal an die Brunnenwandung anschließt, wird ein sogenannter Spreizblock (Fig. 25) eingelegt, dessen eine Stoßfläche das normale Blockprofil zeigt, während gegen den Brunnen zu die einzelnen Röhren sich um 10 mm konisch erweitern, und überdies die Achsen der Röhren sich soweit voneinander entfernen, daß am zweiten Ende des Spreizblockes die Stegstärke 30 mm beträgt. Diese Form und Lage der Röhren bewirkt die strahlenförmige Ausbreitung der Kabel und unterstützt die zwangslose Verteilung derselben im Brunnen.

Was die Tiefe der Cunette anbelangt, so sind in Wien die Blöcke zumeist mit ihrer Unterkante 2 bis 2.5 m, nur in vereinzelten Fällen bis zu 4 m Tiefe unter dem Straßenniveau verlegt. Krümmungen zwischen Brunnen werden möglichst vermieden, doch können im Bedarfsfalle solche mit 40 bis 30 m Radius ausgeführt werden, ohne daß das Einziehen der Kabel wesentlich erschwert wird. In horizontalen Straßen wird dem Kanale ein schwaches Gefälle entweder von der Mitte gegen die Brunnen zu, oder in der ganzen Strecke gegeben.

An den Straßenecken, an allen Bruchpunkten der Trace und in geraden Strecken in Entfernungen bis zu 150 m werden Brunnen aus Betonmauerwerk eingebaut, welche je nach ihrem Zwecke Zieh-, Spleiß- oder Abzweigbrunnen genannt werden.

Die Grundfläche der Brunnen ist sehr verschieden, je nach der Zahl und Richtung der einzuziehenden und zu spleißenden Kabel. Dieselbe variiert von 130×170 bis 225×245 cm im Lichten. Die Tiefe des Brunnens richtet sich nach der Höhenlage der einmündenden Kanäle, und zwar wird der Anlauf des Brunnengewölbes ca. 30 cm ober der Oberkante des Kanales und die Sohle mindestens 1.70 m unter dem Anlaufe angeordnet, welche Dimensionierung eine bequeme Manipulation mit den zum Einziehen der Kabel erforderlichen Vorrichtungen gestattet.

Die Brunnen werden aus 20 bis 25 cm starkem Beton hergestellt. Der Beton für die Sohle und die Wände besteht aus einer Mischung von 1 Teil Portlandzement, 3 Teilen Sand und 5 Teilen Rundschotter, während für die Schächte und Gewölbe das Mischungsverhältnis 1 : 2 : 4 gewählt wird. Die Innenflächen der Brunnen und Schächte werden mit einer Mischung von 1 Teil Portlandzement und 2 Teilen feinem Sand in einer Stärke von

15 mm verputzt. Der Sohle des Brunnens wird gegen die Mitte zu ein schwaches Gefälle gegeben, und befindet sich am tiefsten Punkte ein mit einem Gitter überdeckter Schlammsack.

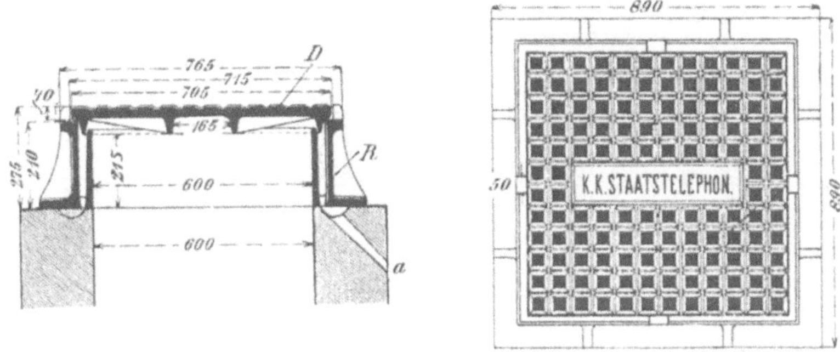

Fig. 27.

Den Abschluß des Brunnens bildet ein 22 cm starkes Tonnengewölbe aus Beton, dessen Pfeilhöhe ein Zehntel der Spannweite beträgt, und in welches der 60 cm im Lichten weite und an der Straßenoberfläche mit einem gußeisernen Deckel geschlossene Einsteigschacht mündet.

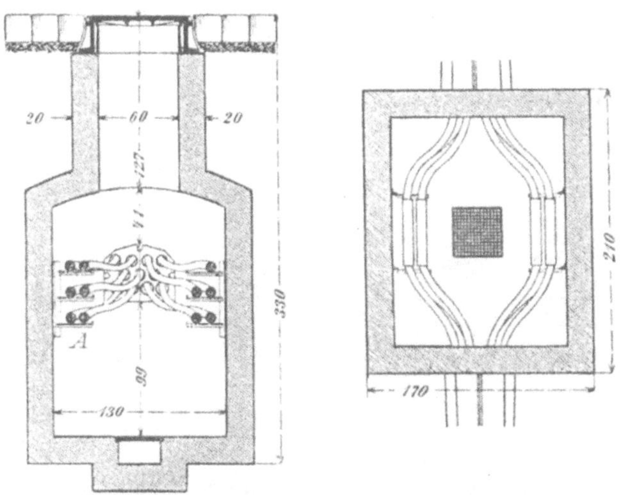

Fig. 28.

Der in der Fig. 27 dargestellte 388 kg schwere Schachtdeckel besteht aus zwei durch Querrippen miteinander in Verbindung stehenden Rahmen, zwischen welchen das beim Deckel eindringende Wasser nach abwärts gelangt, sich in der unter dem

Deckel im Beton hergestellten Rinne sammelt und durch eine Öffnung im Schachtmauerwerke, eventuell auch durch Gasrohre bis zur Schotterschichte abgeleitet wird.

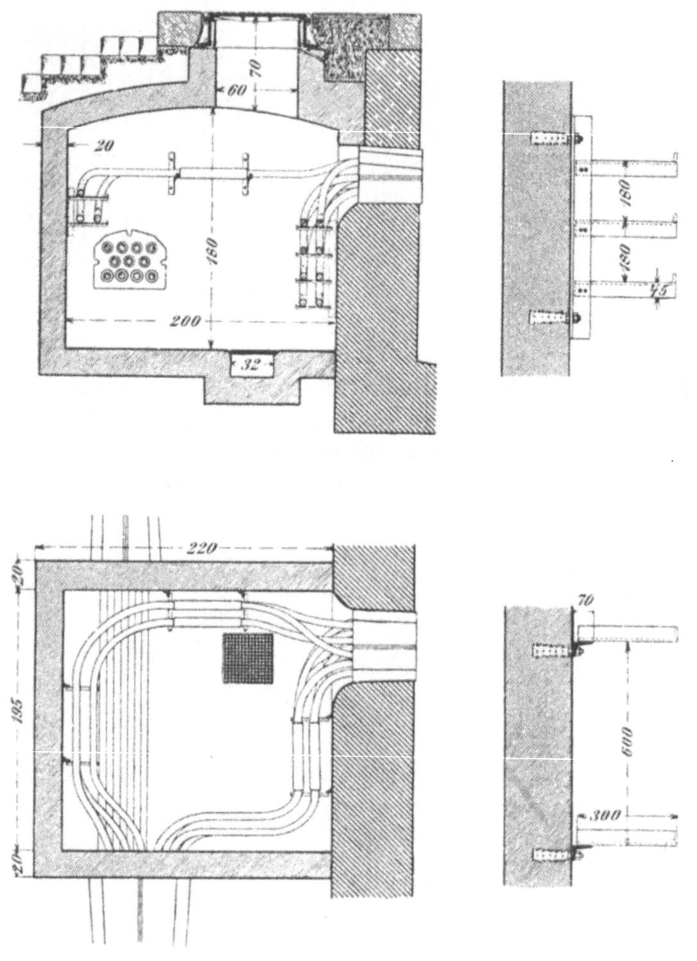

Fig. 29.

Beispiele von ausgeführten Brunnenkonstruktionen zeigen die Fig. 28 und 29 und zwar ist in Fig. 28 (S. 219) ein Spleißbrunnen gezeichnet, in welchem 11 Kabelspleißungen untergebracht sind, während Fig. 29 die Type der unmittelbar an der Flucht des Gebäudes Berggasse gelegenen Abzweigbrunnen im Schnitt und Grundriß darstellt.

2. Die Kabel.

a) Einziehkabel.

In die Zementblockkanäle werden nicht armierte Bleipapierkabel mit 480, 240, 120 oder 60 Adern eingezogen.

Jede Ader besteht aus einem 0.8 mm starken Kupferdrahte, welcher durch Papierlagen isoliert ist. Die Adern werden zu je zwei als Doppeladern miteinander gedrillt, diese zu Seilen vereinigt, mit einem Baumwollbande umwickelt und von einem 3 mm starken Mantel aus einer Legierung von $97\,^0/_0$ Blei und $3\,^0/_0$ Zinn umschlossen.

Das 480 adrige Kabel muß einem Zuge von 1200 kg standhalten, ohne zu reißen oder deformiert zu werden. Tatsächlich wird das Kabel, normale Brunnenentfernungen vorausgesetzt, beim Einziehen mit höchstens 1000 kg beansprucht.

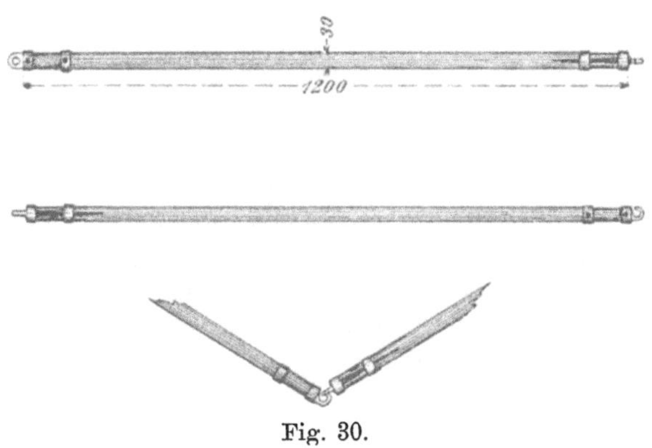

Fig. 30.

Der elektrische Widerstand der einzelnen Ader darf nicht mehr als 35 Ohm pro Kilometer bei $+\,15^0$ C., die Ladungskapazität der einzelnen Ader gegen alle übrigen Adern und den Bleimantel nicht mehr als 0.08 MF pro Kilometer betragen.

Für den Isolationswiderstand ist die untere Grenze mit 1000 Megohm pro Kilometer bei 100 Volt Spannung festgesetzt.

Bevor ein solches Kabel in die hierzu bestimmte Röhre des Kanales eingezogen werden kann, muß durch diese das Zugseil eingeführt werden. Hierzu dienen 1.2 m lange Einziehstangen, welche an einem Ende eine Öse, an dem anderen einen runden Haken tragen (siehe Fig. 30, 31, 32). Diese Stangen werden der Reihe nach aneinander gehängt und vom Brunnen aus in die Röhre eingeschoben. Dadurch bewegt sich die ganze aus den Stangen gebildete Kette in der Röhre vorwärts, bis schließlich das erste Glied derselben im zweiten Brunnen zum Vorschein kommt. Um

in längeren Strecken diese Manipulation abzukürzen, kann auch von
beiden Brunnen aus eingeschoben werden, wobei jedoch in dem
einen Brunnen mit einer Klinkenstange, wie sie in Fig. 31 dargestellt

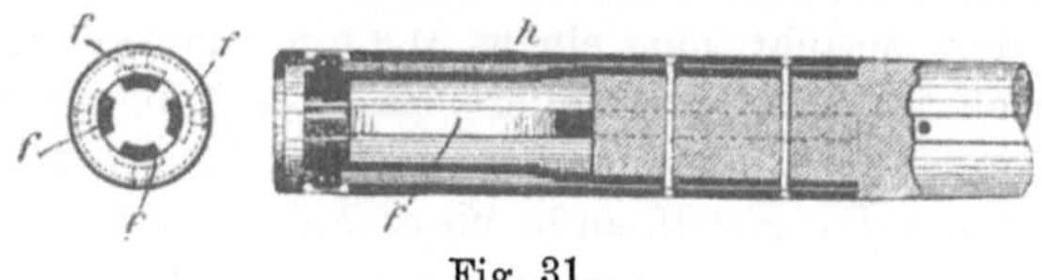

Fig. 31.

ist, und in der anderen Hälfte mit einer in eine konische Spitze
auslaufenden Stange (Fig. 32) begonnen werden muß. Beim Zusammenstoße trifft die Spirale d in die Klinke K (Fig. 32), wo sie
durch die Federn ff festgehalten wird.

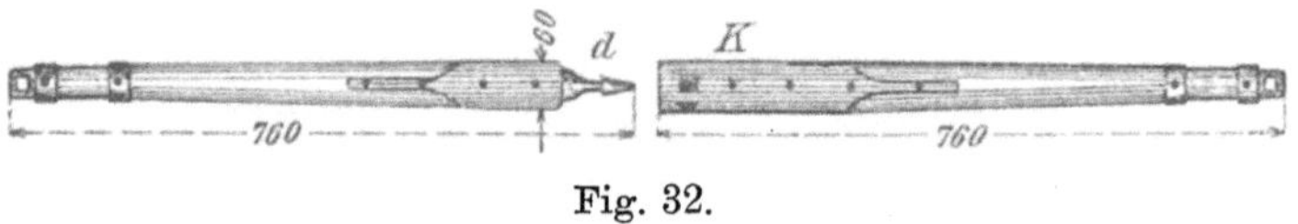

Fig. 32.

Ist nun in der einen oder anderen Art die Stangenkette zwischen
zwei benachbarten Brunnen geschlossen, so wird an die letzte Stange
ein dünnes Zugseil befestigt und durch die Röhre gezogen, wobei
die Stangenkette nach Maßgabe ihres Vorschreitens aus dem Kanale
wieder in ihre einzelnen Bestandteile zerlegt wird. Mit Hülfe dieses
Zugseiles wird zunächst eine Stahlkugel von 72 mm Durchmesser

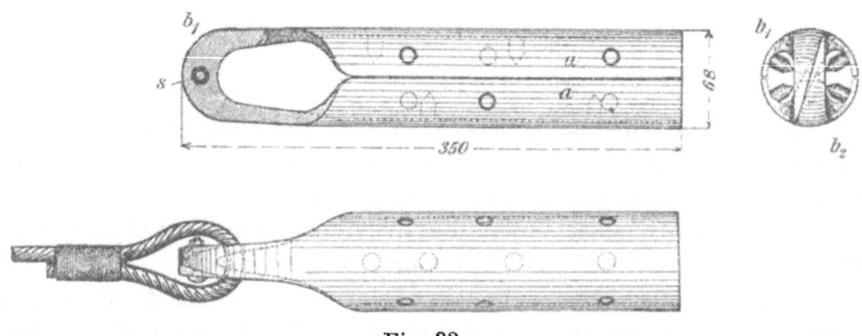

Fig. 33.

durchgezogen, um zu konstatieren, daß die Röhre an keiner Stelle
verengt ist. Hierauf werden fünf, mit Vaselin getränkte Bürsten,
welche den Kanal reinigen und dessen Wände fetten, und schließlich das 12 mm starke Stahlseil eingezogen.

Während dieser Vorbereitungen ist an das noch auf der Trommel
nächst dem Brunnen befindliche Kabel, der Kabelschuh (Fig. 33)

mit sechs versenkten Schrauben zu befestigen. Derselbe besteht aus zwei eisernen, um ein Scharnier s drehbaren, mit eisernen Spitzen versehenen Muffen, deren Krümmung genau jener des Kabels entspricht.

An den Kabelschuh wird das Stahlseil entweder so, wie in der Figur gezeichnet, oder durch Zwischenspaltung eines Vorlegbügels angehängt. In jenen Brunnen, von wo aus das Kabel einzuziehen ist, wird eine Einziehvorrichtung (siehe Fig. 34), der Lage der betreffenden Kanalröhre entsprechend, mit einer Schraubenwinde verankert, um dem von der Trommel durch den Schacht ablaufenden Kabel die richtige Führung zu geben.

In einem eisernen Rahmen (Fig. 35, S. 224) gg werden vier kleine Rollen r, deren Nuten genau dem Kabeldurchmesser angepaßt sind, so gelagert, daß die Nuten ein Kreissegment von 300 mm Radius tangieren. Die Platten p, in welchen die Rollenachsen gelagert sind, lassen sich nach Lüftung der Schrauben s nach Bedarf verschieben. Zwischen diesen Rollen und dem vorderen Rahmenende ist noch eine fünfte Rolle r_1, gleichfalls verschiebbar angeordnet, welche das Kabel in der Richtung der Röhre ab

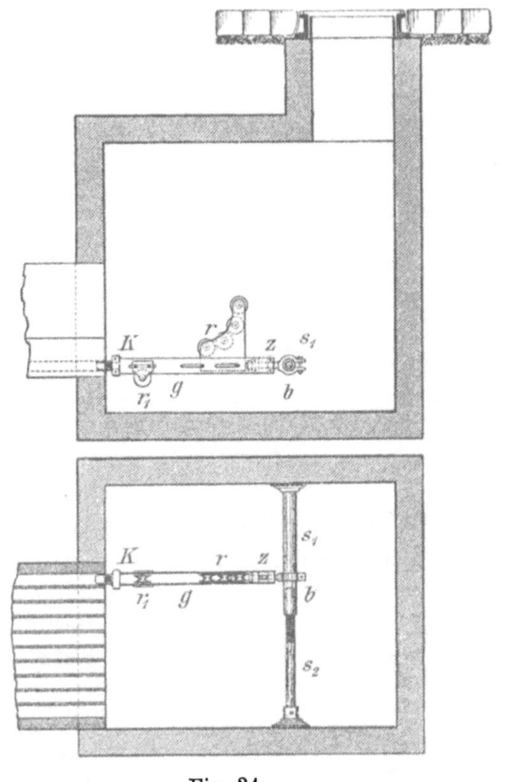

Fig. 34.

lenkt. In das vordere Querstück des Rahmens ist eine konische Hülse K mit sorgfältig abgerundeten Kanten eingeschraubt, welche in die Kanalröhre eingeführt wird. Rückwärts ist das Gestell, um den Bolzen z drehbar, mit einem Ringe b verbunden, welcher sich auf der Schraubenspindel $s_1 s_2$ seitlich verschieben und festklemmen läßt.

Die vorbeschriebene Konstruktion gestattet es, in jede beliebige Öffnung eines Kanales das Kabel in einem Bogen von 30 cm Radius einzuführen, ohne dasselbe gewaltsam biegen oder deformieren zu müssen. Die Ebene der Rollen r und r_1 stellt sich hierbei von selbst in die Ablaufebene des Kabels, welche natürlich beim Ablaufen der einzelnen Windungen von der Trommel Drehungen ausführt.

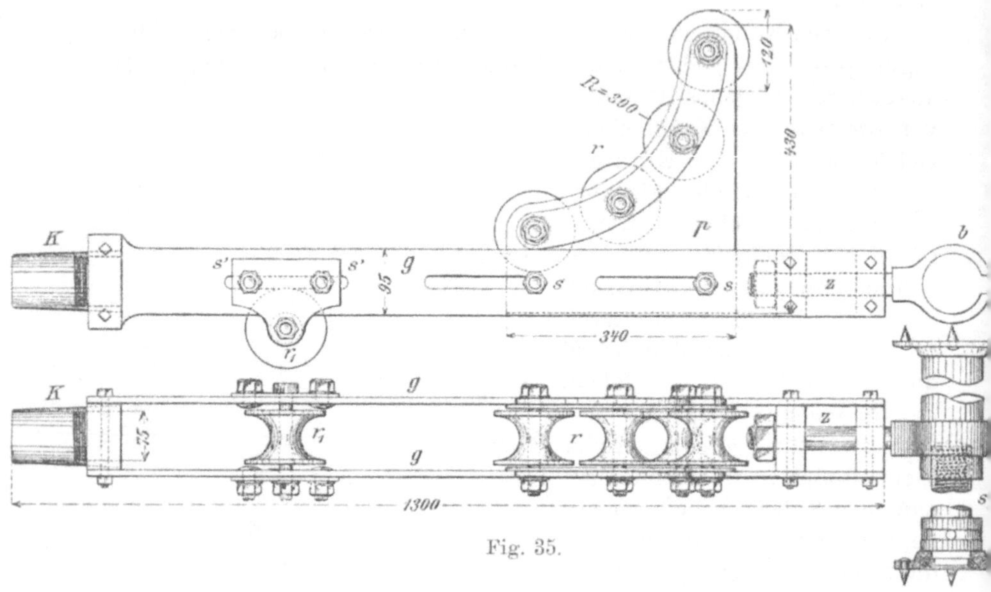

Fig. 35.

In den Zwischenbrunnen und im letzten Brunnen, den das einzuziehende Kabel noch passiert, sind gewöhnliche Ablenkrollen 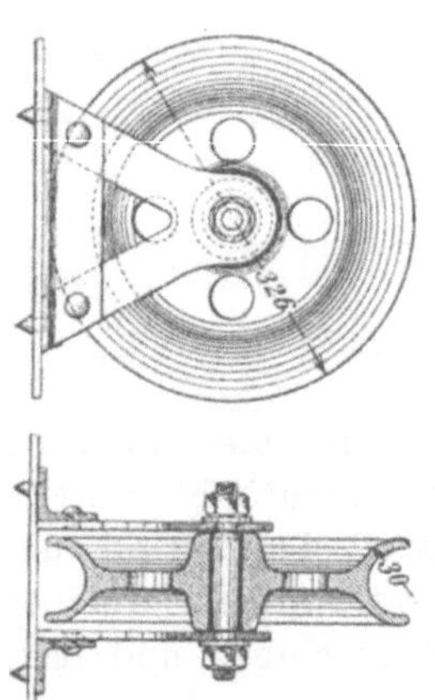 (Fig. 36) nach Bedarf vertikal oder horizontal befestigt, durch welche das Zugseil und das Kabel die erforderliche Führung erhalten.

Der normale Vorgang beim Einziehen eines Kabels ist in Fig. 37 schematisch dargestellt. Bei der Einsteigöffnung des Brunnens I ist die Kabeltrommel aufgestellt und im Brunnen die Einziehvorrichtung E befestigt. In der Nähe der Schachtöffnung des Brunnens II befindet sich die Kabelwinde, während im Brunnen und im Schacht die nach den lokalen Verhältnissen jeweilig erforderlichen Führungsrollen angebracht sind. Nachdem das Seil an den Kabelschuh angehängt ist, wird das Kabelende vorsichtig

Fig. 36.

zwischen den Führungsrollen der Einziehvorrichtung und durch die konische Hülse in die Röhre eingeschoben und sodann mit der Seilwinde durch den Kanal gezogen. Während der Bewegung wird das Kabel ausgiebig mit Vaselin eingefettet.

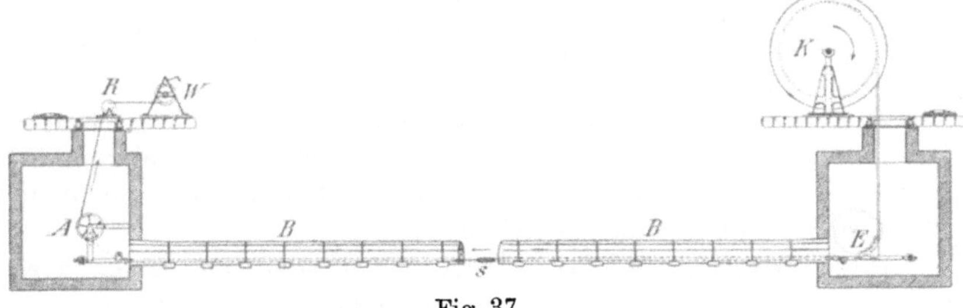

Fig. 37.

Die Nuten sämtlicher Rollen müssen, wie erwähnt, dem Durchmesser des Kabels genau entsprechen, da sonst das Kabel unter dem starken Drucke flachgedrückt werden könnte. Da nun der Kabelschuh stärker als das Kabel und überdies für die durch die Rollen gegebene Krümmung zu lang ist, würden einerseits beim Passieren desselben die Ablenkrollen gesprengt, und anderseits das Kabel in einem solchen Falle scharf abgebogen und so leicht beschädigt werden. Beide Übel-

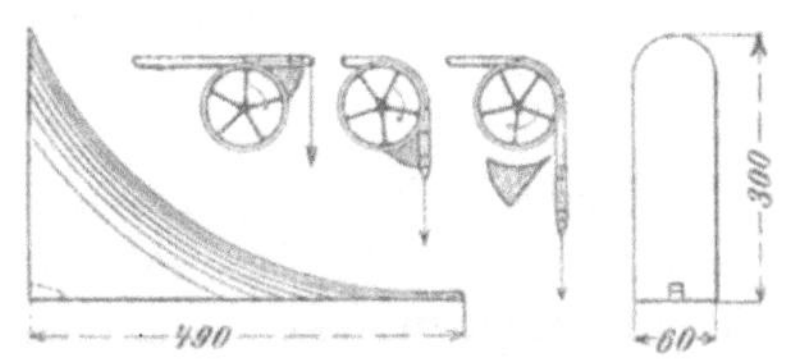

Fig. 38.

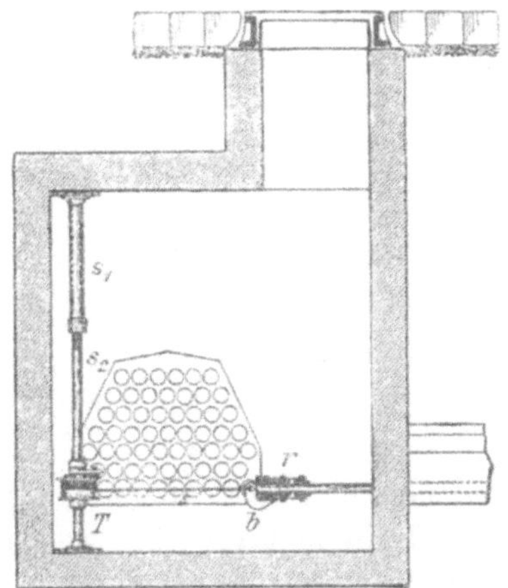

stände können durch Verwendung eines entsprechend geformten Einlagstückes aus Holz (Fig. 38) vermieden werden.

Handelt es sich darum, über sehr scharfe Ecken, eventuell sogar in rechtem Winkel ein Kabel zu ziehen, so wendet man die in ihrer Konstruktion aus Fig. 39 ersichtliche Ablenkvorrichtung an. Ein Rollengestell b ist an einem

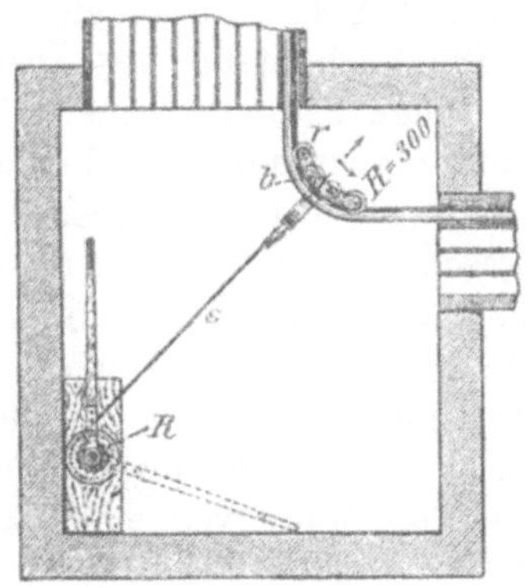

Fig. 39.

Seile *s* befesigt, welches mit Hülfe einer den Bohrratschen ähnlichen
Einrichtung auf einer Trommel aufgewunden werden kann. Dadurch ist es ermöglicht, den Führungsrolleu jene Lage zu geben,
welche den beiden Zugrichtungen und der Zugebene des Kabels
am besten entspricht.

Zum Schlusse ist noch ein Requisit zu beschreiben, welches
dazu dient, dem Kabelende ohne Gefahr einer Beschädigung die
für die Lagerung im Brunnen und die Herstellung der Spleißungen
erforderlichen Biegungen zu geben.

Diese Biegvorrichtung (Fig. 40) besteht aus einer kreis-
segmentförmigen Eisenplatte *a*, welche eine dem Durchmesser des
Kabels entsprechende Nut trägt. In die Nut wird das Kabel eingelegt, mit dem ver-
schiebbaren Stücke *b*
auf der einen oder
der andern Seite des
Kreissegmentes fest-
geklemmt und so-
dann das Kabel der
Nut entsprechend ge-
bogen.

Die Kabel sind
durch Mittel- oder
Gabelspleißungen
miteinander verbun-
den, je nachdem die
zu verbindenden Ka-

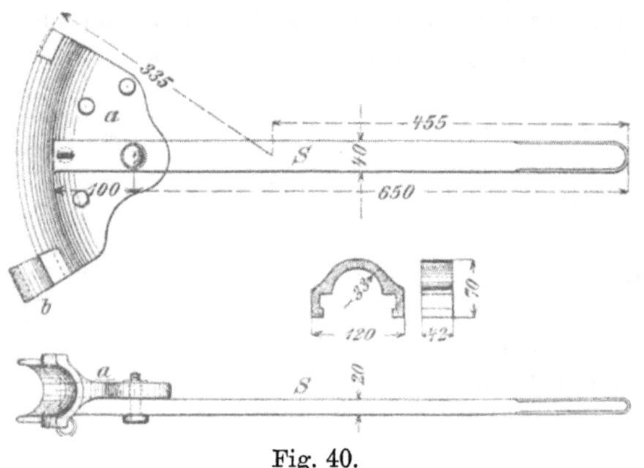

Fig. 40.

belenden gleiche Adernzahl besitzen oder eine Teilung des einen
Kabels in mehrere von geringerer Adernzahl stattfinden soll, wie
zum Beispiel bei Vereinigung zweier 240-adrigen Kabel zu einem
solchen von 480 Adern etc.

Die Verbindung der zusammengehörigen Adern erfolgt durch
2 cm lange Kupferröhrchen, in welche die vorher blankgemachten
Drähte eingeschoben und mit einer eigenen Zange festgeklemmt
werden. Über die einzelnen Verbindungsstellen werden Papierhülsen
aufgeschoben, die so verbundenen und voneinander isolierten Adern
sodann sorgfältig zusammengedreht, mit einem Baumwollbande umwickelt und bei der Mittelspleißung von den schon vorher über die
Kabelenden geschobenen Teilen der Muffe eingeschlossen. Letztere
werden schließlich miteinander und mit dem Bleimantel verlötet,
worauf die Muffe von einer seitlich angebrachten Öffnung aus ausgegossen wird. Die Gabelspleißung dagegen wird zwischen die
beiden Hälften der Bleimuffe eingelegt und die Nut verlötet. Je

zwei bis drei solcher Muffenspleißungen werden in der in den Fig. 28 und 29 ersichtlichen Weise auf die im Brunnen befestigten Eisenträger aufgelegt.

b) Bettungskabel.

Die Bettungskabel werden ungefähr 1.0 m tief unter dem Straßenniveau in reinem Sande gebettet und mit Ziegeln abgedeckt.

In die Seitenwand des Endbrunnens, in welchem die Verbindung zwischen den Einzieh- und den Bettungskabeln erfolgt, ist ein Spreizblock gelagert, durch dessen Öffnungen die armierten Kabel in die Cunette austreten und dort allmählich zur normalen Bettungstiefe aufsteigen (Fig. 41). Um die Kabel bei ihrem Austritte aus den Zementröhren, an welcher Stelle sie hohl liegen, vor dem

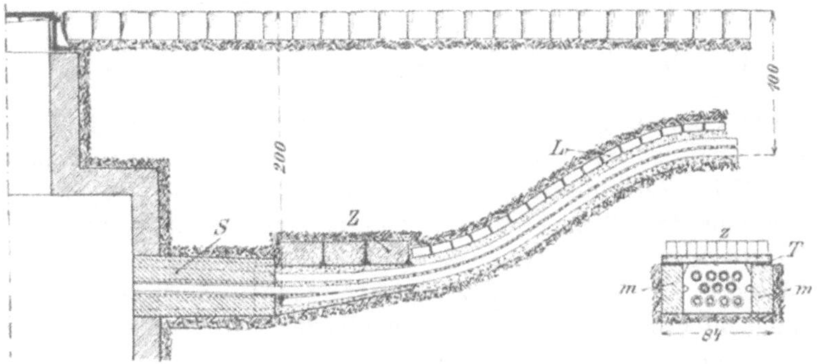

Fig. 41.

Abdrücken zu bewahren, werden beiderseits des Kabelstranges kurze Flügelmauern hergestellt und durch zwischen Eisenträgern eingelegte Ziegelscharen abgedeckt.

Die Bettungskabel enthalten 240, 120 oder 60 Adern. Die Konstruktion der Adern und der Seele ist jener bei den Einziehkabeln gleich. Letztere ist hier in einem 2.5 mm starken Mantel aus reinem Blei eingeschlossen, welcher mit einem geteerten Bande umwickelt ist. Die Armatur besteht aus zwei spiralförmig umwickelten Eisenbändern von 1 mm Stärke und ist außen von geteerter Jute umhüllt.

Auch bei den Bettungskabeln kommen Mittel- und Gabelspleißungen vor, welche im allgemeinen in der oben beschriebenen Weise ausgeführt sind und zum Schutze gegen äußere Angriffe in Gußeisenkästen eingeschlossen werden.

Gelegentlich der Übersiedlung der Zentralen war, wie eingangs erwähnt, nicht nur bei den Guttaperchakabeln des alten Netzes, sondern auch bei den im Jahre 1896 verlegten Papierkabeln eine besondere Art von Verbindungen herzustellen, um an die im Betriebe stehenden Kabeladern Abzweigungen anzuschließen.

Bei den Guttaperchakabeln wurde die Abzweigstelle mit größter Sorgfalt durch Gummibänder isoliert und die Abzweigspleißung selbst so vollkommen als möglich gegen das Eindringen von Wasser geschützt. In die Papierkabel wurden tunlichst während der Legung Abzweigkästen mit Drahtklemmen eingebaut, um nachträglich die Zweigkabel anschließen zu können.

Waren Abzweigungen an im Betriebe stehende Papierkabel ohne Abzweigkästen auszuführen, so mußten die einzelnen Adern mit Kupfermuffen abgezweigt werden. Im übrigen wurde diese Verbindung wie eine gewöhnliche Gabelspleißung behandelt.

B. Das Verbinden von Starkstromkabeln.

Die Spleißung. Sind zwei oder mehr Kabellängen miteinander zu verbinden, so sind folgende zwei Grundsätze im Auge zu behalten:

1. Die Verbindung der Kupferleiter darf den elektrischen Widerstand derselben nicht vergrößern, und sie muß mechanisch genügend fest sein, daß sie einem event. Zuge des Kabels Widerstand leisten kann. Solche Zugkräfte können auftreten bei Senkungen oder Hebungen des benachbarten Erdreiches, bei Hochwasser und anderen Kalamitäten.

2. Die Verbindungsstelle muß so gut isoliert werden, daß auch bei Unfällen keine Feuchtigkeit an dieselbe gelangen kann. Eine Verbindungsstelle, vom Standpunkte der Isolation aus betrachtet, ist nie gleichwertig mit der Strecke des Kabels, sondern bildet immer eine schwache Stelle in demselben.

Die Verbindung der Leiter wird immer durch Klemmstücke bewerkstelligt. Diese sind entweder zweiteilig oder röhrenförmig. Das Verbinden wird von den einzelnen Kabelwerken entweder durch bloßes Klemmen mittels Schrauben oder durch Verlöten der Ader mit den Klemmstücken bewerkstelligt.

Wir haben es uns zum Grundsatze gemacht, die Adern erst durch Schrauben festzuklemmen und dann zu verlöten. Die Lötwerkzeuge sind in den letzten Jahren derartig vervollkommnet worden, daß sie auch ein wenig geübter Monteur handhaben kann, ohne damit Unheil zu stiften. Auch sind die schwedischen Lötlampen sicher vor Explosion. Die Röhren von Lötzinn mit Kolophoniumfüllung haben die Operation auch wesentlich vereinfacht.

Für Verbindung von Drahtseilen von rundem Querschnitt haben

wir immer verzinnte Messingzylinder angewendet, deren Bohrung eine Kleinigkeit größer ist als der Durchmesser der Seile. Auf der halben Länge haben diese Zylinder ein trichterförmiges Loch zum Füllen mit flüssigem Zinn. Auf jeder Hälfte befinden sich mindestens zwei radial in die Wand eingesetzte kurze Schrauben, außen mit einem Schlitz für den Schraubenzieher, und innen mit einer Spitze in der Form eines stumpfen Kegels.

Die zwei Kabel, die zur Verbindung kommen, werden ausgeschnitten, und zwar so lang, daß beim Einschieben der Leiter in das Klemmstück beide sich in der Mitte desselben treffen. Dann zieht man alle Spitzschrauben an, bis sie sich fest in die Leiter eingebohrt haben, wärmt hierauf die Mitte des Klemmstückes mit der Lötlampe an und läßt solange Zinn in das trichterförmige Loch hineinfließen, bis das Klemmstück ganz gefüllt ist.

Über die Dimensionen der Klemmstücke sind noch keine allgemein gültigen Vorschriften aufgestellt worden. Wir haben es uns zur Regel gemacht, dieselben eher zu stark als zu schwach zu machen. Auf etwas mehr oder weniger Messing kommt es in den meisten Fällen nicht an, da ein Kabel an und für sich schon einen bedeutenden Wert repräsentiert. Wir haben die Verbindungsstücke wie folgt dimensioniert: Länge Minimum 40 mm (für dünne Leiter) und Maximum 150 mm (für ganz dicke Leiter) und die Wandstärke 5 mm bei dünnen und bis 8 mm bei dicken Kabeln.

Die Verbindung der Außenleiter von konzentrischen Kabeln geschieht meistens durch Einklemmen zwischen zwei Ringen oder Scheiben. Wir haben uns lange bemüht, eine bessere Verbindung zu machen und im Jahre 1897 eine endgültige Lösung gefunden.

Die Methode ist eine sehr einfache. Man biegt die Drähte des Außenleiters vom Kabel ab und dreht aus denselben ein kurzes Seilstück von $1 + 6 + 12$ etc. Drähten. Wird eine Lage nicht voll, so legt man so viel kurze Drahtstücke ein, bis sie voll ist. Diese Stücke entnimmt man dem abgeschnittenen Kabelende.

Ist das Seil fertig, so biegt man es ab, bis es mit der Kabelseele parallel ist. Das zweite Kabelende präpariert man auf gleiche Weise, und die Verbindung ist auf die eines runden Leiters zurückgeführt.

Werden die Drähte für diese Ausführung zu steif, so kann man sie, statt zu einem, zu zwei kleineren Seilen zusammenflechten und zur Verbindung ein Messingstück mit zwei Bohrungen verwenden.

Ganz steife Drähte, von 3 bis 5 mm ϕ, haben wir einzeln parallel dem Kabel abgebogen, so rund wie möglich gemacht, ev. Ersatzstücke eingeschaltet und dann in einem Kabelschuh verschraubt und verlötet.

Biegt man dünne Drähte in ähnlicher Weise ab und bindet sie mit zwei Eisendrähten zu einem runden Bündel zusammen, so erspart man sich die Mühe des Verseilens.

Diese Methode ist außerordentlich praktisch, da sie ein rasches und sicheres Arbeiten erlaubt und Gewicht und Dimensionen der Verbindungsstücke auf ein Minimum reduziert.

Sind verseilte Mehrleiterkabel miteinander zu verbinden, so spleißt man je zwei zusammengehörige Leiter einzeln und trägt dann dafür Sorge, daß die verschiedenen Verbindungsstücke nicht miteinander in Berührung kommen können.

Die Abzweigung. Ist von einem Kabel eine Abzweigung zu machen, so verfährt man wie bei einer Spleißung, nur mit dem Unterschiede, daß man statt eines geraden Verbindungsstückes ein solches von T-Form verwendet. Die drei Bohrungen müssen den Leiterdurchmessern entsprechen. Man wird es bei einer Abzweigung immer vermeiden, den Leiter des durchgehenden Kabels zu zerschneiden. Das Verbindungsstück für dasselbe muß also einen Schlitz haben, in welchen man den Leiter einlegen, festschrauben und verlöten kann.

Bei Abzweigung von konzentrischen Kabeln wird man jeden Außenleiter der drei Kabel zu einem Bündel vereinigen und wie bei runden Leitern verfahren.

Bei verseilten Mehrleiterkabeln erhält man nur gute und sichere Abzweigungen, wenn man das Kabel vollständig durchschneidet. Die Adern können dann voneinander getrennt werden, so daß Raum gefunden wird zur Anbringung genügend großer Abzweigstücke. Da zwei zueinander gehörige Adern nach dem Abbiegen sich nicht mehr berühren, so wird das Abzweigstück in der Mitte auf ca. 1 cm Länge massiv gehalten, d. h. die Bohrungen gehen nicht durch.

Bei diesen Kabeln, sowohl bei Spleißung als Abzweigung, ist es nötig, die Klemmstücke in bestimmter Lage festzuhalten, d. h. auf einen Isolator zu montieren. Am besten dazu eignet sich Porzellan.

In ähnlicher Weise wie eine Abzweigung wird eine Kreuzung von Kabeln ausgeführt. Der Unterschied ist bloß der, daß noch ein weiteres Kabel hinzutritt, also das Verbindungsstück vier Arme haben muß.

Nach Fertigstellung der Verbindungen der Leiter handelt es sich darum, die Klemmstücke und die Kabelenden gegen Zutritt von Feuchtigkeit zu schützen. Dies erreicht man durch Einschließen der Verbindungsstelle in einen gußeisernen Kasten, die sogenannte **Kabelmuffe.** Diese ist immer zweiteilig, d. h. besteht aus einem Kasten mit Deckel, oder aus Unterteil und Oberteil. Die Kabel werden durch Öffnungen in die Muffen eingeführt und dann festgeschraubt, so daß die Kabelenden und Verbindungsstücke in eine bestimmte Lage kommen, aus der sie sich nicht mehr entfernen können. Das Festschrauben des Kabels geschieht durch Schellen, die sich außerhalb des Eintrittsrohres befinden. Diese Schellen haben auch noch den Zweck, die Verbindung der Leiter gegen Zug zu schützen.

Sind die Kabel festgeschraubt und die Verbindungsstücke in ihrer endgültigen Lage, voneinander und von den Wänden der Muffen genügend weit entfernt, so wird eine Isolationsprobe gemacht. Diese ist am einfachsten mit dem Prüftelephon vorzunehmen.

Ist der Isolationswiderstand sämtlicher Kabel in Ordnung, so schließt man die Muffe ab und füllt sie mit einer heißen Masse aus.

Man kann nicht immer die Eintrittsöffnung für die Kabel deren Durchmesser anpassen, sollte aber doch in der Differenz beider nicht zu weit gehen. Der Zwischenraum wird mit getränktem Band fest umwickelt, schon bevor man das Kabel im Unterteil der Muffe festschraubt, so daß diese Öffnung vollständig abgeschlossen ist. Die Fuge zwischen den zwei Teilen der Muffe wird mit Gummi, Asbest etc. belegt, so daß beim Zuschrauben des Deckels eine vollständige Abdichtung erreicht wird.

Die Muffe sollte mit einer Masse von etwa 200^0 C. vergossen werden und zwar so, daß alle Luft und ev. Dämpfe entweichen können. Die Masse kühlt sich, je nach der Jahreszeit in 2 bis 3 Stunden auf 30 bis 40^0 C. ab und zieht sich dabei zusammen. Nach Verlauf dieser Zeit kann man die Muffe mit heißer Masse nachfüllen und endgültig zuschrauben.

Nachdem die Muffe eine gute Unterlage bekommen hat, und wie die Kabelenden mit Ziegeln etc. zugedeckt worden ist, kann man das Zuschütten derselben anordnen.

Die **Füllmasse** für die Muffe muß verschiedene besondere Eigenschaften haben. Da sie gegen den Zutritt von Feuchtigkeit schützen soll, verlangt man von ihr, daß sie keine Risse oder Löcher habe und sich sozusagen mit dem Metall der Muffe und des Kabels verbinde. Eine Masse, die letzteres nicht tut, schafft enge Kanäle, in welche das Wasser, dem Blei entlang, begierig eingesaugt wird und bis zur Isolation hineinkommt.

Die Masse soll also einen kompakten Körper bilden, und dieser Körper soll so fest sein, daß er auch bei ev. Bewegungen der Muffe oder Kabel nicht bricht.

Man wird also die Füllmasse so zusammensetzen, daß sie einen mittleren Grad von Härte, große Zähigkeit und Klebrigkeit besitzt. Als Komponenten sind zu verwenden: Gereinigte Asphalte, Kolophonium, Bitumen, Ozokerit, Vaselin, Harzöl, Holzkohlenteer etc.

Für Endverschlüsse von Kabeln braucht man oft Spezialmassen, je nach den Temperaturen, denen dieselben ausgesetzt sind.

Armaturen. Darunter versteht man sämtliche Hülfsteile, die zur Verbindung von Kabeln untereinander, zum Schutze der Enden und zur Abnahme des Stromes dienen.

Die Prinzipien dieser Armaturen haben wir im Vorhergehenden schon ziemlich eingehend besprochen. Die Konstruktionen selber werden von den einzelnen Fabriken ganz verschieden ausgeführt.

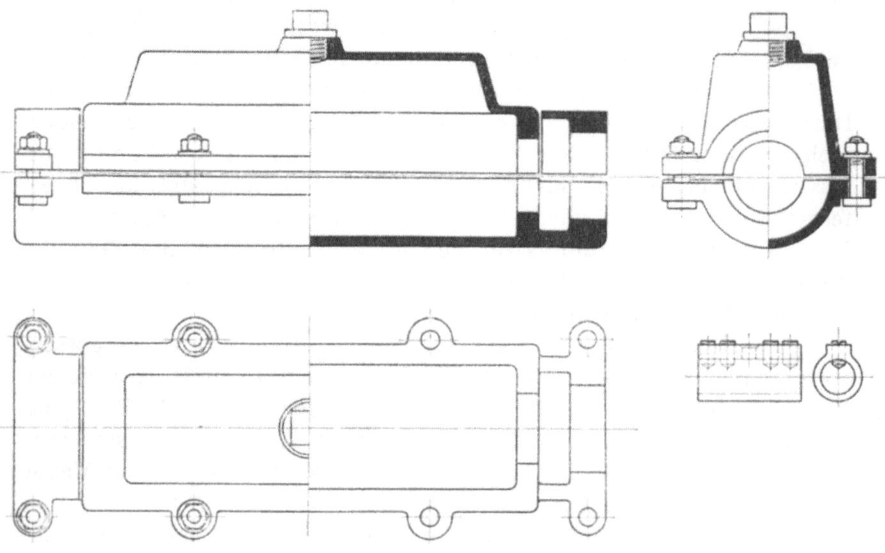

Fig. 42.

Da eine ausführliche Beschreibung der Armaturen für sich einen Band ausfüllen würde, müssen wir uns darauf beschränken, einige von uns ausgeführte Konstruktionen kurz zu besprechen und im Bilde vorzuführen.

Die Spleißmuffe. Wir haben uns zum Prinzip gemacht, die Muffe möglichst lang und schmal zu machen, und dazu die Zylinderform gewählt. Fig. 42 zeigt die Zeichnung einer solchen Muffe mit allen Details.

Der Unterteil ist ganz zylindrisch und trägt an jedem Ende die Schelle zum Festklemmen des Kabels. Der Oberdeckel ist ebenfalls zylindrisch, hat aber einen konischen Aufsatz, einenteils um zu verhindern, daß die Verbindungsstücke nicht bloß liegen, wenn der Kasten nicht ganz mit Masse angefüllt ist, anderenteils, um die

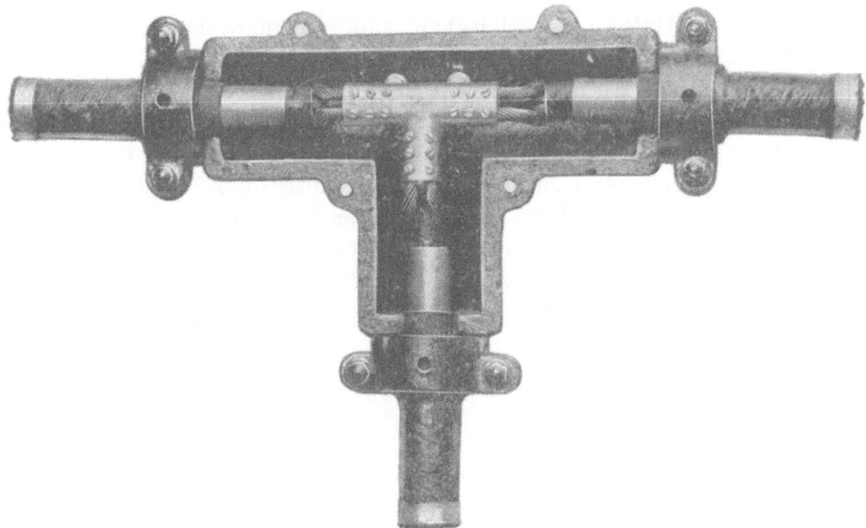

Fig. 43.

Verbindung des Außenleiters von konzentrischen Kabeln unterzubringen. Am Oberdeckel sieht man noch die Füllschraube, und

Fig. 44.

an beiden Hälften die Laschen zum Verschrauben. Weiter ist noch ein Verbindungsstück dargestellt.

Mit dieser Form ist es uns gelungen, in drei Modellgrößen die Spleißungen von Kabeln aller Typen unterzubringen, sowohl für niedrige als für hohe Spannungen. Jedes Modell wird noch mit zwei verschiedenen Bohrungen für den Eintritt der Kabel hergestellt.

Die Abzweigmuffe. Diese wird aus der Spleißmuffe, Zeichnung Fig. 42, erhalten, indem man vom Mittelpunkt aus die Muffenhälfte rechtwinklig zur Achse nochmals aufzeichnet und die Verschneidungen der zwei Zylinder konstruiert.

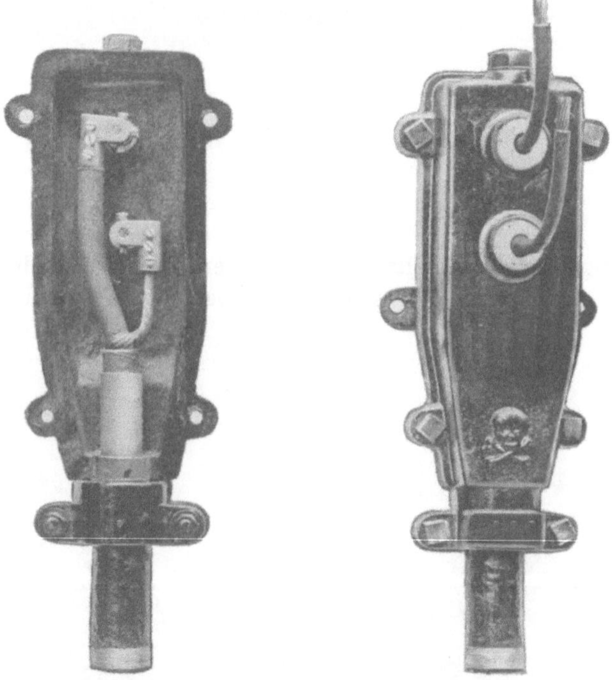

Fig. 45.

Fig. 43 illustriert die Abzweigung konzentrischer Kabel von mittlerem Querschnitt. Die Außenleiter sind je in zwei Seile zusammengedreht und in einem massiven T-Stück verschraubt.

Die in Fig. 43—48 dargestellten Armaturen haben wir für die Kabelfabrik A. G. konstruiert. Die Clichés sind von Aubert Grenier & Co. geliehen.

Die Kreuzmuffe entsteht aus der Abzweigmuffe, wenn man den Abzweig auch auf die entgegengesetzte Seite konstruiert.

Fig. 44 zeigt die Kreuzung von Dreileiterkabeln. Die Verbindungsstücke haben Kreuzform und sind auf einer viereckigen

Porzellanplatte montiert, die zur einen Mittelebene der Muffe senkrecht steht und zur anderen parallel. Die Leiter sind bloß verschraubt.

Der Kopfkasten ist eine halbe Spleißmuffe mit einem Steg zur Auflage des Kabels.

Endverschlüsse. Die Figuren 45, 46 und 47 stellen eine Anzahl derselben dar.

Fig. 45, Zweileiter für hohe Spannung, nicht schaltbar,
Fig. 46, Dreileiter hohe Spannung, nicht schaltbar,
Fig. 47,　　　„　　　„　　　„　　schaltbar.

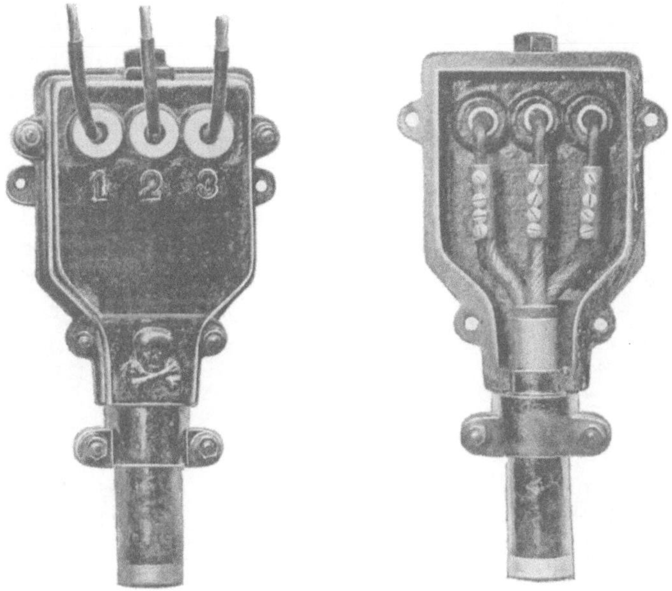

Fig. 46.

Verteilungskasten mit Bleisicherungen. Jede Sicherung verlangt zwei Auflagen aus Metall, an welche je ein Kabelende angeschlossen wird. Wir haben es uns zum Prinzip gemacht, die einzelnen Adern eines Kabels bis zum Kontaktstück der Sicherung fortzuführen und dort mittels eines Kabelschuhes zu verschrauben. Wird das Kabel kurzgeschnitten, so erfordert die Verbindung komplizierte Zwischenteile.

Die Kontaktblöcke für die Sicherung endigen in einem hohlen Halbzylinder, in welche die metallische Fassung der Sicherung genau einpaßt. Diese ist weiter gehalten durch eine Anzahl von Federn.

Als Sicherung haben wir immer die weitbekannte Form der Firma Ganz & Co. verwendet.

Der Kasten ist in einem Stück gegossen. Die Kabel treten ein durch die Einführungsstutzen in der Form einer Spleißmuffe; diese sind am Kasten verschraubt und die Fuge ist mit Gummischeiben abgedichtet. Der Kastendeckel ist mit einem Gummiring wasserdicht gemacht.

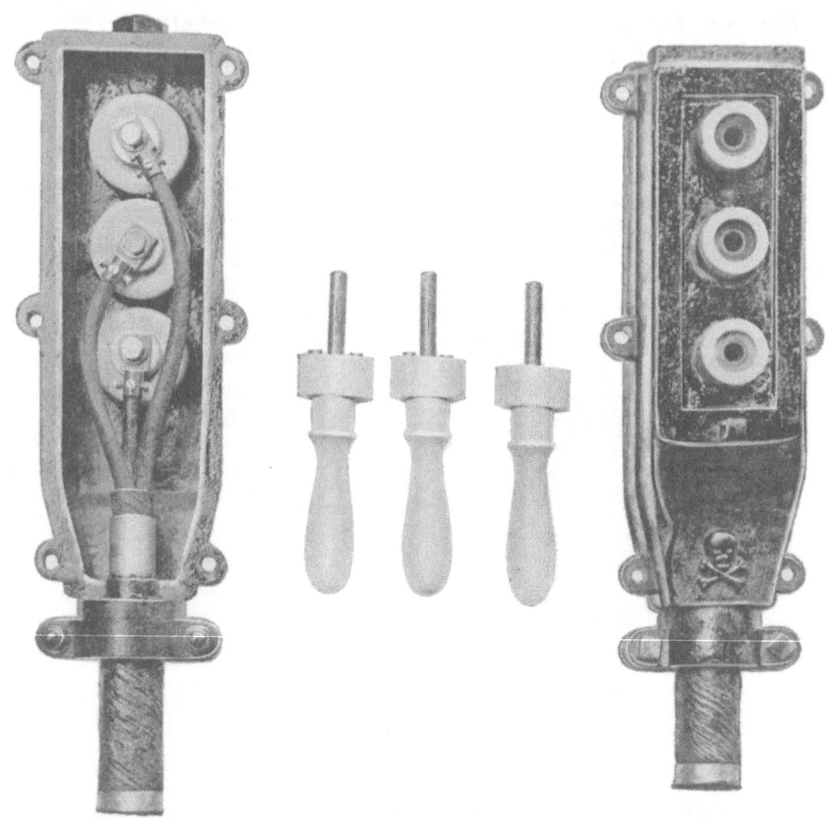

Fig. 47.

Fig. 48 zeigt einen Schaltkasten für drei Stück Dreileiterkabel mit 9 Sicherungen. Für jedes Kabel ist die mittlere Sicherung eingeschaltet.

Der Kasten wird so weit mit Masse ausgegossen, daß nur noch die Klötze für die Sicherungen herausschauen.

Konstruktive Details. Von einem Fabrikanten von Schaltbrettapparaten ist uns die nachfolgende Tabelle für Schrauben in Messing und Eisen, die für die Übertragung eines Stromes in Schaltern etc. nötig sind, mitgeteilt worden.

Strom in Ampère	50	100	200	400	700	1000
Schraube in engl. Zoll	$^1/_4$	$^5/_{16}$	$^3/_8$	$^1/_2$	$^5/_8$	$^3/_4$

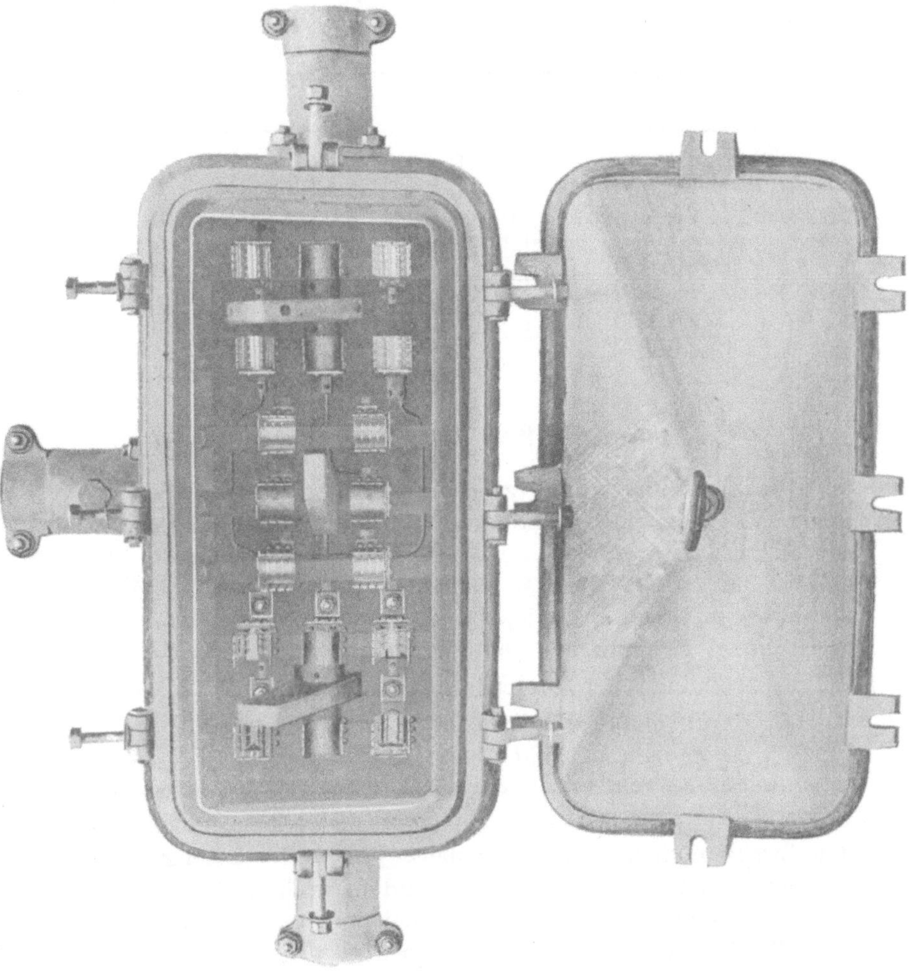

Fig. 48.

Für Schaltkasten- etc. Konstruktionen haben wir immer doppelt so viele Schrauben, als in dieser Tabelle vorgeschrieben, angebracht, sobald ein Kontakt herzustellen war.

Sicherungen haben wir wie in nachfolgender Tabelle dimensioniert:

Sicherung für	50	100	400	1000	Ampere
Länge	70	80	95	110	mm

Als Länge gilt die Distanz der Schraubenmitten, welche die Sicherung einklemmen.

Für Verbindung von konzentrischen Kabeln, wenn der Außenleiter zu einem oder zwei Seilen zusammengedreht wird, bediene man sich für Herstellung der Bohrungen von Verbindungsstücken nachfolgender Tabelle:

Querschnitt	Innenleiter	Außenleiter	Seilzahl
2 × 10 qmm	3.6 mm	4.3 mm	1
2 × 20 „	5.7 „	6.4 „	1
2 × 30 „	7.0 „	8.0 „	1
2 × 50 „	9.3 „	9.8 „	1
2 × 70 „	10.8 „	8.0 „	2
2 × 100 „	13.0 „	11.0 „	2
2 × 300 „	22.5 „	18.0 „	2

C. Das Spleißen von Telephonkabeln.

Die Spleißung. Sind zwei Kabellängen miteinander zu verbinden, so schneidet man zuerst an den beiden Enden das Blei zurück, und zwar um so weiter, je mehr Adern in dem Kabel enthalten sind. Dann wird an beiden Enden die Rose gebildet und die Kabel mit dem Prüftelephon auf Isolation gemessen. Ist alles in Ordnung, so kann mit der Spleißung begonnen werden.

Die Verbindung der Kupferdrähte wird auf drei Arten ausgeführt:

1. durch bloßes Verdrehen der zwei Drähte um sich selber;
2. dasselbe und nachheriges Verlöten;
3. durch Verklemmen der zwei Drähte mit einer Kupferhülse.

Unserer Ansicht nach ermangelt die erste Methode der für den Zweck nötigen Vollkommenheit. Wird die Lötung noch ausgeführt, so ist die elektrische Verbindung sicher. Die Methode hat nur den Nachteil, daß sie umständlich und zeitraubend ist.

Wir haben uns von Anfang an der dritten Methode bedient und damit großen Erfolg gehabt. Einmal wurde ein großes Netz auf drei Firmen verteilt, und die unserige war die einzige, welche mit Hülsen arbeitete. Die zwei anderen konnten uns nicht folgen und blieben so weit mit den Spleißungen zurück, daß der Bauplan nicht mehr durchgeführt werden konnte. Die Bauleitung veranlaßte dann die Konkurrenz, die Hülsenspleißung zu adoptieren.

Die Hülsenspleißung wird in folgender Weise ausgeführt. Man legt die Drähte nebeneinander und schneidet von beiden so viel ab, daß sie 15 mm Überlapp haben. Dann schneidet man auf jeder Ader das Papier um 20 mm zurück, schmirgelt die Drähte ab, steckt sie von rechts und links in die Hülse hinein, zwickt diese mit einer eigens geformten Zange und schiebt über die Hülse ein Papierröhrchen, das man schon vor der Verbindung auf eine der Adern gesteckt hat. Damit ist die Spleißung hergestellt und isoliert.

Die Hülsen sind aus Kupfer, 15 mm lang, oval, von 1 mm Wandstärke und im Innern so groß, daß man zwei Drähte ohne besondere Mühe nebeneinander hineinstecken kann. Um sicheren Kontakt zu bekommen, werden die Hülsen in einer Säure gebeizt, elektrolytisch mit einem Metallüberzug versehen und dann gut ausgewaschen. Als beste Plattierung hat sich Silber erwiesen.

Die Spleißzange hat eine Hebelübersetzung und zwei Klemmstücke, etwa 10 mm breit und 15 mm lang, jedes mit 4 bis 5 Zähnen versehen. Ein einziger kräftiger Druck genügt, um in Hülse und Draht quer zur Hülse Kerben einzudrücken, die eine vollkommene mechanische und elektrische Verbindung sichern. Hunderte von Versuchen auf der Zerreißmaschine haben uns das bewiesen.

Das Papierröhrchen zur Isolierung der Spleißung ist ca. 30 mm lang und im inneren Durchmesser so knapp, daß es sich eben noch auf die mit Papier isolierte Ader stecken läßt. Wenn über die Spleißhülse geschoben, soll es dort bleiben und während der weiteren Arbeit nicht wegrutschen.

Die für die Spleißung angegebenen Dimensionen beziehen sich auf Draht von ungefähr 1 mm ϕ. Für dickere Drähte wird man die Dimensionen vergrößern.

Bei Durchführung der Spleißung beginne man immer mit den farbigen Paaren und verbinde dann der Reihenfolge nach Paare mit den gleichen Nummern. Auch ist nicht zu vergessen, daß ein verzinnter Draht mit einem verzinnten etc. gespleißt werden muß.

Die Spleißung beginnt in der Zentrallage. Zwei zusammengehörige Drähte werden nebeneinander gelegt, angespannt, überflüssige Länge abgeschnitten und dann gespleißt und isoliert. Da die Verbindungsstelle etwas dicker ist als die isolierte Ader, verteile man die einzelnen Spleißungen gleichmäßig auf die zur Verfügung stehende Länge. Ist eine Lage fertig gespleißt, so werden die Papierröhrchen nochmals kontrolliert und dann die Lage mit Band fest abgebunden.

In dieser Art ausgeführt, wird der Durchmesser der ganzen Spleißstelle nur um einige Millimeter stärker als der äußere Durchmesser über den Bleimantel.

Sind Reserveadern im Kabel vorhanden, so kommen dieselben

nur zur Spleißung, wenn in der neuen Kabellänge ein Fehler vorhanden ist, und zwar als Ersatz dieser Ader oder Adern.

In dieser Weise werden sie wertvoller, als wenn man Reserve und Reserve spleißt und schließlich durchgehende Reservepaare hat.

Es werden z. B. 10 Längen miteinander gespleißt, von denen jede ein fehlerhaftes Paar hat. Mit einem Reservepaar lassen sich alle Fehler beheben, während 10 Paare nötig würden, wollte man dieselben als durchgehende Linien behandeln.

Man wird also mit einem bis zwei paar Reserven auskommen können, auch bei starken Kabeln, nur muß der Spleißer das zum Anschluß kommende Kabel gemessen haben, oder wenigstens informiert sein, welche Paare fehlerhaft sind.

Die Reserveadern müssen durch eine bestimmte Farbe oder sonst auf eine Art kenntlich gemacht werden, damit man sie leicht finden kann.

Aus der Art und Weise, wie die Verbindung der einzelnen Drähte in einer Spleißung ausgeführt werden muß, ergibt sich, daß sämtliche Längen Lage für Lage gleiche Drehung haben müssen. Eine rechts gedrehte mit einer links gedrehten Lage zu verbinden, wäre schon ausführbar, für den Spleißer aber umständlich und zu Verwirrungen führend.

Sind alle Adern ordnungsgemäß gespleißt, und hat eine nachfolgende Messung, von dem einen oder anderen Ende aus durchgeführt, ergeben, daß sich weder Drahtrisse noch Berührungen in der fertigen Länge vorfinden und daß die Paare in der richtigen Reihenfolge verbunden worden sind, so wird die Spleißung gegen Eintritt von Feuchtigkeit abgeschlossen

Zu diesem Zwecke wird ein Bleirohr über die offene Spleißstelle gezogen und mit den beiden Bleimänteln verlötet. Das Rohr hat einen inneren ϕ von 5 bis 10 mm mehr als der äußere Durchmesser der Bleimäntel, und es ist 50 bis 100 mm länger als die sogenannte Spleißlänge, d. h. die Distanz von Bleimantel zu Bleimantel der beiden Kabel. Die Wandstärke des Rohres ist 4 bis 5 mm. Vor Beginn der Spleißung wird es über eines der Kabelenden geschoben, nach deren Beendung zurückgezogen, so daß es symmetrisch zur Spleißmitte liegt.

Das Verlöten von Rohr und Bleimantel ist eine Arbeit, die man nur einem zuverlässigen und geübten Monteur überlassen kann. Um die Arbeit zu erleichtern, werden die Rohre von der Fabrik aus schon verzinnt geliefert. Die zwei Bleimäntel, an den Stellen, die zum Verlöten bestimmt sind, werden dann mit der Lötlampe angewärmt und verzinnt. Der Spielraum zwischen Mantel und Rohr wird mit Band aus Baumwolle oder Blei soweit ausgefüllt, daß das

Rohr eine feste Unterlage bekommt. Dann wärmt man mit der Lampe Mantel und Rohr an, wobei zu beachten ist, daß man weder das eine noch das andere zum Schmelzen bringt. Wenn warm genug, wird die Lötstelle mit Kolophonium gereinigt und das Lot mit Kolben oder Lampe aufgetragen. Hier kommt der Wert des Monteurs zum Vorschein.

Als Lot verwende man eine Mischung von Blei und Zinn, die einen Schmelzpunkt von ungefähr 200^0 C. hat.

Der in England übliche „wiped joint" wird auf folgende Art ausgeführt. Die zwei Röhrenstücke, die zur Verbindung kommen, werden durch Hämmern dicht aufeinander gebracht. Was Lötstelle werden soll, wird mit dem Schaber gereinigt, die Nachbarschaft aber mit einer Mischung von Firnis und Kienruß eingerieben, damit sie das Lot nicht annimmt.

Erforderlich ist ein gußeiserner Schmelztopf, ein gußeiserner Löffel, ein eiserner Polierkolben, ein Stück dickes und weiches Tuch, das mit Talg eingefettet ist, und ein gut legiertes Lot, bestehend aus 1 Teil Zinn und $1^1/_2$ Teil Blei. Dieses wird bei etwa 170^0 C. breiartig, so daß es sich leicht formen läßt.

Wenn man das Lot bis etwas über seinen Schmelzpunkt angewärmt hat, hält man mit der linken Hand den Lappen unter die Lötstelle, gießt mit dem Löffel Lot auf die Oberseite der Lötstelle und reibt die Unterseite mit dem auf den Lappen fallenden Lot. In dieser Weise wärmt man die Lötstelle an. Im Schmelztopf muß man etwa zehnmal so viel Legierung haben, als zur Verbindung nötig ist.

Hat man genügend angewärmt, so gießt man einen Löffel Lot auf den Lappen und trägt dasselbe durch Reiben und Drücken auf die Rohre auf. Der Abfall fließt in den Schmelztopf zurück. Die Temperatur muß so sein, daß das Lot den breiigen Zustand hat, ein Mittelding zwischen festem und flüssigem Aggregatzustand. Nach einigem Drücken bleibt das Lot an den Rohren hängen, und dann trägt man nach und nach immer einen Löffel voll auf, bis die Schicht genügend dick und überall gleichmäßig ist. Wenn genügend schnell gemacht, bleibt die ganze Lotmasse plastisch und man kann ihr die bekannte ausgebauchte Form geben.

Sollte ein Nachpolieren nötig sein, so erhitzt man den eisernen Kolben bis auf dunkelrot und bestreicht die aufgetragene Lötmasse abwechselnd mit dem Kolben und mit dem Tuchlappen.

Im Jahre 1895 arbeiteten wir eine neue Methode zur Verbindung von Bleirohren aus und vereinfachten die Lötung so weit, daß wir sie durch jeden intelligenten Fabrikarbeiter konnten ausführen lassen. Rohr und Mantel werden, wie oben beschrieben, verzinnt und in zentrische Lage gebracht. Dann wird um die

Lötstelle ein zweiteiliges Kaliber aufgeschraubt, das zwei Öffnungen hat, die genau mit den äußeren Durchmessern der zwei Bleirohre übereinstimmen. Auf der Oberseite hat das Kaliber (oder die Gießform) einen Spalt zum Einfüllen von flüssigem Zinn. Inwendig ist ein freier hohlzylindrischer Raum, der so lange gefüllt wird, bis er nichts mehr aufnimmt. Es versteht sich von selber, daß man die Gießform und die Bleirohre erst anwärmt und letztere mit Kolophonium reinigt, bevor man das Zinn hineingießt.

Nach ein bis zwei Minuten ist die Masse erstarrt und man kann die Form entfernen. Wenn alle Bedingungen erkannt und richtig ausgeführt werden, ist eine solche Lötung absolut sicher.

Als bestes Lot fanden wir ganz reines Zinn oder solches mit kleinem Bleizusatz. Wichtig ist die Temperatur, bei welcher man vergießt. Zu heißes Zinn löst das Blei des Mantels auf und dringt zwischen die Adern. Wir kontrollierten die Temperatur des Lotes mit einem Stück Stangenzinn, das wir eintauchten. Aus der Geschwindigkeit des Abschmelzens und der Form der Spitze nach dem Herausziehen kann man sich ganz genau orientieren, ob das Zinn zu kalt oder zu heiß ist.

Solche Lötungen sind von uns in großer Zahl ausgeführt worden, und es ist kein Fall bekannt geworden, daß eine undicht war.

Für die Speißlänge, d. h. den Abstand von Blei zu Blei der zwei verbundenen Kabel, geben wir zwei Beispiele für Kabel von 50 und von 120 Paaren. Im Jahre 1898 führten wir Spleißungen solcher Kabel aus, und fixierten als Spleißlängen 220 resp. 250 mm. Die inneren Durchmesser der Rohre waren 7 resp. 8 mm mehr als der äußere Durchmesser der Bleimantel und deren Länge 280 resp. 300 mm.

Für Bettungskabel empfiehlt es sich, die oben beschriebene Spleißung in einen gußeisernen Kasten zu legen, wie für Lichtkabel üblich, und diesen mit einer Harzmasse auszugießen. Der Kasten ersetzt den fehlenden Panzer und die Ausgußmasse schützt gegen eine eventuelle schlechte Verlötung. Man kann die Spleißung auch direkt in einen Kasten legen, ohne vorher das Bleirohr aufzulöten, und dann vergießen. Wenn die Spleißung gut mit gummiertem Band und Papier umwickelt wird, sickert die Füllmasse nicht in die Adern hinein und das Kabel bleibt offen für den Durchgang von Luft.

Wenn Spleißungen in Kabelbrunnen gemacht werden, so kann man die oben beschriebene Art des Abschlusses mit einem Bleirohr nicht verwenden. Der zur Verfügung stehende Raum ist zu klein, um vor der Spleißung ein Rohr auf ein Kabelende aufzuschieben. Auch werden die Kabelenden meistens gebogen, so daß nur ein kurzes Stück übrig bleibt, das gerade ist. In diesem Falle hilft man sich mit zwei Rohren. Nach Beendigung der Spleißung werden diese miteinander und dann mit den Bleimänteln verlötet. Fig. 49 zeigt Rohr und Spleißung wie im Wiener Kabelnetz ausgeführt. Die Rohre haben die Form von Flaschen. Für 480-aderige Kabel mit 58 mm über Blei waren die Dimensionen jeder Flasche wie folgt. Länge 220, Halslänge 45, Flaschen-ϕ 70, Halsdurchmesser 62 und Wandstärke 4 mm.

Oft kommt es vor, daß ein Kabelstrang sich in zwei andere verzweigt. Die Spleißung wird in der gewöhnlichen Weise ausgeführt, aber es muß angegeben werden, welche Paare des Hauptstranges in jeden der Zweige zu gehen haben. Der Abschluß geschieht mit einer aus zwei Hälften bestehenden Bleimuffe.

Die longitudinale Nut der Muffen ist leicht zu verlöten. Die Eintrittsstellen der Kabel werden, wie früher beschrieben, verlötet. Man nennt diese Form eine Gabelspleißung.

Abzweigungen von Telephonkabeln kommen unter Umständen auch vor. In Wien z. B. wurde die Aufgabe gestellt, eine Abzweigmuffe zu konstruieren. Es existierten dort zwei alte Zentralen, und zwei neue in deren Nähe waren im Bau begriffen. Eine Anzahl Kabel wurden zwischen den neuen Zentralen verlegt, mit Abzweigungen nach den

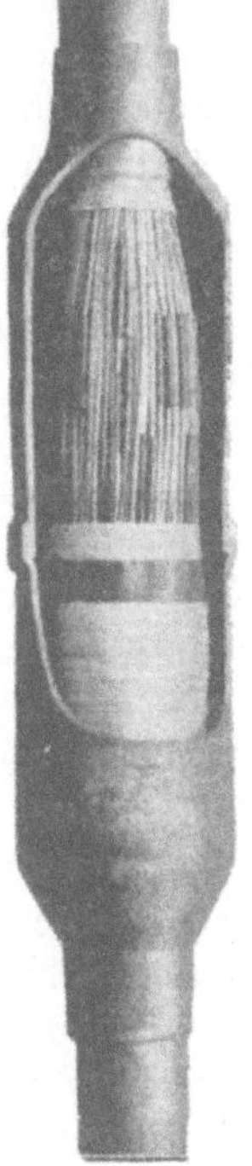

Fig. 49.

alten. Nach Vollendung der neuen Anlage sollte die Umschaltung ohne Betriebsstörung erfolgen, durch bloßes Wegschneiden der Abzweigung. Zur Verwendung kam eine Muffe mit Klemmen.

Wir haben die Aufgabe in einfacherer Weise gelöst. Die zwei durchgehenden Adern werden, wie bei der Spleißung, in eine Kupferhülse gesteckt, und gleichzeitig in dieselbe Hülse die Abzweigader. Für den Zweck werden etwas breitere Hülsen verlangt. Die Abzweigung läßt sich in einem ganz kleinen Raume unterbringen und ist äußerst billig.

Endverbindungen. Ein guter Abschluß des Endes von Telephonkabeln gegen Eintritt von Feuchtigkeit ist weitaus wichtiger als bei allen anderen Kabeln. Dieser wird durch einen Endverschluß erzielt, der in den meisten Fällen lang und schmal ist.

Derselbe wird immer auf einer vertikalen Wand montiert, so daß das Kabel von unten eintritt. Hinterwand, Vorderwand, sowie der untere und obere Teil sind aus Metall, während die Seitenwände durch eingelassene Ebonittafeln gebildet werden. Der untere Teil enthält die Schelle zum Festhalten und die Röhre zum Eintritt des Kabels. An der Hinterwand befinden sich die zum Aufhängen nötigen Ösen. Die Vorderwand ist für Montagezwecke abnehmbar. Der Oberteil hat ein Loch zum Eingießen der Masse. Die Seitenwände enthalten alle die Klemmen für die Verbindung der Adern. Während der Montage kann man die Seitenwände wie eine Tür nach hinten öffnen, um Platz für die Hände zu bekommen.

Die Klemmen sind auf den Ebonittafeln paarweise angeordnet, je zur Aufnahme eines Aderpaares, und jedes Paar trägt eine Nummer, entweder auf dem Ebonit eingraviert, oder auf einem beweglichen Täfelchen.

Die Konstruktion einer praktischen Klemme ist eine sehr wichtige Sache. Sie muß sowohl innerhalb als außerhalb des Kastens eine Schraube enthalten zur Verbindung mit der Ader und dem Anschlußdraht. Die Schrauben müssen zugänglich und leicht lösbar sein. Wenn man die äußere Verbindung, was oft vorkommt, löst, darf die innere sich nicht von selber lösen. Weiter wird von der Klemme noch verlangt, daß sie kleine Dimensionen hat, sich beim Anziehen der Schrauben für die Leitungen nicht verdreht und schließlich, daß beim Vergießen des Endverschlusses die Masse nicht zwischen Ebonit und Klemme hindurch wegfließe.

Bei der Montage steckt man das präparierte Kabelende von unten in den Endverschluß und biegt die Paare lagenweise zurück. Die Verbindung beginnt mit den Drähten der zentralen Lage, die an der obersten Klemme angeschlossen werden. Dann kommt die erste Lage an die Reihe etc. Die einzelnen Paare einer Lage werden so viel als möglich gleichmäßig auf das rechte und linke Klemmenbrett verteilt.

Nach Fertigstellung der Verbindungen wird das Kabel auf Kontinuität, Berührung und Reihenfolge der Paare gemessen. Wenn in Ordnung, wird der Endverschluß mit Masse ausgegossen.

Reparatur verlegter Kabel. Zeigt sich in einem verlegten Kabel ein Fehler, der durch Eindringen von Wasser entstanden ist, so findet man in den meisten Fällen, ausgenommen, man wartet zu lange, in dem Kabel noch eine trockene Ader, die man zur Lokalisierung des Fehlers nach der Schleifenmethode verwenden kann. Ist diese nicht vorhanden, so muß man sich mit der Ader eines anderen Kabels und ev. Hülfsleitungen behelfen, oder den Fehler durch Öffnen von Spleißkasten suchen.

Die Fehlerstelle läßt sich also auf jeden Fall bestimmen.

Das Wasser wird dann entfernt durch Einpumpen von trockener

Luft in die Kabel. Ist dasselbe durchgehends pneumatisch, so wird man die Luftpumpe in der Zentrale aufstellen und den Fehler im Blei erweitern, oder einige Meter hinter demselben ein größeres Loch in das Blei schneiden, um die dahin gelangende nasse Luft austreten zu lassen. Ist der frühere Isolationswiderstand hergestellt, so verlötet man das Loch oder die Löcher im Bleimantel wieder und die Reparatur ist beendet.

Ist das Kabel nicht durchgehends pneumatisch, was immer der Fall ist, wenn die Spleißungen durch bloßes Ausgießen mit Masse abgedichtet werden, so muß die Pumpen- und Trockenanlage auf die Straße gebracht werden. Erforderlich wird dann, daß man zwei Löcher in den Bleimantel der fehlerhaften Länge schneidet, nämlich eines genügend weit vom Fehler entfernt zum Ansetzen der Pumpe, und ein zweites direkt hinter dem Fehler für den Austritt der Luft.

Es sind Fälle bekannt geworden, daß fehlerhafte Telephonkabel durch diese Trocknungsmethode innerhalb weniger Stunden und ohne wesentliche Betriebsstörung wieder auf die für Fernsprechzwecke genügende Isolation gebracht worden sind.

Wenn nur wenig Wasser in ein Kabel eingedrungen ist, so glauben wir, daß es genügt, ohne vorherige Trocknung das Loch zu verlöten.

Wir schließen dies aus einer Beobachtung, die wir einmal zufällig machten.

Ein Kabel wurde unter Wasser gesetzt. Zwei Stunden nachher zeigten einige Adern schlechte Isolation, worauf das Kabel herausgezogen wurde. Am nächsten Tage sollte eine Fehlerbestimmung gemacht werden. Die schlechten Adern waren aber nicht mehr zu finden; sämtliche Adern des Kabels hatten eine gleichmäßige und gute Isolation.

Der Fall war so überraschend, daß wir an einen Irrtum glaubten. Das Kabel wurde dann wieder ins Wasser gestellt und überwacht. Nach wenigen Stunden war die schlechte Isolation wieder vorhanden.

Es ist also kein Zweifel, daß die in dem Kabel vorhandene Feuchtigkeit während des Intervalles der beiden Messungen verdunstet ist und sich auf eine größere Papiermasse verteilt hatte, auf deren Isolation sie keinen Einfluß ausübte.

Der zum Trocknen mit Luft erforderliche Apparat ist der folgende: Eine starke Druckpumpe samt Motor, eine Batterie von Gefäßen aus Eisen oder Blei, in welchen sich das Trockenmittel befindet, eine zweite Batterie zur Reinigung der Luft (man läßt sie durch Watte filtrieren); Rohrleitungen und Manometer.

IV. Materialienkunde.

Kupfer.

Konstanten. Das wichtigste Rohmaterial der ganzen Elektrotechnik ist das Kupfer. In Betracht kommt nur solches von großer chemischer Reinheit, meistens Elektrolytkupfer, das eine hohe Leitungsfähigkeit hat.

Für Kabel und isolierte Drähte wird ausschließlich ausgeglühter Draht verwendet, der einen hohen Grad von Weichheit hat und ein Maximum von Leitungsfähigkeit. Für viele Freileitungen, z. B. Trolleydrähte, gebraucht man hart gezogenen Draht, der nach dem Ziehen nicht ausgeglüht wird.

Das spezifische Gewicht Δ ist nach Landolt und Börnstein: 8.30—8.92 gegossen; 8.93—8.949 gezogen; 8.919—8.959 gehämmert und 8.884—8.952 elektrolytisch niedergeschlagen.

Der spezifische Widerstand w wird auf den Kubikcentimeter bezogen und ist rund 0.017×10^{-4} Ohm bei 15^0 C. Eine für den Praktiker bequeme Zahl ist der Widerstand eines Drahtes von ein Meter Länge und ein Quadratmillimeter Querschnitt. Die betreffende Zahl ist rund 0.017 Ohm bei 15^0 C. für ausgeglühten Draht.

Nachstehend einige genauere Zahlen, bezogen auf 0^0. Die Zahl α ist der Temperaturkoeffizient per 1^0 C.

Matthießens Normalkupfer	$\Delta = 8.90$	$w = 0.01593$	$\alpha = 0.00388$
Swans Elektrolytkupfer	$\Delta = 8.91$	$w = 0.01561$	$\alpha = 0.00428$
Grammonts „ „	$\Delta = 9.05$	$w = 0.01538$	$\alpha = 0.00445$

Die Leitungsfähigkeit eines Drahtes ist das Reziproke von w. Sie wird gewöhnlich in Prozenten des Normalkupfers ausgedrückt, und die übliche Vorschrift ist, daß ein Draht nicht weniger als $98\,^0/_0$ Leitungsfähigkeit haben soll. Elektrolytkupfer erfüllt diese Bedingung leicht, da seine Leitungsfähigkeit bis 102 und mehr zu stehen kommt.

Die Bruchfestigkeit ist für hartgezogenen Draht 43—45 kg per qmm und 22—23 kg für weichen Draht. Für Lötstellen in Trolleydraht werden ebenso 43—45 kg vorgeschrieben. Die Dehnungen sind 1 bis $40\,\%$.

Normalkupfer. 1. Vorschriften des Verbandes Deutscher Elektrotechniker.

§ 1. Der spezifische Widerstand des Leitkupfers wird gegeben durch den in Ohm ausgedrückten Widerstand eines Stückes von 1 m Länge und 1 qmm Querschnitt bei 15^0 C.

§ 2. Als Leitfähigkeit des Kupfers gilt der reziproke Wert des durch § 1 festgesetzten spezifischen Widerstandes.

§ 3. Kupfer, dessen spezifischer Widerstand größer ist als 0.0175 Ohm, oder dessen Leitfähigkeit kleiner ist als 57, ist als Leitkupfer nicht annehmbar.

§ 4. Als Normalkupfer von $100\,\%$ Leitfähigkeit gilt ein Kupfer, dessen Leitfähigkeit 60 beträgt.

§ 5. Zur Umrechnung des spezifischen Widerstandes oder der Leitfähigkeit von anderen Temperaturen auf 15^0 C. ist in allen Fällen, wo der Temperatur-Koeffizient nicht besonders bestimmt wird, ein solcher von $0.4\,\%$ für ein Grad Celsius anzunehmen.

2. Vorschriften der Englischen Kupferkommission.

§ 1. Als Normalkupfer von hoher Leitungsfähigkeit für hartgezogenen Draht wird Matthießens Zahl 0.153858 Ohm fixiert, gültig für einen Draht von 1 m Länge und 1 g Gewicht bei 60^0 F. $= 15.5^0$ C.

§ 2. Als hartgezogenes Kupfer wird dasjenige angesehen, das sich um nicht mehr als $1\,\%$ ausdehnt, bevor es reißt.

§ 3. Als Normalkupfer von hoher Leitungsfähigkeit für ausgeglühten Draht wird Matthießens Zahl von 0.150822 Ohm fixiert, gültig für einen Draht von 1 m Länge und 1 g Gewicht bei 15^0 C.

§ 4. Das spezifische Gewicht von Kupfer wird als 8.912 angenommen.

§ 5. Der Temperaturkoeffizient wird als 0.00238 für 1^0 F. oder 0.004284 für 1^0 C. festgesetzt.

§ 6. Widerstand und Gewicht von Leitern werden aus der wirklichen Länge der Drähte berechnet.

§ 7. Für Berechnung von Tabellen über Drahtseile soll ein

Drall = 20 mal dem Kaliber (minus eine Drahtdicke) als Normale genommen werden.

§ 8. Für alle Leiter wird für Widerstand und Gewicht eine Abweichung von $2\,^0/_0$ erlaubt.

§ 9. Für verzinnte Drähte wird eine Zunahme von $1\,^0/_0$ gestattet für den aus dem Durchmesser berechneten Widerstand für die Drähte zwischen den Nummern 22 und 12 S.W.G. (2.6 und 0.7 mm).

Aus diesen Vorschriften kann man die folgenden Zahlen berechnen und zusammenstellen, gültig für 60^0 F. $= 15^0$ C.

	Kupferdraht	
	weich	hart
Widerstand in Ohm per ccm	1.69639×10^{-6}	1.73054×10^{-6}
„ „ „ „ 1m 1qmm	0.01696	0.01730

Gewicht per 100 Meter $= 0.8912 \times$ Querschnitt in qmm.
Spezifisches Gewicht $= 8.912$.

Prüfungen von Kupferdraht. Man begnügt sich meistens mit den gewöhnlichen Prüfungen auf elektrische und mechanische Eigenschaften. Für hart gezogenen Kupferdraht fanden wir folgende englische Probe: Der Draht wird in 6 Windungen um seinen eigenen Durchmesser gewickelt, abgewickelt und wieder aufgewickelt und darf dabei nicht brechen. Der Draht muß eine Anzahl mal tordiert werden können, ohne zu zerbrechen und zwar für Draht von

2.5	2.0	1.6	1.2 mm Durchmesser
10	16	20	25 mal.

Blei.

Blei ist ein weiches, unter hohem Druck plastisches Metall. Schmelzpunkt bei 335^0 C. Spezifisches Gewicht: 11.25 gegossen, 11.38 gewalzt, 11.40 gezogen oder gepreßt. Für Kabelzwecke eignen sich nur die reinsten und weichesten Sorten, die doppelt raffiniert sind, und von diesen wird man denen den Vorzug geben, die am wenigsten Asche bilden.

Unreine Sorten ergeben ein sprödes Rohr, das schon mit Rissen aus der Presse heraus treten kann, oder nach ein bis zwei Biegungen bricht. Auch sonst hat man mit diesen Sorten Schwierigkeiten, um reines Rohr zu bekommen.

Hier folgen die Analysen von drei uns bekannten, sehr guten Sorten.

Gehalt an	Tarnowitzer Weichblei	K. Friedrichshütte Reinblei	Hohenlohe Blei
Blei	99.9666	99.9964	99.9731
Kupfer	0.0043	0.0007	Spur
Wismut	0.0015	—	—
Zinn	0.0242	0.006	0.008
Zink	0.0009	—	—
Eisen	0.0025	0.0010	0.0011
Arsen	—	0.0013	—
Kadmium	—	—	0.0250

Die Bedienung der Bleipresse kann an der sog. Bleikolik erkranken, die davon herrührt, daß das Blei von den Händen in den Mund und in die Speisen kommt. Es sind demnach bei der Presse strenge Vorschriften, betreffs Reinigung der Hände vor den Mahlzeiten etc. aufzuhängen und deren Befolgung zu kontrollieren.

Bleiasche enthält gewöhnlich viel metallisches Blei. Durch bloßes Schmelzen kann man aus derselben $50\,^0/_0$ und mehr Blei herausbringen. Die eigentliche Asche bringt man in einen Ofen mit Rost, lagenweise mit Holz, Harzabfällen, den Lappen von der Tränkerei etc., aufgeschichtet und setzt diese in Brand. Das reduzierte Blei läuft dann durch den Rost weg.

Legiertes Blei. In neuerer Zeit hat man angefangen, dem Blei etwas Zinn zuzusetzen, gewöhnlich $3\,^0/_0$. Der Schmelzpunkt dieser Legierung ist zu 332^0 C. bestimmt worden. Zum Pressen verlangt diese Legierung einen beträchtlich höheren Druck, oder eine höhere Temperatur.

Blei und Zinn mischen sich nicht leicht miteinander, und es ist praktisch eine Unmöglichkeit, eine gleichmäßige Legierung zu erzielen. Die großen amerikanischen Telephongesellschaften geben deshalb einen Spielraum von $1\,^0/_0$, und schreiben einen Zinngehalt von $2^1/_2$ bis $3^1/_2\,^0/_0$ vor.

Aus obigem ergibt sich, daß es nicht empfehlenswert ist, die Legierung im Schmelzkessel der Presse selbst herzustellen. Man kann sich nicht auf die Bedienung verlassen, daß diese das Zinn wirklich zusetzt und ordentlich umrührt. In unserer Praxis bekamen wir einmal mitten in einem Kabelrohr eine harte, aufgerissene Stelle, die einen übergroßen Zinngehalt aufwies.

Von dem Zinnzusatz hat man erwartet, daß er das Blei gegen chemische Einflüsse und Elektrolyse etwas mehr schützt, da Zinn weniger oxydierbar ist als Blei. Die Erfahrung hat diese Erwartungen nicht bestätigt.

Die Legierung hingegen hat einen großen Wert für Einzieh-
kabel, da sie eine bedeutend größere Bruchfestigkeit aufweist als
reines Blei. Sie ist etwas spröder als dieses, genügt indessen für
alle in der Praxis vorkommenden Biegungen.

Zur Beurteilung der mechanischen Eigenschaften von reinem
Blei und $3^0/_0$iger Legierung geben die nachfolgenden Zahlen Aufschluß. Sie wurden bestimmt aus Streifen von ca. 3 mm Dicke,
die von warm gepreßten Rohren herstammten. Ganze Rohre
wurden ebenfalls geprüft und ergaben nahezu die gleichen Resultate.

	Reines Blei	Legiertes Blei
Streckgrenze	1.05	1.58 kg p. qmm
Bruchgrenze	1.68	2.34 „ „ „
Bruchdehnung	45—50	50—54 $^0/_0$

Die Zahlen sind Mittelwerte aus zehn Versuchen. Durch Zusatz
von $3^0/_0$ Zinn wird also die Bruchfestigkeit um ca. $50^0/_0$ erhöht.

Verzinntes Bleirohr. Um das Blei gegen chemische Einflüsse
widerstandsfähiger zu machen, hat man in Amerika Methoden ausgebildet und Einrichtungen gebaut, um das gepreßte Bleirohr mit
einer Schicht Zinn zu überziehen.

Zerstörung von Bleirohr. Bleirohr, unter die Erde gelegt und
keinen schädlichen Einflüssen ausgesetzt, hält sozusagen ewig, wie
die Überreste römischer Wasserleitungen uns nachweisen. Zerstörung des Bleimantels von Kabeln ist beobachtet worden in Erd-
schichten, die faulende organische Substanzen oder Schwefelwasserstoff enthalten.

Solche Bestandteile findet man in der Umgebung von schlecht
gemauerten Abzugskanälen, Senk- und Düngergruben, Kloaken,
Ställen etc. oder Schwefelquellen.

Oft sind auch in Gips oder Kalk eingelassene Rohre in kurzer
Zeit zerstört worden.

Die dem Blei schädlichen, im Erdboden enthaltenen Stoffe
sind: kohlensaures Ammoniak, organische Säuren und Salpeter.
Unter Zutritt von Luft und Feuchtigkeit, die im Boden immer vorhanden sind, bilden diese Substanzen kohlensaures Blei, dessen
Farbe weiß ist.

Langsamer zerstörend wirkt schwefelwasserstoffhaltiger Boden,
unter Bildung einer schwarzen Verbindung, dem Schwefelblei.
Auch kochsalzhaltiger Boden ist dem Blei mit der Zeit schädlich,
sowie salpetersaures Natrium, Kalium und stark kohlensäurehaltiges
Wasser.

Aluminium.

Das Aluminium ist ein silberfarbiges, sehr geschmeidiges Metall, härter als Zinn und Zink, aber weicher als Kupfer. Die Fabrik in Neuhausen macht darüber folgende Angaben: Reingehalt 98 bis 99.7 $^0/_0$. Schmelzpunkt etwa 700^0 C. Spezifisches Gewicht 2.64 gegossen und 2.70 gezogen und gewalzt. Festigkeit 10 bis 12 kg gegossen bei 3 $^0/_0$ Dehnung, gewalzt 20—27 kg (Blech von 3—0.5 mm), gezogen ca. 27 kg (2.5 mm Draht). Alles auf 1 qmm bezogen. Leitungsfähigkeit 59, bezogen auf Kupfer. Aluminium ist nahezu unempfindlich gegen trockene und feuchte Luft, Wasser, Kohlensäure, Schwefelwasserstoff und viele organische Säuren

Einem Vortrage von Prof. E. Wilson entnehmen wir noch folgende Angaben:

Aluminium vom Gehalt Al 99.25, Fe 0.31 und Si 0.14 ergab folgende Konstanten:

Spezifisches Gewicht = 2.715.

Spezifischer Widerstand = 2.762 $\times$ 10^{-6} bei 15^0 C.

Leitungsfähigkeit bei 15^0 C. = 61.5, bezogen auf Matthießens Normalkupfer vom Widerstande 1.696 $\times$ 10^{-6} bei 15^0 C.

Temperaturkoeffizient zwischen 0^0 und 100^0 = 0.00405.

Koeffizient der linearen Ausdehnung per 1^0 C., zwischen 18^0 und 100^0 C. = 0.000023.

In der letzten Zeit sind einige Versuche veröffentlicht worden, die darauf hinweisen, daß Al der Luft an Seeküsten und Fabriksdistrikten etc. nicht genügend Widerstand leistet und oft sehr rasch zerstört wird.

Zur Zeit der hohen Kupferpreise hat Al infolge seiner elektrischen Eigenschaften erfolgreich mit Kupfer konkurriert, hauptsächlich in Form von Drahtseilen für Freileitungen In Amerika sind eine ganze Reihe sehr großer Kraftübertragungen mit Aluminiumseilen ausgerüstet worden.

Für Telegraphen- und Telephonzwecke, sowie als Trolleydraht, ist Al nur versuchsweise verwendet worden und bis jetzt ohne günstigen Erfolg. Die Drähte reißen bei Sturm oder auch ohne Veranlassung, und es scheint, daß Aluminiumdraht sich noch nicht mit genügender Gleichmäßigkeit verarbeiten läßt. Man schreibt die zufälligen Risse Unreinigkeiten oder kristallinischem Gefüge im Metalle zu.

Für isolierte Kabel ist Al nach nicht verwendet worden, ebenso nicht für isolierte Drähte. Für diese wird es wegen der Umständlichkeit des Lötens auch noch lange Zeit nicht verwendet werden können. Das Löten erfordert eine sehr große Hitze und ein besonderes Lot, von denen das Richardssche als das beste empfohlen wird. Das Löten ist umständlich und einzelne Lote zerfallen mit der Zeit in Staub.

Für weitere Information konsultiere man die Artikel über Aluminium: Elektrot. Zeitschr. 1900, No. 38, S. 797. Electrician, Dez. 27, 1901, von Prof. E. Wilson & Murry Morrison.

Eisen.

Bandeisen wird zum Panzern von Kabeln in den Dicken 0,5, 0.8 und 1.0 mm verwendet. Dasselbe muß eine gewisse Weichheit haben. Zu hartes Band gibt keinen runden und gleichmäßig aufgelegten Panzer. In England verwendet man für den gleichen Zweck Stahlband. Dieses wird auch ausnahmsweise von der Deutschen Postverwaltung in den Dicken von 1.0 und 1.3 mm vorgeschrieben.

Bandeisen ist in zwei Sorten erhältlich:

1. **Kalt gewalzt.** Die Bruchfestigkeit ist 38 bis 39 kg per qmm und die Dehnung $30\,^0/_0$. Von großen Walzwerken wird es in folgenden Längen geliefert:

Dicke 0,5 mm, Breite	15	20	25	mm				
Länge in Metern	500	400	300	„				
Dicke 1.0 mm, Breite	25	30	35	40	45	50	55	60 mm
Länge in Metern	160	130	125	110	100	90	85	80 „

2. **Warm gewalzt.** Bruchfestigkeit 37 bis 44 kg per qmm. Dehnung $20\,^0/_0$. Erhältlich in den Längen

Dicke 1.0 mm, Breite	25	30	35	40	45	50	60	mm
Längen in Metern			40 bis 30			25 bis 15		

Zum Panzern wird sowohl die eine als die andere Sorte benutzt. Da das kaltgewalzte Band in größeren Längen erhältlich ist, wird man ihm den Vorzug geben.

Bandeisen rostet leicht. Der sicherste Schutz dagegen ist ein reicher Überzug, innen und außen, bestehend aus einer plastischen Asphaltmasse.

Eisendraht kommt nur verzinkt zur Verwendung zum Zwecke des Panzerns von Kabeln. Die D. Reichspost sieht in ihren Spezifikationen Drähte vor von 2.6 bis 8.6 mm Durchmesser und verlangt eine Zugfestigkeit von 40 kg per qmm. Es ist aber Eisendraht erhältlich mit einer Festigkeit bis 60 kg.

Flachdraht wird von der D. Reichspost in den Dicken von 1.4 bis 1.7 mm und den Breiten von 3.2 bis 6.2 mm verwendet.

Die Bruchfestigkeit dieser Drähte liegt zwischen 30 und 40 kg per qmm.

Das **Verzinken** bezweckt, den Eisendraht vor dem Rosten zu schützen. Die Luft greift Zink wohl auch an, aber das sich bildende Oxyd ist im Wasser nicht löslich und bildet so eine schützende Kruste gegen weiteres Anfressen. Enthält die Luft Schwefeldämpfe, Säuren oder Salzteilchen, so wird das Zink vollständig zersetzt und das Rosten beginnt. In Distrikten mit solchen Verhältnissen versieht man den verzinkten Draht mit einer gut asphaltierten Umflechtung. In weniger schlechten Gegenden genügt zum Schutze des Drahtes ein Überzug von oxydiertem Leinöl.

Die Verzinkungsprobe wird auf chemischem oder mechanischem Wege gemacht.

Zur ersteren bereitet man ein Bad aus 5 Liter Wasser und 1 kg Kupfervitriol. Das Bad hat Zimmertemperatur. Der verzinkte Draht wird mit Benzin gewaschen um Fette zu entfernen, darauf für eine Minute in das Bad getaucht, in Wasser gewaschen und getrocknet. Die Verzinkung wird als gut angesehen, wenn nach viermaliger Wiederholung dieses Vorganges der Draht nicht rot wird.

Die D. Reichspost schreibt diese Probe nicht durchgehends vor und achtet die Verzinkung als genügend, wenn von Ablieferung bis zur Verlegung keine Spur von Rost auftritt.

Auf mechanischem Wege prüft man die Verzinkung, indem man den Draht um einen Dorn wickelt. Die Verzinkung darf dann weder brechen noch sich abschälen. Für den Durchmesser des Dornes, der mit dem Drahtdurchmesser wechselt, gilt folgende englische Vorschrift:

Drahtdurchmesser	. . .	1.6	2.0	3.0	4.0	mm
Dorn	„ . . .	6	18	37	50	„

Als mechanische Proben von Eisendraht gelten in erster Linie die gewöhnlich vorgeschriebenen Bruchfestigkeiten und Dehnungen. Diese werden immer auf Festigkeitsmaschinen ausgeführt. Eine Ausnahme macht die Regierung von Indien, die vorschreibt, der vertikale Draht müsse durch Tragen von Gewichten geprüft werden. Er muß auf einmal $^9/_{10}$ des gesamten Gewichtes der vorgeschriebenen Bruchfestigkeit heben. Das fehlende Zehntel wird dann nach und nach in etwa fünf gleich großen Teilen zugelegt.

Neben Probe auf Bruchfestigkeit und Dehnung wird oft noch eine Torsionsprobe vorgeschrieben. Eine bestimmte gerade Drahtlänge wird an einem Ende eingespannt und am anderen Ende verdreht. Der Draht muß eine bestimmte Zahl Torsionen aushalten,

ohne in Fasern zu zerfallen. Die D. Reichspost hat die Zahl der
Torsionen auf 150 mm Drahtlänge wie folgt festgestellt:

Drahtdurchmesser . . . . 3.8 5.6 7.0 mm
Zahl der Torsionen in 150 mm 18   12   10   „

Die Regierung von Indien macht für die Torsionsprobe die
folgenden Vorschriften. Auf den Draht wird mit Tinte ein scharfer
Strich gemacht. Nachdem dieser trocken ist, wird ein Ende des
Drahtes in den Schraubenstock eingespannt und das andere Ende
mit einer Schraubzwinge verdreht. Die Zahl der Verdrehungen
wird an der Tintenspirale abgezählt, die deutlich sichtbar sein muß.
Die freie Drahtlänge ist $3'' = 75$ mm für Durchmesser bis 2.6 mm
und $6'' = 150$ mm für Drähte über 6 mm ϕ.

In Frankreich ist eine Biegungsprobe beliebt, die so ausgeführt wird, daß man den Draht einspannt und mehrere Male im
rechten Winkel, erst nach der einen Seite und dann nach der entgegengesetzten, abbiegt. Ein Draht von z. B. 4 mm ϕ muß diese
Operation viermal aushalten, wenn er gut ist.

Stahldraht ist mit verschiedenen Bruchfestigkeiten erhältlich,
z. B. 120—150, 150—160, 160—180 und 180—200 kg per qmm.

Die D. Reichspost hat Stahldraht bisher nur für das Deutsch-
Amerikanische Kabel verwendet und es waren dafür Festigkeiten
von 82 und von 142 kg per qmm festgesetzt. Ferner war Vorschrift, daß die Ausdehnung des Drahtes auf eine Länge von 250 mm
nur 2 resp. $4\,^0/_0$ betragen dürfe und daß er drei Torsionen hin
und zurück aushalten müsse.

Andere Proben werden wie bei Eisendraht gemacht. Eine
englische Vorschrift, die statt der Torsionsprobe gefordert wird, ist
noch erwähnenswert. Nach derselben muß sich der Stahldraht um
seinen eigenen ϕ wickeln und wieder abwickeln lassen, ohne zu
brechen.

Jute.

Jute ist die Bastfaser mehrerer, der Familie der Tiliaceen an-
gehöriger Pflanzen, die im südlichen Asien heimisch sind. Dieselben
sind ähnlich unserem Hanf, erreichen aber eine mittlere Höhe von
$3^1/_2$ m und 13· mm Stengeldicke.

Nach der Ernte wird die Jutepflanze einem Röstprozeß unterworfen, nach dessen Beendigung die Bastfaser von Hand abgezogen
werden kann, worauf sie gereinigt und getrocknet wird. Dies ist
die sog. Rohjute, die nach den Distrikten ihrer Herkunft sortiert wird.
und in circa sechs verschiedenen Qualitäten zum Export gelangt.

Im Heimatslande selber wird die Rohjute nicht zu Garn versponnen.

Die guten Sorten sind immer von heller Farbe, die minderen Sorten dunkel. Die allerbeste Jute hat eine weißlichgelbe und manchmal silbergraue Farbe. Sie zeichnet sich durch Weichheit und Glätte aus. Mittelsorten haben eine bräunliche Farbe, und die ordinären sind gelb bis rotbraun. Je geringer die Qualität ist, desto härter wird das Garn.

Für Kabelzwecke verwendet man meistens eine gute Mittelsorte. Das Garn soll nicht zu stark gedreht und gleichmäßig dick sein, sowie keine Teile des Stengelholzes enthalten. Es muß so kräftig sein, daß es den Zug auf den Maschinen aushält, ohne zu reißen.

Die bei schlecht gesponnenen Garnen auftretenden, konisch nach beiden Seiten verlaufenden dicken Stellen nennt man Fische; die holzigen Stengelteile heißen Schäbe, Acheln oder Ageln. Die rotbraunen, halb holzigen Fasern, die zuweilen gefunden werden, kommen von der Wurzel der Jutepflanze. In bester Qualität soll diese nicht vorhanden sein.

Unter der Nummer eines Jutegarnes versteht man die Zahl, die angibt, wievielmal 300 Yards $= 275$ m desselben auf ein englisches Pfd. $= 453$ g gehen. Jute No. 1 wird also per 300 Yards Fadenlänge, Jute No. 2 per 600 Yards etc., gerade 1 Pfd. wiegen. Das Gewicht per Meter ist also für No. $^1/_2 = 3.26$ g, No. $1 = 1.63$ g, No. $1^1/_2 = 1.09$ g, No. $2 = 0.81$g. Die Jutefabriken in England, Deutschland und Österreich haben einheitliche Nummerierung und Aufmachung für Verkauf.

Die Garne werden fabriziert in den Nummern $^1/_4$, $^1/_2$, $^3/_4$, 1, $1^1/_4$, $1^1/_2$, $1^3/_4$, 2, $2^1/_2$, 3, 4, $4^1/_2$, 5, $5^1/_2$, 6, 7, 8, 9, 10, 11, 12. Die höheren Nummern bis 24 werden als Feinjute bezeichnet.

Der fertige Jutefaden wird auf einem einheitlichen Haspel von $2^1/_2$ Yards $= 2.3$ m Umfang aufgespult. Ein Umfang heißt ein Faden. Eine Anzahl Fäden zusammen ist ein Gebinde und auf ein solches gehen 15 bis 120 Fäden (nämlich 15 für No. $^1/_4$ und 120 für No. 12). Fünf Gebinde sind ein Strähn, 20 Strähne eine Weife und 2 bis 16 solche ein Bündel (zwei für No. 12 und 16 für No. $^1/_4$) $=$ 24 000 Fäden à $2^1/_2$ Yards $= 60 000$ Yards $= 54 863$ m.

Für Feinjute hat man: 1 Faden $= 2^1/_2$ Yards; 120 Faden $=$ 300 Yards $= 1$ Gebinde; 10 Gebinde $= 3000$ Yards $= 1$ Strähn; 20 Strähne $= 60 000$ Yards $= 1$ Bündel.

Erwähnenswert für Jute ist noch, daß mehrere Fälle von Selbstentzündung von gelagerter Jute bekannt sind. Zwei derselben kamen in Kabelfabriken vor und gaben Anlaß zu beträchtlichem Feuerschaden.

Das Gerben von Jute. Für submarine und Flußkabel ist gewöhnlich vorgeschrieben, daß gegerbte Jute zum Schutze der Guttaperchaadern verwendet werden soll.

Der Gerbeprozeß wird in der nachfolgenden Weise ausgeführt. Man löst Katechu, auch Cachou genannt oder terra japonica, in heißem Wasser auf. Das Gerbgut, wie Jute, Baumwolle etc., wird etwa $1/2$ bis 1 Stunde in der heißen Lösung gelassen, ausgewunden, gewaschen und in eine warme Lösung von Kaliumbichromat von etwa 50^0 C. gebracht. Darin wird es gelassen, bis die gewünschte Farbe erreicht wird, worauf es ausgewunden, geschwemmt und getrocknet wird.

Je nach der Zusammensetzung der Bäder kann man verschiedene Farben herausbringen. Dem ersten Bad kann man 10 bis $20\,^0/_0$ Cachou zusetzen. Dem zweiten, das die Farbe gibt, setzt man auf 10 Liter Wasser etwa 20 g Bichromat zu für ein Cachoubraun, und 50 gr für ein Dunkelbraun. Wird die gewünschte Färbung nicht erreicht, so wiederholt man den Prozeß.

Für eine zimtbraune Färbung hat das zweite Bad ungefähr die folgende Zusammensetzung: Wasser 92, Kupfersulfat 5, Bichromat $2^1/_2$, Schwefelsäure $1/2\,^0/_0$.

Baumwolle.

Die Baumwolle ist das Samenhaar verschiedener Arten der Baumwollpflanze, die in Amerika, Asien, Afrika etc. einheimisch ist. Die Pflanze trägt walnußgroße Samenkapseln, die, wenn reif geworden, aufspringen, wobei das Samenhaar herausquillt. Je nach der Herkunft wird die Baumwolle in Sorten eingeteilt, wie Sea-Island, Louisiana, ägyptische etc.

Die Verarbeitung der Rohbaumwolle zu Garn ist eine der größten Industrien. Die Spinnereien liefern das Garn in Form von Kops, Kreuzspulen und Strähnen. Kops und Kreuzspulen werden direkt auf die Umspinnmaschinen der Kabelfabriken aufgesetzt und verarbeitet. In Strähnen bezieht man das Garn, das man für farbige Artikel braucht. Nachdem dasselbe gefärbt ist, wird es erst auf Hilfsspulen und von diesen auf die Maschinenspulen gewickelt.

Die **Nummer** eines Baumwollgarnes ist die Zahl, die angibt, wievielmal 840 Yards $=$ 768 m des Garnes auf ein englisches Pfund $=$ 453 gr gehen. Es ist also

Garnnummer $\times$ Gewicht von 840 Yards $=$ 1 Pfd. englisch.

oder Garn No. 1 840 Yards wiegen 1 Pfd. engl.

„ 10 8400 „ „ „ „

„ 100 84000 „ „ „ „

Wir haben demnach für die einzelnen Garnnummern die folgenden Gewichte per Meter Länge:

Garnnummer . .	1	10	20	30	40	100
Gramm per Meter	0.59	0.059	0.030	0.020	0.015	0.0059

In dem Maße als die Nummer zunimmt, wächst die Fadenlänge per Pfund, oder wird der Faden dünner.

Man kann also durch Abmessen der Länge eines Garnes, z. B. von 100 m, und Bestimmung des Gewichtes, ohne weiteres die Nummer desselben berechnen.

Die französische Numerierung hat die Basis: 1000 m No. 1 wiegen 500 g. Die englische Nummer muß mit 0.087 multipliziert werden, um die französische zu bekommen. Die französische No. $\times$ 1.18 gibt die englische No.

Die heutigen Bestrebungen der Spinner gehen nach einem internationalen System mit der Basis

$$1000 \text{ m No. 1 wiegen 1 kg.}$$

Werden zwei oder mehrere Garne zu einem einzigen Faden zusammengedreht, so erhält man Zwirn. Dieser ist stärker und gleichmäßiger als ein Garn von gleicher Dicke. Es gibt zwei-, drei- etc. fachen Zwirn.

Werden zwei oder mehr Zwirne zusammengedreht, so erhält man einen noch besseren Faden, dessen Name Fil d'Ecosse ist.

Für Baumwollgarne und -Zwirne existiert ein besonderes Verfahren, ihnen durch kräftiges Bürsten einen besonderen Glanz zu geben. So präpariertes Garn kommt unter dem Namen Eisengarn oder Glanzgarn in den Handel und es wird dasselbe meistens für die Umflechtung von Glühlichtschnüren verwendet.

Leinengarn.

Das Leinengarn kommt vom Flachs, der auch in Europa heimisch ist.

Für die Nummer gilt die Regel

$$\text{Nummer} \times \text{Gewicht von 300 Yards} = 1 \text{ Pfd.}$$

Es wird auf Haspeln von $2^1/_2$ Yards Umfang gespult.

Für die Aufmachung gilt das folgende:

1 Pack	= 6 Bdl.	= 120 Hanks	= 1200 Leas	= 360 000 Y.	= 329 718 m
1 „	= 20 „	= 200 „	= 60 000 „	= 54 863 „
1 „	= 10 „	= 3 000 „	= 2 743 „

Leinengarn und -Zwirn wird nur für Umflechtung von Drähten verwendet, die viel Strapazen auszustehen haben, wie z. B. Militärkabel.

Seide.

Seide kommt vom Kokon der Seidenraupe und die Gewinnung ist allgemein bekannt. Rohseide ist der einfache, aufgehaspelte Faden. Ein brauchbarer Seidenfaden wird erst durch Zwirnen mehrerer Einzelfäden erhalten.

Organsin ist ein Zwirn von 400 bis 500 Drehungen per Meter. Er wird aus bester Rohseide hergestellt und als Kette bei Geweben verwendet.

Trame ist ein Zwirn von 150 bis 200 Drehungen und findet Verwendung als Schluß bei Geweben und zur Anfertigung von Schnüren.

Nach den Ursprungsländern unterscheidet man italienische, chinesische und japanesische Seide.

Nach Qualität geordnet, wird Seide verkauft als

> sublime ordinär,
> sublime sublimissima,
> sublimissima,
> classique
> und noch feinere Sorten.

Unter Titre versteht man die Garnnummer der Seide. Der Faden wird um so schwerer, je höher die Nummer ist. Der Titre wird immer durch zwei Zahlen angegeben, z. B. 36/38, was heißt, die Nummer ist nicht genau angebbar, liegt aber innerhalb der Grenzen 36 und 38, und ist im Mittel gleich 37.

Der Titre wird in Deniers angegeben, und es ist 1 Denier = 0.05 g. Es ist

$$\text{Titre} \times 0.05 = \text{Gewicht in g von 450 m des Fadens.}$$

Will man also den Titre eines Seidenfadens bestimmen, so sucht man das Gewicht von 450 m desselben (in Grammen) und multipliziert dasselbe mit 20 (= 1 : 0.05).

Die gewöhnlichen Titres sind:

Organsin: grob 30/34 bis 36/40; fein 16/18 bis 22/26; extrafein 10/12 Deniers.

Trame: grob 70/80 bis 100/120; mittel 40/50 bis 60/65; fein 12/18 bis 24/28 Deniers.

Papier.

In neuester Zeit wird das Papier in der Kabelfabrikation in sehr großem Maße verwendet, sowohl für Starkstrom- als für Schwachstromkabel. In England spielen Hochspannungskabel mit

Papierisolation eine sehr bedeutende Rolle. Moderne Telephonkabel erhalten ausschließlich Papierisolation.

Der Kabelfabrikant stellt an das Papier zunächst die Anforderungen, daß es frei sei von allen chemischen Bestandteilen, die mit der Zeit das Papier selbst, als auch Kupfer und Blei zerstören können. Auch verlangt er, daß es keine Metallpartikel enthalte. Von größter Wichtigkeit für den Fabrikanten ist es, daß das Papier auf den Maschinen sich verarbeiten lasse, ohne zu oft zu reißen. Es erfordert also eine gewisse Festigkeit gegen Zug, die bei vielen Papieren beeinträchtigt wird durch harte Teilchen (nicht ganz verarbeitete Bestandteile des Rohstoffes), Ungleichheiten in der Dicke, Löcher, Falten, Risse etc. Solche unreinen Papiere reißen meistens beim Durchgang eines Fehlers durch die Kaliber der Maschine und sind infolgedessen für die Fabrikation nicht verwendbar, da die Bedeckungsmaschinen $^3/_4$ der Zeit und mehr in Stillstand kommen.

Da das Papier meistens in Spiralform auf dünne Drähte gelegt wird, erfordert es eine gewisse Weichheit und Schmiegsamkeit sowohl für das Durchgehen durch die Kaliber der Bedeckungsmaschine, als auch später beim Verseilen der isolierten Drähte. Ein hartes Papier gibt bei diesen Operationen Anlaß zu Fehlern und Aufenthalten.

Für Telephonkabel wird das Papier verwendet in Dicken von ca. 0.05 bis 0.25 mm und in Breiten von ca. 7 bis 15 mm. Für Starkstromkabel wird die Papierbreite durch den Durchmesser des Drahtseiles bestimmt.

Papier wird sortiert nach dem Gewichte per Quadratmeter, und es wiegt beiläufig Papier von

	0.07	0.09	0.12	0.16	0.20 mm Dicke
ca.	45	60	80	160	140 g per qm.

Es wird gewöhnlich garantiert rein von freiem Chlor, freien Säuren, Schwefel und Schwefelverbindungen.

Was mechanische Proben anbetrifft, haben wir die nachfolgenden auffinden können:

1. Englische Postverwaltung. Ein Streifen von 1 Zoll $= 25$ mm Breite muß für jeden $^1/_{1000}$ Zoll $= 0.025$ mm Dicke ein Gewicht von 4 Pfd. $= 1.8$ kg tragen.

2. Französische Postverwaltung. Von einem Streifen von 1000 mm Länge werden 330 mm herausgeschnitten. Eine Streifenbreite von 10 mm soll dann $2^1/_2$ kg tragen. Darauf wird der Streifen mit Belastung zehnmal um 180^0 verdreht, wobei er nicht reißen darf. Dieselbe Prüfung muß ein Streifen aushalten, der 48 Stunden im Wasser gelegen und dann in der Luft getrocknet worden ist.

Ein von einer umwickelten Ader abgeschälter Streifen wird
denselben Prüfungen unterworfen, aber mit bloß 2 kg Belastung
und mit sechs Drehungen um 180°.

Leinöl.

wird aus dem Samen des Flachses gepreßt. Es ist hellgelb
resp. braungelb, je nachdem es kalt oder warm gepreßt wird. Das
spezifische Gewicht ist 0.935. Das Leinöl wird oft mit anderen
Pflanzen- sowie Mineralölen verfälscht und verliert dann seine
Fähigkeit, rasch zu trocknen. Wenn es stark erhitzt und der Luft
ausgesetzt ist, so wird es dickflüssig und heißt dann oxydiertes
Leinöl. Im Anfange der Elektrotechnik wurden beide Sorten,
besonders mit Mennige gemischt, viel für Isolationszwecke verwendet,
heute aber weniger. Oxydiertes Leinöl wird auch für Herstellung
von Gummisurrogaten verwendet und Factices aus anderen Ölen
vorgezogen.

Harze etc.

Aus den meisten Nadelhölzern fließen Harze aus, besonders
wenn man die Rinde anschneidet. Aus denselben werden mancherlei
Produkte gewonnen, die für Kabel- und Drahtfabrikation von Wichtigkeit sind.

Galipot ist gemeines Fichtenharz, das von selber aus der Rinde
fließt. Die Farbe ist gelblichweiß, gelbrot oder braun. Der Geruch
erinnert an Terpentin. Es findet Verwendung als Zusatz zu Tränkmassen, die man etwas klebrig machen will, und löst sich leicht
in Spiritus.

Kolophonium wird aus Fichtenharz durch Abdestillieren der
Öle gewonnen und ist ein klebriges, sprödes, durchscheinendes Harz
von gelblicher oder bräunlicher Färbung. Es findet in vielen
Fabriken große Verwendung als Bestandteil der Tränkmasse für
Kabel und Drähte, und wird sozusagen als einziges Beizmittel beim
Löten verwendet.

Harzöl wird durch Destillation von Kolophonium gewonnen,
ist eine ölige Flüssigkeit von gelber bis rotgelber Färbung und
blau schimmernd. Es fühlt sich fettig an und verharzt nicht an
an der Luft. Das spezifische Gewicht ist 0.955. Es wird oft, und
bis zu einem großen Prozentsatz, mit dem viel billigeren **Blauöl**
(aus Petroleumrückständen erzeugt) gefälscht. Harzöl wird mit
Vorliebe verwendet, um harte Harze so flüssig zu machen, daß sie
als Tränkmasse für Kabel brauchbar werden.

Schneidet man die Rinde von Nadelhölzern an, so fließt der

sogenannte **Terpentin** aus, der aus einem Gemisch von Harz und ätherischen Ölen besteht. Destilliert man diesen zusammen mit Wasser, so erhält man **Terpentinöl**, das für Zusammensetzung von Massen und für Reinigungsarbeiten verwendet wird. Es löst die meisten Harze und Wachse.

Ozokerit ist schwarzes Erdwachs und wird gefunden in Galizien, Rumänien, am Kaspischen Meer etc. Das spezifische Gewicht geht von 0.94 bis 0.97. Der Schmelzpunkt liegt von 62 bis 85°C, und je höher derselbe ist, desto wertvoller wird das Material. Es gibt ziemlich weichen und harten Ozokerit. Billige Qualitäten sind schmierig und kaum verwendbar. Die Farbe wechselt ebenso viel als die Härte, von gelb- und dunkelbraun bis tiefschwarz. Ozokerit löst sich leicht in Terpentinöl und fetten Ölen, aber nur schwer in Alkohol und Äther. Es wird verwendet als Tränk- und Poliermasse für schwarze Drähte, insbesondere für Militärdrähte, welche der Sonne ausgesetzt werden. Besonders Gummiader wird mit Vorliebe mit Ozokerit getränkt. Auch als Füllmasse von Kabelkasten und Endverschlüssen ist er gut brauchbar.

Bitumen ist der Sammelname einer Anzahl fossiler Harze und stammt von einer untergegangenen Pflanzenwelt her. Diese Harze haben verschiedene Härte, Schmelzpunkte und Zähigkeit, sind aber meistens von schwarzer Farbe,

Bitumen wird verwendet als Tränkmasse für Kabel und Drähte, sowie als Füllmasse von Kabelkästen, unter Beisetzung anderer Produkte, um die nötige Härte zu erzielen.

Asphalt ist ein Gestein, hauptsächlich Kalkstein, Kalksand, Tonschiefer etc., mit Bitumen getränkt. Harze, die als Asphalt bezeichnet werden, sind aus diesem Gesteine durch Erwärmen ausgezogen worden. Auf der Insel Trinidad und im Toten Meer wird Asphalt als Harz, ohne Gestein, gefunden.

Teer. Durch trockene Destillation von organischen harzreichen Substanzen erhält man eine schwärzliche oder braune Flüssigkeit, die man Teer nennt. Der Holzkohlenteer wird aus den Wurzeln von Nadelhölzern gewonnen. Die beste Sorte davon führt den Namen Stockholmteer.

Bei der Destillation von Steinkohlenteer gewinnt man den Gasteer, der meistens stark wasserhaltig und sonst nicht sauber ist. Gereinigt ist er beinahe ebenso gut brauchbar als Holzkohlenteer.

Beide Arten werden verwendet für schwarze Tränkung oder zur Erniedrigung des Schmelzpunktes von Ozokerit und anderen schwarzen Harzen.

Teere sind wegen ihres widrigen Geruches in der Fabrikation nicht besonders beliebt.

Paraffin ist ein weißer, wachsähnlicher, geruch- und geschmackloser Körper, der sich fettig anfühlt. Es wird gewonnen aus mehreren Harzen, Torf, Braunkohle, Blätterschiefer, Rohpetroleum etc. Das spezifische Gewicht wechselt von 0.87 bis 0.91. Der Schmelzpunkt, der meistens zwischen 50 bis 52^0 liegt, wechselt mit dem Rohprodukt, aus dem das Paraffin gewonnen wird. Er ist z. B. 45.5^0 (aus Bogheadkohle), 46.7^0 (Torf), 61^0 (indisches Petroleum), 65.5^0 (Ozokerit). Der Preis richtet sich zum größten Teil nach der Höhe des Schmelzpunktes. Paraffin ist löslich in Äther, Schwefelkohlenstoff, Benzin, Petroleum, Terpentinöl.

Es findet in der Elektrotechnik große Verwendung für Isolierzwecke, besonders in sehr feuchten Räumen, zum Tränken von Klingel- und Seidendrähten, zum Tränken der Enden von Telephonkabeln, als Bestandteil von Kabeltränkmassen etc.

Japanwachs ist kein Wachs, sondern ein Pflanzenfett von fester Konsistenz und blaßgelber Farbe. Es stammt aus Japan und China. Ganz weißes Japanwachs ist künstlich gebleicht worden. Es ist härter als Bienenwachs und hat einen harzigen, talgartigen Geruch. Der Schmelzpunkt liegt zwischen 48 bis 55^0, das spezifische Gewicht zwischen 0.978 und 0.993, gebleicht zwischen 1.00 und 1.06. Es wird oft mit Talg verfälscht oder mit $15-30^0/_0$ Wasser beschwert. Löslich ist das Wachs in Benzin, Äther und kochendem Alkohol.

Es findet Verwendung zum Tränken von Drähten.

Carnaubawachs kommt aus Brasilien und ist ebenfalls ein Pflanzenfett. Es wird aus den Blättern einer Fächerpalme gewonnen und ist von einer schmutzigen, grüngelben Farbe. In Äther und kochendem Alkohol ist es vollständig löslich. Verwendung findet es als Zusatz zu Poliermischungen, um den Glanz der Drähte zu erhöhen.

Guttapercha.

Die Guttapercha ist der eingetrocknete Milchsaft des Guttaperchabaumes — Isonandra Gutta — und anderer verwandter Pflanzen.

Die Qualität ist nicht nur verschieden nach der Pflanze, von der die Guttapercha gewonnen wird, sondern auch nach dem Orte, wo diese wächst. Die besten Sorten kommen von einem geographisch ganz genau begrenzten Gebiete, das die Inseln Sumatra, Borneo und einen Teil der Halbinsel Malacca einschließt.

Der Milchsaft des Guttabaumes ist bis vor kurzem ausschließlich durch Anschneiden der Rinde gewonnen worden. Seitdem die Guttapercha eine größere Verwendung für elektrische Kabel gefunden

hat, ist der Bedarf von Jahr zu Jahr gestiegen, und die ursprünglichen Wälder sind nahezu zerstört worden. Um den Bedarf für
die Zukunft zu decken, ist man zur Anpflanzung neuer Waldungen
geschritten und hat Anstrengungen gemacht, durch bessere Methoden
des Anzapfens die Bäume zu erhalten. Gegenwärtig gewinnt man
den Saft auch aus den Blättern, aus dem Holz und den Wurzeln
gefällter Bäume.

Die Guttapercha ist eine Mischung von zwei Substanzen, der
Gutta und den Guttaperchaharzen. Die zwei Bestandteile sind
nicht als bestimmte chemische Stoffe aufzufassen; beide haben je
nach Herkunft verschiedene Zusammensetzung und sind auch verschieden in ihren physikalischen Eigenschaften.

Die importierte Rohgutta enthält einen größeren Prozentsatz
von Unreinigkeiten, die sie während der Gewinnung aufgenommen
hat oder die auf betrügerische Weise zugesetzt wurden, um eine
Gewichtsvermehrung zu erzielen. Bevor die Guttapercha für technische
Zwecke brauchbar wird, hat sie erst einen großen Reinigungsprozeß
durchzumachen. Derselbe besteht im wesentlichen in einer gründ-
lichen Waschung in warmem Wasser, um lösliche Bestandteile,
Erde, Steine, Holz etc. zu entfernen. Nachher wird sie durch feine
Siebe gepreßt, um die letzten Spuren von Unreinigkeiten zu entfernen, und schließlich wird sie getrocknet, um das Wasser weg-
zubringen. Zum Zwecke der Aufbewahrung wird die Guttapercha
in Platten von etwa 6 mm Dicke ausgewalzt.

Es sind auch chemische Methoden angewendet worden, um
Guttapercha zu reinigen, aber schon seit Jahren aufgegeben.

Hat man gereinigte Guttapercha einer bestimmten Sorte, so ist
deren Wert bezw. deren elektrische und mechanische Eigenschaften
im großen und ganzen durch die Verhältniszahl der Bestandteile,
Gutta und Harze, bestimmt.

Das spezifische Gewicht kann als 1.0 angenommen werden,
mit Abweichungen von ca. $2^0/_0$ nach oben und nach unten.

Die Wasseraufnahme verschiedener Sorten, in Platten von
2.2 mm ausgewalzt, während eines Zeitraumes von 18 Monaten, ist
nach Dr. Obach $^1/_2$ bis $1^0/_0$.

Von großer Wichtigkeit ist bei gereinigter Guttapercha die
Temperatur, bei der sie plastisch wird, d. h. für Kabelzwecke ver-
arbeitbar. Gute Qualitäten erreichen diesen Punkt bei ca. 50^0 C.,
und je größer der Harzgehalt wird, desto niedriger sinkt diese
Temperatur.

Der Schmelzpunkt liegt bei 100^0 C. Der Luft ausgesetzt, besonders bei Temperaturen zwischen 20 und 30^0 C., verharzt die
Guttapercha leicht, d. h. sie wird oxydiert. Dadurch wird sie

brüchig, zieht sich zusammen und bekommt Risse. Unter Einwirkung von Licht und abwechselnder Feuchtigkeit und Trockenheit wird dieser Prozeß beschleunigt. Die Oxydation wird durch Fernhalten von Luft verhindert. So halten sich Adern, die mit geteertem Band umwickelt sind, für viele Jahre, und mit Blei umpreßte Adern noch länger.

Sehr eigentümlich verhält sich Guttapercha gegen Strecken, und dieses Verhalten ist ein Kennzeichen für gute Qualität. Nimmt man einen Span zwischen die Finger und zieht ihn aus, so folgt er dem Zuge sozusagen, ohne Widerstand zu leisten und ohne Elastizität zu zeigen. Plötzlich aber tritt Stillstand ein, da ein Punkt erreicht worden ist, wo die Guttapercha der Verlängerung einen kräftigen Widerstand entgegensetzt. Die Zugkraft muß beträchtlich erhöht werden, ehe man weitere Verlängerungen erzielen kann. Diese sind auch nur ganz gering. Wird die Kraft groß genug, so reißt der Span plötzlich, ohne sich vorher noch besonders gedehnt zu haben.

Je mehr Harze eine Guttapercha enthält, desto mehr verliert sie diese charakteristische Eigenschaft, und bei ganz geringen, d. h. Harz im Überfluß enthaltenen Qualitäten, ist sie gar nicht mehr vorhanden.

Zuverlässige Zahlen über Bruchfestigkeit von Guttapercha sind schwer zu finden. Wir greifen zwei solche heraus: Guttapercha, wie für Tiefseekabel gebraucht, widersteht einem Zug von 0.7 kg per qmm, bevor permanente Verlängerung eintritt, und sie reißt mit etwa 2.5 kg. — Reine Guttapercha reißt mit 1.0 kg per qmm und verlängert sich um ca. $500^0/_0$, während ein Gemisch von 55 Gutta und 45 Harz mit 0.5 kg reißt und sich um $460^0/_0$ verlängert.

Guttapercha, auf Drähten aufgelegt, hat eine gewisse Härte. Schüttelt man einen lose gewickelten Ring von Guttaperchaader, so verursacht das Zusammenschlagen einzelner Drähte ein halbmetallisches Klingen. Ein Druck mit dem Fingernagel läßt nur schwache Spuren zurück. Ein Span, von der Ader abgeschnitten, zu einer Kugel gerollt und lange mit den Fingern geknetet, kann schließlich wieder als ursprünglicher Span herausgeschält werden.

Es kommt gegenwärtig viel Guttaperchaader auf den Markt, welche die beschriebenen Eigenschaften nicht besitzt, also kaum mehr Guttapercha genannt werden. Diese bleibt nach dem Umpressen einige Wochen lang ziemlich weich; ein Druck mit dem Fingernagel hinterläßt eine kräftige Marke, und ein abgeschnittener Span läßt sich wie Kitt zu einer homogenen Kugel kneten. Etwa einen Monat nach der Fabrikation fängt die Masse an härter zu werden und wird in drei bis sechs Monaten so hart, daß sie beim Biegen bricht.

Telegraphendrähte, mit dieser Masse isoliert, zeigen einen Isolationswiderstand von 5000 bis 10000 Megohm, und diese Zahlen imponieren dem wenig informierten Besteller gewöhnlich so, daß er glaubt, er hätte die allerbeste Qualität von Guttapercha bekommen.

Es gibt auch andere minderwertige Guttaperchasorten als die oben beschriebenen, die sich durch eine bestimmte Härte und Brüchigkeit charakterisieren und ebenfalls einen sehr hohen Isolationswiderstand haben.

Das elektrische Kennzeichen einer guten Guttapercha ist ein mäßig hoher Isolationswiderstand.

Der Isolationswiderstand von guter Guttapercha, wie für submarine Kabel verwendet, bei 15⁰ C. und per Kilometer, ist nach den Formeln Seite 8

$$W = 5800 \log \frac{D}{d} \qquad \text{(Munro)},$$

$$W = 4500 \log \frac{D}{d} \qquad \text{(Siemens Bros.)}.$$

Als Reduktionskoeffizient von 24^0 auf 15^0 C. ist die Zahl 3.45 angenommen worden.

Aus diesen berechnet sich z. B. der Isolationswiderstand einer Guttaperchaader 7×0.7 mm auf 5.0 mm.

$$W = 2200 \text{ Megohm} \qquad \text{(Munro)},$$
$$W = 1700 \qquad \text{„} \qquad \text{(Siemens Bros.)}.$$

Die nachfolgende Tabelle, dem Taschenbuch von Munro & Jamieson entnommen und auf Kilometer und 15⁰ C. umgerechnet, gibt eine Übersicht der Isolationswiderstände einiger submariner Kabel.

Kabel	Verlegungs-jahr	Isol.-Widerstand per km 15⁰ C.
Placentia—St. Pierre . . .	1872	2400 Megohm
England—Spanien	1873	2040 „
Irland-Neufundland	1873	1620 „
Jamaika—Portorico	1874	1750 „
Italien—Sardinien	1875	2400 „
Australien—Neu-Seeland .	1876	1700 „
Penang—Malacca	1879	2850 „
Singapore—Batavia	1881	4500 „
Triest—Corfu	1881	4200 „
Valentia—Greitseil	1882	3700 „
Atlantisches Kabel	1881	3200 „
„ „	1882	3200 „

Die zwei letzten Kabel sind von Siemens Bros., alle anderen von der Telegraph Construction and Maintenance Co. gebaut und verlegt worden.

Die Reihe ist geordnet nach den Jahren der Fabrikation. Für die meisten der angeführten Kabel hat $\log \dfrac{D}{d}$ ungefähr denselben Wert, so daß man die Isolationswiderstände als Vergleichszahlen auffassen kann. Es geht aus der Tabelle unzweifelhaft hervor, daß der Isolationswiderstand von Guttapercha während der zehnjährigen Periode gestiegen ist. Die zwei letzten, niedrigen Zahlen erklären sich daraus, daß Siemens Bros. immer einen großen Vorrat an alter Guttapercha halten.

In den letzten Jahren haben die submarinen Gesellschaften nicht nur eine untere, sondern auch eine obere Grenze des Isolationswiderstandes vorgeschrieben. Die betreffenden Zahlen sind 300 und 1000 Megohm per Knoten und 75^0 F. oder 1800 und 6300 Megohm per Kilometer und 15^0 C.

Der Zweck dieser Vorschrift ist, Guttapercha von schlechter Qualität oder hohem Isolationswiderstand von der Verwendung für Tiefseekabel auszuschließen.

Es herrscht bei vielen Telegraphenbehörden die Ansicht, daß die Guttapercha um so besser sei, je höher deren Isolationswiderstand. Die oben mitgeteilten Zahlen sollten genügen, diesen Glauben zu erschüttern.

Zum Schlusse führen wir noch eine Notiz aus unseren Aufzeichnungen an, betreffend eine Guttaperchaader, die von einer angesehenen kontinentalen Firma bezogen und zu einem Telegraphenkabel verarbeitet wurde. Der Besteller desselben hatte einen Isolationswiderstand von mindestens 3000 Megohm per km bei 15^0 vorgeschrieben.

Unsere Notizen lauten: „Guttaperchaader von X. Von 21 Ringen kommen 12 Stück beschädigt an und müssen repariert werden, bevor sie einen Isolationswiderstand bekommen. Sieben Ringe haben so viel Fehler, daß sie überhaupt nicht verwendet werden können. Die Ader ist voller Risse, Löcher, Buckel, Drucke etc., und die einfachste Operation, wie z. B. das Umwickeln von einer Trommel auf die andere, ändert den Isolationswiderstand ganz bedeutend. Bei der Fabriktemperatur von 24^0 C. läßt ein Druck mit dem Fingernagel ein tiefes Zeichen zurück; ein nasses Messer schneidet die Guttapercha, ein trockenes schlüpft ab und zerreißt sie; ein geschnittener Span reißt beim Strecken sofort, ohne sich nur einen Millimeter zu dehnen. Die Adern haben Isolationswiderstände von 2000—3000 Megohm bei 24^0 C. oder 6000—9000 bei 15^0 C.

Aus den 14 brauchbaren Adern wurden zwei Längen siebenaderiger Kabel fabriziert. Nach dem Verseilen mußten viele Reparaturen unternommen werden. Nach Fertigstellung des Panzers war eine Kabellänge unbrauchbar, weil zwei Adern Isolationen von unter 100 Megohm hatten.

Die andere Kabellänge war auch nicht ganz in Ordnung, ist aber doch von dem Besteller übernommen worden."

Gummi.

Gummi oder Kautschuk ist der eingetrocknete Milchsaft einer großen Gruppe von Pflanzen, die meistens in den Tropen vorkommen. Die Gewinnung des Saftes ist ähnlich wie bei der Guttapercha. Gummi liefern die folgenden Länder: Süd- und Zentralamerika, Ostindien und Afrika. Die Verarbeitung des Gummis ist eine bedeutende Industrie, deren Produkte Verwendung in allen Zweigen der menschlichen Tätigkeit finden und für die neue Kultur unentbehrlich sind.

Für Fabrikation von Kabeln und Drähten kommen einzig und allein diejenigen Sorten von Rohgummi in Betracht, die eine gute Isolation ergeben und fortwährend in gleicher Qualität im Markte zu finden sind. Was die Isolation und Haltbarkeit anbetrifft, wird der Paragummi von keiner anderen Sorte übertroffen, und so war bis vor wenigen Jahren nur dieser in Kabelfabriken zu finden. Ein rasches Steigen der Preise von Rohgummi und ein gleichzeitiges Sinken der Verkaufspreise verschaffte nach und nach auch anderen Sorten Eingang in Kabelfabriken, wie z. B. Negroheads, Borneo und Mozambique.

Das Waschen. Alle Rohgummisorten sind mit Unreinigkeiten behaftet, wie Steine, Sand, Holz, Ruß etc., und diese müssen vor allem daraus entfernt werden.

Der Rohgummi wird, wenn in großen Ballen erhalten, in kleinere Stücke zerschnitten und in einem Wasserbade von 60—80° C. aufgeweicht. Dann kommt er auf die Waschmaschine, die ihn knetet und zerreißt. Diese Maschine besteht im wesentlichen aus zwei nebeneinander liegenden horizontalen, kräftigen Walzen, deren Abstand nach Bedürfnis reguliert werden kann. Sie laufen mit gleicher Geschwindigkeit gegeneinander und zerquetschen und zerreißen den Gummi. Auf die Walzen fließt von oben Wasser herunter, das alle Unreinigkeiten wegschwemmt.

Der Waschprozeß wird fortgesetzt, bis der Gummi absolut sauber ist. Ein weißes Tuch oder Papier, auf den Walzen gerieben, gibt über die Reinheit Aufschluß. Der gewaschene Gummi kommt schließlich in der Form eines dünnen und langen Felles aus der Waschwalze heraus.

Trocknen. Für das Trocknen gilt der Grundsatz: hohe Temperaturen und Licht verderben den Gummi.

Das Trocknen wurde bis vor wenigen Jahren in schwach beleuchteten Kammern vorgenommen, in denen die Felle auf Stangen aufgehängt wurden. Eine Temperatur der Kammer von ca. 30° C. genügt vollständig, wenn genügend Ventilation vorhanden ist und die Wasserdämpfe entfernt werden. Für das Trocknen eines Felles sind ca. 3 Wochen erforderlich.

Seit einigen Jahren hat man versucht, den Gummi auf rationelle Weise, d. h. im Vakuum bei niedriger Temperatur zu trocknen. Über den Erfolg dieser Versuche haben wir sowohl günstige wie ungünstige Urteile aussprechen hören.

Materialien für Beschwerung von Gummi werden in heizbaren Schränken getrocknet.

Proben auf Feuchtigkeit werden mit einem Probierröhrchen gemacht. Eine Kleinigkeit der zu untersuchenden Substanz wird in das Röhrchen hineingebracht und dieses am Boden schwach angewärmt. Eventuelle Wasserdämpfe schlagen sich dann am oberen, kalten Teil des Röhrchens nieder.

Nasses Material zeigt nach dem Vulkanisieren stets Blasen, doch können diese auch davon kommen, daß nachträglich während der Verarbeitung des Materiales Feuchtigkeit aufgenommen wird, wie z. B. in der Schlauchmaschine, wenn diese nicht ganz dampfdicht ist.

Das Mischen. Weitaus der größte Teil des gewaschenen Gummis kommt nicht rein zur Verwendung, sondern mit einer Anzahl von andern Substanzen gemischt. Die Substanzen heißen Zusatzmittel oder Beschwerungen.

Der Mischungsprozeß wird auf einer ähnlichen Maschine ausgeführt, wie für das Waschen gebraucht, nur mit dem Unterschiede, daß die zwei Walzen mit ungleicher Geschwindigkeit rotieren, was eine raschere Verschiebung der einzelnen Teilchen der Gummimasse bewirkt. Auch sind die Walzen von innen mit Dampf wärmbar und mit Wasser kühlbar.

Die Beschwerungen werden nach Rezept abgewogen und miteinander gemischt. Vorher sind sie gut zu trocknen.

Die Mischwalzen werden angewärmt und die trockenen Gummifelle einige Minuten durchgewalzt, bis die Masse ordentlich weich ist. Dann kann man die Beschwerungen nach und nach oder auf einmal zusetzen.

Die Dauer des Prozesses muß für jede Gummisorte, jede einzelne

Mischmasse und jedes Mischungsverhältnis erfahrungsgemäß festgestellt werden. Wird zu wenig gemischt, so ist die Platte unrein,
und wenn zu viel, wird die vulkanisierte Platte weich.

Das gemischte Material kann gleich zum Ziehen von Platten
verwendet werden, aber man zieht es meistens vor, es einige Tage
lagern zu lassen. Zu dem Zwecke wird es in ein Brot gewalzt,
numeriert und mit Talkum eingestaubt.

Das Auswalzen. Die zum Ziehen von Platten bestimmte
Mischung wird erst auf den Mischwalzen vorgewärmt und geknetet,
bis sie plastisch geworden ist. Dann kommt sie auf den Kalander.
Dies ist eine äußerst kräftige Maschine mit drei übereinander ge-
lagerten, horizontalen Walzen, deren Achsen einander parallel sind.
Jede Walze kann von innen aus angewärmt oder gekühlt werden.
Die mittlere Walze ist fest, die beiden anderen können in beliebigen
Abstand von ihr gebracht werden. Alle drei Walzen rotieren gleich-
schnell.

Die warme Mischung wird in größeren Mengen zwischen obere
und mittlere Walze gebracht. Was zwischen den beiden durchgeht,
bildet die Platte. Diese zieht man zwischen mittlerer und unterer
Walze zurück und gibt ihr dabei die richtige Dicke. Die oberen
Walzen müssen immer etwas mehr Gummi liefern, als für die endgültige Platte erforderlich ist.

Diese wird von der dritten Walze aus nach vorn genommen
und auf einen Holzkern gewickelt. Da die Platte warm und klebrig
ist, läßt man ein Stück Kaliko mitlaufen, das die einzelnen Schichten
voneinander trennt.

Die so gewickelte Platte wird für einige Tage in einem kühlen,
aber trockenen Raume abgelagert und dann auf einen anderen
Holzkern umgewickelt. diesmal ohne Kaliko. Wenn immer noch
zu klebrig, wird sie mit Talkum schwach eingestaubt oder mit
einer Schellacklösung bestrichen. Die Platte ist dann fertig für
Transport oder zum Schneiden in Streifen zum Gebrauch für die
Bedeckungsmaschine.

Die Temperaturen der Walzen müssen erfahrungsgemäß für
jede Mischung festgestellt werden.

Naturgummiplatte. Naturgummi, d. h. ungemischter Gummi,
wenn nicht direkt in Wasser gelegt, hat eine höhere Isolations-
fähigkeit als gemischter Gummi. Wenn für Gummiader ein Isolationswiderstand von mehr als 500 Megohm verlangt wird, muß man
eine Schicht Naturgummi auftragen. Diese legt man immer direkt
auf den Draht, weil dort mit einem Minimum von Material ein
Maximum von Isolation erreicht wird.

Dann wird auch viel Naturgummiband für Glühlichtschnüre und isolierte Drähte verwendet.

Bis vor wenigen Jahren ist für Erzeugung von Naturgummiplatte ausschließlich Paragummi verwendet worden. Heute aber gibt es Bänder, die nur wenig oder gar keinen Paragummi enthalten und 20 und mehr Prozent Zusatz von Wachsen und ähnlichen Materialien. Die Folge davon ist, daß die Bänder nach relativ kurzer Zeit in eine Art Verwesung übergehen oder auf andere Art zerstört werden.

Wir haben Band in die Hände bekommen, das einen sehr widrigen Geruch von sich gab, und nach sechs Monaten keine Eigenschaften von Gummi mehr hatte. Ein anderes Band gab beim Ausziehen eine ganze Schicht von Paraffin ab und hatte ein ähnliches Schicksal. Ein drittes Band nahm beim Ausziehen eine getrübte Färbung an und hat offenbar auch Wachse enthalten. Dann haben wir Glühlichtschnüre und isolierte Drähte gesehen, von keinem sehr hohen Alter, deren ehemalige Schicht von Paraband einem dünnen und brüchigen Überzug von Schellack ähnlich war.

Die Naturgummiplatte wird auf drei Arten erzeugt:

1. Auf dem Kalander gezogen, ganz gleich wie gemischte Platte. Sie wird entweder in der richtigen Dicke, gewöhnlich $^1/_4$ mm, gewalzt, oder dicker, dann auf Häspeln auf $^1/_4$ mm gestreckt und durch warmes Wasser, immer noch gestreckt, gezogen. Durch diesen Prozeß nimmt sie die Dicke an, auf welche sie ausgezogen wurde.

2. Aus gefrorenen Blöcken mittels Maschinen geschnitten. Diese Platte ist gekennzeichnet durch helle und dunkle Querlinien.

3. Der Gummi wird gelöst und die Lösung auf ein Tuch gestrichen. Das Lösungsmittel verdunstet. Durch mehrfaches Streichen kann man beliebige Plattendicken erzeugen. Gestrichene Platten erkennt man daran, daß sie nicht ganz rein sind. Der Prozeß des Streichens ist ohne Staub undenkbar.

Kalte Vulkanisierung. Naturgummi kann, geradeso wie gemischter Gummi, durch Zusatz von Schwefel unter Dampfdruck vulkanisiert werden. Der gewöhnliche Weg ist aber die sogenannte kalte Vulkanisation mittels Schwefelchlorür, S_2Cl_2. Dieses wird nur verdünnt verwendet, gemischt mit Lösungsmitteln von Gummi, wie Benzin, Chloroform, Schwefelkohlenstoff etc. Die Mischung wird mit Pinseln aus Watte auf die ausgebreitete Gummiplatte gestrichen, erst auf die eine und dann auf die andere Seite. Dieser Prozeß wird von Hand ausgeführt, kann aber auch maschinell vorgenommen werden. Die Schwierigkeiten bei Maschinenbetrieb sind aber ganz bedeutend.

Das Vulkanisierbad wird verschieden zusammengesetzt, und der Prozentsatz von Schwefelchlorür wechselt je nach der Dicke der Platte und dem Grade der Vulkanisierung, den man beabsichtigt. Die nachfolgenden drei Bäder sind uns bekannt.

<pre>
1. Benzin . . . . 40 Teile,
   Schwefelchlorür . . . . .   1 Teil;
2. Schwefelkohlenstoff . . . . 50 Teile,
   Schwefelchlorür . . . . .   1 Teil;
3. Schwefelkohlenstoff . . . . 100 Teile,
   Benzin . . . .   100 Teile,
   Schwefelchlorür . . . . .   3—6 Teile.
</pre>

Beschwerungsmittel. Für Kabelzwecke kommen, soweit unsere Erfahrung reicht, nur folgende Beschwerungsmittel in Betracht:

Talkum (Speckstein),	Gips,
Zinkweiß ZnO,	Minium Pb_3O_4,
Gelöschter Kalk CaO,	Kienruß,
Magnesia MgO,	Ceresin,
Schlemmkreide,	Schwefel.

Sämtliche Materialien werden fein gemahlen und gesiebt. Durch ein Sieb von 120 Maschen sollen $70^0/_0$ und durch eines von 90 Maschen $100^0/_0$ der Materialien durchgehen.

Nachfolgend einige Notizen über die Eigenschaften, welche die Zusatzmittel haben sollen.

Talkum. Man verwende nur die beste Sorte, die nicht weniger als $92^0/_0$ in Wasser unlösliche Silikate enthält.

Die billigen Sorten verwendet man zum Einstauben von Gummi oder von Ader, sowie zum Einbetten von Drähten, die im Trog vulkanisiert werden.

Zinkweiß ist eine der Substanzen, die leicht unrein geliefert werden. Dasselbe sollte in Essigsäure vollständig löslich sein, dagegen nicht mehr als zu $^1/_3{}^0/_0$ in Wasser. Hauptsächlich darf es wenig Chlorzink und wenig lösliche Choride enthalten. Als gute Marken werden „Red Seal“ und „Green Seal“ empfohlen.

Kalk wird nur in ganz geringen Mengen, etwa $1^0/_0$, in die Mischung gebracht, zum Zwecke, eventuelle Feuchtigkeit zu binden.

Magnesia wird ebenso nur in geringen Quantitäten zugesetzt und reduziert die Dauer der Vulkanisierung.

Minium ist ein Färbemittel.

Kienruß ist ebenfalls ein Färbemittel und wirkt oft schädlich, wenn nicht mit genügender Sorgfalt ausgewählt. Man setze nicht über $^1/_4{}^0/_0$ zu. Oft wird Kienruß durch gepulverten Torf gefälscht.

Sämtliche Färbemittel sind auf Gehalt an Fetten, Wasser und mineralischen oder vegetabilischen Verunreinigungen zu prüfen. Kienruß z. B. kann bis $20\,^0/_0$ Wasser enthalten. Proben auf Ölgehalt macht man mit Naphtha oder Benzin. Mineralische Bestandteile bestimmt man, indem man eine Schaufel voll in die Feuerung der Dampfkessel bringt. Aller Ruß verbrennt und die Mineralien bleiben zurück.

Ceresin wird weiß, d. h. gebleicht, verwendet. Bei Zusatz von einigen Prozenten erhöht es den Isolationswiderstand der Mischung.

Schwefel ist das zum Vulkanisieren bestimmte Material. Man verwende nur gemahlenen und gesiebten Schwefel. Schwefelblumen enthalten oft Wasser, Gase und organische Substanzen. Zur Vulkanisierung genügen $3^1/_2$ Prozent. Mit einer größeren Dotierung erhält man eine bessere Vulkanisierung, aber eine geringere Haltbarkeit des Gummis. Welches auch der Prozentsatz sei, freier Schwefel bleibt auf alle Fälle.

Gummisubstitute. Anstrengungen, Ersatzmittel für Gummi zu finden, sind schon seit Jahren gemacht worden und dauern immer noch fort. Ein wirklicher Ersatz für Gummi ist noch nicht gefunden worden, doch gibt es einige Stoffe, die sich ganz gut zur Mischung mit Gummi eignen. Deren Herstellung wird in verschiedenen Ländern betrieben. Es gibt gegenwärtig viele Kabelfabriken, die dem Gummi Ersatzmittel zusetzen.

Diese werden meistens durch Vulkanisierung von Ölen gewonnen. Substitute, aus oxydiertem Leinöl hergestellt, erfreuen sich großer Beliebtheit.

Substitute sollen sehr wenig freies Öl und freien Schwefel enthalten und gar keine Säuren noch Chlor. Das spezifische Gewicht soll nahezu $= 1$ sein.

Öle werden in flachen Pfannen, mit Feuer oder Dampf auf $120\text{—}150\,^0$ C. erhitzt und dann ca. $15\,^0/_0$ Schwefel zugesetzt. Diese Temperatur wird beibehalten und die Masse fortwährend gut umgerührt. Nach 3 bis 5 Stunden, je nach der Temperatur, fängt die Vulkanisation an. Die Wärmezufuhr ist dann zu unterbrechen. Die Masse wird erst gelatineartig und hierauf dick. Sobald die Temperatur anfängt zu fallen, erwärmt man wieder für weitere 2 bis 3 Stunden und kann dann den Prozeß als beendigt ansehen.

Was Ersatzmittel für Gummi im allgemeinen anbetrifft, so ist die Zahl der patentierten Erfindungen sehr groß und wird von Jahr zu Jahr vermehrt. Es sind schon ausgezeichnete Ersatzmittel hergestellt und z. B. zur Isolation von Kabeln verwendet worden. Allen steht aber ein gemeinsames Schicksal bevor. Nach einiger

Zeit, sei es Monate oder Jahre, wird die Masse krystallinisch und zerbricht beim Biegen oder zerfällt von selber in Staub.

Für ein permanentes Produkt scheint die Faser ein wesentlicher Faktor zu sein, und so weit die heutige Erfahrung geht, kann diese künstlich nicht hergestellt werden. Faser kommt nur vor in Artikeln, die gewachsen sind.

Lösungsmittel für Gummi. Abweichend von Salzen, gibt es für Gummi keinen Sättigungspunkt für Lösungen. Die stärkste Lösung von Gummi in Chloroform, die noch dünnflüssig ist, enthält $2^1/_2\,^0/_0$.

Lösungsmittel sind: wasserfreier Äther, ätherische Öle, Chloroform, Schwefelkohlenstoff, Petroleum, Steinkohlenteer, Benzin und flüssige Destillationsprodukte von Gummi.

Wasseraufnahme. Für die Gewichtszunahme von Gummistreifen, eine längere Zeit in Wasser von Zimmertemperatur eingetaucht, haben wir die nachfolgenden Zahlen gefunden. Das Experiment wurde mit 4 Streifen ausgeführt.

Streifen I	Vulkanisierte Para	0.10 mm dick
„ II	Unvulkanisierte „	0.90 „ „
„ III	Vulkanisierte schwarze Mischung	0.30 „ „
„ IV	„ weiße „	0.30 „ „

Versuchs-dauer in Tagen	Gewichte der Streifen			
	I	II	III	IV
0	3.01	16.26	1.97	2.13
2	3.45	16.54	2.00	2.14
7	3.98	16.59	2.01	2.17
30	4.04	16.68	2.01	2.18
72	4.05	16.80	2.01	2.18

Ganz dünne Naturgummistreifen nehmen also bis zu $^1/_3$ ihres Gewichtes Wasser auf und sind nach einem Monat gesättigt. Vulkanisierte Streifen aus Gummimischung nehmen $1^1/_2$ bis $2^1/_2\,^0/_0$ Wasser auf, und die Sättigung erfolgt schon nach einer Woche.

Spezifische Gewichte von Gummi. Die nachfolgenden Zahlen stammen von eigenen Bestimmungen:

Reine Para	0.930
Vulk. Mischung mit $60\,^0/_0$ Para . .	1.280
„ „ „ 50 „ „ . .	1.420
„ „ „ 40 „ „ . .	1.650
„ „ „ 33 „ „ . .	1.690
„ „ „ 28 „ „ . .	1.780
Okonit	1.736

Analysen von Mischungen. Nach Aussagen eines erfahrenen Praktikers sind Analysen von Mischungen kaum ausführbar, und die synthetische Methode allein richtig. Ein erfahrener Gummitechniker kann von jedem Muster gleich sagen, was ungefähr darin enthalten ist, und nach Ausführung weniger Versuche eine identische Mischung herstellen.

Gummiproben. Über diesen Punkt zuverlässige Angaben zu bekommen, ist eine schwere Sache.

Die englische Post stellt folgende Anforderungen: Vom Leiter abgetrennte Stücke vulkanisierter Ader müssen für 3 Stunden eine nasse Wärme von 160^0 C. und für eine Stunde eine trockene Wärme von 132^0 C. aushalten, ohne Qualität und Aussehen zu verändern. Separat vulkanisierte Musterstreifen derselben Mischung werden bei 16^0 C. während 24 Stunden gestreckt, und zwar ordinäre Mischung auf $2^1/_2$ fache Länge und Prima Mischung auf vierfache Länge. Nach Aufhebung des Zuges müssen sie innerhalb 6 Stunden bis auf $25^0/_0$ ihrer früheren Länge zurückgehen.

Über die richtige Vulkanisierung von Prima Sorten von Mischung hat uns eine Autorität in Gummisachen folgende Angaben gemacht. Der Streifen wird bis an den Reißpunkt gestreckt und dann zurückgelassen. Ist er richtig vulkanisiert, so geht er gleich ganz zurück; ist er untervulkanisiert, so geht er sofort auf 10 bis $20^0/_0$ und dann langsam ganz zurück; wenn übervulkanisiert, geht er sofort auf 10 bis $20^0/_0$ zurück und bleibt dann dort.

Im allgemeinen soll eine gute Mischung wenn richtig vulkanisiert, einen Gummi- und nicht einen Ledercharakter zeigen, und sie soll sich nur mit nassem Messer schneiden lassen.

Zerstörung von Gummi. Ganz wie Guttapercha wird auch Gummi durch Oxydation in Luft mit der Zeit zerstört. Licht und abwechselnder Feuchtigkeitsgrad befördern die Zersetzung. In Wasser oder unter Blei hält sich Gummi sehr lange. Die Zerstörung wird besonders befördert durch Einwirkung von Ozon, von Fetten und Ölen jeder Art, sowie von Schwefel- und Salzsäure.

Die nachfolgenden Experimente, von uns selber ausgeführt, zeigen das Verhalten einiger Substanzen auf Gummi. Dieser kam in Form von Streifen zur Verwendung.

1. In Harzöl und Indianutöl, einen Monat. Verschiedene Muster unvulkanisierter Mischung werden vollständig aufgelöst und als Brei am Boden gefunden. Ebenso unvulkanisierte Parastreifen. Eine vulkanisierte Mischung ist stark aufgequollen und reißt nach kurzer Streckung.

2. In Paraffin eingegossene, 13 Monate lang. Unvulkanisierte Mischung kommt nach dem Herausschmelzen als

pappige Masse, weicher als Kitt, zum Vorschein. Zwei Muster von vulkanisierter Mischung sind vorzüglich erhalten, während der Teil der Bänder, der nicht unter Paraffin war, hart geworden ist.

3. In Harzöl, 14 Monate lang. Ein vulkanisierter Streifen gemischter Gummi ist von 0.9 auf 1.3 mm aufgequollen, ist beim Drücken weich und etwas elastisch, reißt aber beim Ziehen sofort.

Ein Draht mit 2 Lagen vulkanisiertem Gummi ist von 5.2 auf 5.7 mm aufgequollen. Ist weich und etwas elastisch beim Drücken. Die schwarze Schicht schält sich leicht von der weißen ab und bricht beim kleinsten Zug. Die weiße Schicht ist sehr gut erhalten, besser als der nicht eingetauchte Teil.

4. In Kabelwachs. Gummistreifen wurden im Jahre 1897 in zwei verschiedenen Kabelwachsen, mit Kolophonium das eine, mit Bitumen das andere als Basis, eingebettet, und können heute noch als guter Gummi betrachtet werden.

Erhitzen von Gummi. Nachfolgendes Experiment sollte von allgemeinem Interesse sein.

Ein Ring von vulkanisierter Ader, Kupfer 1 mm, mit 2 Lagen Mischung ($30^0/_0$ Para) auf 3 mm isoliert, wurde während 22 Stunden im Vakuum (Kruppsche Trockenkessel) auf ca. 120^0 C. erwärmt. Der Gummi hat kaum gelitten. Nach weitern 22 Stunden (d. h. zwei Tage mit Dampf in den Kesselschlangen und zwei Nächte ohne Dampf) wurde der Gummi etwas hart und weniger elastisch, ohne daß man ihn als schlecht oder stark übervulkanisiert bezeichnen konnte.

V. Kalkulationen.

A. Bestimmung der Gewichte der Materialien.

In der Berechnung von Materialien haben wir es immer mit einem Körper von gleichförmigem Querschnitt Q, in qmm ausgedrückt, und einer Länge von 100 m zu thun.

Sei G das Gewicht eines solchen Körpers, in kg ausgedrückt, und Δ dessen spezifisches Gewicht, so findet man für G leicht die Grundformel aller Berechnungen:

$$G = \frac{1}{10} \cdot \Delta \cdot Q$$

Das Kupferseil. Das spezifische Gewicht von Kupfer ist $= 8.9$. In einem Kupferseil hat aber nur der zentrale Draht die Länge von 100 m. Von Lage zu Lage werden die Drähte länger ein, zwei und mehr Prozent. Wir haben immer einen Überschuß von $3^0/_0$ als Grundlage der Berechnung angenommen, also das spezifische Gewicht $\Delta = 9.2$. In dieser Zahl ist auch die ungleiche Drahtdicke mit inbegriffen, sowie ein kleiner Zuschlag, der bei Kalkulationen immer erwünscht ist.

Das Gewicht eines Kupferseiles von 100 m Länge und dem Querschnitt von Q qmm ist also

$$G = 0.92 \times Q.$$

Für Seile, deren Adern selbst Seile sind, sowie für verseilte Drei- und Vierleiterseile verwende man die Formel

$$G = 0.94\, Q$$

Es bezeichne D die Länge des Dralles in einer Lage, L die wirkliche Länge eines Drahtes in dieser Lage, d den äußeren Durchmesser des Seiles, resp. des für diese Lage benutzten Kalibers, so ist der Umfang $U = d\,\pi$. Setzt man $D = m\,d$, so wird $L = \sqrt{D^2 + U^2}$
oder

$$\frac{L}{D} = \sqrt{1 + \frac{\pi^2}{m^2}} = \frac{\text{wirkliche Drahtlänge}}{\text{Kabellänge.}}$$

Macht man also den Drall gleich

10   15   17.5   20   25 mal dem Kabeldurchmesser,

so wird die Drahtlänge der Lage gleich

1.048 1.022 1.017 1.012 1.008 mal der Kabellänge.

Nimmt man als normalen Drall einer jeden Lage eine Länge $= 20$ mal dem Kaliberdurchmesser, so kann man nach der folgenden Tabelle sowohl Gewicht als Kupferwiderstand irgend eines Seiles aus den entsprechenden Größen des Einzeldrahtes berechnen.

Es sei $G =$ Gewicht des Seiles

$\quad\quad g =$ „ „ Einzeldrahtes

$\quad W =$ Kupferwiderstand des Seiles

$\quad\quad w =$ „ „ Einzeldrahtes,

so ist für ein Seil von der

Drahtzahl	das Gewicht	der Widerstand
3	$G = 3.037 \times g$	$W = 0.3374 \times w$
4	$G = 4.049 \times g$	$W = 0.2531 \times w$
7	$G = 7.073 \times g$	$W = 0.1444 \times w$
12	$G = 12.15 \times g$	$W = 0.0843 \times w$
19	$G = 19.22 \times g$	$W = 0.0532 \times w$
37	$G = 37.44 \times g$	$W = 0.0273 \times w$
61	$G = 61.74 \times g$	$W = 0.0166 \times w$
91	$G = 92.10 \times g$	$W = 0.0111 \times w$

Diese Tabelle ist von der englischen Kupferkommission auf-aufgestellt worden.

Jute. Bei Gleichstromkabeln berechnet man den Querschnitt der Jute aus innerem und äußerem Durchmesser. Man bedient sich bei dieser Berechnung einer Tabelle für Kreisfunktionen. Bei Mehrleiterkabeln sucht man in der Tabelle die Fläche auf, die dem Durchmesser unter Blei entspricht, und zieht davon die Flächen der Leiter ab. Für diese ist der Durchmesser maßgebend, nicht der Kupferquerschnitt.

Sowohl für ungetränkte wie für getränkte Jute haben wir im Laufe mehrere Jahre Bestimmungen des spezifischen Gewichtes gemacht. Für ungetränkte Jute (auf Kabel aufgelegt) fanden wir Werte von 0.6 bis 0.8, im Mittel 0.7. Als Tränkkoeffizienten fanden wir im Mittel 0.6, das heißt das Gewicht der Tränkmasse ist gleich 0.6 mal dem Jutegewicht.

Dieser Koeffizient bezieht sich auf eine Tränkmasse, welche

den Charakter von Kolophonium hat. Wahrscheinlich ist er für andere Massen von 0.6 verschieden.

Wir haben also für 100 m Kabellänge die folgenden Gewichte in kg.

$$\text{Ungetränkte Jute} \quad G = 0.07 \times Q$$
$$\text{Getränkte} \quad „ \quad G = 0.11 \times Q.$$

Die Formeln gelten für Kabel aller Art.

Papier. Die Berechnung der Gewichte erfolgt aus dem Querschnitt in qmm, wie bei Jute. Das spezifische Gewicht von aufgewickeltem Papier haben wir als 0.67 bestimmt und den Tränkkoeffizienten als 1.2. Da die Zahl der Beobachtungen gering ist, dürfen diese Werte auf Genauigkeit keinen Anspruch machen.

Blei. Vom Blei wird immer vorausgesetzt, daß dessen Querschnitt von zwei konzentrischen Kreisen begrenzt wird. Aus der Differenz der Querschnitte dieser zwei Kreise findet man den Querschnitt Q in qmm des Bleies. Da $\varDelta = 11.4$, so ist das Gewicht in kg per 100 m Rohr

$$G = 1.14 \times Q.$$

Asphaltierte Jute (Compound). Für die Umspinnung des Bleirohres mit Jute als Unterlage für den Panzer und als letzte Schicht um diesen herum, werden meistens starke Garne von ungleicher Dicke verwendet. Auch wird auf diese Plattierungen nicht die Sorgfalt verwendet, wie für die inneren. Das Asphaltieren der Jute ist auch nicht immer gleich, und es kann beim besten Willen nicht vermieden werden, daß einmal viel Asphalt und einmal wenig absorbiert wird, oder hängen bleibt.

Es ist demnach nicht zu verwundern, daß die Gewichte der asphaltierten Jute auf Kabeln von gleichem Durchmesser, die zu verschiedenen Zeiten fabriziert wurden, ziemlich voneinander abweichen, so daß es schwer ist, einigermaßen zuverlässige Zahlen darüber zu bekommen.

Wir haben im Laufe der Jahre gegen 100 Bestimmungen an fabrizierten Kabeln gemacht, diese in ein Koordinatensystem eingetragen und eine mittlere Kurve gezogen. Als Gleichung derselben haben wir gefunden

$$G = 1.3\, D + 20.$$

G bedeutet das Gewicht beider Juteschichten in kg für 100 m Kabel mit D (in mm gemessen) als Durchmesser über Blei.

Die Formel bezieht sich auf Jute No. $^1/_2$, die gut durchgetränkt ist, mit reicher aber nicht übermäßiger, harter äußerer Kruste.

Für ganz dünne Kabel, oder eine andere Jutenummer paßt die Formel nicht.

Bekommt ein Kabel nur eine Schicht asphaltierte Jute, so kann man als Gewicht ungefähr die Hälfte der aus der Formel berechneten Zahl annehmen.

Was die Zusammensetzung der Schicht anbetrifft, so kann man Jute und Asphalt als zu gleichen Teilen annehmen.

Bandeisen. Auch für dieses lassen sich nur angenäherte Gewichtszahlen feststellen. Bänder von gleicher Spezifikation differieren an und für sich schon in den Dimensionen, resp. im Gewicht per Meter. Dann kann man die Maschine nicht immer so einstellen, daß zwischen den Bändern eine bestimmt große Lücke auftritt.

Für das Eisengewicht in kg per 100 m haben wir folgende Formel aufgestellt

$$G = 3.6\,(D + 6).$$

D bedeutet wieder den Durchmesser über den Bleimantel, in mm gemessen. Vorausgesetzt sind zwei Eisenbänder von je 1 mm Dicke.

Die Formel ist aus einem Eisenzylinder von 2 mm Wandstärke abgeleitet, der nur zu $70^0/_0$ voll ist.

Vergleiche mit vielen abgewogenen Kabeln haben uns die Überzeugung gebracht, daß die Formel die mittleren Eisengewichte bis auf wenige Prozente genau darstellt.

Eisendraht. Es ist immer der Durchmesser des Eisendrahtes vorgeschrieben, der zur Panzerung verwendet werden soll. Daraus berechnet man die erforderliche Drahtzahl z. Sei Q der Querschnitt eines Drahtes, in qmm, einerlei, ob rund oder flach, so haben wir

$$G = 0.83 \times Q \times z.$$

Da Eisen das spezifische Gewicht 7.8 hat, so umfaßt die Formel sowohl die Eindrehung als durch Abfall entwerteten Draht.

Die Drahtzahl bestimmt man wie folgt: Zum Durchmesser über die asphaltierte Jute addiere man den Draht ϕ und suche den Umfang des Kreises von diesem ϕ. Den Umfang dividiere man durch den Draht ϕ. Dies gibt die Drahtzahl, von der man aber $10^0/_0$ für Eindrehung und Zwischenräume abrechnen muß.

B. Kalkulation der Gewichte von Kabeln.

Kabeltabellen. Die in den letzten Abschnitten gegebenen Formeln setzen uns in den Stand, ein beliebiges Kabel irgend einer Type und irgend eines Querschnittes rechnerisch zu bestimmen, d. h. die Gewichte aller seiner Komponenten voraus zu berechnen.

Es empfiehlt sich, für jede Kabeltype eine Tabelle aufzustellen für Querschnitte von 10 zu 10 qmm ansteigend, bis zum größten

Durchmesser des Kabels, der noch fabriziert werden kann. Diese Tabelle enthält einerseits die Durchmesser über Leiter, Isolation, Blei und Panzer, andererseits die Gewichte aller Materialien.

Zur Entwerfung dieser Tabellen bediene man sich der Isolationsdicken, die auf S. 131 und 133 angegeben sind, und der Formel für die Bleidicke, siehe S. 144, oder anderer Normalien.

Wir haben solche Tabellen für alle Kabeltypen entworfen und sie für Aufstellung von Kostenanschlägen und Materialanschaffungen immer sehr nützlich gefunden.

Zum Zwecke der Herstellung von Preislisten und Vereinfachung der Berechnung derselben haben wir uns die Tabellen etwas näher angeschaut und gefunden, daß man die Einzelmaterialien in drei Gruppen zusammenfassen und für jede derselben Einheitspreise aufstellen kann.

Es zeigte sich bei der Durchrechnung der Tabellen, daß für jede Type Isolation und Blei immer denselben Prozentsatz ausmachen, welches auch der Querschnitt des Kabels sei. Dasselbe zeigte sich für asphaltierte Jute und Eisenband.

Ein Beispiel wird dies verständlicher machen. Wir greifen z. B. die Kabeltabelle für 3000 Volt Wechselstrom heraus. Für jeden Querschnitt addieren wir die Gewichte von Jute, Tränkmasse und Blei und drücken die Einzelgewichte als Prozente aus. Es stellt sich heraus, daß diese Prozentsätze für den kleinsten bis zum größten Querschnitt nahezu dieselben sind.

Machen wir mit asphaltierter Jute und Bandeisen dieselbe Operation, so kommen wir zum gleichen Resultat.

Die nachfolgende Tabelle gibt eine Übersicht der Zahlen, die man auf diese Weise findet. Andere Kabeltypen ergeben ähnliche Resultate.

Konzentrische Kabel für 3000 Volt.

Tabelle für das Material, Isolation und Panzer, in Prozentteilen ausgedrückt:

Querschnitt in qmm	Isolation		Panzer	
	Imprägnierte Jute	Blei	Asphaltierte Jute	Eisenband
2 × 10	20.0	80.0	31.0	69.0
2 × 20	20.2	79.8	31.0	69.0
2 × 50	20.0	80.0	30.7	69.3
2 × 100	19.8	80.2	30.2	69.8
2 × 150	19.9	80.1	30.2	69.8
2 × 200	18.8	80.2	29.8	70.2
Mittel	20.0	80.0	30.5	69.5

Wenn wir die zwei Bestandteile: imprägnierte Jute und Blei als
„Isolation" bezeichnen, so enthält diese also für die Type 3000 Volt
Wechselstrom 20 % imprägnierte Jute und 80 % Blei.

Bezeichnen wir die zwei Schichten asphaltierte Jute und das
Bandeisen als „Panzer", so enthält dieser 30.5 % vom ersten und
69.5 % vom zweiten Bestandteil.

Die nachfolgende Tabelle gibt eine Zusammenstellung der
Mittelwerte von Isolation und Panzer für sämtliche Kabeltypen.

Allgemeine Kabeltabelle.

Prozentsatz der Einzelbestandteile von Isolation und Panzer
für alle Kabeltypen.

Kabeltype	Isolation		Panzer	
	Imprägn. Jute	Blei	Asphalt. Jute	Bandeisen
Gleichstromkabel für 500 Volt	8.6	91.4	32.0	68.5
Konzentr. Kabel „ „	14.0	86.0	30.5	69.5
3 fach verseilte Kabel für „	15.5	84.5	29.6	70.4
„ „ „ „ „	16.0	84.0	29.7	70.3
Konzentr. Kabel für 2000 V.	19.0	81.0	30.5	69.5
„ „ „ 3000 „	20.0	80.0	30.5	69.5
3 fach verseilte Kabel für 2000 „	19.3	80.7	30.0	70.0
„ „ „ „ 3000 „	20.5	79.5	30.0	70.0

Aus dieser Tabelle ersehen wir zunächst:

1. **Die prozentuelle Zusammensetzung des Panzers ist
dieselbe für alle Querschnitte eines Kabels sowohl als
für jede Kabeltype. Er enthält 30 % asphaltierte Jute
und 70 % Bandeisen.**

2. **Die Isolation sämtlicher Gleichstromkabel für
niedrige Spannung hat dieselbe prozentuelle Zusammensetzung, nämlich ca. 9 % imprägnierte Jute und 91 % Blei.**

3. **Die Isolation sämtlicher Mehrfachkabel für niedrige
Spannung hat dieselbe Zusammensetzung, nämlich ca.
15 % imprägnierte Jute und 85 % Blei.**

4. **Die Isolation sämtlicher Hochspannungskabel hat
dieselbe Zusammensetzung, nämlich ca. 20 % imprägnierte
Jute (und Papier) und 80 % Blei.**

Wir werden im Nachfolgenden Gelegenheit haben, zu sehen,
welche ungemeine Vereinfachung die vorstehenden Untersuchungen
bei der Berechnung von Kostenpreisen und Preislisten mit sich
bringen.

C. Selbstkosten der Materialien.

Allgemeines. Der Erzeugungspreis eines jeden Artikels setzt sich zusammen aus: 1. den Materialpreisen, 2. den Löhnen und Betriebsspesen und 3. aus den allgemeinen Unkosten.

Die Materialkosten per 100 kg sind immer gegebene Größen. Zu denselben schlage man noch die Kosten, die durch Entwertung des Abfalles entstehen.

Die Feststellung der Löhne und Betriebskosten macht mehr Umstände und erfordert meistens viel Mühe und einen großen Zeitraum. Die Löhne werden nach der Arbeiter- und Stundenzahl ermittelt, die zur vollständigen Herstellung des Artikels erforderlich ist, und es ist unerläßlich, jede einzelne Operation auf ihre Zeitdauer zu kontrollieren, da man sich bei Schätzungen sehr stark irren kann. Auch müssen die Zeiten, die für die einzelnen Operationen erforderlich sind, so oft wie möglich bestimmt werden, um eine Mittelzahl zu erhalten.

Noch mehr Schwierigkeiten macht die Bestimmung der Betriebsspesen. In erster Linie ist festzustellen, was die Einheit der Kraft, 1 HP per Stunde kostet; in zweiter Linie die Betriebszeit einer jeden Maschine, die für den Artikel arbeitet; in dritter Linie die Größe der Betriebskraft.

Bei elektrischem Betriebe ist die Bestimmung dieser letzteren für jede Maschine eine Kleinigkeit. Fehlt dieser, so ist die Feststellung der Kraft kaum möglich.

Die allgemeinen Unkosten setzen sich zusammen aus den Kosten für technisches und kaufmännisches Bureau, Beleuchtung, Beheizung, Wasser, Steuern, Verlusten, Verzinsung, Amortisation, Reparaturen etc., und es ist nicht immer leicht, dieselben im richtigen Verhältnis auf die vielen verschiedenen Artikel zu verteilen, die eine Kabelfabrik produziert.

Da diese Unkosten für jede Fabrik verschieden sind und sich nicht allgemein behandeln lassen, können wir sie hier nicht berücksichtigen.

Sämtliche Unkosten, die auf 100 kg eines Materiales verwendet werden müssen, bis der Artikel verkaufsfertig ist, wollen wir als „Spesen" bezeichnen.

Wir gehen nun über auf die Spesenberechnung der einzelnen Materialien.

Das Kupferseil. Kupfer in Kabeln kommt beinahe immer in Form von Seilen vor. Es sind die Verseilungskosten von 100 kg Kupfer zu bestimmen.

Es sind also zu ermitteln die Spesen für Abmessen, Spulen und Verseilen des Drahtes.

Je nach dem Durchmesser des Drahtes und der Zahl der Drähte des Seiles, dessen Länge, und der Maschine, die zur Verfügung steht, sind diese Spesen außerordentlich verschieden. Es lassen sich aber doch einzelne Mittelwerte feststellen, die als Grundlage von Kalkulationen maßgebend sind.

Es läßt sich durch eine eingehende Untersuchung nachweisen, dass die Spesen per 100 kg von der Drahtzahl unabhängig sind, und sich im wesentlichen nach dem Drahtdurchmesser richten.

Man kann sich eine Skala für die Spesen per 100 kg Drahtseil aufstellen, z. B. so:

Ein Seil aus Draht bis 0.5 mm ϕ kostet . . .
   do.   von 0.5 bis 1.0 mm ϕ „   . . .
   do.   über 1.0 mm ϕ „   . . .

Müssen die Spesen noch genauer sein, so wird man sie für vier oder fünf Stufen berechnen.

Addiert man zu den so bestimmten Spesen die Kosten des Kupferdrahtes (einschließlich des Verlustes durch Entwertung des Abfalles) für jeden einzelnen Durchmesser, so erhält man die Selbstkosten von 100 kg Seil des betreffenden Drahtes.

Für größere Kabel kommt man meistens mit einem, höchstens mit zwei Preisen aus, ausgenommen die Fabrik ist mit Seilmaschinen schlecht ausgerüstet.

Kupfer ist ein Artikel, dessen Preis bedeutenden Variationen unterliegt. Um nicht bei jedem neuen Offert die Kupferpreise vom frischen berechnen zu müssen, bezieht man sie auf eine bestimmte Basis, z. B. auf £ 60. Eine Differenz von £ 1 macht für 100 kgr M. 2.— aus.

Imprägnierte Jute. Es sind zu bestimmen für 100 kg Jute die Spesen für das Spulen, Plattieren, Trocknen, Tränken und Prüfen. Da die Jute 60 kg Masse aufnimmt, müssen diese Spesen mit 1.6 dividiert werden, um sie auf 100 kg imprägnierte Jute zu reduzieren.

Die Spesen sind wesentlich von den Maschinen abhängig, die zum Plattieren vorhanden sind, und von der Jutemenge, die auf das Kabel geht.

Man kann Preise feststellen für Kabel mit wenig Jute und viel Jute (oder auch mehrere Stufen).

Der Grundpreis des Materials wird berechnet aus dem Preise von 100 kg Jute und 60 kg Tränkmasse. Ist noch Papier dabei,

so muß dieses auch in die Berechnung des Grundpreises eingezogen werden.

Durch Addition der Spesen und des Preises der kombinierten
Isolationsschicht erhalten wir den Selbstkostenpreis von 100 kg
imprägnierter Jute auf Kabel mit wenig und auf Kabel mit viel
Isolation.

Blei. Um sich über die Spesen von 100 kg nicht stark zu
täuschen, mache man ein Jahresbudget.

Ein solches sieht z. B. so aus:

100 Preßtage im Jahr zu je 1000 kg macht eine Produktion
von 100 000 kg.

Die Preßbedienung, 5 Mann, kostet p. Jahr	. . .	
Heizung der Presse 100 Tage	„	. . .
Dampf für Pumpe etc. 100 Tage	„	. . .
Verlust an Blei 2 % von 100 000 kg	„	. . .
Reparaturen per Jahr	„	. . .
Summe p. Jahr	. . .	

Die Summe durch 1000 dividiert, gibt die Spesen per 100 kg.

Wenn man näher in die Sache eingeht, kann man eine Spesen-
aufstellung machen für dünne, mittlere und starke Kabel. Durch
Addition des Materialpreises erhält man die Selbstkosten von
100 kg Blei.

Hat dasselbe einen Zusatz von 3 % Zinn, so muß man die
dadurch entstandenen Mehrkosten im Materialpreise berücksichtigen.

Asphaltierte Jute. Die Spesen umfassen das Spulen und
Plattieren, sowie Betriebskraft der Maschine. Eine angenäherte
Bestimmung derselben ist in einem Tag möglich.

Man kann sie abstufen für dünne, mittlere und starke Kabel.

Der Materialpreis setzt sich zusammen aus den Preisen von 50 kg
Jute und 50 kg Asphalt.

Die Summe von Materialpreis und Spesen gibt die Selbstkosten
per 100 kg asphaltierte Jute.

Bandeisen. Die Spesen umfassen das Wickeln und Nieten des
Bandes, sowie das Auflegen auf das Kabel und die Betriebskraft
der Maschine. Deren Bestimmung kann in zwei Tagen annähernd
durchgeführt werden.

Materialpreis plus Spesen gibt die Selbstkosten per 100 kg
Panzereisen.

Man stelle diese auf für schwache und für starke Kabel.

D. Berechnung der Selbstkosten eines Bleikabels.

Die Berechnung der Selbstkosten eines Bleikabels ist nun eine leichte Sache. Es sind bloß die Materialgewichte mit den Selbstkostenpreisen zu multiplizieren und eine Addition zu machen. Nicht zu vergessen ist, daß alle Gewichte sich auf 100 m Kabellänge beziehen, also auch die Preise.

Leiter. Die Gewichte findet man nach S. 276 und die Selbstkostenpreise nach S. 283.

Isolation. Diese besteht aus imprägnierter Jute und Blei, deren Selbstkosten einzeln nach S. 283 und 284 bestimmt worden sind.

Auf S. 281 haben wir gesehen, daß die Isolation an imprägnierter Jute (und Papier) und Blei die Prozentsätze enthält:

Gleichstromkabel für niedrige Spannung, Jute $9\,^0/_0$, Blei $91\,^0/_0$
Andere Kabel   „   „   „   „ 15 „   „ 85 „
Hochspannungskabel aller Sorten   „ 20 „   „ 80 „

Man nimmt nun die Selbstkostenpreise der zwei Materialien, multipliziert sie mit den Prozentzahlen und addiert. Dies gibt den Selbstkostenpreis der Isolation per 100 kg.

Wir haben sowohl für Jute als für Blei gefunden, daß man mit zwei Selbstkostenpreisen auskommt, einem für dünne und einem für dicke Kabel. Was wir als „Isolation" bezeichnen, hat also auch zwei Werte. Hat man in den Preisen wenig Spiel, so wird man noch einen dritten Wert für Kabel von mittlerem Durchmesser einführen. Immerhin wird die Berechnung von Preisen durch die Einführung des Begriffes der „Isolation" sehr erleichtert.

Panzer. Dieser besteht aus zwei Schichten asphaltierter Jute und zwei Eisenbändern, deren Selbstkostenpreise bestimmt worden sind, siehe S. 284.

Weiter haben wir gesehen, daß für alle Kabeltypen der Panzer $30\,^0/_0$ asphaltierte Jute und $70\,^0/_0$ Eisen enthält. Wie im vorigen Paragraphen bestimme man wieder den Selbstkostenpreis des gesamten Materials.

Sowohl das Auflegen von asphaltierter Jute als von Bandeisen kostet für dünne Kabel mehr als für dicke, aber man kann mit zwei, ev. drei Preisen für jede der Komponenten auskommen. Man kann also auch mit zwei resp. drei Preisen für die Panzer aller Querschnitte auskommen.

Mit Hülfe dieser Sätze wird die Berechnung von Preislisten außerordentlich erleichtert. Sobald man die Gewichte der Isolation und des Panzers berechnet hat, reduziert sich die Preisberechnung auf eine Anzahl Multiplikationen mit 2 (resp. 3) verschiedenen Faktoren, ist also mittels eines Rechenschiebers in sehr kurzer Zeit durchzuführen.

E. Selbstkosten von Telephonkabeln.

Die Berechnung des Materials, sowie der Spesen, bietet keine besonderen Schwierigkeiten. Es empfiehlt sich aber die Berechnung anders durchzuführen, als für Beleuchtungskabel.

Für diese haben wir für alle Materialien einen Zuschlag zum Einheitspreis gemacht und daraus die Selbstkosten berechnet. Für Telephonkabel nehmen wir für Kupfer und Isolationsmaterial den Einheitspreis, und berechnen einen besonderen Posten für sämtliche Spesen bis zu dem Punkte, wo das verseilte Kabel für die Bleipresse fertig ist. Blei und Panzer werden wie früher berechnet.

Kupfer. Das Gewicht per 100 m ist durch den Drahtdurchmesser und die Drahtzahl bestimmt. Man berechne das Gewicht von 100 m Doppelader, aus dem dann leicht das Gewicht für Kabel von 10, 20 bis 200 Paaren gefunden werden. Für Eindrehung der Drähte mache man einen Zuschlag von 5 bis $6^0/_0$. Abwägungen an fabrizierten Kabeln zeigen solche Überschüsse über den aus 100 m Draht berechneten Wert.

Der Preis von verzinntem und unverzinntem Kupfer ist bekannt und das Mittel beider ist die Einheitsbasis. Als Abfall nehme man 2 bis $3^0/_0$ und schlage dessen Entwertung zum Einheitspreis zu.

Isolation. Diese bestehen aus grauem und farbigem Papier, Baumwollfäden, Band etc. Man mache Wägungen der Bestandteile an möglichst vielen Kabelstücken und bestimme deren Gewicht per 100 m Doppelader. Dann bestimmt man den Prozentsatz der Bestandteile, multipliziert mit den Einheitspreisen und addiert. Dies gibt den Einheitspreis der Isolation.

Spesen. Für die Aufstellung derselben ist ein Tagebuch nötig, das sich über einen Zeitraum von einigen Monaten erstreckt, und in dem die Arbeitsstunden für alle Operationen an verschiedenen Kabeln gebucht sind.

Das Umwickeln des Drahtes mit Papier und das paarweise Verseilen wird gewöhnlich in einer Operation gemacht. Es sind z. B. für einen Monat die Stunden zu bestimmen für das Zutragen von Material, das Spulen des Drahtes, das Umwickeln mit Papier, das Umspulen und Durchsehen der fertigen Paare, das verarbeitete Kupfergewicht und die Betriebskosten der Maschinen. Aus dem

Kupfergewicht leitet man die Länge der angefertigten Doppelader ab, und aus dieser, sowie der Summe aller Löhne und Betriebskosten, die Spesen per 100 m Doppelader.

Ähnlich bestimmt man die Verseilungskosten. Zur Verfügung stehen die zur Anfertigung nötigen Stundenzahlen für Seile von 10, 20 bis 200 Paaren und von verschiedenen Längen. Man addiere Längen, sowie Stundenzahlen, resp. Löhne. Bekannt sind die Betriebskosten der Seilmaschine per Stunde.

Die Betriebsstunden sind nicht identisch mit den Anfertigungsstunden des Seiles. Man kann sie berechnen aus der Tourenzahl der Maschine, dem Drall und der gesamten Länge der Kabeltypen und der Lagenzahl.

Die so berechneten Betriebskosten addiere man zu den Löhnen für jede der Typen von 10, 20 bis 200 Paaren. Ist man so weit, so reduziere man die Kosten erst auf 100 m Kabellänge und dann auf 100 m Doppelader.

Die Löhne für die Messungen nach jeder Operation sind ebenfalls zu bestimmen und auf 100 m Doppelader zu reduzieren. Wenn nicht beobachtet, so lassen sie sich durch Ausführung eines Versuches annähernd berechnen, und man kann als Durchschnittslänge des Kabels 200 bis 300 m annehmen.

In letzter Linie sind die Löhne für das Einlegen in die Trockenkessel, der Dampfverbrauch und die Betriebskraft der Luftpumpe zu berechnen. Wenn nicht besonders beobachtet, so bestimme man den Dampfverbrauch eines Kessels per Tag, nehme als Trockenzeit 3—4 Tage an und als normale Länge 200 bis 300 m. Die Kosten reduziere man wieder auf 100 m Doppelader.

Durch Zusammenzählung der einzelnen Posten für Bedecken, Verseilen, Messen und Trocknen erhält man die gesamten Spesen per 100 m Doppelader fertig gestellten Seiles. Die Durchführung der Berechnung ergibt, daß dieselben für Kabel von etwa 30 Paaren aufwärts konstant sind.

Blei. Der Durchmesser unter Blei ist gleich dem Seildurchmesser, und dieser wird aus der Fläche des Paares bestimmt, siehe S. 168. Wenn das Blei einen Zusatz von $3^0/_0$ Zinn hat, so muß dieser im Einheitspreise berücksichtigt werden.

Die Spesen sind dieselben, wie früher, siehe S. 284.

Asphaltierte Jute und Panzer werden wie bei Lichtkabeln bestimmt.

F. Die Preisliste.

Zur Berechnung derselben ist im Vorhergehenden alles vorbereitet worden. Wir nehmen den Fall von Telephonkabeln an.

Man schreibt sich erst eine Materialliste von 6 Kolonnen auf, nämlich

1. Zahl der Paare,
2. Kupfergewicht,
3. Isolationsgewicht,
4. Bleigewicht,
5. Panzergewicht,
6. Totalgewicht.

Dann schreibe man eine neue Liste, die 7 Kolonnen enthält, nämlich

1. Zahl der Paare,
2. Preis von Kupfer,
3. Preis von Isolation,

Die Kolonnen 2 und 3 erhält man aus der ersten Liste durch Multiplikation der Gewichte mit den Materialpreisen.

4. Preis von Blei plus Spesen mal Gewicht,
5. Preis des Panzers, aus dem Einheitspreis per 100 kg, wie bei Lichtkabeln berechnet,
6. Betrag der Spesen für jede Aderzahl, berechnet aus den Spesen per 100 m Doppelader,
7. Gesamtpreis für jede Aderzahl, gleich der Summe der Kolonnen 2 bis 6.

Für ein Kabel mit blankem Blei, oder mit asphaltierter Jute ist die Berechnung ähnlich.

Als letzte Kolonne füge man dann noch die Preisveränderung des Kabels für eine Variation des Kupferpreises von $\pm\,\pounds\,1$ auf. Diese ist immer gleich 0.02 M. mal Kupfergewicht in kg des Kabels.

Ganz ähnlich berechnet man die Preisliste für andere Bleikabel.

G. Graphische Darstellung.

Sobald man eine Reihe von Zahlen berechnet hat, die eine Funktion einer Größe sind, stelle man sie graphisch dar, die Größe auf der X-Achse abgetragen und die berechneten Zahlen senkrecht dazu.

Hat man z. B. für irgend eine Kabeltype für die Querschnitte 10, 20, 30 etc. qmm die Kupfergewichte, oder andere Gewichte, oder Preise berechnet, so nehme man einen Bogen Millimeterpapier und schreibe horizontal die Querschnitte auf, wobei jeder mm einen qmm repräsentiere. Vertikal schreibe man Gewichte, resp. Preise auf, wobei 1 mm ein Kilo oder eine Münzeinheit repräsentiere. Gewöhnlich muß man den Maßstab so wählen, daß 1 mm 2 oder 5 Einheiten des Gewichtes oder der Münze darstellt.

Die so eingezeichneten Punkte liegen, wenn richtig berechnet, auf einer Kurve, die bei Kalkulationen meistens eine gerade Linie oder nahezu eine gerade Linie ist. Ein Punkt, der abseits liegt, ist falsch berechnet, und dessen richtiger Wert kann ohne weiteres der Kurve entnommen werden.

Diese graphische Methode sollte auch immer zur Anwendung kommen, wenn man mit einer Reihe von unsicheren Beobachtungen zu tun hat, wie z. B. bei der Spesenberechnung von blanken Kupferseilen, von 100 m Doppelader bei Telephonkabeln etc.

VI. Kabelmaschinen.

Allgemeines. Eine Entwickelungsgeschichte der einzelnen Maschinen, die für Fabrikation von isolierten Drähten und Kabeln Verwendung finden, zu schreiben, wäre eine sehr interessante Aufgabe. Es würde sich im allgemeinen ergeben, daß die Maschine sich nach und nach durch eine Reihe von Zwischenstufen entwickelt hat und nur langsam die Vollkommenheit der Gegenwart erreicht hat. Auch würde es sich zeigen, daß viele der Maschinen Anlaß gegeben haben, das Nervensystem des Betriebspersonals zu zerrütten.

In den ersten Stadien waren die Kabelmaschinen sehr mangelhaft gebaut, teils nicht entsprechend der Arbeit, die sie tun sollten, und teils nicht stark genug. Es wurden Verbesserungen eingeführt, aber die Ansprüche, die an die Maschinen gestellt wurden, gingen in einem rascheren Tempo als die Verbesserungen, so daß das Betriebspersonal nie aus der Aufregung herauskam.

Es ist nur wenige Jahre her, daß man Kabelmaschinen kaufen kann, die richtig und solid gebaut sind, und dies auch nur bei wenigen Firmen.

Bei der Anschaffung von Kabelmaschinen lasse man sich von dem Grundsatze leiten, daß man in der Fabrikation durch gelegentliches Brechen von Maschinenteilen und sonstigen nicht erwarteten Vorkommnissen genügend Unannehmlichkeiten hat, auch wenn man über die besten Maschinen verfügt.

Billige, und infolge dessen mangelhafte Maschinen, führen zu unberechenbarem Schaden. Die kleinen Ersparnisse der Anschaffungskosten wird jedes Jahr durch Umänderungen und Reparaturen aufgewogen, und trotz aller Verbesserungen läßt sich aus den Maschinen nie etwas Rechtes machen. Die ursprünglichen Gebrechen haften ihnen immer an. Zieht man noch die Summen in Betracht, die durch verdorbene Kabel und verspätete Lieferung verloren gehen, so stellt sich die Rechnung noch ungünstiger.

Es ist auch noch ein anderer wichtiger Punkt in Erwägung zu ziehen. Die täglichen Bestellungen sind meistens von einander verschieden und nur gelegentlich wiederholt sich ein Fabrikat in ganz gleicher Ausführung. Die Überwachung durch das Aufsichtspersonal erfordert infolge dessen eine ermüdende Arbeit. Auch sind die meisten Bestellungen dringend, und es ist notwendig, daß ein Kabel ohne Aufenthalt von der einen Maschine zur andern wandert. Betriebsstörungen und verdorbene Kabel vermehren die Arbeit beträchtlich und führen zu Überanstrengungen des Aufsichtspersonals. Dauern ungeordnete Zustände längere Zeit an, so wird dasselbe so demoralisiert, daß es die gleichen Gebrechen bekommt wie die Maschinenanlage.

Der elektrische Betrieb. Die Vorteile, welche der elektrische Betrieb in einer Kabelfabrik mit sich bringt, sind so groß, daß derselbe für eine moderne Einrichtung unbedingt erforderlich ist.

Über die Ersparnisse an Betriebskosten, die durch den Wegfall der Transmissionen erzielt werden, wollen wir uns nicht auslassen. Wir interessieren uns nur für die Vereinfachung und die Sicherheit des Betriebes.

Jeder Betrieb erleidet ein Minimum von Störungen, wenn zwischen der Kraftquelle und der Konsumstelle möglichst wenige Zwischenglieder liegen. Wird die Kraft auf elektrischem Wege zugeführt, so wird die Zahl der Glieder auf zwei reduziert, nämlich auf die Leitung und den Motor.

Eine wesentliche Kontrolle für die Sicherheit der Maschinenanlage bildet das Amperemeter, mit dem der Motor jeder wichtigen Maschine ausgerüstet sein sollte. Dasselbe ist außerordentlich empfindlich für Störungen irgend welcher Art. Kennt man den Betriebsstrom einer Maschine, so kann man mit Sicherheit voraussagen, ob dieselbe in Ordnung ist oder nicht. Schon eine kaum merkbare Erwärmung eines Lagers erhöht den Betriebsstrom um mehrere Ampere. Ein Gang durch die Fabrik genügt, um sich über den Zustand der Anlage zu orientieren. Bei normalem Stand der Amperemeter und guten, kräftigen Maschinen kann sich der Ingenieur ruhig auf eine Reise begeben, und er muß nicht riskieren, daß man ihn vom Bahnhof zurückholt.

Im Jahre 1899 bauten wir das Kabelwerk der Gesellschaft Koltschugin in Kelerowo bei Moskau. Die ganze Anlage wurde mit Drehstrom von 350 Volt betrieben.

In der Bleikabelabteilung erhielt jede einzelne Maschine einen Motor, auch die kleinen sechsspuligen Seilmaschinen. Nur die Spulapparate liefen an einer Transmission, die aber durch einen Motor angetrieben war. Die Pumpe der Bleipresse war die einzige

Maschine, die keinen elektrischen Betrieb bekam. Auch der Krahn, von 22 m Spannweite und 4000 Kilo Tragkraft, arbeitete elektrisch.

Der Saal für Spinnerei und Flechterei, 62 m lang und 15 m breit, erhielt drei Transmissionswellen, wovon zwei durch je einen Motor angetrieben waren.

Die Abteilungen für Gummidrähte und für die Tränkerei erhielten je eine durch einen Motor betriebene Transmission.

Der Betrieb der Anlage ließ in keiner Beziehung etwas zu wünschen übrig.

Eine eingehende Beschreibung aller Maschinen, die zur Kabelfabrikation gehören, und deren Kritik würde an und für sich schon ein größeres Buch anfüllen, und deswegen müssen wir darauf verzichten. Unser Ziel ist, die wichtigsten Maschinen in ihren wesentlichsten Bestandteilen kurz zu beschreiben.

A. Die Seilmaschinen.

Die Hauptbestandteile der Seilmaschine sind: Stern, Abzug und Wickelvorrichtung.

Der Stern lagert sich um eine hohle Stahlachse, die vorn und hinten in Lagern läuft. Hinten befindet sich der Antrieb, vorn die Verteilungsscheibe und das Kaliber. Auf den Kern sind zwei, drei, vier etc. Ringe aufgezogen, welche die Flügel oder Gabeln tragen, in welche die Spulen eingesetzt werden. Die Gabel ist in zwei Zapfen um ihre Achse drehbar. Der hintere Zapfen ist massiv und mit einer Kurbel versehen. Der vordere Zapfen ist longitudinal durchbohrt, zur Aufnahme des ablaufenden Drahtes. An der Gabel ist noch eine Bremsvorrichtung angebracht. Die Achsenrichtung sämtlicher Gabeln ist parallel der Hauptachse des Sternes.

Am hinteren Ende des Sternes befindet sich der Exzenter, der während der Rotation der Maschine die Gabeln immer in paralleler Stellung hält, d. h. den Spulen eine der Drehung des Sternes entgegengesetzte Drehung gibt. Der Exzenter soll leicht auszuschalten sein.

Bei schweren Maschinen wird der Achsendruck durch Gleitrollen entlastet, die sich unterhalb der Maschine befinden. Die Ringe des Sternes ruhen auf diesen Gleitrollen.

Das vordere Ende des Stahlrohres ist mit einem durchbrochenen Stahlkranz versehen. Der glatte Teil desselben läuft auf Gleitrollen, der mit Zähnen versehene hintere Teil trägt die Bewegung des Sternes durch ein oder durch mehrere Zwischenräder auf die

Transmissionswelle über, die dem vorderen Teil der Maschine entlang läuft und deren Apparate antreibt.

Der Antrieb des Sternes resp. der ganzen Maschine soll nach rechts oder links bewerkstelligt werden können, auch soll man das Seil nach vorwärts oder rückwärts bewegen können. Das letztere ist notwendig, wenn Fehler in dasselbe hineinkommen.

Die Spulenzahl des Sternes richtet sich meistens nach den Zahlen 6, 12, 18, 24 etc. Dieselbe bestimmt die Größe der Seilmaschine. Maßgebend für die Größe sind auch noch die Abmessungen der Spulen.

In Fig. 50 (s. Tafel) ist eine Abbildung einer Seilmaschine der Firma Brüder Demuth dargestellt.

Der Abzug der Seilmaschine besteht aus einem recht kräftigen Rade, dessen Durchmesser je nach der Größe der Maschine 1.00, 1.50 bis 2.00 m beträgt. Die Breite des Rades sollte so groß sein, daß man mindestens drei Ringe des stärksten Kabels auf dasselbe wickeln kann. Dies macht für schwere Maschinen eine Breite von wenigstens 500 mm.

Die Abzugsscheibe ist nach der Seite des sich aufwickelnden Kabels zu schwach konisch. Der auflaufende Kabelring wird durch das Abstreichmesser auf die Seite geschoben, um Platz für das nachlaufende Kabel zu machen.

Die Abzugsscheibe wird von der Transmission der Maschine aus angetrieben. Zwischen beiden befinden sich die Wechselräder, vermittels deren man die Geschwindigkeit des Abzuges in bestimmten Grenzen regulieren kann.

Die Wechselräder sollten so sein, daß man den Drall wie folgt ändern kann: bis 100 mm um je 10 mm; von 100 bis 300 mm um je 20 mm und über 300 mm um je 30 mm.

Zu jeder Maschine gehört eine Tabelle, die angibt, welche Wechselräder man einzusetzen hat, um einen bestimmten Drall zu erhalten.

Abzugsrad, Abstreichmesser, Wechselräder, Gabel und sämtliche Zwischenteile sollten so kräftig wie immer möglich gehalten werden. Der Wert der Maschine wird wesentlich durch die Stärke dieser Teile bestimmt.

Stern und Abzug verlangen einen kräftigen Fundamentrahmen aus Gußeisen, ebenso eventuell weitere Apparate, die zwischen den beiden liegen.

Die Höhe der Achse der Maschine über dem Fußboden soll 900 mm nicht übersteigen.

Der Wickelapparat. Ältere Maschinen waren gewöhnlich mit einem Haspel versehen, mit Riemenantrieb. Nach Fertigstellung des Seiles hatte dieses abgerollt zu werden.

Der moderne Wickelapparat erlaubt irgend eine Trommel zu verwenden, auf die das Kabel direkt gewickelt wird. Nach Fertigstellung wird die Trommel weggerollt und die Maschine ist wieder frei.

Der erste dieser Apparate ist im Jahr 1895 von uns entworfen und von der Maschinenfabrik Tanner & Laetsch in Wien für die Kabelfabrik A. G. gebaut worden. Im Jahre 1897 hat die Firma Brüder Demuth die Konstruktion adoptiert und seitdem jede größere Seil- und Panzermaschine damit ausgerüstet.

Das Prinzip des Abzuges ist das folgende: Die Trommel wird auf zwei horizontale und zueinander parallele Walzen von je etwa 200 bis 300 mm ϕ und ca. 200 mm Abstand gerollt.

Dreht man die eine (oder besser beide) der Walzen, so nimmt sie die Trommel mit, d. h. diese fängt an zu rotieren und wickelt Kabel auf oder ab. Um die Trommel stabiler zu machen, wird die dem Abzugsrade nähere Walze etwas höher gestellt, durch die Trommel eine Achse gesteckt und diese rechts und links je durch einen Hebel gehalten, der an einem Ende festgemacht und am anderen durch ein Gewicht belastet wird.

Sind die zwei Walzen nicht parallel und nicht horizontal, so läuft die Trommel auf die Seite. Ebenso, wenn die Trommelflanschen beträchtlich im ϕ verschieden sind.

Die Tourenzahl der Walzen resp. der Trommel wird in den weitesten Grenzen reguliert durch ein Vorgelege, bestehend aus zwei konischen Wellen mit dazwischen laufenden Riemen. Das Vorgelege wird vom Abzugsrade aus angetrieben und treibt seinerseits die Unterwalzen an. Der Wickelapparat, wie von der Firma Brüder Demuth gebaut, ist durch Fig. 54 veranschaulicht.

Erwähnenswert ist noch, daß die hintere Walze mit dem Fußboden der Fabrik eben liegt, so daß die Kabeltrommeln ohne weiteres daraufgerollt werden können. Ebenso kann man auch die schwerste Trommel ohne besondere Mühe wieder vom Wickelapparat herunterrollen.

Wenn die Walzen rotieren, laufen größere Trommeln ohne weiteres infolge der Friktion mit. Je mehr Kabel aufgewickelt wird, desto schwerer wird die Trommel und desto größer die Friktion Der Wickelapparat wirkt also um so sicherer, je mehr Kabel auf die Trommel kommt, während dies beim Haspel umgekehrt war.

Kleinere Trommeln, von einem Meter Durchmesser und weniger, muß man anfangs etwas belasten, damit sie sicher laufen.

Wir haben mit einem solchen Apparat einmal ein Kabel aufgewickelt, das samt Trommel nahezu 10000 kg gewogen hat, und dabei nicht die geringste Schwierigkeit gefunden. Der Wickel-

Additional material from *Das elektrische Kabel,*
ISBN 978-3-662-35819-1, is available at http://extras.springer.com

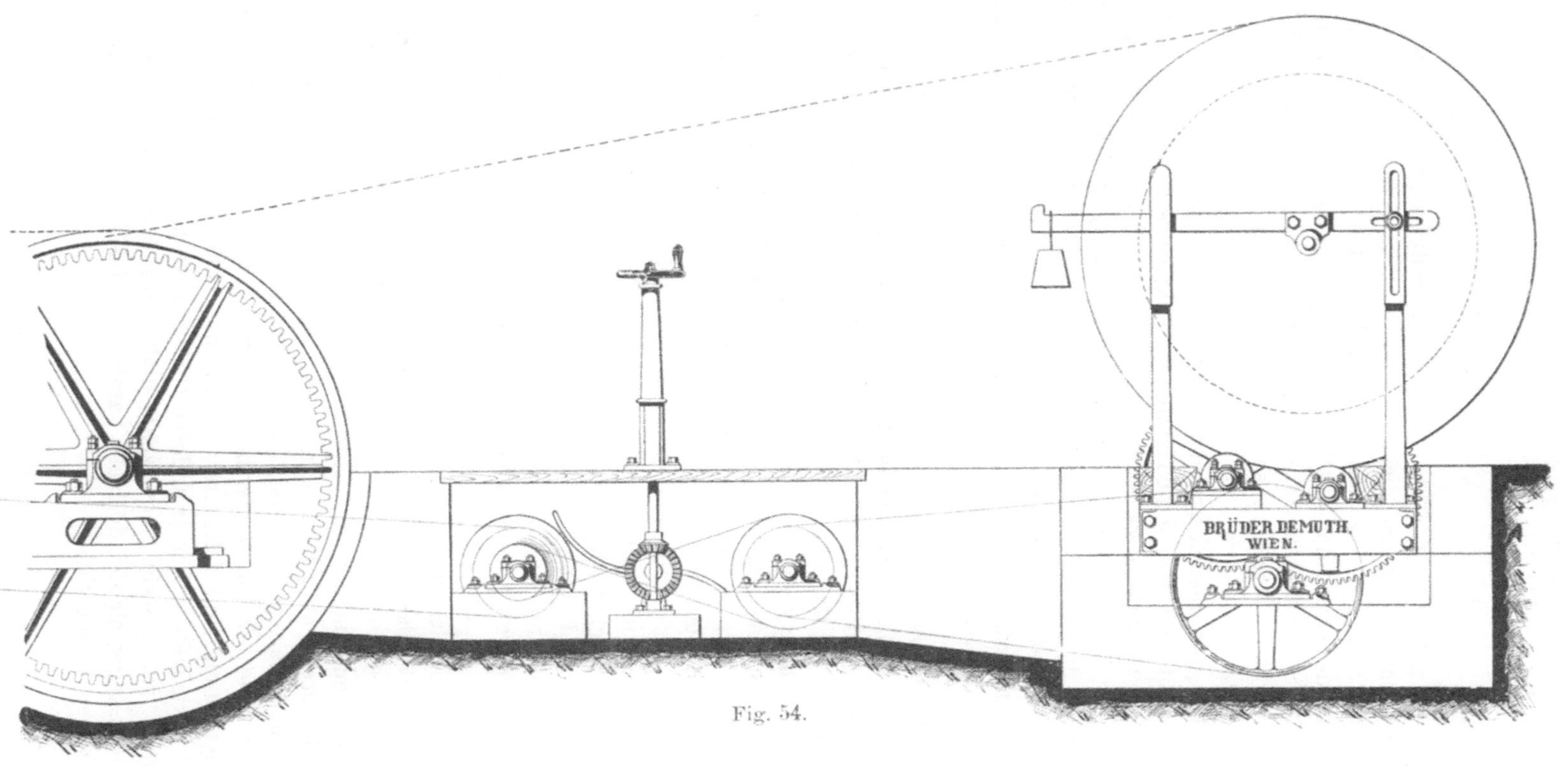

Fig. 54.

apparat gehörte zu einer 24-spuligen Seilmaschine, die von der Firma Demuth bezogen war.

Die Länge der Walzen schwankt zwischen 1200 und 1500 mm, je nach der Größe der Maschine. Sie sind aus Gußeisen und drehen um eine Stahlachse von 50 bis 60 mm ϕ. Die Lager müssen horizontal und vertikal verschiebbar sein, damit man die Walzen parallel stellen kann.

Wir sind imstande gewesen, mit dieser Vorrichtung für Trommeln von 800 bis 2800 mm ϕ die richtige Wickelgeschwindigkeit zu erzielen.

Die Geschwindigkeit der Trommel wird durch ein Handrad reguliert, das so plaziert ist, daß der Mann, der das Kabel aufwickelt, immer mit der einen Hand regulieren kann, während er mit der anderen das Kabel aufführt.

Für blanke Seile kann man sich auch eine Einrichtung machen, welche die Ringe automatisch verlegt.

Hülfsapparate. Eine Maschine, die nicht ausdrücklich zur Erzeugung blanker Seile benutzt wird, hat immer noch Nebenapparate zwischen Kaliber und Abzugsscheibe, meistens zum Zwecke, Isolation auf das Seil aufzulegen.

In erster Linie versehe man die Maschine mit mindestens zwei Spinnläufen, um zwei Lagen Jute, Baumwolle etc. auflegen zu können. Man ist dadurch in den Stand gesetzt, gleichzeitig verseilen und plattieren zu können.

Die Läufe sollten ziemlich massiv sein und Raum bieten zur Aufnahme von 24 bis 36 Kreuzspulen von Jute oder Baumwolle. Die hohle Achse der Läufe enthält ein Lager zur Aufnahme der Kaliber, und diese sollten leicht auswechselbar sein. Von den Spulen bis zum Kaliber laufen die Fäden über einen Führungskreis und schließlich zu einem Verteiler, der sie in gleichen Abständen zum Kaliber bringt.

Für Erzielung einer schönen Umspinnung, besonders mit Baumwolle, ist dieser Verteiler eine ganz wesentliche Sache. Ebenso wichtig ist, daß die Umspinnung in das Kaliber hineinläuft. Ältere Maschinen machen die Umspinnung ohne Kaliber. Wir möchten noch darauf aufmerksam machen, daß mit den modernen Spinnläufen (wie sie von den Firmen Brüder Demuth in Wien und Otto Weiß & Co. in Berlin geliefert werden) sich eine Baumwollumspinnung auf leichtere sowohl wie schwerere Kabel auflegen läßt, wie sie von keiner anderen Maschine so schön gemacht werden kann. Auch wenn man zehn und mehr Fäden auf jede Spule bringt, legen sie sich doch alle parallel auf das Kabel, und Kreuzungen kommen keine vor.

Die Tourenzahl der Läufe wird durch zwei dreifache Stufenscheiben veränderlich gemacht.

Als weiteren Hülfsapparat nehme man zwei Bandwickler in Aussicht. Man braucht diese bei der Herstellung von Telephonkabeln.

Soll eine Seilmaschine für alle möglichen Zwecke dienen, so verlangt sie noch ein bis zwei Tränkapparate und eine Vorrichtung, um von fehlerhaften Bleikabeln das Rohr aufschneiden zu können. Dies kann mit Hülfe von zwei Messern geschehen, die man dicht bei einem Kaliber, davor oder dahinter, einspannt.

Auf alle Fälle sollte eine Seilmaschine einen Längenmeßapparat enthalten.

Einige Worte sind auch noch über die Kaliber hinzuzufügen. Es ist in erster Linie notwendig, daß man Drähte oder Fäden den Kalibern so zuführe, daß sie gleichmäßig um das Kabel herum verteilt sind und unter möglichst gleicher Spannung stehen. Dies ist besonders wichtig beim Auflegen von Flachdraht.

Das Kaliber, welches die Drähte zusammenlegt, kann nicht kräftig genug gewählt werden. Schwache Kaliber oder Kaliberträger werden weggerissen, wenn irgend welche Hemmungen entstehen. Das Kaliber muß in der Längsrichtung bei großen Maschinen um etwa 500 mm verschiebbar sein.

Weiter gehören zur kompletten Ausrüstung einer Seilmaschine: ein Längenmesser für blanken Draht, Wickelböcke oder Wickelmaschinen und ein elektrischer Lötapparat.

Die Tandemmaschine. Zwei oder mehr Seilmaschinen hintereinander gestellt, nennt man eine Tandemmaschine. Diese erlaubt zwei oder mehr Drahtlagen gleichzeitig aufzulegen.

Die Fig. 51 (siehe Tafel) zeigt eine Abbildung der Tandemmaschine der Firma Brüder Demuth. Diese enthält drei Sterne von 6, 12 und 18 Spulen, zwei Spinnläufe, einen Bandwickler und die Abzugsvorrichtung. Der Aufwickelapparat ist weggelassen. Dieses Modell wird in fünf verschiedenen Größen gebaut und meistens für elektrischen Betrieb eingerichtet.

Der Antrieb befindet sich zwischen dem zweiten und dritten Stern. Der ganzen Länge der Maschine nach geht die Haupttransmission, von der die Sterne, Spinnläufe und der Abzug angetrieben werden. Durch Wechselräder kann man den Sternen je drei verschiedene Tourenzahlen geben. Normal rotieren die Sterne 1 und 3 nach der gleichen Richtung und der Stern 2 entgegengesetzt. Man kann hingegen auch je zwei oder alle drei Sterne in gleicher Richtung laufen lassen und mit gleicher Geschwindigkeit.

Man kann also mit dieser Maschine ein 7-, 19- oder 37-faches Seil in einer Operation fertig machen, und dann noch separat auflegen $6 + 12 = 18$, $6 + 18 = 24$, $12 + 18 = 30$, und $6 + 12 + 18 = 36$ Drähte.

Die Maschine erlaubt nicht, den Drall der einzelnen Lagen genau so einzustellen, wie durch die Regeln bestimmt, doch ist die Variation in der Tourenzahl und in der Abzugsgeschwindigkeit genügend groß, um damit gute Drahtseile zu bekommen. Wir haben diese Maschine immer jeder anderen vorgezogen und nie Klagen über die Seile vernommen.

Jeder einzelne Stern hat einen gußeisernen Fundamentrahmen, Stahlmittelrohr, Spulenflügel aus Stahl, Kurbel und Kurbelring zur Rückdrehung, Bremse, Legescheibe und Kaliber. Der Abzug ist sehr kräftig gebaut und sämtliche Wechselräder sind aus Stahlguß.

Zur Bedienung der Maschine, auch wenn man gleichzeitig plattiert, genügen zwei Mann.

Die Länge einer Tandemmaschine samt Wickelapparat ist ca. 30 m und die erforderliche Betriebskraft ca. 10 HP.

Die Dreileiterseilmaschine. Diese dient zur Anfertigung von Drehstromkabeln und kommt nur als großes Modell zur Verwendung.

Erforderlich sind drei Spulen für die Kabeladern, drei für die Prüfdrähte und sechs Spulen für die Einlagen.

Zur Fertigstellung eines Kabels von ca. 200 m Länge und mittlerem Querschnitt sind für die Adern Spulen von mindestens $750 \times 400 \times 400$ mm erforderlich.

Stern und Spulenrahmen müssen außerordentlich kräftig und lang gebaut werden. Ebenso Kaliber, Abzugsscheibe und Wechselräder. Weiter gehören zu dieser Maschine zwei Spinnläufe für Jute, ein Bandwickler und ein Längenmesser. Raum sollte sein für drei solche Jutespinnläufe, die man nach Bedürfnis aufstellt.

Da man bei dicken Dreileiterkabeln auf außerordentlich große Dralle kommt, müssen die Spinnläufe so eingerichtet werden, daß man beim Plattieren noch genügend Fäden bekommt. Sie müssen also mit größerer Tourenzahl und mit mehr Spulen laufen als für gewöhnliche Seilmaschinen.

In Fig. 52 (s. Tafel) ist eine solche Seilmaschine der Firma Brüder Demuth abgebildet.

Die Länge der Maschine beträgt ca. 20 m und die erforderliche Betriebskraft ca. 12 HP.

Vertikale Seilmaschinen. Zur Verseilung sehr dünner Drähte bedient man sich leichter Maschinen, deren Achse vertikal steht. Wenn die Maschine 18 Spulen hat, so befinden sich deren sechs auf der ersten Etage und 12 darüber. Das Abzugsrad und die Wechselräder sitzen am höchsten Punkt der Maschine. Die Wickel-

trommel befindet sich weiter unten und wickelt das dünne Seil
automatisch auf.

Die Fig. 55 (Otto Weiß & Co.) und Fig. 56 (Brüder Demuth)
zeigen zwei verschiedene Typen dieser Maschinen.

Die Bandpanzermaschine. Zum Panzern eines Kabels mit zwei
Eisenbändern ist eine spezielle Maschine notwendig, die in Fig. 53
(s. Tafel) abgebildet ist.

Fig. 55.

Wir sehen hinten den Elektromotor und ein Vorgelege, das
die Geschwindigkeit reduziert. Der ganzen Länge der Maschine
entlang läuft die Transmission, welche sämtliche Apparate antreibt.
Es sind der Reihe nach erforderlich:

ein Tränkapparat,	ein Tränkapparat,
ein Jutespinner,	ein Jutespinner,
ein Tränkapparat,	ein Tränkapparat,
der Bandwickler,	ein Kalkrad.

Einige Fabriken legen über das mit biegsamer, bituminöser
Masse überzogene Blei ein Papierband. Diese Operation erfordert
einen Bandwickler und einen weiteren Tränkapparat.

Der wichtigste Teil der Maschine ist der Wickler für das Eisenband.　Derselbe muß außerordentlich kräftig sein.　Wir haben die

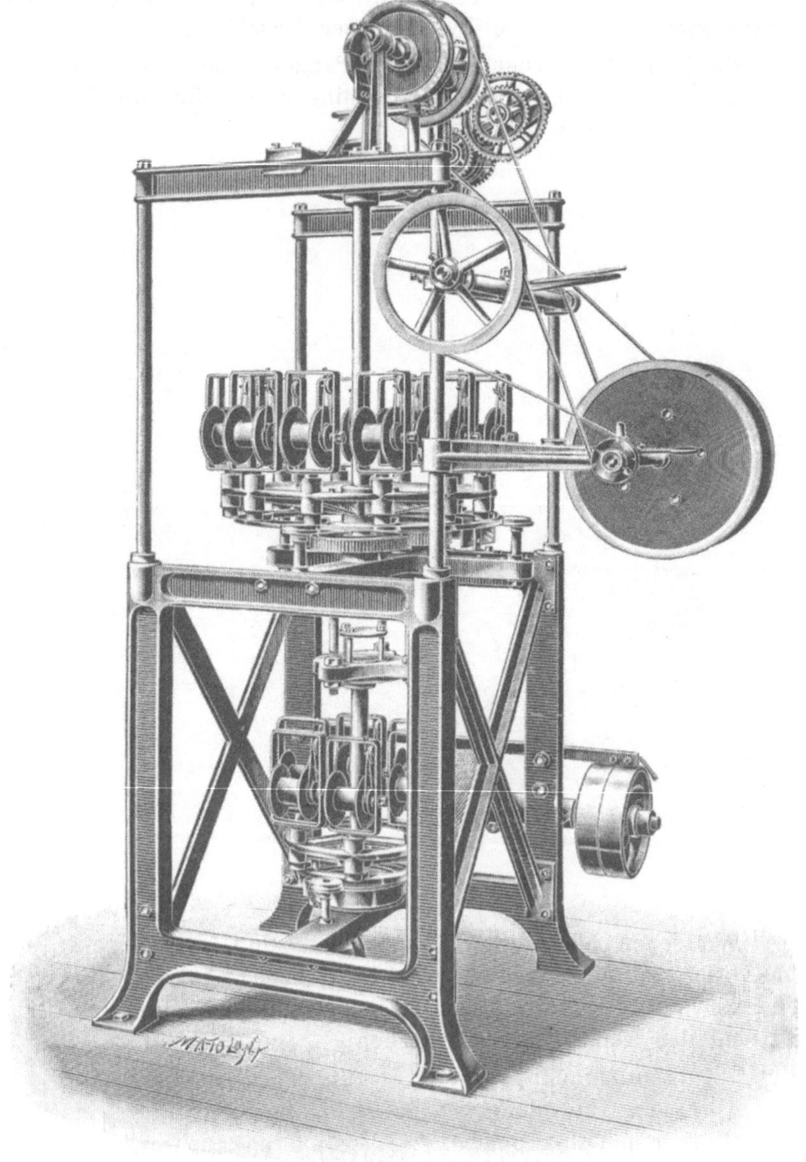

Fig. 56.

besten Resultate erreicht mit Spulen, die sich nach drei Seiten ver-
stellen lassen.　Von Bedeutung ist auch die Bremse der Spule.

Verwendet man für die Umspinnungen des Kabels ungetränkte Jute, so müssen die Tränkapparate mindestens einen Meter lang sein und die Masse muß auf wenigstens 100^0 erwärmt werden können. Im letzten Tränkkessel wird eine harte Kruste aufgetragen. Das Kalkrad spritzt Wasser, mit Kreide gemischt, auf das Kabel, kühlt es ab und versieht es mit einer Schicht Kreide, welche das Zusammenkleben der einzelnen Ringe auf der Wickeltrommel verhindert.

Abzug und Aufwickelvorrichtung sind dieselben wie bei den Seilmaschinen.

Die Panzermaschine ist etwa 20 m lang, erfordert ca. 8 HP. als Betriebskraft und drei Mann als Bedienung.

Fig. 57.

Telephon-Ader-Bedeckungsmaschine. Fig. 57 zeigt eine Maschine von O. Weiß & Co., welche dazu dient, den für Telephonkabel zur Verwendung kommenden Kupferdraht mit einer Lage Papier zu umwickeln und gleichzeitig je zwei solche Adern zu einem Paar zusammen zu drehen.

Die Maschine ist für sechs Gänge eingerichtet, und deren Leistung ist ca. 5000 m Doppelader per Tag.

Diese Maschine hat eine sehr weite Verbreitung gefunden.

B. Die Bleikabelpresse.

Historische Notizen. Das Verfahren, isolierte Drähte und Kabel in ein Bleirohr zu legen, um die Isolation vor Feuchtigkeit zu schützen, ist viel älter, als im allgemeinen angenommen wird.

Die älteste Methode, den Bleiüberzug herzustellen, bestand darin, den Draht in ein Bleirohr einzuziehen, dessen lichter Durchmesser größer war als der Durchmesser des Drahtes. Nachdem wurde das Bleirohr mehreremale durch ein Zieheisen gezogen und dessen Durchmesser nach und nach soweit verringert, bis es die Isolation fest umhüllte.

Der Mechaniker Krafft in Wien hat uns erzählt, daß er zwischen 1850 und 1860 auf diese Art Kabel armiert hat und daß dieses Verfahren schon lange vorher bekannt war.

Wir erinnern uns, Guttaperchakabel, in Bleirohr gelagert, gesehen zu haben, die 1895 von einer französischen Fabrik nach dem gleichen Verfahren hergestellt waren.

Die heute allgemein angewendete Methode der Herstellung des Bleimantels, d. h. direktes Umpressen des Kabels mit einem Bleirohr, ist zuerst von der Firma Berthoud Borel & Co. in Cortaillod bei Neuchâtel (Schweiz) eingeführt worden.

Wir haben darüber von dieser Firma die folgenden Notizen erhalten:

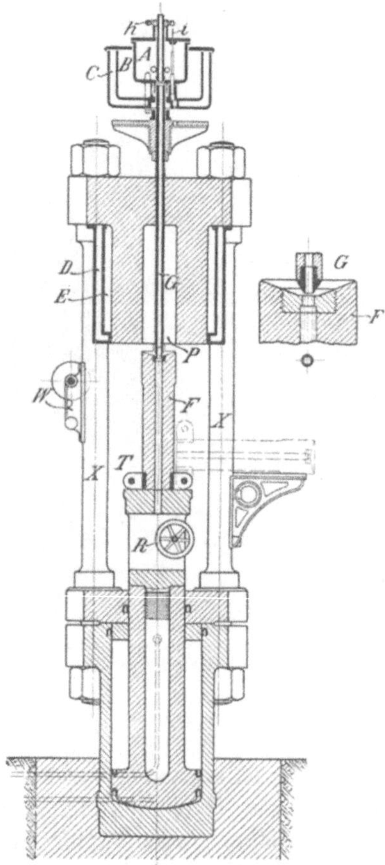

Fig. 58.

„Nach verschiedenen Versuchen, einen Bleimantel durch Walzen herzustellen, faßte der Ingenieur François Borel im Jahre 1878 die Idee, den Mantel mittels einer Bleirohrpresse aufzulegen.

„Im Jahre 1879 lieferte uns die Usine de la Coulouvrenière in Genf die erste Bleipresse für Kabelzwecke. Diese wurde in den meisten Ländern patentiert und ist das Vorbild aller anderen ähnlichen Pressen geworden. Das deutsche Reichspatent hat die Nummer 9980 und ist datiert 7. Okt. 1879.

„Im Betrieb dieser Presse wurden verschiedene Erfahrungen gesammelt, welche zu einem wesentlichen Umbau der ersten Konstruktion geführt haben.

„Die Verdienste, die sich Herr Borel durch seine Erfindung für die elektrische Industrie erworben hat, veranlaßten im Jahre 1883 die Universität Zürich, ihm den Doktortitel zu verleihen."

Fig. 59. Dr. François Borel.

Fig. 60. Bror Hemming Wesslau.

Wir erinnern uns noch deutlich, mit welcher Freude der selige Prof. Schneebeli im Polytechnikum zu Zürich das erste von Berthoud Borel erzeugte Bleikabel zeigte, das ihm im Sommer 1879 zur Prüfung übersandt wurde.

Die Borelsche Presse ist vertikal. Der hydraulische Teil befindet sich unten, der Bleirezipient oben. Der Bleipiston bewegt sich nach oben, ist der Länge nach hohl und trägt am oberen Ende die Matrize. Durch den Bleirezipienten geht ein Rohr, das an seinem unteren Ende den Dorn trägt. Die Füllung des Rezipienten bildet ein kalter Block Blei.

Das Kabel tritt oben ein und verläßt die Presse durch eine seitliche Öffnung des Bleipistons.

Als historische Erinnerung geben wir in Fig. 58 eine Abbildung der ersten Bleipresse nach der Patentschrift von Dr. Borel sowie in Fig. 59 das Bildnis des Erfinders.

Über die Siemenssche Kabelpresse hat uns die Firma Siemens & Halske die nachfolgende Notiz zukommen lassen:

„Der Gedanke, Kabel zum Schutze gegen Eindringen von Feuchtigkeit mit Blei zu umpressen, ist vom Geheimrat Werner von Siemens ausgegangen und zwar hat derselbe im Jahre 1877 die ersten Versuche angestellt, indem er eine Kabelseele in ein Bleirohr einziehen ließ. Hierbei war der innere Durchmesser des Bleirohres etwas größer als der Seelendurchmesser; das Bleirohr wurde daher durch ein Zieheisen gezogen, an dessen Stelle bei späteren Versuchen ein System von vier Walzen verwendet wurde.

Fig. 61.   Carl Huber.

Da die Versuche den gewünschten Erfolg hatten, konstruierte Bror Hemming Wesslau (Fig. 60 S. 303), der spätere langjährige Leiter des Kabelwerkes von S. & H., auf Veranlassung von Werner von Siemens im Jahre 1879 die erste Versuchspresse für Bleikabel, die nur für einige Kilogramm berechnet war. Auf Grund der Erfahrung, die man mit diesem kleinen Versuchsapparat gemacht hatte, konstruierte Wesslau die erste Bleikabelpresse, welche die Firma C. Hoppe, Berlin, ausführte und welche im Jahre 1881 in Betrieb genommen wurde. Die Presse bewährte sich vorzüglich, so daß in den nächsten Jahren noch zwei weitere Pressen dieser Konstruktion beschafft wurden, welche sämtlich bis heute ununterbrochen im Betrieb gewesen sind. Die Konstruktion der Bleikabelpressen wurde der Firma S. & H. im Jahre 1882 mit Patent No. 23176, Klasse 49, geschützt.“

Die Füllung der Siemensschen Presse bildet ebenfalls ein kalter Block Blei. Sie ist vertikal und das umpreßte Kabel tritt oben aus.

Die Kabelpresse von Carl Huber hat vor allen anderen den größten Erfolg aufzuweisen.

Sie ist im Jahre 1881 in Wien entstanden. Das Prinzip, das Blei von zwei Seiten auf das Kabel zu pressen, ist in dieser ältesten Form schon enthalten, ebenso die Regulierung für gleichmäßigen Vorschub der zwei Pistone. Die Bauart hingegen weicht von der gegenwärtigen Ausführung ab. Der hydraulische Teil besteht aus einem Zylinder mit einer Scheidewand in der Mitte. Rechts und links davon befinden sich die zwei Pistons, die beim Arbeiten der Pumpe beim Pressen auseinander und beim Zurückfahren gegeneinander sich bewegen. Der Bleirezipient befindet sich seitlich vom hydraulischen Teil.

Fig. 62 gibt ein Bild dieser ersten Huberpresse.

Im Jahre 1886 wurde eine Presse, dieser Konstruktion ähnlich, an die Firma Pirelli & Co. in Mailand abgeliefert, nachdem sie zwei Jahre zur Anfertigung und Ausprobierung gebraucht hatte. Die zweite Presse wurde 1889 in Andritz gebaut; die dritte, in Brünn hergestellte, zeigt bereits die heutige Form der Ausführung.

Das der Presse zu Grunde liegende deutsche Patent trägt die No. 42 179, Kl. 49, vom 2. April 1887.

Dazu tritt für die bei der Presse angewandte Form der Dorne und Matrizen, Patent No. 122 452, Klasse 76, vom 6. Juni 1900.

Das Grusonwerk übernahm das Ausführungsrecht der Pressen im Jahre 1892 und hat bis jetzt (Dezember 1902) 42 Stück derselben abgesetzt.

In England hat die Presse von Weems für lange Zeit den Markt beherrscht und erst seit einigen Jahren wird sie langsam von der Huberschen Presse verdrängt.

Amerika scheint mehrere Typen von Kabelpressen zu haben, und darunter, den Fabrikaten nach zu urteilen, einige hochinteressante. Wir haben uns an eine Reihe von Fabrikanten gewendet, um Auskunft über diese Pressen zu bekommen. Leider blieben unsere Anfragen unbeantwortet.

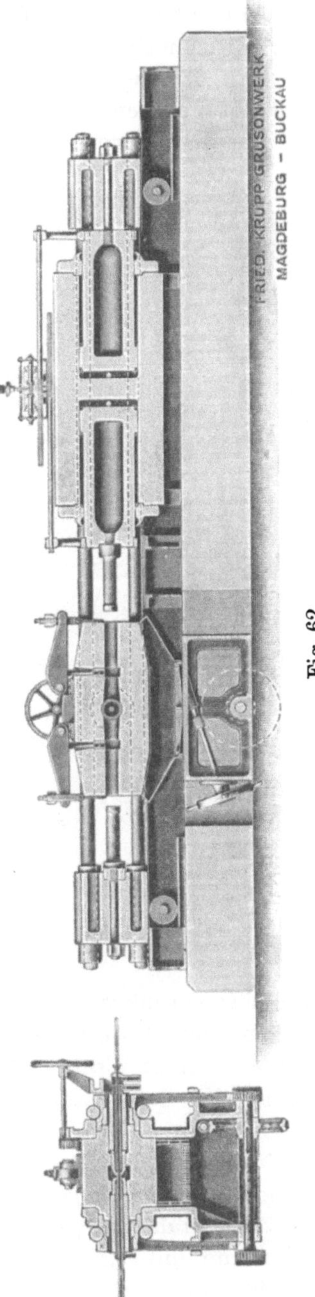

Fig. 62.

C. Die Kabelpresse von Huber.

Allgemeines. Die Presse besteht im wesentlichsten aus zwei
hydraulischen Zylindern, zwischen welchen der Bleirezipient gelagert
ist. Fig. 63 zeigt ein Gesamtbild, neueste Konstruktion, von der
Seite aus gesehen, auf welcher das Kabel austritt.

Die drei Körper sind auf den Fundamentrahmen so gelagert,
daß sie eine und dieselbe Achse haben und symmetrisch gegen die

Fig. 63.

Mittelebene, senkrecht auf diese Achse, liegen. Vier kräftige Eisenstangen, mit Muttern an den Enden, halten die drei Körper zusammen. Acht eiserne Röhren verhindern die hydraulischen Zylinder, sich dem Rezipienten zu nähern. Sie sind zwischen den
drei Körpern auf die Eisenstangen geschoben.

Während des Pressens wird der Gegendruck von den acht
Muttern an den Enden der Eisenstangen ausgeübt, und während
des Zurückfahrens von den acht Eisenrohren. Sind die Drucke
rechts und links gleich, so ist das System in Ruhe, sind sie aber
ungleich, d. h. arbeitet einer der Zylinder weniger als der andere,

so wird der Rezipient verschoben, sobald der Überdruck groß
genug ist.

Die Pistons, die Bleibüchse und die Zentriervorrichtung sind
in der Figur deutlich sichtbar. Links bemerkt man eine Kurbel
an einer horizontalen Achse und Zahnräderübersetzungen. Es ist
dies die Vorrichtung zum Ein- und Ausschrauben des Matrizenhalters. Weiter sind zu sehen die Rohrleitungen für das Speisewasser, und am rechten Zylinder oben zwei Sicherheitsventile, das
Regulierventil und ein Manometer, unten aber das Steuerventil zur
Inbetriebsetzung der Presse.

Unter dem Rezipienten befindet sich die Feuerung, mittels der
man ihn anheizen kann, und über demselben der Schmelzkessel
für das Blei. Die Feuerung für diesen befindet sich auf der Rück-
seite und ist für Petroleum eingerichtet. Das gabelförmige Rohr
über dem Schmelzkessel bildet den Abzug für beide Feuerungen
und endet in einem Schornstein.

Die Hebel zum Öffnen der Ablaufventile, einer der Ablaufstutzen (rechts) sowie ein Fülltrichter sind in der Figur auch ersichtlich.

Die Presse wird in zwei Modellgrößen gebaut, deren Dimensionen und Fassungen die folgenden sind:

Größe	I	II
Durchmesser der Preßzylinder . . mm	495	380
Kolbenhub . . . . „	600	400
Bohrung des Rezipienten . . . . „	140	108
Größter Durchmesser des Bleirohres „	85	65
Nutzbare Füllung . . . . . etwa kg	175	85
Inhalt des Schmelzkessels . . „ „	1800	1300

Die Leistung der Presse ist sehr verschieden, je nach Durchmesser und Bleidicke des zu pressenden Kabels, d. h. dem Bleigewicht per Meter Länge des Rohres.

Mit Hülfe einer gutgeschulten Preßmannschaft kann man bei
Kabeln von mittlerer Stärke durchschnittlich fünf Füllungen in
zwei Stunden auspressen. Rechnet man für das Anheizen drei
Stunden und für das Pressen acht Stunden, so ist die Tagesleistung
gleich 20 Füllungen, d. h. etwa 3500 kg für die große Type der
Presse. Sind ganz dünne Kabel zu pressen, so muß man für eine
Füllung nahezu eine Stunde rechnen, also für achtstündige Pressung
etwa 1400 kg. Für ganz starke Kabel kann man sieben Füllungen
in drei Stunden, also eine Tagesproduktion von circa 4500 kg ver-
anschlagen.

Es ist selbstverständlich, daß sich obige Zahlen nur auf kontinuierliche Arbeit beziehen. Aufenthalte irgendwelcher Art bringen
die tägliche Leistung ganz bedeutend herunter.

Die kleine Type der Kabelpresse ist nur in wenigen Exemplaren
ausgeführt worden. Wegen ihrer geringen Leistungsfähigkeit ist
sie nie sehr beliebt geworden.

Die Bedienung der Presse erfordert im Minimum vier und im
Maximum sechs Mann, vorausgesetzt, daß sie mit Petrolfeuerung
ausgerüstet ist. Bei Kohlenfeuerung wird ein Mann mehr verlangt.

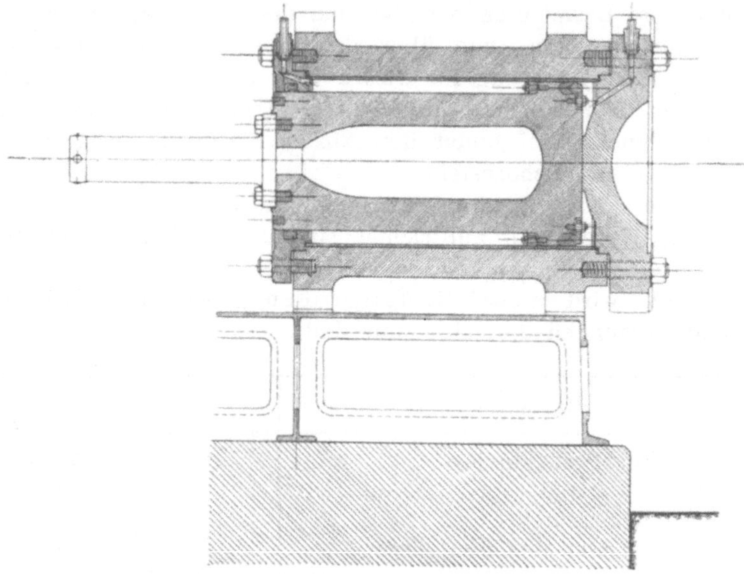

Fig. 64.

Alle auf die Presse bezüglichen Illustrationen verdanken wir
dem Entgegenkommen des Grusonwerkes von Friedrich Krupp.

Wir gehen nun auf die Beschreibung der Details der Huberschen Kabelpresse über.

Der hydraulische Zylinder. In der Fig. 64 ist ein Schnitt
durch denselben dargestellt, nach den neuesten Konstruktionen des
Grusonwerkes.

Der Zylinder ist aus Stahlguß und hat auf seiner Innenseite
eine Ausbüchsung aus Kupfer. Der von der Presse abgekehrte
Teil des Zylinders ist mit einem kräftigen Deckel abgeschlossen.
Er wird durch eine Anzahl kräftiger Schraubenbolzen mit dem
Zylinder verschraubt. Zwischen beide kommt als Abdichtung ein
eingelassener Lederring.

Die innere Seite des Zylinders ist ähnlich abgeschlossen, aber nur mit einem Ring, dessen Bohrung gleich dem Durchmesser des hydraulischen Kolbens ist.

Die Zufuhr des Speisewassers geschieht durch die auf den Oberkanten der Deckel einmündenden Kanäle.

Der hydraulische Kolben ist aus Hartguß und als Differentialkolben für Vor- und Rückgang ausgebildet. Am inneren Ende trägt er den Preßstempel aus geschmiedetem Kruppschen Spezialstahl. Derselbe ist in den neuesten Konstruktionen mittels sechs Schrauben am Kolben festgeschraubt, was die Zentrierung gegenüber der alten Konstruktion (der Stempel gerade und mit seinem Ende eingeschraubt) wesentlich erleichtert.

Der Kopf des Stempels ist aufgeschraubt, also auswechselbar wenn er beschädigt wird, und besteht aus einer Bronze, die sich auch mit sehr heißem Blei nicht legiert. Vier Zentrierbolzen vermitteln die Führung des Stempels in der Bleibüchse.

Die Abdichtungen des Kolbens gegen Wasserverlust werden durch drei Systeme von Liderungen bewirkt. Die Hochdruckliderung, auf der rechten Seite der Figur, besteht aus einer Anzahl von Lederringen von winkelförmigem Querschnitt, die durch einen Ring festgehalten und mäßig zusammengepreßt werden. Die Niederdruckseite ist mit zwei Liderungen, bestehend aus Lederringen von U-förmigem Querschnitt versehen. Die eine davon ist auf der linken Seite der Figur in den Abschlußring eingelassen und die andere der Winkelmanschette gegenüber mittels eines Ringes festgeschraubt.

Die Wasserdrucke sind 100 bis 250 Atm. beim Pressen und 20 bis 50 Atm. beim Zurückfahren.

Der hydraulische Zylinder kann auf dem Fundamentrahmen seitlich verschoben und dann mit Keilen festgestellt werden.

Der hydraulische Teil der Huberschen Kabelpresse hat für eine Reihe von Jahren Anlaß zu Betriebsstörungen gegeben. Nachdem diese nun endgültig überwunden sind, wird ein Rückblick auf die historische Entwickelung für die ganze Kabelwelt von Interesse sein.

Die ersten Pressen des Grusonwerkes hatten keine Kupferbüchse, und statt der Winkelmanschetten waren kräftige Liderungen aus Guttapercha von U-förmigem Querschnitt. Nachdem die Pressen ein oder zwei Jahre im Betrieb waren, zeigten sich wesentliche Beschädigungen auf der Innenseite des hydraulischen Zylinders. Die Oberfläche wurde nach und nach rauh, in der Weise, daß kleine Sandteilchen, durch das Druckwasser hergeführt, und von den Liderungen auf den Reisen nach vorwärts und rückwärts mitgenommen, kleine Kanäle einritzten. Waren diese groß genug, so erlaubten sie dem Druckwasser den Durchgang an der Manschette vorbei. Dieses vergrößerte die Kanäle auf 1 bis 2 mm Tiefe, so daß schließlich keine Abdichtung mehr zu erreichen war.

Für die kupferne Ausbüchsung des Zylinders, der diesen Übelständen abhelfen sollte, sind verantwortlich Herr W. Dieselhorst, Chef des Kabelwerkes von Siemens Bros. in London, und wir selbst. Das Grusonwerk baute 1896 die erste Presse mit Kupfermantel für Siemens Bros., und dieselbe ist seitdem nie außer Betrieb gekommen. Die zweite Presse nach diesem System wurde für die Kabelfabrik A.-G. in Wien, gebaut und ging schon nach 30 Betriebstagen fehl, dadurch, daß das Speisewasser zwischen Zylinder und Kupferbüchse trat und diese nach innen drückte, was zur Folge hatte, daß der Kolben nicht mehr vorwärts kam.

Ähnliche Unfälle kamen später auch bei anderen Pressen vor. Der Grund lag darin, daß das Speisewasser, wie in der ältesten Konstruktion ohne Kupferbüchse, durch einen in den Zylinder eingebohrten Kanal zugeführt wurde. Um dem Fehler abzuhelfen, wurde der Kanal für die Wasserzufuhr in den Deckel gelegt, wie in den heutigen Konstruktionen üblich.

Gleichzeitig mit der Kupferausbüchsung führte das Grusonwerk eine vereinfachte Manschette ein. Dieselbe erlaubte, die beiden Liderungssysteme an der Bodenseite des Kolbens auf einmal zu regulieren, so daß man nicht nötig hatte, den Kolben ganz herauszunehmen, um die Niederdruckdichtung in Ordnung zu bringen oder auszuwechseln.

Beide Systeme bestanden aus ledernen Winkelmanschetten, am Kolbenende auf eine Verjüngung desselben aufgesetzt und mit den Spitzen gegeneinander schauend. Der doppelt dreieckige Raum zwischen beiden war durch einen Metallring ausgefüllt. Durch einen zweiten Ring konnten beide Systeme festgeschraubt und gleichzeitig reguliert werden.

Leider mußte diese Konstruktion aufgegeben werden, da es vorkam, daß der Metallring zwischen den beiden Manschetten beim Pressen zerdrückt wurde und Anlaß zur Zerstörung des Kupfermantels gab.

Alle diese Schwierigkeiten sind gegenwärtig überwunden, und die jetzige Form der Zylinder gibt alle Garantien.

Wir möchten noch erwähnen, daß das Grusonwerk in den heutigen Konstruktionen dem Kupfermantel eine Form gibt, die es nicht veröffentlichen will, also in Fig. 64 nicht ersichtlich ist.

Der Rezipient. Der Rezipient besteht aus den beiden Bleibüchsen aus geschmiedetem Kruppschen Spezialstahl, die in einem Mantel aus Stahl eingeschraubt sind. Über beide wird ein zweiter Mantel aus Stahlguß gezogen. In dem freien Raum, der zwischen beiden vorgesehen ist, zirkulieren die Verbrennungsgase der Heizung. Der Rezipient wird beim Pressen auf Temperaturen von 100 bis 150° C. erwärmt.

Die Heizung befindet sich unter dem Rezipienten und ist halb in die Erde eingelassen. Die Verbrennungsgase zirkulieren im Rezipienten und verlassen ihn oben in der Mitte, wo sich auch ein Schieber befindet, mittels dessen man den Zug regulieren kann.

Die Bleibüchsen liegen in der Verlängerung der Achsen der hydraulischen Zylinder und schauen 65 mm aus dem Körper des Rezipienten hervor. An diesem Vorsprung befinden sich zwei konische Bohrungen mit vertikaler Achse, das Füllloch und das Luftloch.

Der Mantel aus Stahl hat die Form eines Kreuzes. In den langen Schenkeln befinden sich die Bleibüchsen. Die kurzen Schenkel sind ausgebohrt und haben ein Gewinde zur Aufnahme der Halter für Dorn und Matrize.

Der Schmelzkessel. Der Schmelzkessel ist aus Stahlguß und hat eine ovale Form. Er ist in einem viereckigen gußeisernen Kasten gelagert, der sich über dem Rezipienten befindet.

Rechts und links, in Traversen festgehalten, sind die Ventilstangen, jede mit einem Hebel versehen. Eine Drehung nach außen hebt die Ventilstange, eine Drehung nach innen senkt sie. Die Ventilsitze befinden sich ganz an dem unteren Ende des Kessels und sind von oben eingeschraubt. Der Kanal für den Ablauf des Bleies wird verlängert durch die Ablaufstutzen, die von unten eingeschraubt sind.

Die Füllhebel befinden sich immer auf der Seite, auf welcher der Maschinist sich befindet, resp. die Pumpe und die Ventile.

Der Kasten, in welchem der Schmelzkessel sich befindet, hat eine Anzahl Rippen, welche genau der Form des Kessels angepaßt sind. Diese Rippen bilden Kanäle für die Feuerung. Die Kanäle sind feuerfest ausgemauert.

Die Heizung befindet sich immer auf der Seite des Kabeleintrittes.

Die Heizung. Es sind deren zwei erforderlich, eine zum Anheizen des Rezipienten und eine zum Schmelzen des Bleies. Das Brennmaterial bildet Steinkohle oder Blauöl.

Die Petrolheizung ist sehr einfach in der Bedienung, da sie der Maschinist neben seinen anderen Pflichten noch besorgen kann. Erforderlich sind für die untere Heizung zwei, und für die obere drei Brenner. Die Heizung erfordert zwei Rohrsysteme, eines für den Dampf und eines für das Petroleum. Im Brenner vereinigen sich beide und es wird durch eine feine Öffnung Petroleum herausgeblasen. Das Reservoir für das Petroleum (Blauöl) muß eine bestimmte Höhe über den Brennern haben, damit diese gut funktionieren. Das zum Brenner fließende Petroleum wird unterwegs in einem Vorwärmer angewärmt.

Die Flamme der Petrolfeuerung wird von ihrem natürlichen geraden Wege durch umgebogene Schuhe aus feuerbeständigem Guß abgelenkt und zerstört diese oft rasch. Wenn die Flamme direkt den Kessel anbläst und nicht den Zügen folgt, kann sie auch zu vorzeitigem Bruche desselben führen.

Vorrichtungen zur Bildung des Bleirohres. Ein Bleirohr wird immer durch Dorn und Matrize gebildet. Die Bohrung der Matrize bestimmt den äußeren Durchmesser desselben, und die Größe des ringförmigen Raumes zwischen Dorn und Matrize bestimmt die Wandstärke.

Zu konsultieren ist Fig. 65, die einen vertikalen und einen horizontalen Schnitt durch die Mitte der Presse darstellt.

Es ist c der Dornhalter, der sich auf der Eintrittsseite des Kabels befindet. Der Dorn selber ist mit e bezeichnet. Die Figur zeigt einen Dorn, wie sie von 40 mm Durchmesser aufwärts verwendet werden. Unter 40 mm kommt noch ein Zwischenstück dazu, in welches man kleinere Dorne von bloß 40 mm Länge einschraubt. Der Halter ist aus bestem Stahl konstruiert und wird in den Rezipienten eingeschraubt.

Der Matrizenhalter d ist ähnlich gebaut und hat am inneren Ende ein Lager zur Aufnahme der Matrize. Das Lager ist mittels vier Zentrierbolzen verschiebbar. Die Figur zeigt die neue, von uns angegebene Konstruktion der Zentriervorrichtung. Die Verschiebung der Matrize erfolgt durch Zurückziehen des Zentrierkeiles g mittels einer Mutter, die außerhalb des Halters liegt.

Die frühere Zentriervorrichtung enthielt bloß 3 Zentrierkeile, jeden mit Kuppelung und Schraubenbolzen. Die Verschiebung des Matrizenlagers erfolgte durch Hineinschrauben der Keile. Ein Versagen derselben führte zu zeitraubenden Reparaturen.

Die Matrize ist in der Figur mit f bezeichnet. Aus derselben ist auch zu ersehen, wie zwischen Matrize und Dorn das Rohr sich bildet.

Erforderlich für eine vollständige Ausrüstung der Presse sind: je ein Dorn- und ein Matrizenhalter für schwache und für starke Kabel; ein Satz Dorne, von 5 bis 40 mm, mit je 1 mm größerer Bohrung, und über 40 mm mit je 2 mm Differenz; ein Satz Matrizen, von 4 bis 15 mm Bohrung, mit Differenzen von 0.3 mm und von

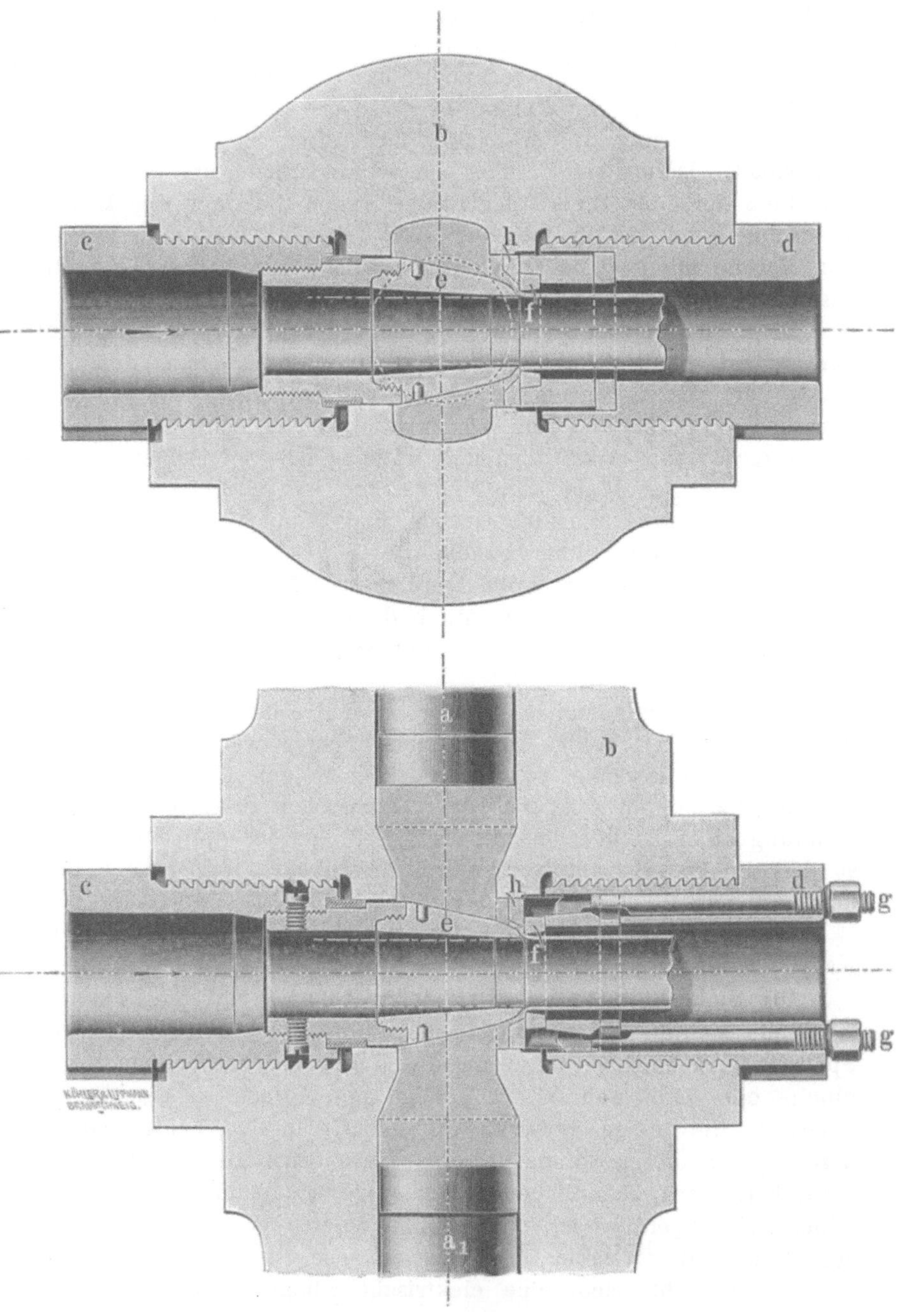

Fig. 65.

15 bis 50 mm Bohrung mit Differenzen von 0.5 mm und über 50 mm hinaus mit Differenzen von 1.0 mm.

Die größte verwendbare Matrize hat etwa 90 mm ϕ und liefert ein Rohr von ungefähr 85 mm ϕ.

Eine Neuerung ist der ovale Grundring, in der Figur mit h bezeichnet. Dieser hatte früher eine runde Öffnung und sein Zweck war bloß der, das Innere der Presse gegen die Seite der Matrize abzuschließen. Die Erscheinung der Faltenbildung beim Pressen von Rohren mit großem Durchmesser führte zur ovalen Form der Ringöffnung.

Beim eingesetzten ovalen Ring liegt der kürzere ϕ horizontal, der größere vertikal und seine Funktion besteht darin, den Bleidruck der ganzen Peripherie des Rohres entlang gleichmäßig zu verteilen, oder mit anderen Worten, die Abflußgeschwindigkeit des Bleies rechts und links, oben und unten gleich zu machen.

Bei richtiger Wahl der Dimensionen des Grundringes lassen sich die Bleimäntel in allen Größen und Wandstärken vollständig rund und frei von Falten herstellen.

Bei Kabeln von größerem Durchmesser ist auch die Form des Hohldornes zu beachten, namentlich dann, wenn der Bleimantel — wie z. B. bei Telephonkabeln — nur schwach auf das Kabel gepreßt werden soll.

Hohldorne mit steilem Konus an der Spitze beeinträchtigen die Rohrbildung. Solche mit flachem Konus werden infolge zu schwacher Wandstärke oval und ergeben einseitige Bleimäntel. Diesen Übelständen wird bei den Huberschen Pressen durch Anwendung eines Hohldornes mit Hohlkehle an der Spitze begegnet, so daß die Pressen unter allen Umständen einen fehlerfreien Bleimantel liefern.

Diese Hohlkehle an der Spitze des Dornes ist in der Fig. 65 wahrnehmbar.

Die Sicherheitsventile. Zwischen der Pumpe und den Zylindern wird ein Ventil eingeschaltet, das automatisch den Zufluß des Speisewassers unterbricht, wenn die hydraulischen Kolben zuweit hinein- oder hinausfahren. An einem der Kolben ist eine Stange befestigt, die dessen Bewegung mitmacht. In den beiden Grenzlagen ist an dieser Stange je eine Nase befestigt, die einen am Sicherheitsventil befindlichen Hebel wegdrückt und so das Ventil öffnet. Das Speisewasser strömt dann gleich wieder zur Pumpe zurück und die Zylinder hören auf zu arbeiten.

Es empfiehlt sich, eine elektrische Klingel anzubringen, die läutet, bevor die zwei Grenzlagen erreicht werden, da es oft umständlich ist, das geöffnete Ventil wieder zu schließen.

Gleich hinter diesem befindet sich ein Ventil mit einer Feder, das sich automatisch öffnet, wenn der Wasserdruck über 250 Atmosphären ansteigt.

Das Regulierventil. Bei der Huberschen Kabelpresse ist es unerläßlich, daß die beiden hydraulischen Kolben mit gleicher Geschwindigkeit vorwärts und rückwärts gehen. Eine ungleiche Geschwindigkeit führt in erster Linie zu Aufenthalten während des Pressens. Stehen nach dem Rückgange die Presskolben nicht symmetrisch, so kann man nicht füllen und muß erst einige Male vorwärts und rückwärts fahren, bis die richtige Stellung erreicht ist.

Von größerer Wichtigkeit hingegen sind der Abfluß des Bleies und die Druckverhältnisse in der Bleibüchse. Sobald der eine Kolben langsamer vorwärts geht als der andere, ist der Bleizufluß auf dessen Seite ein geringerer als auf der anderen, und dies führt zu ungleicher Rohrdicke, wenn die Differenz der Geschwindigkeiten groß genug wird. Der Fall kann vorkommen, daß beim Anfahren nur einer der Kolben wirkt, und die Folge davon ist ein Loch an der Haltestelle.

Bei wesentlich ungleichen Geschwindigkeiten wird der Druck auf der Seite des voreilenden Kolbens größer als auf der entgegengesetzten Seite und es kann vorkommen, daß infolge dessen der Kopf des Dornhalters verbogen oder gar abgebrochen wird.

Unterschiede in den Geschwindigkeiten der beiden Kolben rühren her von undichten Liderungen oder Hemmungen irgend welcher Art des Blei- oder des hydraulischen Kolbens. Bei den ältesten Pressen des Grusonwerkes, die Guttaperchadichtungen hatten, traten diese Übelstände gelegentlich auf.

Die Erzielung einer gleichförmigen Geschwindigkeit der Kolben wird durch das Regulierventil erreicht. Fig. 66 zeigt dieses in einem horizontalen und einem vertikalen Schnitt. Das Druckwasser tritt durch das hintere Rohr in das Ventil ein, und verteilt sich dort auf zwei Rohre, deren jedes nach einem der zwei hydraulischen Zylinder führt. Auf dem Wege vom Eintritt zum Austritt in die zwei Rohre hat das Druckwasser rechts und links zwei ringförmige Öffnungen zu passieren, die gebildet sind durch die Zylinderwand und den Schieberkolben des Ventils. Steht dieser Kolben symmetrisch zur Mitte, so sind die zwei Öffnungen gleich groß und der Wasserabfluß nach rechts und links ist derselbe. Schiebt man den Kolben eine Kleinigkeit nach rechts, so wird die ringförmige Spalte rechts erweitert und gleichzeitig links verengert. Der rechte hydraulische Zylinder erhält also mehr Wasser als der linke.

Je nachdem man den Schieber stellt, kann man also der einen Seite mehr Wasser zuführen als der anderen, somit den einen

Kolben zum Voreilen bringen, oder, was meistens verlangt wird,
ihn in gleichem Schritt mit dem anderen halten, wenn er Wasserverlust durch undichte Liderungen oder stärkeren Druck zu überwinden hat.

Die Verschiebung des Kolbens wird automatisch bewirkt durch
die weiteren Teile des Ventiles, nämlich die Lenkstangen und das
Lenkrad. Mit einem jeden der hydraulischen Kolben ist eine runde
Stange, mit Gewinde am Ende, starr verbunden. Beide Stangen
bewegen sich also genau so gegeneinander wie die Kolben.

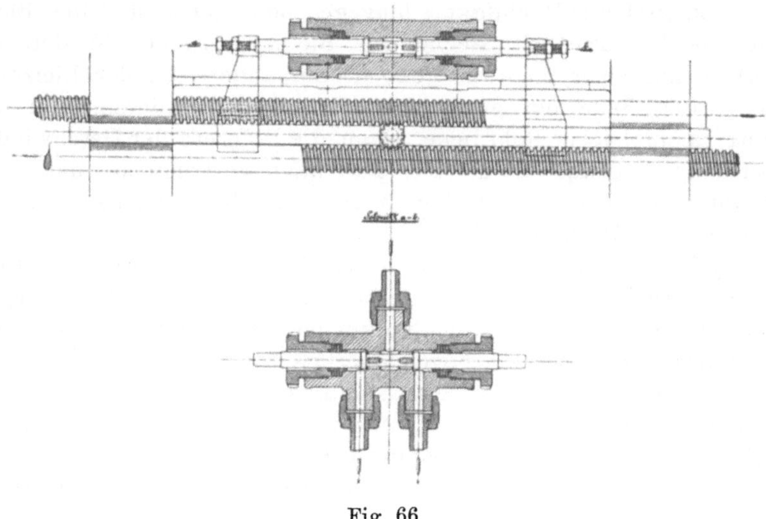

Fig. 66.

Zwischen ihnen liegt ein Schneckenrad, das in das Gewinde
der Stangen eingreift. Es ist drehbar um eine horizontale Achse,
die ihrerseits fest mit einer kurzen Stange verbunden ist. Diese
letztere hat rechts und links zwei Lager, in denen sie sich ohne
Mühe verschieben läßt. Mit dieser Stange sind zwei vertikale Arme
fest verschraubt, an deren oberen Enden der Kolbenschieber des
Ventils starr verbunden ist.

Bewegen sich nun beide hydraulischen Kolben mit gleicher
Geschwindigkeit gegeneinander, so wird das Schneckenrad einfach
um seine Achse gedreht. Diese bleibt stehen. Bleibt eine der
Lenkstangen, z. B. die untere (zum rechtsseitigen Zylinder gehörige)
momentan stehen, so schiebt die obere Lenkstange das Schneckenrad und das ganze damit verbundene System nach rechts, also
auch den Kolbenschieber. Die Folge wird sein, daß für den
Wasserabfluß des Ventiles die rechtsseitige ringförmige Spalte ver-

größert, die linksseitige verkleinert wird. Der rechtsseitige Zylinder wird somit mehr Speisewasser erhalten oder gestärkt werden, während gleichzeitig der linksseitige Zylinder geschwächt wird. In ähnlicher Weise wird bei jeder Differenz in der Geschwindigkeit der Kolbenschieber nach rechts bezw. links verschoben, also der Vorschub der zwei hydraulischen Kolben automatisch gleich gemacht.

Sämtliche Details der Konstruktion sind aus der Zeichnung ersichtlich.

An der unteren Lenkstange befindet sich noch ein Handrad, mittels welchem man dem Kolbenschieber noch nachhelfen kann, wenn die automatische Einstellung nicht genügt. Für die neueren Konstruktionen der Kabelpresse, mit Lederliderungen und Kupferbüchse, hat dieses Rad keinen großen Zweck mehr, da die automatische Reguliervorrichtung vollständig genügt.

Doch kann man es bei Reinigungsarbeiten und dergleichen benutzen, wenn man mit einem Zylinder allein fahren will.

Das Grusonwerk hat vor einigen Jahren herausgefunden, daß das Regulierventil mit der Faltenbildung des Bleirohres viel zu tun hat. Seitdem ist demselben große Sorgfalt gewidmet worden. In den neuesten Pressen ist der Kolbenschieber außerordentlich verbessert worden.

Das Steuerventil. Dasselbe befindet sich zwischen dem Regulierventil und den Zylindern und setzt die hydraulischen Zylinder nach vorwärts oder rückwärts in Gang.

Es besteht aus einem prismatischen Gußstück, in welchem, Fig. 67, vier Doppelventile eingelassen sind, die mittels eines Hebels alle gleichzeitig umgeschaltet werden können. Das Druckwasser mündet durch die beiden hinteren Rohre im Ventil ein. Rechts und links sind je zwei Rohre. Die oberen zwei derselben führen zu den Hochdruckseiten der Zylinder, und zwar das rechtsseitige nach dem rechten Zylinder. Die unteren zwei aber führen nach der Niederdruckseite der Zylinder, und zwar das rechtsseitige nach dem linken Zylinder.

Auf der Vorderseite münden zwei Rohre aus, die an ein gemeinsames Rohr angeschlossen sind, das zum Reservoir der Pumpe zurückführt. Durch diese zwei strömt das rückfließende Wasser, einerlei, ob die Kolben vor- oder rückwärts fahren.

Die Zeichnung gibt die Ventilstellung für das Zusammenfahren der Kolben. Das Druckwasser tritt von hinten ein, geht an den Ventilsitzen vorbei nach oben und dann bei a nach rechts und links zur Hochdruckseite. Gleichzeitig strömt das Rückflußwasser unten bei d ein, geht dann nach vorn, dem vorderen Ventil entlang in die Höhe, am Ventilsitz vorbei und schließlich nach vorn und zurück in das Reservoir.

Stellt man das Ventil um, so sind die zwei hinteren Ventil-

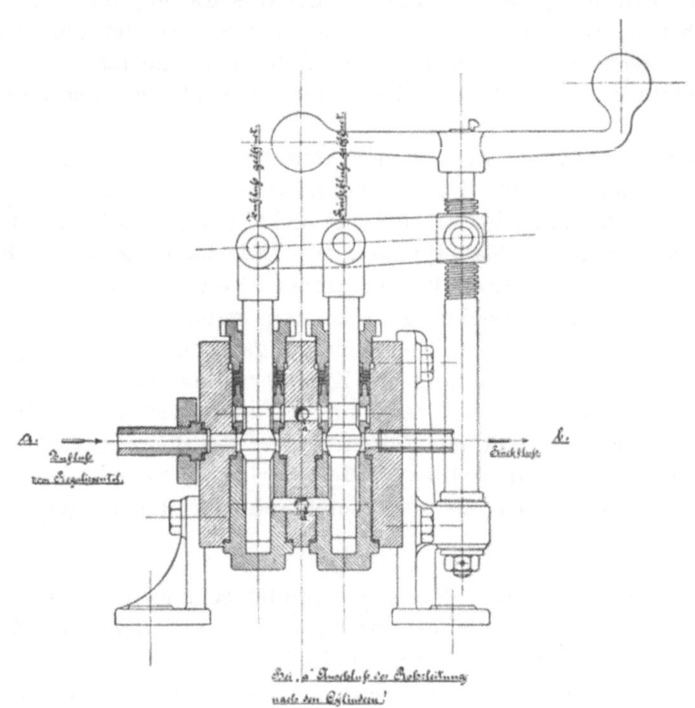

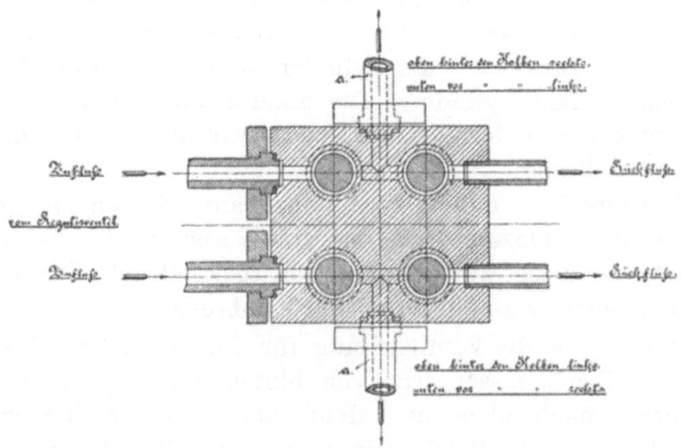

Fig. 67.

stangen nach unten geöffnet, die zwei vorderen aber nach oben. Das Druckwasser nimmt seinen Weg durch die zwei unteren seitlichen Rohre und die Kolben treten ihre Rückreise an.

Alle Details sind in der Figur ersichtlich.

Das Ventil ist scheinbar außerordentlich kompliziert und man erwartet, daß es Anlaß zu Schwierigkeiten gibt. In Wirklichkeit haben wir aber während unserer zehnjährigen Bekanntschaft mit der Huberpresse nie Anstände mit dem Steuerventil gehabt.

Die Kühlvorrichtung. Die Hubersche Presse erlaubt auch Kabel mit Guttapercha- und anderer Isolation, welche der Wärme nicht widersteht, mit einem Bleimantel zu umpressen. Zu diesem Zwecke dient die Kühlvorrichtung, die einfach genug konstruiert ist.

Fig. 68.

Auf der Seite der Matrize, wo das Kabel, mit dem Bleimantel versehen, austritt, wird in den Halter ein doppelwandiges Rohr eingesetzt und der Matrize bis auf einige Millimeter genähert. Der Raum zwischen den zwei Zylindern ist hier offen, während er am äußeren Ende geschlossen ist. Durch ein seitliches Rohr läßt man unter Druck Wasser einfließen, das dann innen die Matrize bespritzt und kühl hält.

Auf der Seite des Dornes setzt man ein ähnliches Rohr ein, das aber aus drei konzentrischen Zylindern besteht. Das Kühlwasser strömt zwischen erstem und zweitem Zylinder gegen die Spitze des Dornes und kehrt zwischen zweitem und drittem nach außen zurück.

Wir haben versuchsweise eine Guttaperchaader über eine halbe

Stunde in der heißen Presse gelassen und mit der Vorrichtung gekühlt, ohne daß die Isolation beschädigt worden ist.

Das Pumpwerk. Für eine richtige Funktion der Kabelpresse ist eine Pumpe erforderlich, die zwei wesentliche Eigenschaften haben muß, nämlich:

1. die Tourenzahl muß in sehr weiten Grenzen veränderlich sein;
2. das Druckwasser muß möglichst gleichmäßig zugeführt werden.

Fig. 68 zeigt die Pumpe des Grusonwerkes. Sie hat doppelseitigen Dampfantrieb, drei hydraulische Kolben und zwei Schwungräder. Die Tourenzahl kann zwischen 20 und 125 per Minute beliebig verändert werden. Die Pumpe läuft bei jedem Druck an.

Der Untersatz des Pumpwerkes dient zugleich als Wasserkasten. Die Pumpenkörper sind aus geschmiedetem Stahl angefertigt.

Seit neuester Zeit baut das Grusonwerk auch Pumpwerke mit Antrieb durch Elektromotor, die ebenfalls allen Anforderungen genügen.

D. Trockenapparate.

Die Trockenapparate von Huber. Diese werden, wie die Bleipresse, ebenfalls vom Grusonwerk gebaut.

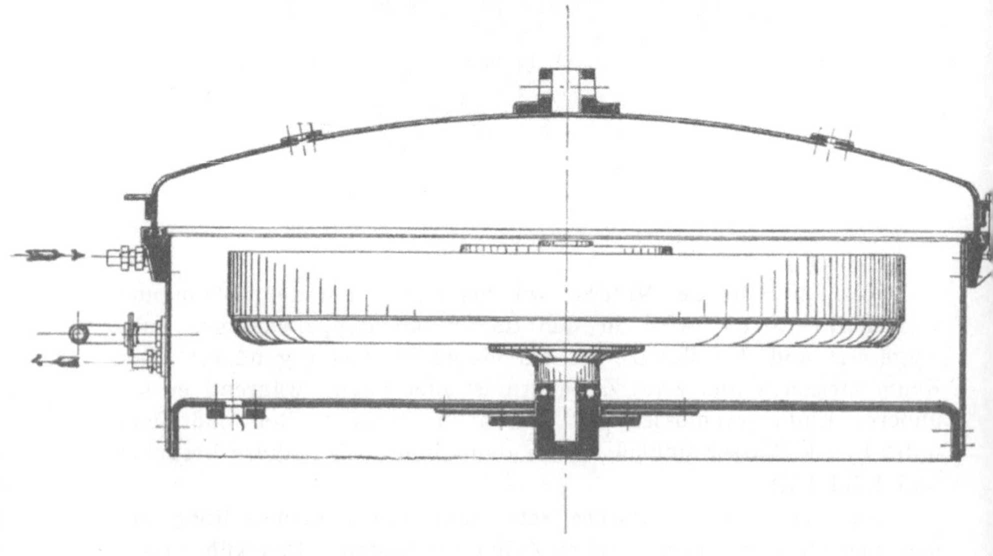

Fig. 69.

Der Trockenkessel ist in den Fig. 69 und 70 dargestellt. Der eigentliche Kessel ist aus Kesselblech gebaut. Der Teller zur

Aufnahme des Kabels hat einen Durchmesser von 2000 mm und eine Höhe von 300 mm. Er ist um seine vertikale Achse drehbar und läuft auf Kugeln. Die Heizung erfolgt durch zwei Schlangen (in der Figur nicht enthalten), eine zwischen Boden und Teller und eine parallel der Seitenwand gelagert.

Der Deckel lagert auf dem gußeisernen Kranz des Kessels. Als Dichtung dient ein Ring aus Hartblei. Durch eine Anzahl umlegbare Schraubenbolzen wird der Deckel an den Kessel festgeschraubt. Oben in der Mitte befindet sich ein Stutzen. In diesen wird durch einen Schlüssel ein Augenbolzen festgemacht, mittels dessen man den Deckel heben kann. Auf demselben befinden sich: der Anschluß der Leitung zur Luftpumpe, ein Manometer und ein Hahn zum Einlassen der Luft.

Gewöhnlich werden eine Anzahl solcher Kessel nebeneinander bei der Bleipresse aufgestellt und ein Spezialkessel für die Tränkmasse. Will man ein Kabel imprägnieren, so zieht man mittels Luftdruckes die Masse in den betreffenden Kessel hinein. Der Anschluß für die Leitung der Tränkmasse befindet sich am Boden des Trockenkessels.

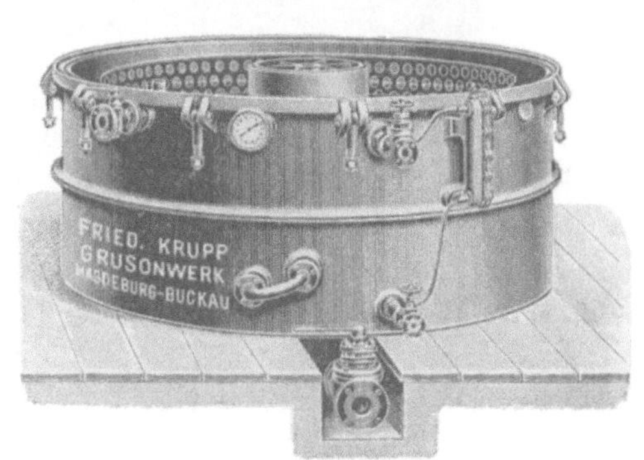

Fig. 70.

Mittels dieser Kessel wird ein Vakuum von ca. 700 mm erreicht.

Ein weitaus besserer Apparat ist der Hubersche **Trockenschrank**, der aus dem Jahre 1897 stammt. Der erste Trockenschrank ist von Emil Paßburg in Berlin auf Veranlassung von Hemming Weßlau konstruiert worden. Die Hubersche Form hingegen hat sich in den Kabelwerken mehr eingebürgert.

Derselbe ist vollständig in Gußeisen ausgeführt und wiegt über 20000 Kilogramm.

Der Schrank, siehe Fig. 71, ist für gleichzeitige Beschickung mit fünf Tellern gebaut. Diese werden auf Brillen gelegt, welche um eine gemeinsame vertikale Stahlachse, links in der Figur, drehbar sind. Die Brillen haben eine Tragkraft von 2000 kg und können, da sie auf Kugellagern gehen, mit einer Hand bewegt werden. Beim Beschicken und Herausnehmen wird die Brille nach außen gezogen.

Die Kabelteller haben die Dimensionen von 2000×300 mm. Jede Brille liegt zwischen zwei horizontalen Heizschlangen, deren also sechs im Schranke enthalten sind. Das eingelegte Kabel wird auf seinen Breitseiten von unten und von oben bestrahlt, so daß die Wärmewirkung weitaus stärker ist als bei gewöhnlichen Kesseln, auch wenn diese zwei Schlangen haben.

Fig. 71.

Jede Schlange besteht aus einem einzigen Rohrstück. Die Enden durchbrechen die Kesselwand auf der Hinterseite und sind dort an das Speise- resp. Abflußrohr angeschlossen. Der Dampf kann in jeder Schlange für sich an- oder abgedreht werden.

Ist der Schrank mit Kabel beschickt, so wird die mächtige Tür geschlossen. Diese kann durch einen einzigen Mann bewegt werden. Luftdichter Abschluß erfolgt durch eine in der Tür eingelassene Dichtung aus Gummi oder Hartblei und durch Anziehen von zehn Stück Bolzen.

Der Anschluß der Luftpumpe geschieht durch das oben links

sichtbare Rohr. Der Druck im Innern des Schrankes wird durch ein Barometer gemessen. Ein Vakuum von nur einigen Millimetern Druck kann in weniger als einer halben Stunde hergestellt werden. Ist der Schrank gut geschlossen, so fällt das Vakuum in einem Tag nicht mehr als 100 bis 150 mm, natürlich vorausgesetzt, daß er leer ist, resp. nichts darin, das Dämpfe abgibt.

Zu dem Schrank gehört ein Kondensator und dieser ist das Kennzeichen der neuesten Trockenapparate. Derselbe ist links in Fig. 71 sichtbar. Die vom Schrank durch die Luftpumpe weggezogenen Dämpfe treten oben in den Kondensator ein und nehmen dann den Weg abwärts durch ein System von Kupferröhren mit insgesamt 3 qm Oberfläche. Auf der Außenseite sind diese Röhrchen von Kühlwasser umspült, das beständig erneuert wird.

Der größte Teil der Dämpfe wird in dem Kondensator flüssig gemacht und fällt in den als Reservoir ausgebildeten Sockel desselben. Hat man ein Kabel für einige Stunden angewärmt und läßt dann die Luftpumpe ziehen, so kann man im Kondensator einen förmlichen Regen beobachten. Zu diesem Zwecke sind am Reservoir zwei Glasfenster angebracht.

Der Kondensator ist so wirksam, daß man das Trockengut nur mäßig anzuwärmen braucht. Erforderlich ist aber, daß man die Pumpe fortwährend ziehen lasse, wenigstens während der ersten Hälfte des Trockenprozesses. Die Trockenzeit muß erfahrungsgemäß festgestellt werden, da das Fallen der Tropfen im Kondensator nie ganz aufhört. Der Schrank ist nämlich so groß, daß die Schlangen dessen ganze Masse nicht gleichmäßig erwärmen können. Die kälteren Teile, besonders der Boden, kondensieren dann auch einen Teil der aus dem Trockengut gezogenen Dämpfe, und diese destillieren oft noch über und sind als Tropfen im Kondensator sichtbar, wenn die Kabel schon lange vollständig trocken sind.

Der Trockenschrank hat drei große Vorteile:

1. Er reduziert die für gewöhnliche Kessel erforderliche Grundfläche auf mindestens ein Fünftel. Die Schwierigkeit der Plazierung weggenommener Deckel fällt weg.

2. Die Trocknungstemperatur kann von 140 auf ca. 80° C. erniedrigt werden, was zur Erhaltung der Faser ganz wesentlich beiträgt.

3. Die Trockenzeiten werden auf die Hälfte bis ein Drittel reduziert.

Das Grusonwerk hat bis Ende 1901 über 50 Stück Trockenschränke abgesetzt.

Trockenapparate des Grusonwerkes. Das Grusonwerk hat in der letzten Zeit die Fabrikation von Trockenapparaten eigenen

Systemes übernommen, die sich hauptsächlich für Telephonkabel eignen.

Das Kabel wird nicht mehr auf einen Teller gelegt, sondern auf eine eiserne Trommel gewickelt, die direkt in den Trockenapparat kommt. Das Kabel wird auf der Seilmaschine auf diese Trommel gewickelt, also entfällt die Operation des Einlegens in den Teller und der Teller selber.

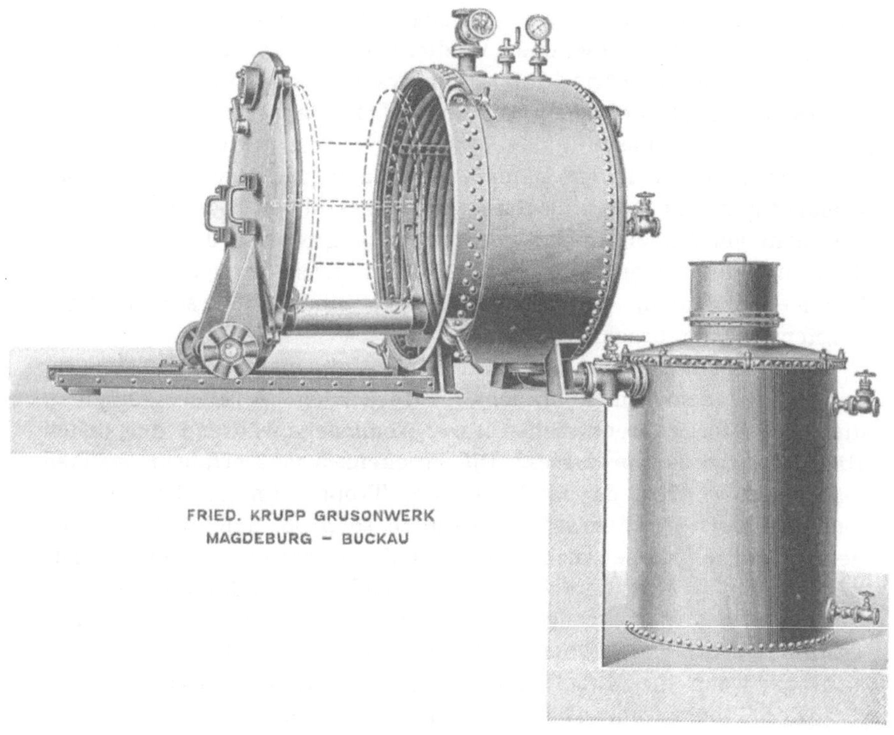

Fig. 72.

Der Trockenapparat, Fig. 72, besteht aus einem wagrechten Zylinder, der am Umfange mit einer spiralförmigen Heizschlange versehen ist. Die eine, oder auch beide Stirnwände, dienen als Zugangstüre. Diese ist nicht durch Scharniere mit dem Apparat verbunden, sondern öffnet sich parallel der Stirnfläche. Sie stützt sich außerhalb des Zylinders vermittels Rädern auf Laufschienen, während auf der anderen Seite sich die Plattform eines Wagens an die Tür anschließt, dessen Räder im Innern des Zylinders auf Schienen rollen. Die Plattform ist scharnierartig mit der Tür verbunden, damit sie beim Verschluß nicht hinderlich ist.

Die Trommeln werden auf die Plattform gesetzt und samt Deckel vorgeschoben. Die Entleerung geschieht in umgekehrter Weise.

Die Figur zeigt einen Apparat für ein oder zwei Trommeln. Zur Aufnahme von vier Trommeln wird auch die zweite Stirnfläche als Tür eingerichtet. Der zweite Kessel in der Fig. 72 enthält die Tränkmasse.

Dieser Trockenapparat kommt in Verbindung mit einem Kondensator und einer Luftpumpe zur Verwendung.

E. Apparate zur Spannungsprüfung von Kabeln.

Es handelt sich darum, eine hohe Spannung zu erzeugen, die entweder stetig oder in kleinen Sprüngen erreicht werden kann.

Unserer Ansicht nach ist die älteste Form der Apparate, die zu diesem Zweck verwendet werden, die zuverlässigste. Es ist dies die Wechselstrommaschine in Verbindung mit einem Transformator.

Durch Ein- oder Ausschalten von Widerstand im Erregerkreis der Wechselstrommaschine kann man deren elektromotorische Kraft innerhalb der weitesten Grenzen stetig ändern, somit auch eine langsame und stetige Änderung der sekundären hohen Spannung erzielen.

Das Umsetzungsverhältnis des Transformators sollte so sein, daß eine sekundäre Spannung von 20000 Volt erreichbar ist. Für Kabelwerke, die Experimente machen wollen, oder die Kabel für Spannungen von 10000 bis 20000 Volt erzeugen, muß der Transformator eine Sekundärspannung bis 50000 Volt geben können.

Wir haben während fünfzehn Jahren mit solchen Apparaten verschiedenster Konstruktion und Größe Kabel geprüft, und erinnern uns keines Falles, daß Durchschläge von gesunden Kabeln erfolgt sind, die auf Störungen in den Apparaten zurückzuführen waren. Da man über den primären Stromkreis eine vollständige Kontrolle hat, weiß man immer, was der sekundäre Kreis tun wird. Erfolgen unerwartete Durchschläge von Kabeln, so weiß man, welcher Ursache man sie zuzuschreiben hat.

Nach einer andern Methode schließt man den Transformator an eine schon vorhandene Stromquelle an. Eine solche Anlage bauten wir im Jahre 1900 für das Kabelwerk der Gesellschaft Koltschugin in Moskau. Es war vorhanden eine Drehstromanlage von 350 Volt, welche als Betriebskraft der Kabelfabrik und des in der Nähe befindlichen Messingwerkes diente. Die Dynamomaschine hatte eine Stärke von 350 HP.

Die Betriebsspannung von 350 Volt führten wir zu einer Drosselspule, die in 35 Abteilungen von je 10 Volt gewickelt war. Durch einen einem Zellenschalter ähnlichen Apparat konnte man von der Drosselspule Spannungen abnehmen, die stufenweise um 10 Volt veränderlich waren.

Diese dienten als Primärspannung des Transformators, welcher in Öl gestellt war und die Umsetzungsverhältnisse 50 und 100 hatte. Mittels der ersten Schaltung waren Spannungen bis 17500 Volt erreichbar, in Sprüngen von je 500 Volt, und mittels der zweiten 35000 Volt in Intervallen von je 1000 Volt.

Die Anlage hat sich soweit bewährt, doch haben uns spätere Erfahrungen diese Anordnung als nicht einwurfsfrei erscheinen lassen.

Diese Erfahrung haben wir erst neulich bei einer Expertise gesammelt. Eine kleinere Kabelfabrik hatte die Prüfstation auf folgende Weise eingerichtet: Zur Verfügung standen 5000 Volt Drehstrom einer Freileitung von 20 km gesamter Länge, die einen größern Bezirk mit Licht und Kraft versorgte. Die 5000 Volt wurden an eine Drosselspule angeschlossen, und von dieser konnte man 500, 1000, 2000, 3000, 4000 und 5000 Volt abnehmen.

Die Anlage funktionierte über ein Jahr tadellos, aber plötzlich wurden mit 1000 Volt einige Kabel durchgeschlagen, die erst zwischen 3000 bis 4000 Volt brechen sollten.

Eine Untersuchung ergab, daß die Freileitung irgendwo einen starken Erdschluß enthielt, so daß die Isolation des Kabels statt mit 1000 Volt, mit dem Supplement von 4000 Volt geprüft wurde.

Abgesehen von diesem Unfall haben wir dem Eigentümer der Fabrik geraten, die Prüfanlage ganz aufzugeben und zwar durch folgende Erwägung: Wir nehmen den Fall an, daß ein Kabel für 3000 Volt Betriebsspannung mit 6000 Volt geprüft werde. Der Durchschlagspunkt des Kabels liegt etwa bei 9000 Volt.

Nun ist es eine von keinem Betriebsingenieur bezweifelte Tatsache, daß in Leitungsnetzen momentane Spannungen auftreten können, die $50\,^0/_0$ und mehr der Betriebsspannung ausmachen.

Tritt eine solche Erhöhung während der Kabelprüfung mit 6000 Volt auf, so sind die zum Durchschlag nötigen 9000 Volt vorhanden. Das Kabel wird brechen, und da für die primäre Spannung keine Kontrolle vorhanden ist, wird man den Durchschlag mit Unrecht einer fehlerhaften Konstruktion des Kabels zuschreiben.

Dieser Fall kann nicht nur eintreten, wenn die Spannung von einer Freileitung abgenommen wird, sondern auch wenn sie von einem Kabelnetz oder von einem Fabriksbetrieb herstammt.

Wir sind auch zu der Ansicht gekommen, daß der oben beschriebene Zellenschalter Anlaß zu wesentlichen Störungen geben kann. Wir beobachteten, daß beim Schalten von einem Kontakt auf den andern Funken auftreten, und vermuteten, daß dadurch im Sekundärkreise beträchtliche Spannungsschwankungen eintreten können. Die Schaltung konnte mittels eines Handrades so rasch ausgeführt werden, daß der Funke ganz klein war. Dies wurde beim Kabelprüfen immer so gemacht, und es ist wirklich nie eine Unregelmäßigkeit vorgefallen.

Daß die Vermutung aber richtig war, konnten wir nachweisen. Sobald man absichtlich langsam schaltet und einen großen Funken zieht, erhält man im Hochspannungskreise momentane Erhöhungen der EMK. Wir verwendeten diese Eigenschaft zum Ausbrennen von zähen Fehlern in Gummiader, die stundenlang einer Spannung von 3000 Volt Widerstand leisteten. Bei langsamem Schalten von 2000 auf 2500 Volt schlug der Fehler in den meisten Fällen durch.

Alle diese Erfahrungen haben uns zur Überzeugung gebracht, daß unabhängige Wechselstrommaschine und Transformator zum Prüfen von Kabeln die allein zuverlässigen Apparate sind.

Was die Dimensionen der Apparate zum Prüfen von Kabeln anbetrifft, so wähle man sie nicht zu klein. Fünf Kilowatt dürfte die unterste Grenze sein. Mit 10 Kilowatt kommt man in den meisten Fällen aus. Unsere Anlage mit dem Zellenschalter wurde für eine Leistung von 30 Kilowatt ausgeführt.

Wegen Begründung dieser Dimensionen konsultiere man die Seiten 61, 62 und 64.

Als Meßinstrument, solange nicht große Genauigkeit verlangt wird, genügt ein Voltmeter im Primärkreise. Wir haben ein solches von der Type Cardew verwendet und es hat gute Dienste geleistet.

Hohe Spannungen haben wir mit den Instrumenten von Lord Kelvin gemessen, mit dem „statischen Voltmeter" bis 15000 Volt und mit der „Voltwage" bis 50000 Volt. Solange man dieselben peinlich sauber hält und nach jedem Durchschlag (im Instrument) die Elektroden wieder poliert, leisten diese Instrumente ganz vorzügliche Dienste.

Namenregister.

Sachregister.